现代学徒制
中高职衔接　模具设计与制造专业核心课程"十三五"规划新形态教材

丛书总主编　熊建武

公差配合与测量技术

编　著	谭补辉	杨益梅	陈黎明	熊建武	张腾达	王端阳		
参　编	董小英	龚煌辉	陈湘舜	刘少华	陆元三	刘红燕	蔡艳	李强
	孙忠刚	文跃兵	彭欢	夏凯	熊文伟	周志冰	朱旭辉	谭海林
	林章辉	熊霞	蒋海波	宋新华	刘波	王仁志	刘立微	吴光辉
	贾越华	宋玲	葛立	王永红	刘友成	徐晓昂	唐波	徐绍贵
	陈振环	王正青	赵建勇	向清然	龙海玲	谢学民	徐炯	陆唐
	郭燕华	胡少华	李义云	盘臆明	刘正阳	李刚	于海玲	陈艳辉
	周柏玉	罗辉	邓子林	陈昆明	戴石辉	夏嵩	张舜	易悦诚
	李立	王健	张红菊	邹晓红	舒仲连	付钢	杨志贤	卢碧波
	赵卫东	龚林荣	徐灿明	刘建雄	彭向阳	苏瞧忠	李清龙	盘九兵
	欧阳盼	陈志彪	吴业余	刘建勋	李向阳	姜星		
主　审	尹韶辉	胡智清	汪哲能					

华中科技大学出版社
http://www.hustp.com
中国·武汉

图书在版编目(CIP)数据

公差配合与测量技术/谭补辉等编著.—武汉:华中科技大学出版社,2019.10(2024.1重印)

现代学徒制中高职衔接模具设计与制造专业核心课程"十三五"规划新形态教材

ISBN 978-7-5680-5202-3

Ⅰ.①公…　Ⅱ.①谭…　Ⅲ.①公差-配合-职业教育-教材　②技术测量-职业教育-教材　Ⅳ.①TG801

中国版本图书馆 CIP 数据核字(2019)第 172726 号

公差配合与测量技术
Gongcha Peihe yu Celiang Jishu

谭补辉　杨益梅　陈黎明
　　　　　　　　　　　　　　　　编　著
熊建武　张腾达　王端阳

策划编辑:袁　冲

责任编辑:刘　静

封面设计:孢　子

责任监印:朱　玢

出版发行:华中科技大学出版社(中国·武汉)　　电话:(027)81321913
　　　　　武汉市东湖新技术开发区华工科技园　　邮编:430223

录　　排:华中科技大学惠友文印中心

印　　刷:广东虎彩云印刷有限公司

开　　本:787mm×1092mm　1/16

印　　张:23

字　　数:587 千字

版　　次:2024 年 1 月第 1 版第 2 次印刷

定　　价:49.00 元

序言

模具设计与制造专业中高职衔接核心课程教材的编写方案

模具设计与制造专业中高职衔接一体化人才培养试点项目是湖南省职业教育"十二五"省级重点建设项目,湖南工业职业技术学院、湖南财经工业职业技术学院为试点项目建设牵头的高等职业技术学院,参与试点项目建设的中职学校有中南工业学校、长沙市望城区职业中等专业学校、湘阴县第一职业中等专业学校、宁乡职业中专学校、祁阳县职业中等专业学校、衡南县职业中等专业学校。

根据试点项目建设方案、模具设计与制造专业中高职衔接一体化人才培养方案和中高职衔接核心课程建设方案对中高职衔接核心课程建设的要求,湖南工业职业技术学院、湖南财经工业职业技术学院牵头组织郴州职业技术学院、邵阳职业技术学院、湘西民族职业技术学院、湖南铁道职业技术学院、株洲市职工大学、益阳职业技术学院、湖南汽车工程职业学院、湖南科技职业学院、娄底职业技术学院、怀化职业技术学院、湖南九嶷职业技术学院、潇湘职业学院、湖南省汽车技师学院、衡阳技师学院、娄底技师学院、湘潭技师学院、益阳高级技工学校、衡南县职业中等专业学校、中南工业学校、长沙市望城区职业中等专业学校、湘阴县第一职业中等专业学校、宁乡职业中专学校、祁阳县职业中等专业学校、祁东县职业中等专业学校、平江县职业技术学校等职业院校,并联合华中科技大学出版社、浙大旭日科技开发有限公司、长沙市全才图书有限公司,多次召开"湖南省中高职人才培养衔接试点项目启动暨项目实施研讨会""湖南省模具设计与制造专业中高职衔接暨现代装备制造与维护专业群课程建设项目研讨会"等专题研讨会议,确定了模具设计与制造专业中高职衔接课程教材编写方案:模具设计与制造专业中高职衔接课程教材编写方案的构建基础是中高职衔接人才培养过程中,中职、高职阶段的人才培养目标;根据中职模具制造技术专业毕业生、高职模具设计与制造专业毕业生分别面向的职业岗位,构建基于职业岗位能力递进的中高职课程体系和中高职课程衔接方案,实现岗位与专业课程的对接以及中、高职院校专业课程及教学内容无痕衔接;编写模具设计与制造专业中高职衔接核心课程教材的总体思路是,中高职衔接核心课程应该能体现中、高职两个阶段知识和技能逐步提升的认知规律和技能养成规律,充分体现基于模具制造岗位能力递进、模具设计岗位能力递进和模具装配、调试与维护岗位能力递进等三个岗位能力递进。具体方案如下:

一、模具设计与制造专业中高职衔接课程教材编写方案的构建基础:中高职衔接人才培养过程中,须兼顾中职、高职阶段的人才培养目标

在制定模具设计与制造专业中高职衔接人才培养目标的过程中,通过对试点院校衔接试点专业人才培养方案的分析,结合模具设计与制造行业企业对中高职衔接试点专业即模具设计与制造专业技术技能型人才需求的特点,通过专业需求调研和毕业生跟踪调查,中高职试点院校共同确定中职、高职阶段的人才培养目标。

中职阶段的培养目标是,面向模具制造行业及模具产品相关企业模具制造工、装配钳工等一线岗位,培养与我国社会主义现代化建设要求相适应,德、智、体、美全面发展,具有良好职业道德和团队协作精神、必要文化知识,从事模具零件加工、模具品质管理、冲压设备操作、注塑成型设备操作等工作的高素质劳动者和技能型人才。

高职阶段的培养目标是,培养德、智、体、美等方面全面发展,身心健康,具有与本专业相适应的文化知识和良好的职业道德,熟悉现代制造技术,掌握本专业必备的基础理论和专门知识,富有创新意识,具有较强的成型工艺制订能力、模具设计能力、模具零件制造及装配调试能力,能在模具制造及模具产品类相关企业生产、服务一线从事模具制造、模具设计、模具装配、模具调试与维护等方面工作的高素质技术技能型专门人才。

根据中职、高职阶段的人才培养目标,结合市场对高职模具设计与制造专业技术技能型人才需求的特点,通过专业需求调研和毕业生跟踪调查,依据模具设计与制造专业主要就业岗位群对学生专业基础与专业知识、专业素养与专业技能等要求,以完成模具设计与制造岗位工作任务为目标,解析岗位职业能力要求,以职业技能鉴定标准为参照,以职业领域专业核心课程建设为切入点,分别构建了中职、高职阶段基于岗位职业能力递进的课程体系,中职阶段注重基础职业能力培养,高职阶段注重核心职业能力和职业迁移能力培养。

二、基于岗位职业能力递进的中高职课程衔接方案

在上述课程体系的基础上,编制了模具设计与制造专业基于岗位职业能力递进的中高职课程衔接情况汇总表,详见表1。该表中,集中体现基于模具制造、模具设计、模具装配调试与维护等三大类岗位能力递进的中高职衔接课程有6门:模具制造技术与实训(含加工中心、综合实训)、特种加工实训(含电火花、慢走丝)、模具制造工艺(含课程设计)、冲压工艺及模具设计(含课程设计)、塑料成型工艺及模具设计(含课程设计)、模具装配调试与维护。

三、模具设计与制造专业中高职衔接核心课程教材的编写方案

按照教学设计分层递进,教学组织梯度推进,教学内容编排由简到繁的总体思路,来确定编写模具设计与制造专业中高职衔接核心课程教材的总体思路,中高职衔接核心课程应该能体现中、高职两个阶段知识和技能逐步提升的认知规律和技能养成规律,充分体现基于模具制造岗位能力递进、模具设计岗位能力递进和模具装配、调试与维护岗位能力递进等三个岗位能力递进,具体编写方案如下。

1. 体现基于模具制造岗位能力递进的中高职衔接核心课程教材编写方案

体现基于模具制造岗位能力递进的中高职衔接核心课程有模具制造技术与实训(含加工中心、综合实训)、特种加工实训(含电火花、慢走丝)、模具制造工艺(含课程设计)等3门。

表 1　模具设计与制造专业中高职课程衔接情况汇总表

序号	中职阶段（模具制造技术专业）				中高职衔接课程	高职阶段（模具设计与制造专业）			
	岗位	中职课程				岗位	高职课程		
		专业基础课程	工学交替课程	专业课程			专业基础课程	工学交替课程	专业课程
1	普车	机械制图（含机械零件测绘）、金属材料与热处理、公差配合、电工基础、技术资料检索	工学交替实习（1）企业体验、工学交替实习（2）企业实习、工学交替实习（3）企业实习、工学交替实习（4）企业实习	普通车削加工、普通铣削加工、数控编程与仿真、数控车削加工、数控铣削加工、特种加工实训（快走丝）、机械加工工艺、机械测量技术、模具CAM	模具制造技术与实训（含加工中心、综合实训）	模具制造工（含电切削工）	机械零件图和装配图的绘制（含大型作业）、模具材料及表面处理、机械设计基础（含课程设计）、工程力学、焊接工艺与技能训练、机械零件测绘、模具公差配合的选用、液压与气动技术、电子电工技术	工学交替实习（5）企业实习、工学交替实习（6）企业实习、工学交替实习（7）企业实习、工学交替实习（8）企业实习、工学交替实习（9）顶岗实习	模具CAD（Pro/E或UG）、模具CAE、压铸工艺及模具设计、工程综合训练（含高级工考证）、生产实训（含毕业设计/毕业论文）、CAXA制造工程/机械创新设计/科技论文写作、汽车内饰件制造工艺/汽车覆盖件成型工艺与模具设计/机床夹具设计/模具修复技术/逆向工程与快速成型、周边企业概况/市场营销、模具生产管理/模具价格估算/模具专业英语/企业管理
2	普铣								
3	数控加工			特种加工实训（含电火花、慢走丝）	模具制造工艺员			
4	线切割				模具制造工艺（含课程设计）				
5	质检员			钳工技能基本训练、模具零件手工制作					
6	钳工				模具装配调试与维护	模具装调工			
7	冲压工			冷冲压模具结构、模具拆装与测绘（冷冲压、塑料模具）、冲压成型设备与操作	冲压工艺及模具设计（含课程设计）	模具设计师			
8	注塑工			塑料模具结构、塑料成型设备与操作	塑料成型工艺及模具设计（含课程设计）				
9	绘图员			AutoCAD					

　　通过中高职衔接核心课程模具制造技术与实训（含加工中心、综合实训）的学习,学生逐渐具备编制模具零件加工工艺规程的能力,掌握模具零件机械加工、数控加工的原理和方法,会使用CAM软件编程,能熟练操作加工中心,具备中等复杂模具零件的加工职业能力。

　　通过中高职衔接核心课程特种加工实训（含电火花、慢走丝）的学习,学生进一步提高线切割加工编程、操作能力,具备绘图、软件自动编程操作能力,具备操作精密线切割机床完成复杂模具零件加工的能力,掌握电火花加工机床、慢走丝线切割机床的结构和操作方法,并能根据模具零件的技术要求进行机械加工和质量控制。

通过中高职衔接核心课程模具制造工艺(含课程设计)的学习,学生进一步掌握模具零件的类型、制造工艺特点、毛坯的选择与制造、各类表面加工方法、模具零件的固定及连接方法等知识,具备编制简单模具零件加工工艺规程的能力。

2. 体现基于模具设计岗位能力递进的中高职衔接核心课程教材编写方案

体现基于模具设计岗位能力递进的中高职衔接核心课程有冲压工艺及模具设计(含课程设计)、塑料成型工艺及模具设计(含课程设计)等2门。

通过中高职衔接核心课程冲压工艺及模具设计(含课程设计)的学习,学生可进一步熟悉冲压成型工艺方法、模具类型,会选用常用模具材料以及冲压成型设备,具备完成冲裁、弯曲、拉深、翻边、胀形等成型工艺设计、计算的能力,能完成中等复杂程度冲压模具的设计。

通过中高职衔接核心课程塑料成型工艺及模具设计(含课程设计)的学习,学生可进一步熟悉常用塑料的特性、注射模具结构,能完成塑料件结构工艺分析、制品的缺陷分析及解决措施、设备选用、注射成型工艺参数选择、模具方案及结构设计、成型零件尺寸计算和模架选用,具备设计中等复杂程度塑料件注射模具的能力。

3. 体现基于模具装配、调试与维护岗位能力递进的中高职衔接核心课程教材编写方案

体现基于模具装配、调试与维护岗位能力递进的中高职衔接核心课程是模具装配调试与维护,通过这门课程的学习,学生可进一步提高钳工基本操作技能;能根据模具装配图要求,制订合理的装配方案,装配冲压模、塑料模;能合理选择检测方法和检测工具,完成装配过程检验;能在冲床上安装、调试冲压模,能在注塑机上安装、调试塑料模;能完成冲压模、塑料模的日常维护、保养。

熊建武
2018 年 1 月

前言

　　本书是根据国务院《关于加快发展现代职业教育的决定》,教育部、人社部、工信部《制造业人才发展规划指南》、《高等职业学校模具设计与制造专业教学标准》,湖南省教育厅《关于开展中高职衔接试点工作的通知》等关于职业教育教学改革的意见、职业教育的特点和模具技术的发展,以及对职业院校学生的培养要求,根据《模具设计与制造专业中高职衔接核心课程教材的编写方案》,在借鉴德国双元制教学模式、总结近几年各院校模具设计与制造专业教学改革经验的基础上,由湖南工业职业技术学院、湖南财经工业职业技术学院、湖南理工职业技术学院、山西职业技术学院、咸阳职业技术学院、湖南铁道职业技术学院、湖南汽车工程职业学院、湘西民族职业技术学院、湖南科技职业学院、益阳职业技术学院、郴州职业技术学院、邵阳职业技术学院、衡阳技师学院、永州职业技术学院、中南工业学校、长沙市望城区职业中等专业学校、湘阴县第一职业中等专业学校、宁乡职业中专学校、祁阳县职业中等专业学校、衡南县职业中等专业学校、祁东县职业中等专业学校、平江县职业技术学校、永州市工商职业中等专业学校、永州市工业贸易中等专业学校、宁远县职业中专学校等院校的专业教师联合编写,是湖南省职业院校教育教学改革研究项目"基于专业对口招生的中高职衔接人才培养模式改革与创新""模具专业校企合作一体化教学模式的研究与运用""中职与高职有机衔接的主要内容及对策研究""基于产教深度融合模式下模具设计与制造专业教学模式改革的研究与实践"的研究成果,是湖南工业职业技术学院模具设计与制造专业省级特色专业建设项目的核心课程建设成果,是国家中等职业教育改革发展示范学校项目的建设成果,是湖南工业职业技术学院、湖南财经工业职业技术学院、长沙市望城区职业中等专业学校、中南工业学校、宁乡职业中专学校、湘阴县第一职业中等专业学校、祁阳县职业中等专业学校、祁东县职业中等专业学校、衡南县职业中等专业学校的湖南省职业教育"十二五"省级重点建设项目"模具设计与制造专业中高职衔接试点项目"的建设成果,是永州职业技术学院、永州市工商职业中等专业学校、永州市工业贸易中等专业学校、宁远县职业中专学校的湖南省职业教育"十二五"省级重点建设项目"机械制造与自动化专业中高职衔接试点项目"的建设成果,是湖南工业职业技术学院、湖南铁道职业技术学院、湖南汽车工程职业学院、湖南财经工业职业技术学院的湖南省卓越职业院校建设项目的优质核心课程建设成果,是国家精品资源共享课"机械产品检测与质量控制"的配套教材,是湖南省高职院校名师课堂课程"公差配合与技术测量"的配套成果教材,是湖南财经工业职业技术学院课程"公差配合与测量技术"教学资源库的配套教材,是湖南省教育科学规划课题"现代学徒制:中高衔接行动策略研究""校企深度合作下的高职机械制造类'芙蓉工匠'人才培养研究""基于'工匠精神'的高职汽车类创新创业人才培养模式的研究""基于'双创'需求的高职院校新能源汽车技术专业建设的研究"的研究成果,是湖南财经工业职业技术学院和湖南工业职业技术学院联合建设的湖南省"十三五"教育科学研究基地——湖南职业教育"芙蓉工匠"培养研究基地的研究成果。

本书以培养学生从事模具零件制造工艺编制的基本技能为目标,按照基于工作过程导向的原则,在行业企业、同类院校进行调研的基础上,重构课程体系,拟定典型工作任务,重新制定课程标准,选择具有代表性的几个项目,按照由简到难的顺序,以便学生学习公差与配合的基础知识,逐步了解相关国家标准。本书以真实机械零件为载体,采用通俗易懂的文字和丰富的图表,详细介绍机械零件的公差配合与检测。同时,在中职阶段、高职阶段均安排一些实训,让学生自己动手进行测量和检验,体现"做中学、学中做",以充分调动学生的学习积极性,使学生学有所成。

为体现课程专业能力渐进规律,并兼顾便于教学实施,将课程内容划分为中职、高职两大部分,分两个教学阶段实施。第1篇基础篇(中职阶段),介绍了公差配合基本知识,尺寸公差、极限配合及其选用,几何公差及其选用,表面结构特征及其选用,常用计量仪器及其使用,常用典型机械零件的测量,轴套类零件的测量,表面结构特征的测量等内容,建议安排30~40课时。第2篇提高篇(高职阶段),介绍了滚动轴承、螺纹、键与花键的公差配合及其选用,螺纹、键与花键的测量,光滑极限量规公差带的设计,渐开线直齿圆柱齿轮的公差与检测(选学)等内容,建议安排30~40课时。

本书由谭补辉(益阳职业技术学院讲师)、杨益梅(湖南理工职业技术学院副教授)、陈黎明(湖南财经工业职业技术学院副教授)、熊建武(湖南工业职业技术学院教授、高级工程师)、张腾达(株洲市职工大学讲师)、王端阳(祁东县职业中等专业学校讲师)编著。参加编写的人员还有董小英、龚煌辉、陈湘舜(湖南铁道职业技术学院),刘少华、陆元三、刘红燕、蔡艳(湖南财经工业职业技术学院),李强、孙忠刚、文跃兵、彭欢、夏凯(湖南工业职业技术学院),熊文伟、周志冰(湖南机电职业技术学院),朱旭辉(湖南汽车工程职业学院),谭海林(湖南化工职业技术学院),林章辉(长沙航空职业技术学院),熊霞、蒋海波(湖南生物机电职业技术学院),宋新华(张家界航空工业职业技术学院),刘波(湖南国防工业职业技术学院),王仁志(湖南电气职业技术学院),刘立微(湖南理工职业技术学院),吴光辉(娄底职业技术学院),贾越华(湘西民族职业技术学院),宋玲(怀化职业技术学院),葛立(岳阳职业技术学院),王永红、刘友成(邵阳职业技术学院),徐晓昂、唐波(益阳职业技术学院),徐绍贵(湖南高尔夫旅游职业学院),陈振环(长沙南方职业学院),王正青、赵建勇(潇湘职业学院),向清然、龙海玲(衡阳技师学院),谢学民、徐炯(娄底技师学院),陆唐(湖南陶瓷技师学院),郭燕华、胡少华(湖南兵器工业高级技工学校),李义云、盘臆明(湖南九嶷职业技术学院),刘正阳(湖南科技职业学院),李刚(山西职业技术学院),于海玲(咸阳职业技术学院),陈艳辉、周柏玉(郴州职业技术学院),罗辉、邓子林(永州职业技术学院),陈昆明、戴石辉、夏嵩(长沙市望城区职业中等专业学校),张舜(株洲市工业中等专业学校,株洲市职工大学),易悦诚、李立(长沙县职业中等专业学校),王健、张红菊、邹晓红(衡南县职业中等专业学校),舒仲连、付钢(湖南省工业技师学院),杨志贤(湘阴县第一职业中等专业学校),卢碧波、赵卫东(宁乡职业中专学校),龚林荣(祁阳县职业中等专业学校),徐灿明(东莞市电子科技学校),刘建雄(祁东县职业中等专业学校),彭向阳、苏瞧忠、李清龙(平江县职业技术学校),盘九兵(新田县职业中等专业学校),欧阳盼(湘北职业中等专业学校),陈志彪(衡阳市职业中等专业学校),吴业余、刘建勋(安化县职业中专学校),李向阳(郴州工业交通学校),姜星(衡东县职业中等专业学校）。熊建武、谭补辉、杨益梅、陈黎明负责全书的统稿和修改。尹韶辉（日本宇都宫大学博士、湖南大学教授、博士研究生导师、湖南大学国家高效磨削工程技术研究中心微纳制造研究所所长）、胡智清（湖南财经工业职业技术学院副院长、教授）、汪哲能（湖南财经工业职业技术学院机电工程系副主任、教授）任主审。

在本书编写过程中，湖南省模具设计与制造学会荣誉理事长叶久新教授、湖南省模具设计与制造学会副理事长贾庆雷高级工程师、湖南维德科技发展有限公司陈国平总经理提出了许多宝贵意见和建议，益阳职业技术学院、湖南财经工业职业技术学院、湖南工业职业技术学院、永州职业技术学院、衡南县职业中等专业学校等院校领导给予了大力支持，在此一并表示感谢。

为便于学生查阅有关资料、标准及拓展学习，本书特为相关内容设置了二维码链接。同时，作者在撰写过程中收集了大量有利于教学的资料和素材，限于篇幅，未在书中全部呈现，感兴趣的读者可向作者索取，作者的联系方式为 E-mail：xiongjianwu2006@126.com。

本书适合机械制造与自动化、机械设计与制造、汽车制造与装配、工业机器人、机电一体化技术、工程机械运用与维护、模具设计与制造、新能源汽车等机械装备制造大类各专业的高职院校、中职院校、技校、技师学院、中高职衔接班及五年一贯制大专班学生使用，也适合机械装备制造大类各专业的成人教育学员使用，还可供从事机械装备制造大类各专业技术工作的工程技术人员、高等职业技术学院和中等专业学校教师参考。

由于时间仓促和编者水平有限，书中错误和不当之处在所难免，恳请广大读者批评指正。

编　者
2018 年 8 月

目录

第1篇 基 础 篇

项目1 "公差配合与测量技术"课程概述 ·············· 3
   1.1 本课程的地位与性质 ···································· 3
   1.2 本课程的特点 ·· 3
   1.3 本课程的学习目标与学习方法 ························ 3

项目2 公差配合基本知识的了解 ······················ 5
   2.1 机械零件的互换性及其意义 ·························· 5
   2.2 机械零件的标准化及其意义 ·························· 6
   2.3 机械零件的优先数和优先数系 ······················ 8
   2.4 机械零件的加工误差与公差 ·························· 9
   复习与思考题 ·· 10

项目3 尺寸公差、极限配合及其选用 ·················· 11
   3.1 公差与配合 ·· 12
   3.2 尺寸偏差与公差 ·· 13
   3.3 孔和轴的配合与配合制 ······························ 15
   3.4 孔和轴的标准公差系列 ······························ 21
   3.5 孔和轴的基本偏差系列及其选用 ···················· 23
   3.6 大尺寸机械零件公差配合的选用 ···················· 49
   复习与思考题 ·· 51

项目4 几何公差及其选用 ······························ 53
   4.1 几何公差基本术语的了解 ···························· 53
   4.2 几何公差的类型与符号 ······························ 59
   4.3 几何公差的标注 ·· 63
   4.4 几何公差带的定义、标注和解释 ···················· 68
   4.5 公差原则 ·· 86
   4.6 机械零件几何公差的选用 ···························· 94
   复习与思考题 ·· 100

项目5　表面结构特征及其选用 ……………………………………………… 103

　5.1　表面结构特征的概念及相关国家标准 ……………………………… 103

　5.2　表面结构的评定参数及其系列值 …………………………………… 104

　5.3　国家标准对表面结构特征的基本规定 ……………………………… 108

　5.4　表面结构要求的标注 ………………………………………………… 123

　5.5　机械零件表面结构要求的选用 ……………………………………… 126

　复习与思考题 …………………………………………………………………… 128

项目6　常用计量仪器及其使用 ……………………………………………… 130

　6.1　测量与计量仪器的类型 ……………………………………………… 130

　6.2　金属直尺、内外卡钳与塞尺及其使用 ……………………………… 132

　6.3　量块及其使用 ………………………………………………………… 137

　6.4　游标类量具及其使用 ………………………………………………… 140

　6.5　千分尺类量具及其使用 ……………………………………………… 144

　6.6　机械式测量仪表及其使用 …………………………………………… 149

　6.7　角度量具及其使用 …………………………………………………… 154

　6.8　其他计量仪器简介 …………………………………………………… 157

　6.9　测量新技术与新型计量仪器简介 …………………………………… 163

　复习与思考题 …………………………………………………………………… 168

项目7　常用典型机械零件的测量 …………………………………………… 169

　7.1　残缺圆柱面的测量 …………………………………………………… 169

　7.2　角度的测量 …………………………………………………………… 171

　7.3　圆锥的测量 …………………………………………………………… 176

　7.4　箱体的测量 …………………………………………………………… 178

　复习与思考题 …………………………………………………………………… 182

项目8　轴套类零件的测量 …………………………………………………… 185

　8.1　轴径的测量 …………………………………………………………… 185

　8.2　孔径的测量 …………………………………………………………… 190

　8.3　长度的测量 …………………………………………………………… 194

　8.4　锥度的测量 …………………………………………………………… 197

　8.5　圆度误差的测量 ……………………………………………………… 201

　8.6　轴类零件位置误差的测量 …………………………………………… 207

　复习与思考题 …………………………………………………………………… 210

项目9　表面结构特征的测量 ………………………………………………… 211

　9.1　用比较法测量表面粗糙度 …………………………………………… 211

　9.2　用表面粗糙度测量仪测量表面粗糙度 ……………………………… 213

　9.3　用光切显微镜测量表面粗糙度 ……………………………………… 217

　9.4　用干涉显微镜测量表面粗糙度 ……………………………………… 221

　复习与思考题 …………………………………………………………………… 222

第 2 篇 提 高 篇

项目 10 滚动轴承的公差配合及其选用 ………………………………………………… 225
    10.1 滚动轴承的代号 ………………………………………………… 225
    10.2 滚动轴承的公差 ………………………………………………… 230
    10.3 滚动轴承与轴、轴承座孔的配合 ………………………………… 233
    复习与思考题 ………………………………………………………… 240

项目 11 螺纹的公差配合及其选用 ………………………………………………… 241
    11.1 螺纹的基本牙型与几何参数 ………………………………………… 241
    11.2 普通螺纹几何参数对互换性的影响 ………………………………… 256
    11.3 螺纹中径合格性条件 ………………………………………………… 259
    11.4 普通螺纹公差配合与表面结构要求的选用 ………………………… 261
    11.5 机床丝杠、螺母公差配合简介 ……………………………………… 267
    复习与思考题 ………………………………………………………… 269

项目 12 键与花键的公差配合及其选用 …………………………………………… 271
    12.1 键连接及其类型 ……………………………………………………… 271
    12.2 平键连接公差配合与表面结构要求的选用 ………………………… 273
    12.3 花键连接公差配合与表面结构要求的选用 ………………………… 278
    复习与思考题 ………………………………………………………… 282

项目 13 螺纹的测量 ………………………………………………………………… 283
    13.1 用螺纹千分尺测量螺纹中径 ………………………………………… 283
    13.2 用三针法测量螺纹中径 ……………………………………………… 284
    13.3 用影像法测量螺纹中径、螺距和牙型半角 ………………………… 286
    复习与思考题 ………………………………………………………… 291

项目 14 键与花键的测量 …………………………………………………………… 292
    14.1 单键连接中键槽的检测 ……………………………………………… 292
    14.2 花键的检测 …………………………………………………………… 293
    复习与思考题 ………………………………………………………… 297

项目 15 光滑极限量规公差带的设计 ……………………………………………… 298
    15.1 光滑极限量规的作用与种类及极限尺寸的判断原则 …………… 298
    15.2 工作量规的设计 ……………………………………………………… 300
    复习与思考题 ………………………………………………………… 309

项目 16 渐开线直齿圆柱齿轮的公差与检测 ……………………………………… 310
    16.1 齿轮传动的要求及公差 ……………………………………………… 310
    16.2 齿轮的误差及其评定指标与检测 …………………………………… 311
    16.3 齿轮副传动误差分析 ………………………………………………… 319
    16.4 渐开线直齿圆柱齿轮的精度选用 …………………………………… 322
    复习与思考题 ………………………………………………………… 333

附录 ·· 334

　　附录 A　测量常用术语 ·· 334

　　附录 B　测量方法的分类 ·· 334

　　附录 C　测量误差的分类、产生原因及消除方法 ······················ 335

　　附录 D　常用几何图形计算公式 ·· 335

　　附录 E　圆周等分系数表 ·· 338

　　附录 F　圆弧长度计算表 ·· 339

　　附录 G　内圆弧与外圆弧计算 ·· 340

　　附录 H　V 形槽宽度、角度计算 ·· 340

　　附录 I　燕尾与燕尾槽宽度计算 ·· 341

　　附录 J　内圆锥与外圆锥计算 ·· 341

　　附录 K　几何公差的检测与验证(摘自 GB/T 1958—2017) ········ 342

　　附录 L　测量的常用计算方法 ·· 344

　　附录 M　最小条件评定法 ·· 346

　　附录 N　二维码链接汇总表 ·· 347

参考文献 ·· 353

第1篇

基　础　篇

项目 1 "公差配合与测量技术"课程概述

1.1 本课程的地位与性质

本课程是职业院校机械装备制造类各专业开设的一门专业技术基础课程,是一门与"机械制图""金属材料及热处理""机械设计基础""液压与气压传动"等课程同时开设或稍后开设的机械类专业基础课程。

本课程主要讲授机械或仪器零部件的精度选用及精度测量等内容,包括机械零件的互换性与标准化,极限配合及其选用,几何公差及其选用,表面结构特征及其选用,常用测量仪器及其使用,常用典型机械零件的测量,轴套类零件的测量,表面结构特征的测量,滚动轴承、螺纹连接件、键与花键、圆锥的公差配合及其选用,测量误差与测量数据处理,测量方法和测量仪器的选用,螺纹、键与花键的测量,光滑极限量规公差带的设计,渐开线直齿圆柱齿轮的公差与检测。本课程是从基础课过渡到专业课的桥梁,为后续机械设计、模具设计、机械加工、机械零件制造工艺编制等课程打好基础。

1.2 本课程的特点

本课程由机械零件公差配合与机械零件测量两大部分组成。它们分别属于标准化和计量学两个不同的范畴。本课程将它们有机地结合在一起,成为一门重要的技术基础课。另外,这两大部分还是综合分析和研究进一步提高机械及仪器仪表产品质量的两个重要技术环节。

本课程的特点是,术语及定义多,代号、符号多,具体规定多,内容多,经验总结多,而逻辑性和推理性较少,往往使刚刚学完基础理论课的学生感到枯燥、内容繁多、记不住、不会用。为了学好由基础课向专业课过渡的本课程,学生应当有充分的精神准备。

1.3 本课程的学习目标与学习方法

本课程的学习目标是,在了解机械零件公差配合和测量基本知识的基础上,能熟练查阅公差配合和测量的国家标准,掌握常用标准零部件(滚动轴承、螺纹连接件、键连接件、圆锥配合连接件、齿轮)的公差配合、表面结构特征要求、几何公差的选用与测量方法,并能选用简单机械零部件的公差配合,能测量简单机械零部件。

公差标准就是技术法规,要注意其严肃性,在进行精度设计时既要遵循标准规定的原则,又要根据不同的使用要求灵活选用。机械产品的种类繁多,使用要求各异,要达到本课程学习目标并非一件轻而易举的事。为此,学生、教师均须掌握合适的方法。

学生需遵循的学习方法如下。

(1) 在学习中,应当了解每个术语、定义的实质,及时归纳总结并掌握各术语及定义的区别和联系,在此基础上牢记,以灵活运用。

(2) 认真独立完成作业和实训任务,巩固并加深对所学内容的理解与记忆。通过独立动手完成实际工作任务,掌握正确的公差标注方法,熟悉公差与配合选择原则和方法。

(3) 树立理论联系实际、严肃认真的科学态度,培养基本技能,重视计算机在测量、数据处理等方面的应用。

(4) 要正确运用本课程所学知识,熟练正确地进行零件精度设计,还需要经过实际工作的锻炼。对学习过程中遇到的困难,应当坚持不懈地努力克服,反复记忆、反复练习、不断应用是达到熟练的保证。

(5) 在后续课程(设计类和工艺类课程)的学习中,特别是机械零件课程设计、机床夹具设计、专业课课程设计和毕业设计中,才能加深对本课程学习内容的理解,逐步掌握精度设计的要领。

为了让学生达到本课程的学习目标,任课教师可采取的方法如下。

(1) 课前,应充分准备,尽量了解机械制造企业真实零部件公差配合的选用方法、测量手段。

(2) 在课堂教学过程中,应尽量以实际机械零部件的公差配合选用、测量为例进行讲授,布置难度较小的课堂练习并及时点评。

(3) 课后,安排学生完成中等难度的机械零部件的公差配合选用、测量作业。

(4) 教学内容安排方面,尽量安排一些学生动手的实习实训项目,让学生加深对理论知识及技术标准的理解。

项目 2 公差配合基本知识的了解

★ **项目内容**

· 公差与配合的基本知识。

★ **学习目标**

· 掌握公差与配合的基本知识。

★ **主要知识点**

· 互换性的概念和分类。
· 互换性的技术与经济意义。
· 标准化的概念和分类。
· 标准化的技术与经济意义。
· 优先数、优先数系的基本系列。
· 机械零件的加工误差和公差。

2.1 机械零件的互换性及其意义

2.1.1 互换性的概念

互换性是指机械产品在装配的时候,同一规格的零件或部件不经过选择、修配、调整,就能够保证机械产品使用性能要求的一种特性。互换性现象在日常生活中比比皆是:日常所用的灯具坏了,可以直接到商店里面买一个同样规格的灯具安装上;自行车的螺钉丢了,可以买一个同样的螺钉装上;钥匙丢了,配一把新的钥匙就能把门打开了;手机在开发新款式的时候,可以采用具有互换性的统一机芯,对于不同款式只要设计不同的外观造型,就可以形成一个具有多种款式的产品系列。

2.1.2 互换性的分类

互换性按其互换程度可分为完全互换和不完全互换。

1. 完全互换

完全互换是指经检验符合零件图设计要求的成批零件、装配部件在装配前不经过再次挑选,装配时也不需要修配和调整,装配后即可满足预定的使用要求。螺栓、螺母、齿轮、圆柱销等标准件的装配大都属此类情况。

2. 不完全互换

不完全互换又可分为分组互换和调整互换。不完全互换只限于部件或机构在制造企业内装配时使用。企业对外协作零件,则往往要求完全互换。

(1)当装配精度要求很高时,若采用完全互换,则将使零件的尺寸公差很小,加工困难,成本很高,甚至无法加工,这时可采用不完全互换法进行生产,将零件制造公差适当放大,以便于加工。在完工后,再用量仪将零件按实际尺寸大小分组,组与组之间不可互换,因此这种不完全互换叫作分组互换。

(2)用移动或更换某些零件以改变其位置和尺寸的办法来达到所需的精度,称为调整互换。它也属于不完全互换,一般以螺栓、斜面、挡环、垫片等作为尺寸补偿。

对于标准件,互换性又可分为内互换和外互换。构成标准部件的零件之间的互换称为内互换。标准部件与其他零部件之间的互换称为外互换。例如,滚动轴承外圈内滚道、内圈外滚道与滚动体之间的互换即为内互换,滚动轴承外圈外径与轴承座孔的互换为外互换。

2.1.3 互换性的技术和经济意义

互换性是机械产品设计和制造的重要原则。从维修角度看,机械产品实现了互换性,若机器的零部件坏了,则可以直接购买新的同规格产品,以旧换新,减少机器的维修时间和费用,保证机器的连续运转,从而提高机器的使用价值。从设计角度看,进行互换性设计,可以最大限度地采用标准件、通用件,大大简化不必要的绘图和计算工作,进行产品的系列化设计,根据市场动态及未来行情,及时满足市场用户的需要。从制造角度看,互换性有利于组织专业化生产,有利于采用先进工艺和高效率的专业设备,有利于进行计算机辅助制造,可以尽最大可能缩短生产周期,使企业提高生产率、保证产品的质量并降低生产制造成本。

机械制造业中的互换性,通常包括零件几何参数(尺寸)、力学性能、物理化学性能等方面的互换性。本书主要从工量具的角度来讲解机械零件几何量的公差配合与测量,主要讨论几何参数的互换性。

互换性必须遵循经济原则,不是任何情况下都适用,有时零件只能采用修配法才能制成或符合经济原则。例如,冲压模具成形零件常用修配法制造。

2.2 机械零件的标准化及其意义

2.2.1 标准化的概念

标准是由一定的权威组织对经济、技术和科学中重复出现的共同的技术语言和技术事项等方面规定的统一技术准则,是相关领域必须共同遵守的技术依据,即技术法规。

标准化是指制定标准、贯彻标准和修改标准的全过程,是一个系统工程。标准化是实现互换性的基础,不仅要合理地确定零件制造公差,还必须保证在影响生产质量的各个环节、阶段及有关方面实现标准化,如优先数系、几何公差及表面质量参数的标准化,计量单位及检测规定的标准化等。标准化是个总称,它包括设计系列化和通用化的内容。

2.2.2 标准化的分类

1. 《中华人民共和国标准化法》规定的分类

根据《中华人民共和国标准化法》规定,我国的标准分为国家标准、行业标准、地方标准、团体标准、企业标准。

对需要在全国范围内统一的技术要求,可制定国家标准。对没有国家标准
而又需要在全国某个行业范围内统一的技术要求,可制定行业标准。对没有国
家标准和行业标准而又需要在省、自治区、直辖市范围内统一的工业产品的安
全、卫生要求,可制定地方标准。企业生产的产品没有国家标准、行业标准和地方标准的,应
当制定相应的企业标准。对已有国家标准、行业标准或地方标准的,鼓励企业制定严于国家
标准、行业标准或地方标准要求的企业标准。

2. 按照标准化对象的特性分类

在我国,按照标准化对象的特性,标准可分为基础标准、产品标准、方法标
准、安全标准、卫生标准等。基础标准是指在一定范围内作为其他标准的基础
并普遍使用、具有广泛指导意义的标准,如《机械制图 图样画法 视图》(GB/T 4458.1—
2002)、《机械制图 尺寸注法》(GB/T 4458.4—2003)、《产品几何技术规范(GPS) 极限与
配合 公差带和配合的选择》(GB/T 1801—2009)等标准。

3. 按照标准的适用领域、有效作用范围和发布权力分类

按照标准的适用领域、有效作用范围和发布权力,标准一般分为:国际标
准,如由国际标准化组织 ISO 和国际电工委员会 IEC 制定的标准;区域标准(或
国家集团标准),如 EN、ANSI 和 DIN 分别是由欧盟、美国和德国制定的标准,我国的国家
标准 GB 和 GB/T;行业标准(或协会、学会标准),如 JB 和 YB 分别为我国机械行业标准和
冶金行业标准;地方标准和企业(或公司)标准。

4. 按照标准是否具备强制性效力分类

根据《中华人民共和国标准化法》规定,国家标准和行业标准分为强制性和
推荐性两类。保障人体健康,人身、财产安全的标准和法律、行政法规规定强制
执行的标准是强制性标准,其他标准是推荐性标准。

根据《强制性产品认证管理规定》(国家质量监督检验检疫总局颁布)规定,
凡列入强制性认证内容的产品,必须经国家指定的认证机构认证合格,取得指
定认证机构颁发的认证证书。取得认证证书后,方可出厂销售、进口和在经营
性活动中使用产品。

我国陆续修订了自己的标准,修订的原则是在立足我国实际的基础上向 ISO 靠拢。

2.2.3 标准化的技术和经济意义

标准化是组织现代化大生产的重要手段,是实行科学管理的基础,也是对产品设计的基
本要求之一。标准化的实施,可以使生产者获得最佳的社会、经济效益。标准化是指以制定
标准和贯彻标准为主要内容的全部活动过程,标准化的程度是评定产品质量的指标之一,标

准化是我国很重要的一项技术政策。

2.3 机械零件的优先数和优先数系

在产品设计或生产中,为了满足不同的要求,同一产品的某一参数从大到小取不同的值(形成不同规格的产品系列)时,应采用一种科学的数值分级制度,人们由此总结了一种科学的统一的数值标准,即优先数和优先数系。

优先数系是国际上统一的数值分级制度,是一种无量纲(即量纲为0)的分级数系,适用于各种量值的分级。优先数系中的任一数值均称为优先数。优先数和优先数系是19世纪末由法国人雷诺(Renard)首先提出的,为了纪念雷诺,后人将优先数系称为 Rr 数系。产品(或零件)的主要参数(或主要尺寸)按优先数形成系列,可使产品(或零件)形成系列化,便于分析参数间的关系,减轻设计计算的工作量。例如,机床主轴转速的分级间距、钻头直径尺寸、粗糙度参数、公差标准中尺寸分段(250 mm 以后)等均采用某一优先数系。

目前,我国数值分级国家标准《优先数和优先数系》(GB/T 321—2005)规定十进制等比数列为优先数,并规定了优先数系的 5 个系列。这 5 个系列是按 5 个公比形成的数系,分别用 R5、R10、R20、R40、R80 表示。其中,前 4 个为基本系列;R80 为补充系列,仅用于分级很细的场合。等比数列的公比为 $q_r = \sqrt[r]{10}$,其含义是在同一个等比数列中,每隔 r 项的后项与前项的比值增大 10。国家标准中规定的 5 个优先数系的公比分别为:R5 系列,公比 $q_5 = \sqrt[5]{10} \approx 1.6$;R10 系列,公比 $q_{10} = \sqrt[10]{10} \approx 1.25$;R20 系列,公比 $q_{20} = \sqrt[20]{10} \approx 1.12$;R40 系列,公比 $q_{40} = \sqrt[40]{10} \approx 1.06$;R80 系列,公比 $q_{80} = \sqrt[80]{10} \approx 1.03$。

例如,在区间[1,10]中,R5 系列有 1.0、1.6、2.5、4.0、6.3、10.0 等 6 个优先数;R10 系列在 R5 系列中插入 1.25、2.00、3.15、5.00、8.00,共有 11 个优先数,如表 2-1 所示。在 R5 系列中插入比例中项 1.25,即得出 R10 系列;R5 系列的各项数值包含在 R10 系列中。同理,R10 系列的各项数值包含在 R20 系列中,R20 系列的各项数值包含在 R40 系列中,R40 系列的各项数值包含在 R80 系列中。

表 2-1 优先数系的基本系列(摘自 GB/T 321—2005)

R5	R10	R20	R40	R5	R10	R20	R40	R5	R10	R20	R40
1.00	1.00	1.00	1.00			2.24	2.24		5.00	5.00	5.00
			1.06				2.36				5.30
		1.12	1.12	2.50	2.50	2.50	2.50			5.60	5.60
			1.18				2.65				6.00
	1.25	1.25	1.25			2.80	2.80	6.30	6.30	6.30	6.30
			1.32				3.00				6.70
		1.40	1.40		3.15	3.15	3.15			7.10	7.10
			1.50				3.35				7.50
1.60	1.60	1.60	1.60			3.55	3.55		8.00	8.00	8.00
			1.70				3.75				8.50
		1.80	1.80	4.00	4.00	4.00	4.00			9.00	9.00

续表

R5	R10	R20	R40	R5	R10	R20	R40	R5	R10	R20	R40
			1.90				4.25				9.50
	2.00	2.00	2.00			4.50	4.50	10.00	10.00	10.00	10.00
			2.12				4.75				

　　根据生产需要,可以派生出变形系列,即派生系列和复合系列。派生系列是指从某系列中按一定项差取值所构成的系列,复合系列是指由若干等比系列混合构成的多公比系列。

　　优先数系是一项重要的基础标准,我国现行的优先数系与国际标准相同。一般机械产品的主要参数通常遵循 R5 系列和 R10 系列,专用工具的主要尺寸遵循 R10 系列,通用型材、通用零件及工具的尺寸、铸件的壁厚等遵循 R20 系列。

　　优先数系的 5 个系列中任一项值均为优先数。按公比计算得到的优先数的理论值,除 10 的整数幂外,都是无理数,工程技术上不能直接应用。实际应用的都是经过圆整后的近似值。优先数的主要优点是:相邻两项的相对差均匀,疏密适中,运算方便,简单易记;在同一系列中,优先数的积、商、整数乘方仍为优先数,优先数系得到广泛的应用。国家标准《产品几何技术规范(GPS)　极限与配合　公差带和配合的选择》(GB/T 1801—2009)中的公差等级系数就是按照 R5 系列确定的,而尺寸分段根据 R10 系列确定。

　　优先数和优先数系的具体选用,详见《电阻器和电容器优先数系》(GB/T 2471—1995)、《优先数和优先数系的应用指南》(GB/T 19763—2005)、《优先数和优先数化整值系列的选用指南》(GB/T 19764—2005)等相关国家标准。

2.4　机械零件的加工误差与公差

2.4.1　机械零件的加工误差

　　工件加工时,任何一种加工方法都不可能把工件做得绝对准确,通常将一批工件的尺寸变动称为尺寸误差。从满足产品使用性能要求来看,也不要求一批相同规格的零件尺寸完全相同,而是根据使用要求的高低,允许存在一定的误差。圆柱表面几何参数误差如图 2-1 所示。

1. 尺寸误差

　　尺寸误差是指一批工件的尺寸变动,即加工后零件的实际尺寸和理想尺寸之差,如直径误差、孔距误差等。

2. 形状误差

　　形状误差是指加工后零件的实际表面形状与其理想形状的差异(或偏离程度),如圆度误差、直线度误差等。

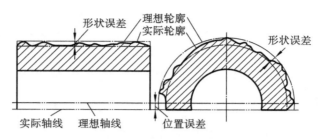

图 2-1　圆柱表面几何参数误差

3. 位置误差

位置误差是指加工后零件的表面、轴线或对称平面之间的相互位置与其理想位置的差异（或偏离程度），如同轴度误差、位置度误差等。

4. 方向误差

方向误差是指被测要素相对理论正确几何形状的偏差，包括垂直度误差、平行度误差和倾斜度误差等。

5. 表面粗糙度

表面粗糙度是指零件加工表面上具有的较小间距和峰谷所形成的微观几何形状误差。

2.4.2　机械零件的公差

从机械零件的使用功能看，不必要求零件几何量（表示几何要素大小、形状、位置及其精度的参量）制造得绝对准确，只要求零件几何量在某一规定的范围内变动，即保证同一规格零部件（特别是几何量）彼此接近。这个允许几何量变动的范围叫作几何量公差。公差是指允许尺寸、几何形状和相互位置等误差变动的范围，用以限制加工误差。因为误差不可能被消除，所以公差值不能为零，而且是绝对值。

公差是由设计人员根据产品使用性能要求给定的。确定公差的原则是在保证满足产品使用性能的前提下，给出尽可能大的公差。公差越小，加工越困难，生产成本越高。公差 T 的大小顺序应为

$$T_{尺寸} > T_{位置} > T_{形状} > T_{表面粗糙度} \tag{2-1}$$

复习与思考题

2-1　什么是互换性？什么是标准化？标准化与互换性生产有何关系？

2-2　什么是标准？标准和标准化有何作用？

2-3　加工误差、公差、互换性三者的关系是什么？

2-4　假设某优先数系的第 1 项为 10，按 R5 系列确定后 5 项的优先数。

项目 *3* 尺寸公差、极限配合及其选用

★ **项目内容**

· 机械零件的尺寸公差、极限配合及其选用。

★ **学习目标**

· 掌握机械零件的尺寸公差、极限配合及其选用。

★ **主要知识点**

· 尺寸及其类型。
· 尺寸偏差、公差及公差带图。
· 孔和轴的配合类型、配合公差及基准制。
· 孔和轴的标准公差系列。
· 孔和轴的基本偏差系列。
· 孔和轴公差配合的标注。
· 孔和轴常用公差带及优先、常用配合。
· 公差配合的选用。
· 未注线性尺寸的公差。
· 大尺寸机械零件的公差配合。

  为适应科学技术发展和促进国际贸易,经国家质量监督检验检疫总局批准,我国颁布了以下公差与配合的国家标准:《产品几何技术规范(GPS) 极限与配合 第1部分:公差、偏差和配合的基础》(GB/T 1800.1—2009)、《产品几何技术规范(GPS) 极限与配合 第2部分:标准公差等级和孔、轴极限偏差表》(GB/T 1800.2—2009)、《产品几何技术规范(GPS) 极限与配合 公差带和配合的选择》(GB/T 1801—2009)。

3.1 公差与配合

3.1.1 孔和轴

1. 孔

孔,通常指工件的圆柱形内尺寸要素,也包括非圆柱形内尺寸要素(即由两平行平面或切面形成的包容面)。

2. 轴

轴,通常指工件的圆柱形外尺寸要素,也包括非圆柱形外尺寸要素(即由两平行平面或切面形成的被包容面)。

从装配过程来看,圆柱形的孔、轴结合,孔为包容面,轴为被包容面。非圆柱形的内表面,如键槽的槽宽属于两平行平面形成的内表面,视为孔;非圆柱形的外表面,如键的宽度属于两平行平面形成的外表面,视为轴;键槽与键宽的结合也属于包容面与被包容面的结合,键槽与键宽是广义的孔和轴。使具有被包容面的工件可采用轴的公差带、具有包容面的工件可采用孔的公差带,便确定了工件的公差与配合之间的关系。

从加工过程来看,随着加工过程的深入,孔的尺寸越来越大,轴的尺寸越来越小。孔和轴如图 3-1 所示。

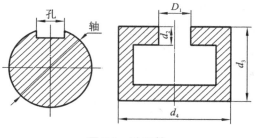

图 3-1 孔和轴

3.1.2 尺寸及其类型

1. 尺寸

尺寸是指用特定单位表示线性尺寸值的数值,一般情况下只表示长度值,如直径、半径、宽度、深度、高度和中心距等。在机械制造中,规定以毫米(mm)为特定单位。在图样上标注尺寸时,可不标注单位,只标注特定数值。当以其他单位来表示时,则需标注相应的长度单位。

2. 公称尺寸

公称尺寸是指通过设计给定的尺寸。公称尺寸一般应按标准选取,可以是一个整数或一个小数,如 12 mm、31.5 mm、71.8 mm、85 mm 等。孔的公称尺寸代号为 D,轴的公称尺寸代号为 d。

3. 极限尺寸

极限尺寸是指尺寸要素允许的尺寸变化的两个极端。尺寸要素允许的最大尺寸称为上极限尺寸,尺寸要素允许的最小尺寸称为下极限尺寸。孔和轴的上极限尺寸分别用 $D_{\max}$ 和 $d_{\max}$ 表示,下极限尺寸分别用 $D_{\min}$ 和 $d_{\min}$ 表示,表示方法如图 3-2 所示。

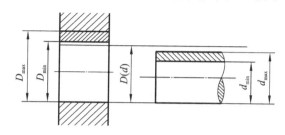

图 3-2　孔和轴的极限尺寸表示方法

4. 实际尺寸

实际尺寸是指零件加工后通过测量所得到的尺寸。孔的实际尺寸用 D_a 表示,轴的实际尺寸用 d_a 表示。由于存在测量误差,实际尺寸并非被测零件的真实尺寸,而是真实尺寸的一个近似值。同时由于零件加工后一定存在形状误差,因此即使是零件的同一表面,不同部位的实际尺寸往往也是不一样的。

公称尺寸和极限尺寸是设计时事先给定的,而实际尺寸是加工后通过测量得到的。实际尺寸必须限制在极限尺寸范围之内,才能符合设计要求。合格的孔和轴的实际尺寸必须分别满足以下要求:

$$D_{\min} \leqslant D_a \leqslant D_{\max} \tag{3-1}$$
$$d_{\min} \leqslant d_a \leqslant d_{\max} \tag{3-2}$$

3.2　尺寸偏差与公差

3.2.1　尺寸偏差

尺寸偏差(偏差)是某一尺寸(极限尺寸、实际尺寸)减去公称尺寸所得的代数差。极限尺寸和实际尺寸可能大于公称尺寸,也可能小于或等于公称尺寸;尺寸偏差可能是正值,也可能是负值或零。尺寸偏差又可分为极限偏差与实际偏差。

1. 极限偏差

极限偏差是极限尺寸减去公称尺寸所得的代数差。极限偏差又可分为上极限偏差和下极限偏差。上极限尺寸减去公称尺寸所得的偏差叫作上极限偏差。孔和轴的上极限偏差分别用 ES 和 es 表示。

$$ES = D_{\max} - D, \quad es = d_{\max} - d \tag{3-3}$$

下极限尺寸减去公称尺寸所得的偏差叫作下极限偏差。孔和轴的下极限偏差分别用 EI 和 ei 表示。

$$EI = D_{\min} - D, \quad ei = d_{\min} - d \tag{3-4}$$

尺寸偏差除零以外,前面必须标注正、负号,而且上极限偏差一定大于下极限偏差,如

$\phi 22^{+0.004}_{+0.001}$ mm，$\phi 27^{+0.003}_{-0.003}$ mm，$\phi 28\pm 0.002$ mm，$\phi 48^{0}_{-0.003}$ mm，$\phi 65^{+0.006}_{0}$ mm。

2. 实际偏差

实际偏差是实际尺寸减去公称尺寸所得的代数差。孔的实际偏差用 E_a 表示，轴的实际偏差用 e_a 表示。

$$E_a = D_a - D, \quad e_a = d_a - d \tag{3-5}$$

实际偏差应控制在极限偏差范围内，也可以等于极限偏差，即

$$EI \leqslant E_a \leqslant ES, \quad ei \leqslant e_a \leqslant es \tag{3-6}$$

3.2.2　尺寸公差

允许尺寸变化的范围称为尺寸公差，简称为公差。工件的尺寸误差在公差范围内为合格，否则为不合格。孔的公差用 T_h 表示，轴的公差用 T_s 表示。极限尺寸、极限偏差和公差的关系如下。

孔的公差：
$$T_h = D_{max} - D_{min} = ES - EI \tag{3-7}$$

轴的公差：
$$T_s = d_{max} - d_{min} = es - ei \tag{3-8}$$

由于上极限尺寸一定大于下极限尺寸，上极限偏差又一定大于下极限偏差，公差一定大于零，没有正负之分，仅表示允许变化的范围。偏差是一个代数值，可以为正，可以为零，也可以为负。公差与配合示意图如图 3-3 所示。

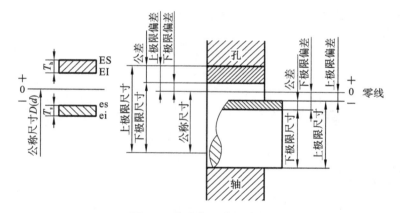

图 3-3　公差与配合示意图

3.2.3　公差带与公差带图

1. 公差带

由代表上极限尺寸和下极限尺寸或上极限偏差和下极限偏差的两条直线所限定的区域，称为尺寸公差带，简称公差带。国家标准对极限与配合做了以下规定：公差带的大小由标准公差确定，公差带的位置由基本偏差确定。

2. 公差带图

为了直观地表示出相互结合的孔和轴的公称尺寸以及偏差与公差之间的关系，可以把孔和轴的公称尺寸和极限偏差同时在示意图上表示出来，这就是公差带示意图（简称公差带

图）。

在公差带图中,用零线表示公称尺寸,零线以上为正偏差,零线以下为负偏差,正好位于零线上的偏差为零偏差。在零线垂直方向上的公差带宽度代表公差值,沿零线方向的长度无实际意义,可适当选取。在公差带图中,公称尺寸的单位是毫米(mm),极限偏差及公差可以毫米(mm)为单位,也可以微米(μm)为单位。以微米为单位时,需要把单位标注出来。

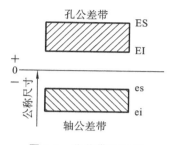

图 3-4　公差带图画法

绘制公差带图时,要标注相应的"0"和"+""一"号,并将公称尺寸数值标注在带有单箭头的尺寸线上。公差带图画法如图 3-4 所示。

【例 3-1】 已知孔和轴的公称尺寸均为 ϕ80 mm,孔的极限尺寸为 $D_{max}=80.020$ mm, $D_{min}=80$ mm;轴的极限尺寸为 $d_{max}=79.980$ mm, $d_{min}=79.960$ mm。试求:

①孔和轴的极限偏差、公差,画出公差带图;

②如果测得孔和轴的实际尺寸分别为 $D_a=80.010$ mm, $d_a=79.965$ mm,计算孔和轴的实际偏差。

【解】 ①代入公式,计算孔和轴的极限偏差、公差如下。

孔的上极限偏差：$ES=D_{max}-D=80.020$ mm-80 mm$=+0.020$ mm

孔的下极限偏差：$EI=D_{min}-D=80$ mm-80 mm$=0$ mm

轴的上极限偏差：$es=d_{max}-d=79.980$ mm-80 mm$=-0.020$ mm

轴的下极限偏差：$ei=d_{min}-d=79.960$ mm-80 mm$=-0.040$ mm

孔的公差：$T_h=ES-EI=+0.020$ mm-0 mm$=0.020$ mm

轴的公差：$T_s=es-ei=-0.020$ mm$-(-0.040$ mm$)=0.020$ mm

根据计算结果绘制公差带图,如图 3-5 所示。

②代入公式,计算孔和轴的实际偏差如下。

$E_a=D_a-D=80.010$ mm-80 mm$=0.010$ mm

$e_a=d_a-d=79.965$ mm-80 mm$=-0.035$ mm

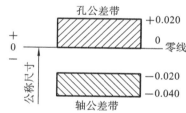

图 3-5　例 3-1 公差带图

3.2.4　机械零件的标准公差与基本偏差

标准公差是指国家标准规定的,并列在公差数值表上的用以确认公差带大小的任一公差。基本偏差是指国家标准规定的,用以确定公差带相对于零线位置的上极限偏差或下极限偏差。一般将公差带图上靠近零线的那个偏差作为基本偏差。

3.3　孔和轴的配合与配合制

3.3.1　孔和轴的配合类型

配合是指公称尺寸相同的、相互结合的孔和轴的公差带之间的关系。根据组成配合的孔和轴的公差带相对位置不同,配合可分为间隙配合、过盈配合和过渡配合。

1. 间隙配合

当孔的尺寸减去相配合的轴的尺寸所得的代数差为正值时,称为间隙,用符号 X 表示。具有间隙的配合(包括最小间隙为零)称为间隙配合。此时,孔的公差带一定位于轴的公差带的上方。间隙配合时,当孔为上极限尺寸而轴为下极限尺寸时,装配后便得到最大间隙(X_{max});当孔为下极限尺寸而轴为上极限尺寸时,装配后便得到最小间隙(X_{min});当孔的下极限尺寸等于轴的上极限尺寸时,它们的间隙为零。最大间隙和最小间隙统称为极限间隙。极限间隙的计算公式为

$$X_{max} = D_{max} - d_{min} = ES - ei \tag{3-9}$$

$$X_{min} = D_{min} - d_{max} = EI - es \tag{3-10}$$

间隙配合时孔、轴公差带相对位置示意图如图 3-6 所示。

实践证明,平均间隙是保证配合松紧程度的最佳间隙。设计时,经常使用平均间隙。平均间隙用符号 X_{av} 来表示,计算公式为

$$X_{av} = \frac{X_{max} + X_{min}}{2} \tag{3-11}$$

【例 3-2】 试计算孔 $\phi 30^{+0.033}_{0}$ mm 与轴 $\phi 30^{-0.020}_{-0.041}$ mm 配合的极限间隙、平均间隙,并画出公差带图。

【解】 代入公式,计算极限间隙、平均间隙如下。

最大间隙: $X_{max} = D_{max} - d_{min} = ES - ei = +0.033 \text{ mm} - (-0.041 \text{ mm}) = +0.074 \text{ mm}$

最小间隙: $X_{min} = D_{min} - d_{max} = EI - es = 0 \text{ mm} - (-0.020 \text{ mm}) = +0.020 \text{ mm}$

平均间隙: $X_{av} = \frac{X_{max} + X_{min}}{2} = \frac{+0.074 \text{ mm} + 0.020 \text{ mm}}{2} = +0.047 \text{ mm}$

根据计算结果绘制公差带图,如图 3-7 所示。

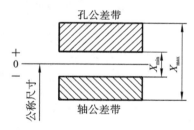

图 3-6　间隙配合时孔、轴公差带相对位置示意图

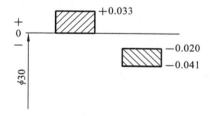

图 3-7　例 3-2 公差带图

2. 过盈配合

当孔的尺寸减去相配合的轴的尺寸所得的代数差为负值时,称为过盈,用符号 Y 表示。具有过盈的配合(包括最小过盈为零)称为过盈配合。此时,孔的公差带一定位于轴的公差带的下方。过盈配合时,当孔为下极限尺寸而轴为上极限尺寸时,装配后便得到最大过盈(Y_{max});当孔为上极限尺寸而轴为下极限尺寸时,装配后便得到最小过盈(Y_{min})。当孔的上极限尺寸等于轴的下极限尺寸时,它们的过盈为零。最大过盈和最小过盈统称为极限过盈。极限过盈的计算公式为

$$Y_{max} = D_{min} - d_{max} = EI - es \tag{3-12}$$

$$Y_{min} = D_{max} - d_{min} = ES - ei \tag{3-13}$$

过盈配合时孔、轴公差带相对位置示意图如图 3-8 所示。

平均过盈是保证配合松紧程度的最佳过盈。设计时,经常采用平均过盈。平均过盈用符号 Y_{av} 来表示,计算公式为

$$Y_{av} = \frac{Y_{max} + Y_{min}}{2} \tag{3-14}$$

【例 3-3】 试计算孔 $\phi 30^{+0.033}_{0}$ mm 与轴 $\phi 30^{+0.056}_{+0.035}$ mm 配合的极限过盈、平均过盈,并画出公差带图。

【解】 代入公式,计算极限过盈、平均过盈如下。

最大过盈: $Y_{max} = D_{min} - d_{max} = EI - es = 0 \text{ mm} - (+0.056 \text{ mm}) = -0.056 \text{ mm}$

最小过盈: $Y_{min} = D_{max} - d_{min} = ES - ei = +0.033 \text{ mm} - (+0.035 \text{ mm}) = -0.002 \text{ mm}$

平均过盈: $Y_{av} = \dfrac{Y_{max} + Y_{min}}{2} = \dfrac{-0.056 \text{ mm} + (-0.002 \text{ mm})}{2} = -0.029 \text{ mm}$

根据计算结果绘制公差带图,如图 3-9 所示。

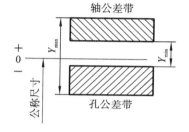

图 3-8　过盈配合时孔、轴公差带
相对位置示意图

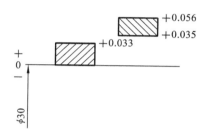

图 3-9　例 3-3 公差带图

3. 过渡配合

可能具有间隙也可能具有过盈的配合称为过渡配合。此时,孔的公差带与轴的公差带相互重叠,如图 3-10 所示。它是介于间隙配合与过盈配合之间的一类配合,间隙和过盈都不大。在过渡配合中,每对孔、轴间的间隙或过盈也是变化的。当上极限尺寸的孔与下极限尺寸的轴配合时,得到最大间隙,用 X_{max} 表示;当下极限尺寸的孔与上极限尺寸的轴配合时,得到最大过盈,用 Y_{max} 表示。在这里,最大间隙和最大过盈的计算公式为

$$X_{max} = D_{max} - d_{min} = ES - ei \tag{3-15}$$

$$Y_{max} = D_{min} - d_{max} = EI - es \tag{3-16}$$

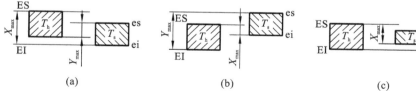

图 3-10　过渡配合公差带图

在过渡配合中,平均间隙或平均过盈为最大间隙与最大过盈的平均值:所得值为正,则为平均间隙;所得值为负,则为平均过盈,即

$$X_{av}（或 Y_{av}） = \frac{X_{max} + Y_{max}}{2} \tag{3-17}$$

【例 3-4】 试计算孔 $\phi 30^{+0.010}_{-0.023}$ mm 与轴 $\phi 30^{0}_{-0.021}$ mm 配合的极限间隙（或极限过盈）、平均间隙（或平均过盈）,并画出公差带图。

【解】 代入公式,计算极限间隙(或极限过盈)、平均间隙(或平均过盈)如下。

最大间隙: $X_{max} = D_{max} - d_{min} = ES - ei =$ $+0.010\ mm - (-0.021\ mm) = +0.031\ mm$

最大过盈: $Y_{max} = D_{min} - d_{max} = EI - es =$ $-0.023\ mm - 0\ mm = -0.023\ mm$

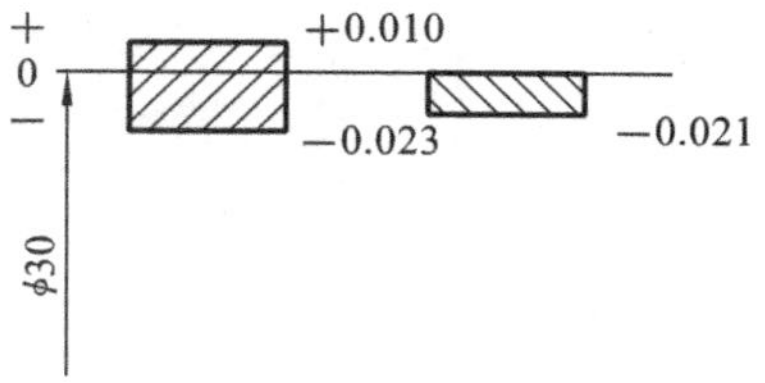

平均间隙:

$$X_{av} = \frac{X_{max} + Y_{max}}{2}$$

$$= \frac{+0.031\ mm + (-0.023\ mm)}{2}$$

$$= +0.004\ mm$$

根据计算结果绘制公差带图,如图 3-11 所示。

图 3-11 例 3-4 公差带图

3.3.2 孔和轴的配合公差

孔和轴的配合公差 T_f 为相互配合的孔、轴的公差之和,也是装配过程中过盈量或间隙量的允许变动范围。配合公差(配合精度)是由设计者按使用要求给定的,反映了配合的精度要求,是一个重要的质量评定指标。它的计算公式为

$$T_f = T_h + T_s \tag{3-18}$$

对于间隙配合,

$$T_f = |X_{max} - X_{min}| \tag{3-19}$$

对于过盈配合,

$$T_f = |Y_{min} - Y_{max}| \tag{3-20}$$

对于过渡配合,

$$T_f = |X_{max} - Y_{max}| \tag{3-21}$$

从式(3-19)~式(3-21)中可以看出,配合件的装配精度与零件的加工精度密切相关。若要提高装配精度,则应减小孔和轴的公差,控制配合后的间隙或过盈的变化范围,提高零件的加工精度。

将最大、最小间隙和最大、最小过盈分别用孔、轴极限尺寸或极限偏差换算后代入式(3-19)~式(3-21),则得三类配合的配合公差的共同公式式(3-18)。

由此可知,配合精度(配合公差)取决于相互配合的孔和轴的尺寸精度(尺寸公差)。配合公差反映装配精度,而零件的制造公差反映加工的难易程度。两者之间矛盾的协调,正是精度设计所要解决的问题。

【例 3-5】 已知公称尺寸为 $\phi80\ mm$ 的孔与轴配合,$T_f = 0.049\ mm$,$X_{max} = 0.028\ mm$,$Y_{max} = -0.021\ mm$,$T_s = 0.019\ mm$,$es = 0\ mm$。试求出孔和轴的极限偏差,并画出公差带图,说明孔和轴的配合性质。

【解】 代入公式,计算孔和轴的极限偏差如下。

$$ei = es - T_s = 0\ mm - 0.019\ mm = -0.019\ mm$$

$$T_h = T_f - T_s = 0.049\ mm - 0.019\ mm = 0.030\ mm$$

根据 $X_{max} = ES - ei$,计算 ES。

$$ES = X_{max} + ei = +0.028\ mm + (-0.019\ mm) = +0.009\ mm$$

根据 $Y_{max}=EI-es$,计算 EI。

$$EI=Y_{max}+es=-0.021\ mm+0\ mm=-0.021\ mm$$

根据计算结果绘制公差带图,如图 3-12 所示。该配合为过渡配合。

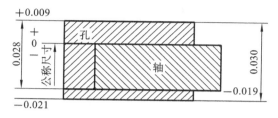

图 3-12　例 3-5 公差带图

3.3.3　基准制及其类型

孔、轴的配合是否满足使用要求,主要看是否可以保证极限间隙或极限过盈的要求。显然,满足同一使用要求的孔、轴公差带的大小和位置是无限多的。图 3-13 所示的三个配合,均能满足同样的使用要求。不对满足同一使用要求的孔、轴公差带的大小和位置做出统一规定,将会给生产过程带来混乱,也不便于产品的使用与维修。因此,为了设计和制造上的方便,应该对孔、轴公差带的大小和位置进行标准化。

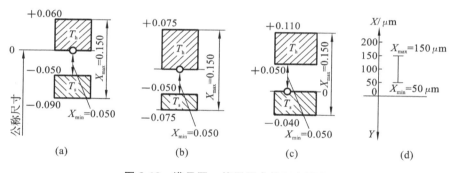

图 3-13　满足同一使用要求的三个配合

对于孔和轴的配合,在不同的使用场合有不同的松紧要求。这就需要提供各种不同的公差带来满足需要。为了减少定值刀具、定值量具的数量,提高技术经济效益,根据不同的使用要求,把孔(或轴)的公差带固定起来,而用改变轴(或孔)的公差带位置的方法来改变配合的松紧,以满足各种配合要求的制度称为基准制。国家标准《产品几何技术规范(GPS)　极限与配合　第 1 部分:公差、偏差和配合的基础》(GB/T 1800.1—2009)中规定了两种基准制,即基孔制和基轴制。基孔制和基轴制公差带如图 3-14 所示。

1. 基孔制

基孔制是指基本偏差为一定的孔的公差带,与不同基本偏差的轴的公差带形成各种配合的制度,如图 3-14(a)所示。

国家标准规定,基孔制配合中的孔称为基准孔,代号为 H,是基孔制配合中的基准件;轴为非基准件。基准孔以其下极限偏差(EI)为基本偏差,数值为零;上极限偏差(ES)为正值,即它的公差带位于零线上方,如图 3-15(a)所示。

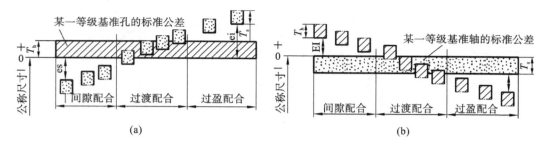

图 3-14　基孔制和基轴制公差带

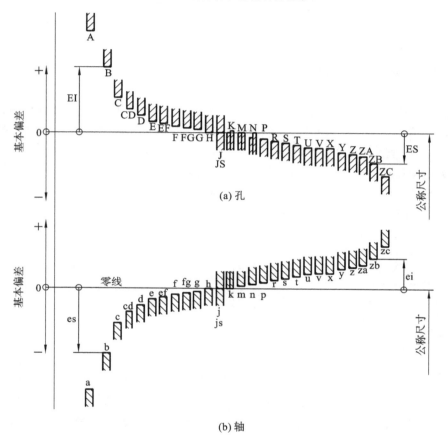

图 3-15　基本偏差系列

2. 基轴制

基本偏差是指一定的轴的公差带与不同基本偏差的孔的公差带形成各种配合的一种制度，如图 3-14(b)所示。国家标准规定，基轴制配合中的轴称为基准轴，代号为 h，是基轴制配合中的基准件；孔为非基准件。基准轴以其上极限偏差(es)为基本偏差，数值为零；下极限偏差(ei)为负值，即它的公差带位于零线下方，如图 3-15(b)所示。

由图 3-14 可知，孔、轴公差带相对位置不同，两种基准制都可以形成间隙配合、过盈配合和过渡配合三种不同性质的配合。公差带图中水平实线代表孔和轴的基本偏差，而虚线代表另一极限偏差，表示公差带的大小是可以变化的，与它们的公差等级有关。基孔制和基轴制是两种平行的配合制。基孔制配合能满足要求的，用同一偏差代号按基轴制形成的配合也能满足使用要求。例如,H7/k6 与 K7/h6 的配合性质基本相同,称为同名配合。所以,配合制的选择与功能要求无关,主要考虑加工的经济性和结构的合理性。

【例 3-6】　有一相配合的孔和轴的公称尺寸为 $\phi60$ mm,要求过盈在 $-0.046\sim-0.086$ mm 范围内。轴公差取孔公差的 1.5 倍,采用基孔制。试求孔和轴的极限偏差,并画出孔和轴的公差带图。

【解】　首先,根据过盈量计算配合公差 T_f 为

$$T_f = |Y_{min} - Y_{max}| = -0.046 \text{ mm} - (-0.086 \text{ mm}) = 0.040 \text{ mm}$$

因为 $T_h = 1.5T_s$,根据 $T_f = T_h + T_s$ 计算出 T_s 和 T_h。由

$$1.5T_s + T_s = 0.040 \text{ mm}$$

得

$$T_s = 0.016 \text{ mm}, \quad T_h = 0.024 \text{ mm}$$

因为采用基孔制,孔的下极限偏差为 $EI = 0$ mm,故孔的上极限偏差为

$$ES = T_h + EI = 0.024 \text{ mm}$$

代入公式,计算轴的下极限偏差、上极限偏差:

$$ei = ES - Y_{min} = 0.024 \text{ mm} - (-0.046 \text{ mm})$$
$$= +0.070 \text{ mm}$$
$$es = ei + T_s = +0.070 \text{ mm} + 0.016 \text{ mm}$$
$$= 0.086 \text{ mm}$$

根据计算结果绘制公差带图,如图 3-16 所示。

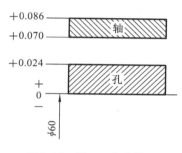

图 3-16　例 3-6 公差带图

3.4　孔和轴的标准公差系列

机械产品中,把应用最广的、不超过 500 mm 的公称尺寸称为常用尺寸。如前所述,孔和轴之间的公差带决定它们的各种配合,其中公差带的位置是由基本偏差确定的,而公差带大小是由标准公差确定的。

3.4.1　公差单位

公差单位 i,又称标准公差因子,是用以确定标准公差的基本单位,是公称尺寸的函数和制定标准公差数值系列的基础。国家标准制定出了公差单位的计算单位,当公称尺寸小于或等于 500 mm、标准公差等级为 IT5～IT18 时,公差单位 i 的计算公式为

$$i = 0.45\sqrt[3]{D} + 0.001D \tag{3-22}$$

式中:D——公称尺寸分段的计算尺寸,单位为 mm;

　　　　i——公差单位,单位为 μm。

当公称尺寸大于 500 mm 且小于或等于 3 150 mm 时,公差单位 i 的计算公式为

$$i = 0.004D + 2.1 \tag{3-23}$$

当公称尺寸大于 3 150 mm 时,以 $i = 0.004D + 2.1$ 为基础来计算标准公差,不能完全反映实际出现的误差的规律。但是,目前尚未确定出合理的计算公式,只能暂时按直线关系式(列于国标附录供参考使用)计算。更合理的计算公式有待进一步在生产中加以总结。

3.4.2 公差等级

确定尺寸精度的等级称为公差等级。国家标准规定标准公差等级是由公差等级系数与公差单位 i 的乘积所确定的,即

$$T = a \times i \tag{3-24}$$

式中:a——公差等级系数;

$\quad\quad T$——公差等级。

根据公差等级系数的不同,国家标准把标准公差分为 20 个等级,即 IT01,IT0,IT1,…,IT18。IT 表示标准公差,阿拉伯数字表示公差等级代号。公差等级从 IT01 到 IT18 逐渐降低,相应的标准公差数值逐渐加大。在公称尺寸小于或等于 500 mm 的常用尺寸范围之内,各级标准公差计算公式如表 3-1 所示。

表 3-1　常用尺寸各级标准公差计算公式

公差等级	公式/μm	公差等级	公式/μm	公差等级	公式/μm
IT01	$0.3+0.008D$	IT5	$7i$	IT12	$160i$
IT0	$0.5+0.012D$	IT6	$10i$	IT13	$250i$
IT1	$0.8+0.020D$	IT7	$16i$	IT14	$400i$
IT2	$(\text{IT1})\left(\dfrac{\text{IT5}}{\text{IT1}}\right)^{1/4}$	IT8	$25i$	IT15	$640i$
IT3	$(\text{IT1})\left(\dfrac{\text{IT5}}{\text{IT1}}\right)^{1/2}$	IT9	$40i$	IT16	$1\,000i$
		IT10	$64i$	IT17	$1\,600i$
IT4	$(\text{IT1})\left(\dfrac{\text{IT5}}{\text{IT1}}\right)^{3/4}$	IT11	$100i$	IT18	$2\,500i$

3.4.3 尺寸分段

根据表 3-1 所示的标准公差计算公式来看,对应每一个公称尺寸和公差等级都可计算出一个相应的公差数值。由于在实际生产中公称尺寸很多,这样就会形成一个庞大的公差数值表格,给生产带来很多不便,同时也不利于标准化的实施。并且,由一定尺寸范围内的不同公称尺寸计算出的公差数值差别很小,为了减少公差数目、简化公差表格、便于生产,国家标准对公称尺寸进行了分段,即在同一尺寸段内的所有公称尺寸,公差等级相同时,标准公差数值相同。分段后,计算标准公差时,公差单位算式中 D 取尺寸段首尾两个公称尺寸的几何平均值。常用公称尺寸标准公差数值如表 3-2 所示。

表 3-2　常用公称尺寸标准公差数值

公称尺寸		公差等级																		
大于	至	IT01	IT0	IT1	IT2	IT3	IT4	IT5	IT6	IT7	IT8	IT9	IT10	IT11	IT12	IT13	IT14	IT15	IT16	IT17	IT18
		μm														mm					
	3	0.3	0.5	0.8	1.2	2	3	4	6	10	14	25	40	60	100	0.14	0.25	0.40	0.60	1.0	1.4
3	6	0.4	0.6	1	1.5	2.5	4	5	8	12	18	30	48	75	120	0.18	0.30	0.48	0.75	1.2	1.8

续表

公称尺寸		公 差 等 级																		
		IT01	IT0	IT1	IT2	IT3	IT4	IT5	IT6	IT7	IT8	IT9	IT10	IT11	IT12	IT13	IT14	IT15	IT16	IT17	IT18
大于	至	μm														mm					
6	10	0.4	0.6	1	1.5	2.5	4	6	9	15	22	36	58	90	150	0.22	0.36	0.58	0.90	1.5	2.2
10	18	0.5	0.8	1.2	2	3	5	8	11	18	27	43	70	110	180	0.27	0.43	0.70	1.10	1.8	2.7
18	30	0.6	1	1.5	2.5	4	6	9	13	21	33	52	84	130	210	0.33	0.52	0.84	1.30	2.1	3.3
30	50	0.6	1	1.5	2.5	4	7	11	16	25	39	62	100	160	250	0.39	0.62	1.00	1.60	2.5	3.9
50	80	0.8	1.2	2	3	5	8	13	19	30	46	74	120	190	300	0.46	0.74	1.20	1.90	3.0	4.6
80	120	1	1.5	2.5	4	6	10	15	22	35	54	87	140	220	350	0.54	0.87	1.40	2.20	3.5	5.4
120	180	1.2	2	3.5	5	8	12	18	25	40	63	100	160	250	400	0.63	1.00	1.60	2.50	4.0	6.3
180	250	2	3	4.5	7	10	14	20	29	46	72	115	185	290	460	0.72	1.15	1.85	2.90	4.6	7.2
250	315	2.5	4	6	8	12	16	23	32	52	81	130	210	320	520	0.81	1.30	2.10	3.20	5.2	8.1
315	400	3	5	7	9	13	18	25	36	57	89	140	230	360	570	0.89	1.40	2.30	3.60	5.7	8.9
400	500	4	6	8	10	15	20	27	40	63	97	155	250	400	630	0.97	1.55	2.50	4.00	6.3	9.7
500	630	4.5	6	9	11	16	22	32	44	70	110	175	280	440	700	1.10	1.75	2.8	4.4	7.0	11.0
630	800	5	7	10	13	18	25	36	50	80	125	200	320	500	800	1.25	2.0	3.2	5.0	8.0	12.5
800	1 000	5.5	8	11	15	21	29	40	56	90	140	230	360	560	900	1.40	2.3	3.6	5.6	9.0	14.0
1 000	1 250	6.5	9	13	18	24	33	47	66	105	165	260	420	660	1 050	1.65	2.6	4.2	6.6	10.5	16.5
1 250	1 600	8	11	15	21	29	39	55	78	125	195	310	500	780	1 250	1.95	3.1	5.0	7.8	12.5	19.5
1 600	2 000	9	13	18	25	35	46	65	92	150	230	370	600	920	1 500	2.30	3.7	6.0	9.2	15.0	23.0
2 000	2 500	11	15	22	30	41	55	78	110	175	280	440	700	1 100	1 750	2.80	4.4	7.0	11.0	17.5	28.0
2 500	3 150	13	18	26	36	50	68	96	135	210	330	540	860	1 350	2 100	3.30	5.4	8.6	13.5	21.0	33.0
3 150	4 000	16	23	33	45	60	84	115	165	260	410	660	1 050	1 650	2 600	4.10	6.6	10.5	16.5	26.0	41.0
4 000	5 000	20	28	40	55	74	100	140	200	320	500	800	1 300	2 000	3 200	5.00	8.0	13.0	20.0	32.0	50.0
5 000	6 300	25	35	49	67	92	125	170	250	400	620	980	1 550	2 500	4 000	6.20	9.8	15.5	25.0	40.0	62.0
6 300	8 000	31	43	62	84	115	155	215	310	490	760	1 200	1 950	3 100	4 900	7.60	12.0	19.5	31.0	49.0	76.0
8 000	10 000	33	53	76	105	140	195	270	380	600	940	1 500	2 400	3 800	6 000	9.40	15.0	24.0	38.0	60.0	94.0

注:公称尺寸小于或等于 1 mm 时,无 IT4 至 IT18;公称尺寸大于 500 mm 的 IT1 至 IT5 的标准公差数值为试行的。

3.5　孔和轴的基本偏差系列及其选用

3.5.1　基本偏差

1. 基本偏差的定义

基本偏差是国家标准用以确定公差带相对于零线位置的极限偏差(可以是上极限偏差,

也可以是下极限偏差),一般是指靠近零线的那个极限偏差;公差带在零线上方时,基本偏差是下极限偏差;公差带在零线下方时,基本偏差是上极限偏差。为了满足不同的使用要求,国家标准对孔和轴分别规定了 28 种基本偏差,用以固定公差带位置。

2. 基本偏差的代号

孔和轴的基本偏差代号用拉丁字母表示,孔为大写,轴为小写。孔和轴各有 28 种基本偏差代号,由 26 个拉丁字母去掉 5 个容易与其他符号含义混淆的字母 I(i)、L(l)、O(o)、Q(q)、W(w),剩下的 21 个字母加上由 2 个字母组成的 7 组字母 CD(cd)、EF(ef)、FG(fg)、JS(js)、ZA(za)、ZB(zb)、ZC(zc)组成。这 28 种基本偏差就构成了基本偏差系列。

3.5.2 轴的基本偏差系列

轴的基本偏差系列如图 3-15(b)所示。从图中可以看出,代号从 a～g 的基本偏差都是上极限偏差,es<0;基本偏差的绝对值逐渐减小。

代号为 h 的基本偏差是上极限偏差,它的上极限偏差 es=0,它是基轴制中基准轴的基本偏差代号。代号为 js 的基本偏差完全对称于零线分布,上、下极限偏差的绝对值大小相等,符号相反。从理论上说基本偏差既可为上极限偏差 es=IT/2,也可为下极限偏差 es=−IT/2。为了统一起见,国家标准把轴的基本偏差 js 划归为上极限偏差,把孔的基本偏差 JS 划归为下极限偏差。代号为 j 的基本偏差为下极限偏差,ei=0,只有 j5、j6、j7、j8 共 4 个公差等级。代号为 k～zc 的基本偏差都是下极限偏差 ei,除 k(当代号为 k 时,≤IT3 或>IT7,基本偏差为零)外,其余都是正值,ei≥0,其绝对值依次逐渐增大。

常用公称尺寸的轴的基本偏差计算公式如表 3-3 所示。

表 3-3　常用公称尺寸的轴的基本偏差计算公式

基本偏差代号	极限偏差	公称尺寸 大于	公称尺寸 至	计算公式 /μm	基本偏差代号	极限偏差	公称尺寸 大于	公称尺寸 至	计算公式 /μm
a	es	1	120	$-(265+1.3D)$	k	ei	0	500	$+0.6\sqrt[3]{D}$
a	es	120	500	$-3.5D$	m	ei	0	500	$+(IT7-IT6)$
b	es	1	160	$-(140+0.85D)$	n	ei	0	500	$+5D^{0.34}$
b	es	160	500	$-1.8D$	p	ei	0	500	$+[IT7+(0\sim5\ \mu m)]$
c	es	0	40	$-52D^{0.2}$	r	ei	0	500	$+\sqrt{p \cdot s}$
c	es	40	500	$-(95+0.8D)$	s	ei	0	50	$+[IT8+(0\sim4\ \mu m)]$
cd	es	0	10	$-\sqrt{c \cdot d}$	s	ei	50	500	$+(IT7+0.4D)$
d	es	0	500	$-16D^{0.44}$	t	ei	24	500	$+(IT7+0.63D)$
e	es	0	500	$-11D^{0.41}$	u	ei	0	500	$+(IT7+D)$
ef	es	0	10	$-\sqrt{e \cdot f}$	v	ei	14	500	$+(IT7+1.25D)$
f	es	0	500	$-5.5D^{0.41}$	x	ei	0	500	$+(IT7+1.6D)$
fg	es	0	10	$-\sqrt{f \cdot g}$	y	ei	18	500	$+(IT7+2D)$
g	es	0	500	$-2.5D^{0.34}$	z	ei	0	500	$+(IT7+2.5D)$
h	es	0	500	基本偏差=0	za	ei	0	500	$+(IT8+3.15D)$

续表

基本偏差代号	极限偏差	公 称 尺 寸		计算公式 /μm	基本偏差代号	极限偏差	公 称 尺 寸		计算公式 /μm
		大于	至				大于	至	
j		0	500	无公式	zb	ei	0	500	$+(IT9+4D)$
js	es ei	0	500	$\pm 0.5ITn$	zc	ei	0	500	$+(IT10+5D)$

为了方便使用,国家标准按表 3-3 中轴的基本偏差计算公式计算出了轴的基本偏差数值表,具体如表 3-4 所示。

轴的标准公差 IT 可从表 3-2 中查出,基本偏差可从表 3-4 中查出,另一个极限偏差就可以利用以下公式计算出来。公差带在零线之下时,

$$ei = es - IT \tag{3-25}$$

公差带在零线之上时,

$$es = ei + IT \tag{3-26}$$

【例 3-7】 请查表确定轴 $\phi35p8$ mm 的基本偏差和另一个极限偏差。

【解】 ①查表确定轴的标准公差。公称尺寸 $\phi35$ mm 属于大于 30 mm 至 50 mm 尺寸段,查表 3-2 得 IT8=39 μm。

②查表确定轴的基本偏差。查表 3-4 得,p 的基本偏差 ei=+26 μm。

③确定轴的另一个极限偏差。轴的另一个极限偏差为

$$es = ei + IT = +26 \ \mu m + 39 \ \mu m = +65 \ \mu m$$

【例 3-8】 请查表确定轴 $\phi30g6$ mm 的基本偏差和另一个极限偏差。

【解】 ①查表确定轴的标准公差。公称尺寸 $\phi30$ mm 属于大于 18 mm 至 30 mm 尺寸段,查表 3-2 得 IT6=13 μm。

②查表确定轴的基本偏差。查表 3-4 得,g 的基本偏差 es=−7 μm。

③确定轴的另一个极限偏差。轴的另一个极限偏差为

$$ei = es - IT = -7 \ \mu m - 13 \ \mu m = -20 \ \mu m$$

3.5.3 孔的基本偏差系列

孔的基本偏差系列如图 3-15(a)所示。从图中可以看出,代号从 A~G 的基本偏差都是下极限偏差,EI>0;基本偏差的绝对值逐渐减小。

代号为 H 的基本偏差是下极限偏差,它的下极限偏差 EI=0,H 是基孔制中基准孔的基本偏差代号。代号为 JS 的基本偏差完全对称于零线分布,上、下极限偏差的绝对值大小相等,符号相反。为规范使用,国家标准将孔的基本偏差 JS 划归为下极限偏差。代号为 J 的基本偏差为上极限偏差,ES>0,只有 J6、J7、J8 共 3 个公差等级。代号为 K~ZC 的基本偏差都是上极限偏差 ES,除 K 基本偏差为正值外,其余都是负值,ES<0,其绝对值依次逐渐增大。

公称尺寸小于或等于 500 mm 时,孔的基本偏差是从轴的基本偏差换算得来的,换算的前提是:基本偏差字母代号同名的孔和轴,在同一公差等级或孔比轴低一级的条件下,按基轴制形成的配合的配合性质应与按基孔制形成的配合的配合性质相同,即具有相同的极限间隙或极限过盈,如 H10/g10 与 G10/h10、H7/r6 与 R7/h6。

表 3-4 轴的基本偏差数值($d \leq 500$ mm)(摘自 GB/T 1800.1—2009)

基本偏差数值/μm。上极限偏差 es(列 a～js)为所有标准公差等级;下极限偏差 ei(列 j～zc)为所有标准公差等级。js 列:偏差 = $\pm IT_n/2$(式中 IT_n 是 IT 值数)。

公称尺寸/mm 大于	至	a	b	c	cd	d	e	ef	f	fg	g	h	js	j (IT5~IT6)	j (IT7)	j (IT8)	k (IT4~IT7)	k (≤IT3或>IT7)	m	n	p	r	s	t	u	v	x	y	z	za	zb	zc
—	3	−270	−140	−60	−34	−20	−14	−10	−6	−4	−2	0	$\pm IT_n/2$	−2	−4	−6	0	0	+2	+4	+6	+10	+14	—	+18	—	+20	—	+26	+32	+40	+60
3	6	−270	−140	−70	−46	−30	−20	−14	−10	−6	−4	0		−2	−4	—	+1	0	+4	+8	+12	+15	+19	—	+23	—	+28	—	+35	+42	+50	+80
6	10	−280	−150	−80	−56	−40	−25	−18	−13	−8	−5	0		−2	−5	—	+1	0	+6	+10	+15	+19	+23	—	+28	—	+34	—	+42	+52	+67	+97
10	14	−290	−150	−95		−50	−32		−16		−6	0		−3	−6	—	+1	0	+7	+12	+18	+23	+28	—	+33	—	+40	—	+50	+64	+90	+130
14	18	−290	−150	−95		−50	−32		−16		−6	0		−3	−6	—	+1	0	+7	+12	+18	+23	+28	—	+33	+39	+45	—	+60	+77	+108	+150
18	24	−300	−160	−110		−65	−40		−20		−7	0		−4	−8	—	+2	0	+8	+15	+22	+28	+35	—	+41	+47	+54	+63	+73	+98	+138	+188
24	30	−300	−160	−110		−65	−40		−20		−7	0		−4	−8	—	+2	0	+8	+15	+22	+28	+35	+41	+48	+55	+64	+75	+88	+118	+160	+218
30	40	−310	−170	−120		−80	−50		−25		−9	0		−5	−10	—	+2	0	+9	+17	+26	+34	+43	+48	+60	+68	+80	+94	+112	+148	+200	+274
40	50	−320	−180	−130		−80	−50		−25		−9	0		−5	−10	—	+2	0	+9	+17	+26	+34	+43	+54	+70	+81	+97	+114	+136	+180	+242	+325
50	65	−340	−190	−140		−100	−60		−30		−10	0		−7	−12	—	+2	0	+11	+20	+32	+41	+53	+66	+87	+102	+122	+144	+172	+226	+300	+405
65	80	−360	−200	−150		−100	−60		−30		−10	0		−7	−12	—	+2	0	+11	+20	+32	+43	+59	+75	+102	+120	+146	+174	+201	+274	+360	+480
80	100	−380	−220	−170		−120	−72		−36		−12	0		−9	−15	—	+3	0	+13	+23	+37	+51	+71	+91	+124	+146	+178	+214	+258	+335	+445	+585
100	120	−410	−240	−180		−120	−72		−36		−12	0		−9	−15	—	+3	0	+13	+23	+37	+54	+79	+104	+144	+172	+210	+254	+310	+400	+525	+690
120	140	−460	−260	−200		−145	−85		−43		−14	0		−11	−18	—	+3	0	+15	+27	+43	+63	+92	+122	+170	+202	+248	+300	+365	+470	+620	+800
140	160	−520	−280	−210		−145	−85		−43		−14	0		−11	−18	—	+3	0	+15	+27	+43	+65	+100	+134	+190	+228	+280	+340	+415	+535	+700	+900
160	180	−580	−310	−230		−145	−85		−43		−14	0		−11	−18	—	+3	0	+15	+27	+43	+68	+108	+146	+210	+252	+310	+380	+465	+600	+780	+1 000
180	200	−660	−340	−240		−170	−100		−50		−15	0		−13	−21	—	+4	0	+17	+31	+50	+77	+122	+166	+236	+284	+350	+425	+520	+670	+880	+1 150
200	225	−740	−380	−260		−170	−100		−50		−15	0		−13	−21	—	+4	0	+17	+31	+50	+80	+130	+180	+258	+310	+385	+470	+575	+740	+930	+1 250
225	250	−820	−420	−280		−170	−100		−50		−15	0		−13	−21	—	+4	0	+17	+31	+50	+84	+140	+196	+284	+340	+425	+520	+640	+820	+1 050	+1 350
250	280	−920	−480	−300		−190	−110		−56		−17	0		−16	−26	—	+4	0	+20	+34	+56	+94	+158	+218	+315	+385	+475	+580	+710	+920	+1 200	+1 550
280	315	−1 050	−540	−330		−190	−110		−56		−17	0		−16	−26	—	+4	0	+20	+34	+56	+98	+170	+240	+350	+425	+525	+650	+790	+1 000	+1 300	+1 700
315	355	−1 200	−600	−360		−210	−125		−62		−18	0		−18	−28	—	+4	0	+21	+37	+62	+108	+190	+268	+390	+475	+590	+730	+900	+1 150	+1 500	+1 900
355	400	−1 350	−680	−400		−210	−125		−62		−18	0		−18	−28	—	+4	0	+21	+37	+62	+114	+208	+294	+435	+530	+660	+820	+1 000	+1 300	+1 650	+2 100
400	450	−1 500	−760	−440		−230	−135		−68		−20	0		−20	−32	—	+5	0	+23	+40	+68	+126	+232	+330	+490	+595	+740	+920	+1 100	+1 450	+1 850	+2 400
450	500	−1 650	−840	−480		−230	−135		−68		−20	0		−20	−32	—	+5	0	+23	+40	+68	+132	+252	+360	+540	+660	+820	+1 000	+1 250	+1 600	+2 100	+2 600

注:①公称尺寸小于 1 mm 时,各级的 a 和 b 均不采用。

②js 的数值:对 IT7～IT11,若 IT 的值数(μm)为奇数,则取 js = $\pm\dfrac{IT_n-1}{2}$。

根据以上原则,孔的基本偏差可按以下两种规则换算。

1. 通用规则

同一字母表示孔的极限偏差和轴的极限偏差的绝对值相等,符号相反,即

$$EI = -es \qquad (3-27)$$

上式适用于所有的 A~H 孔。

$$ES = -ei \qquad (3-28)$$

上式适用于标准公差值大于 IT8 的 K、M、N 孔和标准公差值大于 IT7 的 P~ZC 孔。

2. 特殊规则

在常用公称尺寸的同名配合中,如孔的公差等级比轴的公差等级低一级(如 H6/k5 和 K6/h5),并要求它们的配合性质相同,即在换算前后它们的极限间隙或极限过盈不变,则同一字母表示孔的基本偏差和轴的基本偏差的符号相反,绝对值相差一个 Δ 值,即

$$ES = -ei + ITn - IT(n-1) = -ei + \Delta \qquad (3-29)$$

式中:ITn——某一孔的公差等级值数;

$IT(n-1)$——比孔高一级的轴的公差等级值数。

孔和轴基本偏差换算的特殊规则如图 3-17 所示。

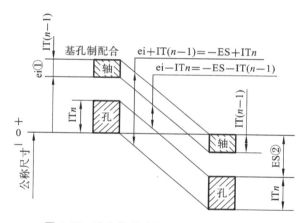

图 3-17 孔和轴基本偏差换算的特殊规则

①—ei 为带正号的数值;②—ES 为带负号的数值

特殊规则适用于公称尺寸大于 3 mm 且小于 500 mm,标准公差小于或等于 IT8 的 K、M、N 孔和标准公差小于或等于 IT7 的代号为 P~ZC 孔的基本偏差的换算。

孔的另一个极限偏差,可根据已知的孔的极限偏差和标准公差值按以下公式计算。

$$EI = ES - IT \qquad (3-30)$$

或

$$ES = EI + IT \qquad (3-31)$$

按通用规则和特殊规则计算出的孔的基本偏差数值如表 3-5 所示。

【例 3-9】 请查表确定孔 $\phi35P8$ mm、$\phi35P6$ mm 的基本偏差和另一个极限偏差。

【解】 ①查表确定孔的标准公差。查表 3-2 得 IT8 = 39 μm,IT6 = 16 μm。

②查表确定孔的基本偏差。查表 3-5 得 $\phi35P8$ mm 的基本偏差 ES = −26 μm,$\phi35P6$ mm 的基本偏差 ES = −26 μm + Δ = −26 μm + 5 μm = −21 μm。

表 3-5 孔的基本偏差数值（D≤500 mm）（摘自 GB/T 1800.1—2009）

基本偏差数值/μm

下极限偏差 EI（A~H：所有标准公差等级）；J（IT6 IT7 IT8）；上极限偏差 ES（K、M、N、P~ZC）

注：JS 的偏差等于 ±ITn/2，式中 ITn 是 IT 值数。P~ZC（≤IT7）：在大于 IT7 级的相应数值上增加一个 Δ 值。

公称尺寸/mm 大于	至	A	B	C	CD	D	E	EF	F	FG	G	H	J IT6	J IT7	J IT8	K ≤IT8	K >IT8	M ≤IT8	M >IT8	N ≤IT8	N >IT8	P	R	S	T	U	V	X	Y	Z	ZA	ZB	ZC	Δ IT3	IT4	IT5	IT6	IT7	IT8
—	3	+270	+140	+60	+34	+20	+14	+10	+6	+4	+2	0	+2	+4	+6	0	0	-2	-2	-4	-4	-6	-10	-14	—	-18	—	-20	—	-26	-32	-40	-60	0	0	0	0	0	0
3	6	+270	+140	+70	+46	+30	+20	+14	+10	+6	+4	0	+5	+6	+10	-1+Δ	—	-4+Δ	-4	-8+Δ	0	-12	-15	-19	—	-23	—	-28	—	-35	-42	-50	-80	1	1.5	1	3	4	6
6	10	+280	+150	+80	+56	+40	+25	+18	+13	+8	+5	0	+5	+8	+12	-1+Δ	—	-6+Δ	-6	-10+Δ	0	-15	-19	-23	—	-28	—	-34	—	-42	-52	-67	-97	1	1.5	2	3	6	7
10	14	+290	+150	+95	—	+50	+32	—	+16	—	+6	0	+6	+10	+15	-1+Δ	—	-7+Δ	-7	-12+Δ	0	-18	-23	-28	—	-33	—	-40	—	-50	-64	-90	-130	1	2	3	3	7	9
14	18	+290	+150	+95	—	+50	+32	—	+16	—	+6	0	+6	+10	+15	-1+Δ	—	-7+Δ	-7	-12+Δ	0	-18	-23	-28	—	-33	-39	-45	—	-60	-77	-108	-150	1	2	3	3	7	9
18	24	+300	+160	+110	—	+65	+40	—	+20	—	+7	0	+8	+12	+20	-2+Δ	—	-8+Δ	-8	-15+Δ	0	-22	-28	-35	—	-41	-47	-54	-63	-73	-98	-138	-188	1.5	2	3	4	8	12
24	30	+300	+160	+110	—	+65	+40	—	+20	—	+7	0	+8	+12	+20	-2+Δ	—	-8+Δ	-8	-15+Δ	0	-22	-28	-35	-41	-48	-55	-64	-75	-88	-118	-160	-218	1.5	2	3	4	8	12
30	40	+310	+170	+120	—	+80	+50	—	+25	—	+9	0	+10	+14	+24	-2+Δ	—	-9+Δ	-9	-17+Δ	0	-26	-34	-43	-48	-60	-68	-80	-94	-112	-148	-200	-274	1.5	3	4	5	9	14
40	50	+320	+170	+130	—	+80	+50	—	+25	—	+9	0	+10	+14	+24	-2+Δ	—	-9+Δ	-9	-17+Δ	0	-26	-34	-43	-54	-70	-81	-97	-114	-136	-180	-242	-325	1.5	3	4	5	9	14
50	65	+340	+190	+140	—	+100	+60	—	+30	—	+10	0	+13	+18	+28	-2+Δ	—	-11+Δ	-11	-20+Δ	0	-32	-41	-53	-66	-87	-102	-122	-144	-172	-226	-300	-405	2	3	5	6	11	16
65	80	+360	+200	+150	—	+100	+60	—	+30	—	+10	0	+13	+18	+28	-2+Δ	—	-11+Δ	-11	-20+Δ	0	-32	-43	-59	-75	-102	-120	-146	-174	-201	-274	-360	-480	2	3	5	6	11	16
80	100	+380	+220	+170	—	+120	+72	—	+36	—	+12	0	+16	+22	+34	-3+Δ	—	-13+Δ	-13	-23+Δ	0	-37	-51	-71	-91	-124	-146	-178	-214	-258	-335	-445	-585	2	4	5	7	13	19
100	120	+410	+240	+180	—	+120	+72	—	+36	—	+12	0	+16	+22	+34	-3+Δ	—	-13+Δ	-13	-23+Δ	0	-37	-54	-79	-104	-144	-172	-210	-254	-310	-400	-525	-690	2	4	5	7	13	19
120	140	+460	+260	+200	—	+145	+85	—	+43	—	+14	0	+18	+26	+41	-3+Δ	—	-15+Δ	-15	-27+Δ	0	-43	-63	-92	-122	-170	-202	-248	-300	-365	-470	-620	-800	3	4	6	7	15	23
140	160	+520	+280	+210	—	+145	+85	—	+43	—	+14	0	+18	+26	+41	-3+Δ	—	-15+Δ	-15	-27+Δ	0	-43	-65	-100	-134	-190	-228	-280	-340	-415	-535	-700	-900	3	4	6	7	15	23
160	180	+580	+310	+230	—	+145	+85	—	+43	—	+14	0	+18	+26	+41	-3+Δ	—	-15+Δ	-15	-27+Δ	0	-43	-68	-108	-146	-210	-252	-310	-380	-465	-600	-780	-1 000	3	4	6	7	15	23
180	200	+660	+340	+240	—	+170	+100	—	+50	—	+15	0	+22	+30	+47	-4+Δ	—	-17+Δ	-17	-31+Δ	0	-50	-77	-122	-166	-236	-284	-350	-425	-520	-670	-880	-1 150	3	4	6	9	17	26
200	225	+740	+380	+260	—	+170	+100	—	+50	—	+15	0	+22	+30	+47	-4+Δ	—	-17+Δ	-17	-31+Δ	0	-50	-80	-130	-180	-258	-310	-385	-470	-575	-740	-930	-1 250	3	4	6	9	17	26
225	250	+820	+420	+280	—	+170	+100	—	+50	—	+15	0	+22	+30	+47	-4+Δ	—	-17+Δ	-17	-31+Δ	0	-50	-84	-140	-196	-284	-340	-425	-520	-640	-820	-1 050	-1 350	3	4	6	9	17	26
250	280	+920	+480	+300	—	+190	+110	—	+56	—	+17	0	+25	+36	+55	-4+Δ	—	-20+Δ	-20	-34+Δ	0	-56	-94	-158	-218	-315	-385	-475	-580	-710	-920	-1 200	-1 550	4	4	7	9	20	29
280	315	+1 050	+540	+330	—	+190	+110	—	+56	—	+17	0	+25	+36	+55	-4+Δ	—	-20+Δ	-20	-34+Δ	0	-56	-98	-170	-240	-350	-425	-525	-650	-790	-1 000	-1 300	-1 700	4	4	7	9	20	29
315	355	+1 200	+600	+360	—	+210	+125	—	+62	—	+18	0	+29	+39	+60	-4+Δ	—	-21+Δ	-21	-37+Δ	0	-62	-108	-190	-268	-390	-475	-590	-730	-900	-1 150	-1 500	-1 900	4	5	7	11	21	32
355	400	+1 350	+680	+400	—	+210	+125	—	+62	—	+18	0	+29	+39	+60	-4+Δ	—	-21+Δ	-21	-37+Δ	0	-62	-114	-208	-294	-435	-530	-660	-820	-1 000	-1 300	-1 650	-2 100	4	5	7	11	21	32
400	450	+1 500	+760	+440	—	+230	+135	—	+68	—	+20	0	+33	+43	+66	-5+Δ	—	-23+Δ	-23	-40+Δ	0	-68	-126	-232	-330	-490	-595	-740	-920	-1 100	-1 450	-1 850	-2 400	5	5	7	13	23	34
450	500	+1 650	+840	+480	—	+230	+135	—	+68	—	+20	0	+33	+43	+66	-5+Δ	—	-23+Δ	-23	-40+Δ	0	-68	-132	-252	-360	-540	-660	-820	-1 000	-1 250	-1 600	-2 100	-2 600	5	5	7	13	23	34

注：①公称尺寸小于 1 mm 时，基本偏差 A 和 B 及大于 IT8 级的 N 均不采用。

②JS 的数值：对 IT7～IT11，若 IT 的值数（μm）为奇数，则取 JS=±(ITn-1)/2。

③特殊情况：当公称尺寸大于 250 mm 且小于或等于 315 mm 时，M6 的 ES 等于 -9 μm（不等于 -11 μm）。

④对小于或等于 IT8 的 K、M、N 和小于或等于 IT7 的 P～ZC，所需 Δ 值从表内右侧栏选取。例如：大于 6～10 mm 的 P6，Δ=3；所以 ES=(-15+3) μm=-12 μm。

28

③确定孔的另一个极限偏差。ϕ35P8 mm 的另一个极限偏差 EI＝ES－IT8＝－26 μm－39 μm＝－65 μm，ϕ35P6 mm 的另一个极限偏差 EI＝ES－IT6＝－21 μm－16 μm＝－37 μm。

【例 3-10】　请查表确定孔 ϕ30G6 mm、ϕ40M8 mm 的基本偏差和另一个极限偏差。

【解】　①查表确定孔的标准公差。查表 3-2 得 IT6＝13 μm，IT8＝39 μm。

②查表确定孔的基本偏差。查表 3-5 得 ϕ30G6 的基本偏差 EI＝＋7 μm，ϕ40M8 mm 的基本偏差 ES＝－9 μm＋Δ＝－9 μm＋14 μm＝＋5 μm。

③确定孔的另一个极限偏差。ϕ30G6 mm 的另一个极限偏差 ES＝EI＋IT6＝＋7 μm＋13 μm＝＋20 μm，ϕ40M8 mm 的另一个极限偏差 EI＝ES－IT8＝＋5 μm－39 μm＝－34 μm。

【例 3-11】　请查表确定 ϕ45H7/g6 mm 的极限尺寸和极限间隙；求 ϕ45G7/h6 mm 的极限间隙或极限过盈，并画出公差带图。

【解】　①查表确定 ϕ45H7/g6 mm 的极限尺寸和极限间隙。由表 3-2 查出，公称尺寸为 45 mm 时，IT7＝25 μm，IT6＝16 μm。

由配合代号知，该配合为基孔制，孔的基本偏差为下极限偏差，EI＝0 μm。孔的上极限偏差为

$$ES＝EI＋IT7＝0 \ \mu m＋25 \ \mu m＝25 \ \mu m$$

由表 3-4 查得，轴的基本偏差为上极限偏差，es＝－9 μm。轴的下极限偏差为

$$ei＝es－IT6＝－9 \ \mu m－16 \ \mu m＝－25 \ \mu m$$

由此可知，该配合的极限尺寸为 ϕ45H7($^{+0.025}_{0}$)/ϕ45g6($^{-0.009}_{-0.025}$)，因孔的下极限偏差 EI 大于轴的上极限偏差 es，该配合为间隙配合，最大间隙为

$$X_{max}＝ES－ei＝＋25 \ \mu m－(－25 \ \mu m)＝＋50 \ \mu m$$

最小间隙为

$$X_{min}＝EI－es＝0 \ \mu m－(－9 \ \mu m)＝＋9 \ \mu m$$

②求 ϕ45G7/h6 mm 的极限间隙或极限过盈。因为孔 ϕ45G7 mm 和轴 ϕ45g6 mm 同名，所以满足通用规则，适用式（3-27），则孔 ϕ45G7 mm 的下极限偏差、上极限偏差分别为

$$EI＝－es＝－(－9 \ \mu m)＝＋9 \ \mu m，\quad ES＝EI＋IT7＝9 \ \mu m＋25 \ \mu m＝34 \ \mu m$$

轴 ϕ45h6 mm 的上极限偏差、下极限偏差分别为

$$es＝0，\quad ei＝es－IT6＝0 \ \mu m－16 \ \mu m＝－16 \ \mu m$$

最大间隙为

$$X_{max}＝ES－ei＝＋34 \ \mu m－(－16 \ \mu m)＝＋50 \ \mu m$$

最小间隙为

$$X_{min}＝EI－es＝＋9 \ \mu m－0 \ \mu m＝＋9 \ \mu m$$

从以上两组计算结果看出，它们的最大间隙和最小间隙相同，因此它们的配合性质相同。

根据计算结果绘制公差带图，如图 3-18 所示。

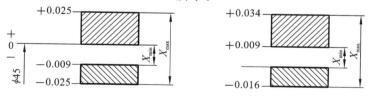

图 3-18　例 3-11 公差带图

【例 3-12】　已知两组孔和轴的配合，它们的配合代号分别为 ϕ30H8/k7 mm 和 ϕ30K8/

h7 mm,试确定它们的极限偏差,判断它们的配合性质是否相同,并画出公差带图。

【解】 由表 3-2 得到公称尺寸为 30 mm 时,标准公差数值为 IT7＝21 μm,IT8＝33 μm。

①对于基孔制配合 ϕ30H8/k7 mm。

基准孔的基本偏差为下极限偏差 EI＝0 μm,另一个极限偏差(上极限偏差)为

$$ES＝EI＋IT8＝0\ \mu m＋33\ \mu m＝＋33\ \mu m$$

由表 3-4 查得 ϕ30k7 mm 轴的基本偏差也为下极限偏差 ei＝＋2 μm,则另一个极限偏差(上极限偏差)为

$$es＝ei＋IT7＝＋2\ \mu m＋21\ \mu m＝23\ \mu m$$

因此,该配合的极限偏差为 ϕ30H8($^{+0.033}_{0}$)/ϕ30k7($^{+0.023}_{+0.002}$)。

从孔和轴的偏差中可看到,轴的上、下极限偏差大于孔的下极限偏差,而小于孔的上极限偏差,所以该配合为过渡配合。

最大间隙为

$$X_{max}＝ES－ei＝(＋33\ \mu m)－(＋2\ \mu m)＝＋31\ \mu m$$

最大过盈为

$$Y_{max}＝EI－es＝0－(＋23\ \mu m)＝－23\ \mu m$$

②对于基轴制配合 ϕ30K8/h7 mm。

基准轴的基本偏差为上极限偏差 es＝0,另一个极限偏差(下极限偏差)为

$$ei＝es－IT7＝0\ \mu m－21\ \mu m＝－21\ \mu m$$

因为孔的极限偏差代号为 K、公差等级为 8 级,所以孔的基本偏差换算满足特殊规则。根据公式 ES＝－ei＋Δ 可求得 ϕ30K8 mm 的上极限偏差 ES。

查表得非基准轴 ϕ30k7 mm 的下极限偏差为 ei＝＋2 μm。

另外,计算出 Δ:

$$\Delta＝IT8－IT7＝33\ \mu m－21\ \mu m＝12\ \mu m$$

因此,非基准孔 ϕ30K8 的基本偏差 ES 为

$$ES＝－ei＋\Delta＝－(＋2\ \mu m)＋12\ \mu m＝＋10\ \mu m$$

非基准孔 ϕ30K8 的下极限偏差为

$$EI＝ES－IT8＝＋10\ \mu m－33\ \mu m＝－23\ \mu m$$

由此,得到本组配合的极限偏差为 ϕ30K8($^{+0.010}_{-0.023}$)/ϕ30h7($^{0}_{-0.021}$)。

由此可知,该配合为过渡配合。

该配合的最大间隙为

$$X_{max}＝ES－ei＝(＋10\ \mu m)－(－21\ \mu m)＝＋31\ \mu m$$

该配合的最大过盈为

$$Y_{max}＝EI－es＝(－23\ \mu m)－0\ \mu m＝－23\ \mu m$$

从计算结果可以看到,两组配合的最大间隙和最大过盈相同。所以,基孔制配合 ϕ30H8/k7 mm 和基轴制配合 ϕ30K8/h7 mm 的配合性质相同。

根据计算结果,绘制公差带图,如图 3-19 所示。

3.5.4 孔和轴公差配合的标注

1. 零件图上的标注

线性尺寸在零件图上的标注方法如图 3-20 所示。

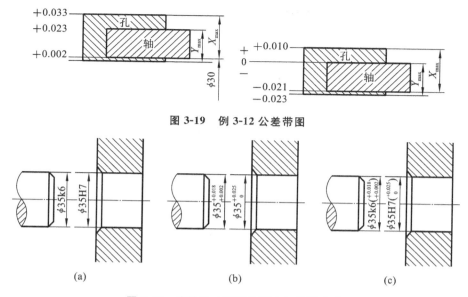

图 3-19 例 3-12 公差带图

图 3-20 线性尺寸在零件图上的标注方法

（1）在孔和轴的公称尺寸后面，标注出公差带代号。孔和轴的公差带代号分别由大写字母与数字和小写字母与数字组成，字母表示基本偏差，数值表示公差等级，如 H7 表示孔的公差带代号，k6 表示轴的公差带代号，它们的字高相同，如图 3-20（a）所示。

（2）在孔和轴的公称尺寸后面，标注出上极限偏差和下极限偏差的具体数值，上极限偏差标注在公称尺寸的右上方，下极限偏差标注在公称尺寸的右下方。上、下极限偏差数值前要标注正、负号（0 除外），字体比公称尺寸字体小一号，单位为 mm，如图 3-20（b）所示。

（3）在公称尺寸后面，同时标注出公差带代号和上、下极限偏差的具体数值，上、下极限偏差的数值必须用括号括起来，如图 3-20（c）所示。

2. 装配图上的标注

（1）用公差带代号形式在装配图上标注时，必须用分数的形式标注，分子表示孔的公差带，分母表示轴的公差带，如图 3-21（a）和图 3-21（b）所示，也允许按图 3-21（c）标注。

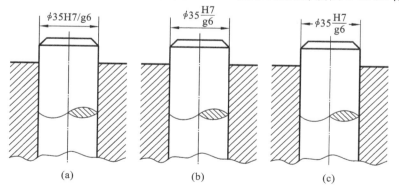

图 3-21 装配图上用公差带代号形式标注的方法

（2）用极限偏差具体数值在装配图上标注时，孔的公称尺寸和极限偏差数值注写在尺寸线的上方，轴的公称尺寸和极限偏差数值注写在尺寸线的下方，如图 3-22（a）所示。若需明确指出装配件的代号，可按图 3-22（b）的形式标注。

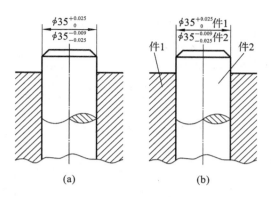

图 3-22　装配图上用极限偏差具体数值标注的方法

3.5.5　孔和轴常用公差带及优先、常用配合

国家标准中规定了 20 个等级的标准公差和 28 种基本偏差。在轴的基本偏差中,j 仅保留 j5、j6、j7 和 j8 四种公差带,因此可得到轴的公差带有(28－1)×20 种＋4 种＝544 种。在孔的基本偏差中,J 仅保留 J6、J7 和 J8 三种公差带,因此可得到孔的公差带有(28－1)×20种＋3 种＝543 种。为了减少定值刀具、定值量具的规格,提高经济效益,《产品几何技术规范(GPS)　极限与配合　公差带和配合的选择》(GB/T 1801—2009)对公称尺寸在 500 mm范围内的公差带与配合规定了常用和优先选用的公差带和配合。

1. 孔和轴的常用公差带

国家标准对常用尺寸段推荐了孔和轴的一般、常用和优先选用公差带。图 3-23 所示为国家标准推荐的孔的一般、常用和优先选用的公差带代号,图 3-24 所示为国家标准推荐的轴的一般、常用和优先选用的公差带代号。

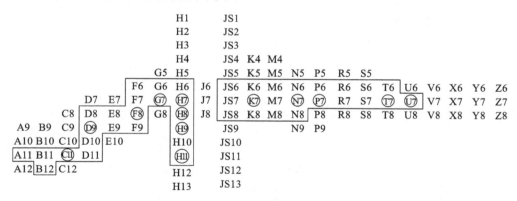

图 3-23　孔的一般、常用和优先选用的公差带代号

从图 3-23 中可以看出,孔的一般公差带有 105 种;带方框的为常用公差带,有 43 种;画圆圈的为优先选用公差带,有 13 种。从图 3-24 中可以看出,轴的一般公差带有 116 种;带方框的为常用公差带,有 59 种;画圆圈的为优先选用公差带,有 13 种。

2. 孔和轴的优先、常用配合

为了使配合的种类更加简化和集中,国家标准还规定了孔、轴公差带的常用配合。基孔制配合中有 59 种常用配合,如表 3-6 所示,其中标注有"▼"符号的 13 种为优先配合。基轴

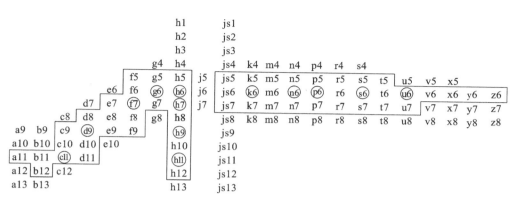

图 3-24　轴的一般、常用和优先选用的公差带代号

制配合中有 47 种常用配合，如表 3-7 所示，其中标注有"▶"符号的 13 种为优先配合。

表 3-6　基孔制的优先、常用配合

基准孔	轴																				
	a	b	c	d	e	f	g	h	js	k	m	n	p	r	s	t	u	v	x	y	z
	间隙配合								过渡配合				过盈配合								
H6						$\frac{H6}{f5}$	$\frac{H6}{g5}$	$\frac{H6}{h5}$	$\frac{H6}{js5}$	$\frac{H6}{k5}$	$\frac{H6}{m5}$	$\frac{H6}{n5}$	$\frac{H6}{p5}$	$\frac{H6}{r5}$	$\frac{H6}{s5}$	$\frac{H6}{t5}$					
H7						$\frac{H7}{f6}$	$\frac{H7}{g6}$	$\frac{H7}{h6}$	$\frac{H7}{js6}$	$\frac{H7}{k6}$	$\frac{H7}{m6}$	$\frac{H7}{n6}$	$\frac{H7}{p6}$	$\frac{H7}{r6}$	$\frac{H7}{s6}$	$\frac{H7}{t6}$	$\frac{H7}{u6}$	$\frac{H7}{v6}$	$\frac{H7}{x6}$	$\frac{H7}{y6}$	$\frac{H7}{z6}$
H8					$\frac{H8}{e7}$	$\frac{H8}{f7}$	$\frac{H8}{g7}$	$\frac{H8}{h7}$	$\frac{H8}{js7}$	$\frac{H8}{k7}$	$\frac{H8}{m7}$	$\frac{H8}{n7}$	$\frac{H8}{p7}$	$\frac{H8}{r7}$	$\frac{H8}{s7}$	$\frac{H8}{t7}$	$\frac{H8}{u7}$				
H8				$\frac{H8}{d8}$	$\frac{H8}{e8}$	$\frac{H8}{f8}$		$\frac{H8}{h8}$													
H9			$\frac{H9}{c9}$	$\frac{H9}{d9}$	$\frac{H9}{e9}$	$\frac{H9}{f9}$		$\frac{H9}{h9}$													
H10			$\frac{H10}{c10}$	$\frac{H10}{d10}$				$\frac{H10}{h10}$													
H11	$\frac{H11}{a11}$	$\frac{H11}{b11}$	$\frac{H11}{c11}$	$\frac{H11}{d11}$				$\frac{H11}{h11}$													
H12		$\frac{H12}{b12}$						$\frac{H12}{h12}$													

注：$\frac{H7}{p6}$、$\frac{H6}{n5}$ 在公称尺寸小于或等于 3 mm 和 $\frac{H8}{r7}$ 在公称尺寸小于或等于 100 mm 时，为过渡配合。

表 3-7　基轴制的优先、常用配合

基准轴	孔																				
	A	B	C	D	E	F	G	H	JS	K	M	N	P	R	S	T	U	V	X	Y	Z
	间隙配合								过渡配合				过盈配合								
h5						$\frac{F6}{h5}$	$\frac{G6}{h5}$	$\frac{H6}{h5}$	$\frac{JS6}{h5}$	$\frac{K6}{h5}$	$\frac{M6}{h5}$	$\frac{N6}{h5}$	$\frac{P6}{h5}$	$\frac{R6}{h5}$	$\frac{S6}{h5}$	$\frac{T6}{h5}$					

续表

基准轴	孔																				
	A	B	C	D	E	F	G	H	JS	K	M	N	P	R	S	T	U	V	X	Y	Z
	间 隙 配 合								过 渡 配 合				过 盈 配 合								
h6						F7/h6	G7/h6	H7/h6	JS7/h6	K7/h6	M7/h6	N7/h6	P7/h6	R7/h6	S7/h6	T7/h6	U7/h6				
h7					E8/h7	F8/h7		H8/h7	JS8/h7	K8/h7	M8/h7	N8/h7									
h8				D8/h8	E8/h8	F8/h8		H8/h8													
h9				D9/h9	E9/h9	F9/h9		H9/h9													
h10				D10/h10				H10/h10													
h11	A11/h11	B11/h11	C11/h11	D11/h11				H11/h11													
h12		B12/h12						H12/h12													

选用公差带和配合时,必须按照优先、常用、一般的先后顺序来选取。特殊情况下常用的公差带和配合不够用时,可在国家标准规定的标准公差等级和其他基本偏差中选取所需要的孔和轴的公差带来组成配合。

表 3-8 列出了孔的优先公差带的极限偏差数值,表 3-9 列出了轴的优先公差带的极限偏差数值,表 3-10 列出了优先配合的极限间隙和极限过盈数值,供大家设计时选用。

表 3-8　孔的优先公差带的极限偏差数值表(摘自 GB/T 1800.2—2009)　　　　单位:μm

公称尺寸/mm		公 差 带												
大于	至	C11	D9	F8	G7	H7	H8	H9	H11	K7	N7	P7	S7	U7
	3	+120 +60	+45 +20	+20 +6	+12 +2	+10 0	+14 0	+25 0	+60 0	0 -10	-4 -14	-6 -16	-14 -24	-18 -28
3	6	+145 +70	+60 +30	+28 +10	+16 +4	+12 0	+18 0	+30 0	+75 0	+3 -9	-4 -16	-8 -20	-15 -27	-19 -31
6	10	+170 +80	+76 +40	+35 +13	+20 +5	+15 0	+22 0	+36 0	+90 0	+5 -10	-4 -19	-9 -24	-17 -32	-22 -37
10	14	+205 +95	+93 +50	+43 +16	+24 +6	+18 0	+27 0	+43 0	+110 0	+6 -12	-5 -23	-11 -29	-21 -39	-26 -44
14	18													

续表

公称尺寸/mm 大于	至	公差带 C11	D9	F8	G7	H7	H8	H9	H11	K7	N7	P7	S7	U7
18	24	+240/+110	+117/+65	+53/+20	+28/+7	+21/0	+33/0	+52/0	+130/0	+6/-15	-7/-28	-14/-35	-27/-48	-33/-54
24	30													-40/-61
30	40	+280/+120	+142/+80	+64/+25	+34/+9	+25/0	+39/0	+62/0	+160/0	+7/-18	-8/-33	-17/-42	-34/-59	-51/-76
40	50	+290/+130												-61/-86
50	65	+330/+140	+174/+100	+76/+30	+40/+10	+30/0	+46/0	+74/0	+190/0	+9/-21	-9/-39	-21/-51	-42/-72	-76/-106
65	80	+340/+150											-48/-78	-91/-121
80	100	+390/+170	+207/+120	+90/+36	+47/+12	+35/0	+54/0	+87/0	+220/0	+10/-25	-10/-45	-24/-59	-58/-93	-111/-146
100	120	+400/+180											-66/-101	-131/-166
120	140	+450/+200											-77/-117	-155/-195
140	160	+460/+210	+245/+145	+106/+43	+54/+14	+40/0	+63/0	+100/0	+250/0	+12/-28	-12/-52	-23/-68	-85/-125	-175/-215
160	180	+480/+230											-93/-133	-195/-235
180	200	+530/+240											-105/-151	-219/-265
200	225	+550/+260	+285/+170	+122/+50	+61/+15	+46/0	+72/0	+115/0	+290/0	+13/-33	-14/-60	-33/-79	-113/-159	-241/-287
225	250	+570/+280											-123/-169	-267/-313
250	280	+620/+300	+320/+190	+137/+56	+69/+17	+52/0	+81/0	+130/0	+320/0	+16/-36	-14/-66	-36/-88	-138/-190	-295/-347
280	315	+650/+330											-150/-202	-330/-382

公称尺寸/mm		公差带												
大于	至	C11	D9	F8	G7	H7	H8	H9	H11	K7	N7	P7	S7	U7
315	355	+720 +360	+350 +210	+151 +62	+75 +18	+57 0	+89 0	+140 0	+360 0	+17 −40	−16 −73	−41 −98	−169 −226	−369 −426
355	400	+760 +400											−187 −244	−414 −471
400	450	+840 +440	+385 +230	+165 +68	+83 +20	+63 0	+97 0	+155 0	+400 0	+18 −45	−17 −80	−45 −108	−209 −272	−467 −530
450	500	+880 +480											−229 −292	−517 −580

表 3-9　轴的优先公差带的极限偏差数值表 (摘自 GB/T 1800. 2—2009)　　单位：μm

公称尺寸/mm		公差带												
大于	至	c11	d9	f7	g6	h6	h7	h9	h11	k6	n6	p6	s6	u6
	3	−60 −120	−20 −45	−6 −16	−2 −8	0 −6	0 −10	0 −25	0 −60	+6 0	+10 +4	+12 +6	+20 +14	+24 +18
3	6	−70 −145	−30 −60	−10 −22	−4 −12	0 −8	0 −12	0 −30	0 −75	+9 +1	+16 +8	+20 +12	+27 +19	+31 +23
6	10	−80 −170	−40 −76	−13 −28	−5 −14	0 −9	0 −15	0 −36	0 −90	+10 +1	+19 +10	+24 +15	+32 +23	+37 +28
10	14	−95 −205	−50 −93	−16 −34	−6 −17	0 −11	0 −18	0 −43	0 −110	+12 +1	+23 +12	+29 +18	+39 +28	+44 +33
14	18													
18	24	−110 −240	−65 −117	−20 −41	−7 −20	0 −13	0 −21	0 −52	0 −130	+15 +2	+28 +15	+35 +22	+48 +35	+54 +41
24	30													+61 +48
30	40	−120 −280	−80 −142	−25 −50	−9 −25	0 −16	0 −25	0 −62	0 −160	+18 +2	+33 +17	+42 +26	+59 +43	+76 +60
40	50	−130 −290												+86 +70
50	65	−140 −330	−100 −174	−30 −60	−10 −29	0 −19	0 −30	0 −74	0 −190	+21 +2	+39 +20	+51 +32	+72 +53	+106 +87
65	80	−150 −340											+78 +59	+121 +102
80	100	−170 −390	−120 −207	−36 −71	−12 −34	0 −22	0 −35	0 −87	0 −220	+25 +3	+45 +23	+59 +37	+96 +71	+146 +124
100	120	−180 −400											+101 +79	+166 +144

续表

公称尺寸/mm		公差带												
大于	至	c11	d9	f7	g6	h6	h7	h9	h11	k6	n6	p6	s6	u6
120	140	−200 −450											+117 +92	+195 +170
140	160	−210 −460	−145 −245	−43 −83	−14 −39	0 −25	0 −40	0 −100	0 −250	+28 +3	+52 +27	+68 +43	+125 +100	+215 +190
160	180	−230 −480											+133 +108	+235 +210
180	200	−240 −530											+151 +122	+265 +236
200	225	−260 −550	−170 −285	−50 −96	−15 −44	0 −29	0 −46	0 −115	0 −290	+33 +4	+60 +31	+79 +50	+159 +130	+287 +258
225	250	−280 −570											+169 +140	+313 +284
250	280	−300 −620	−190 −320	−56 −108	−17 −49	0 −32	0 −52	0 −130	0 −320	+36 +4	+66 +34	+88 +56	+190 +158	+347 +315
280	315	−330 −650											+202 +170	+382 +350
315	355	−360 −720	−210 −350	−62 −119	−18 −54	0 −36	0 −57	0 −140	0 −360	+40 +4	+73 +37	+98 +62	+226 +190	+426 +390
355	400	−400 −760											+244 +208	+471 +435
400	450	−440 −840	−230 −385	−63 −131	−20 −60	0 −40	0 −63	0 −155	0 −400	+45 +5	+80 +40	+108 +68	+272 +232	+530 +490
450	500	−480 −880											+292 +252	+580 +540

表 3-10　优先配合的极限间隙和极限过盈数值表(摘自 GB/T 1801—2009)　单位:μm

基孔制		$\frac{H7}{g6}$	$\frac{H7}{h6}$	$\frac{H8}{f7}$	$\frac{H8}{h7}$	$\frac{H9}{d9}$	$\frac{H9}{h9}$	$\frac{H11}{c11}$	$\frac{H11}{h11}$	$\frac{H7}{k6}$	$\frac{H7}{n6}$	$\frac{H7}{p6}$	$\frac{H7}{s6}$	$\frac{H7}{u6}$
基轴制		$\frac{G7}{h6}$	$\frac{H7}{h6}$	$\frac{F8}{h7}$	$\frac{H8}{h7}$	$\frac{D9}{h9}$	$\frac{H9}{h9}$	$\frac{C11}{h11}$	$\frac{H11}{h11}$	$\frac{K7}{h6}$	$\frac{N7}{h6}$	$\frac{P7}{h6}$	$\frac{S7}{h6}$	$\frac{U7}{h6}$
	大于	至	极限间隙和极限过盈数值												
公称尺寸/mm	10	18	+35 +6	+29 0	+61 +16	+45 0	+136 +50	+86 0	+315 +95	+220 0	+17 −12	+6 −23	0 −29	−10 −39	−15 −44
	18	24	+41 +7	+34 0	+74 +20	+54 0	+169 +65	+104 0	+370 +110	+260 0	+19 −15	+6 −28	−1 −35	−14 −48	−20 −54
	24	30													−27 −61

续表

基孔制	$\frac{H7}{g6}$	$\frac{H7}{h6}$	$\frac{H8}{f7}$	$\frac{H8}{h7}$	$\frac{H9}{d9}$	$\frac{H9}{h9}$	$\frac{H11}{c11}$	$\frac{H11}{h11}$	$\frac{H7}{k6}$	$\frac{H7}{n6}$	$\frac{H7}{p6}$	$\frac{H7}{s6}$	$\frac{H7}{u6}$
基轴制	$\frac{G7}{h6}$	$\frac{H7}{h6}$	$\frac{F8}{h7}$	$\frac{H8}{h7}$	$\frac{D9}{h9}$	$\frac{H9}{h9}$	$\frac{C11}{h11}$	$\frac{H11}{h11}$	$\frac{K7}{h6}$	$\frac{N7}{h6}$	$\frac{P7}{h6}$	$\frac{S7}{h6}$	$\frac{U7}{h6}$

公称尺寸/mm　极限间隙和极限过盈数值

大于	至	G7/h6	H7/h6	F8/h7	H8/h7	D9/h9	H9/h9	C11/h11	H11/h11	K7/h6	N7/h6	P7/h6	S7/h6	U7/h6
30	40	+50 +9	+41 0	+89 +25	+64 0	+204 +80	+124 0	+440 +120	+320 0	+23 −18	+8 −33	−1 −42	−18 −59	−35 −76
40	50	+50 +9	+41 0	+89 +25	+64 0	+204 +80	+124 0	+450 +130	+320 0	+23 −18	+8 −33	−1 −42	−18 −59	−45 −86
50	65	+59 +10	+49 0	+106 +30	+76 0	+248 +100	+148 0	+520 +140	+380 0	+28 −21	+10 −39	−2 −51	−23 −72	−57 −106
65	80	+59 +10	+49 0	+106 +30	+76 0	+248 +100	+148 0	+530 +150	+380 0	+28 −21	+10 −39	−2 −51	−29 −78	−72 −121
80	100	+69 +12	+57 0	+125 +36	+89 0	+294 +120	+174 0	+610 +170	+440 0	+32 −25	+12 −45	−2 −59	−36 −93	−89 −146
100	120	+69 +12	+57 0	+125 +36	+89 0	+294 +120	+174 0	+620 +180	+440 0	+32 −25	+12 −45	−2 −59	−44 −101	−109 −166
120	140	+79 +14	+65 0	+146 +43	+103 0	+345 +145	+200 0	+700 +200	+500 0	+37 −28	+13 −52	−3 −68	−52 −117	−130 −195
140	160	+79 +14	+65 0	+146 +43	+103 0	+345 +145	+200 0	+710 +210	+500 0	+37 −28	+13 −52	−3 −68	−60 −125	−150 −215
160	180	+79 +14	+65 0	+146 +43	+103 0	+345 +145	+200 0	+730 +230	+500 0	+37 −28	+13 −52	−3 −68	−68 −133	−170 −235

3.5.6　公差配合的选择

在设计过程中,孔、轴公差与配合的选择包括基准制、公差等级和配合种类三个方面。公差与配合选择的原则是:在满足使用要求的前提下,力求达到最大的技术经济效益。

1. 基准制的选择

基准制包括基孔制和基轴制。基孔制和基轴制的选择主要从产品结构、工艺性能和经济效益等多方面综合考虑。一般情况下选用基孔制。因为孔加工时使用的钻头、铰刀、拉刀和测量用的光滑极限量规等都是定值工具,每加工一种特定尺寸都需要一种定值的刀具和量具,很不经济;而加工轴时使用的刀具一般都是通用工具,刀具的选择与加工尺寸无关,所以选择基孔制能减少孔用刀具的品种及规格,这样既可得到更好的经济效益,又有利于实现刀具和量具的标准化和系列化。

对于下面三种情况,采用基轴制时比较经济合理。

（1）在农业机械、纺织机械和建筑机械制造过程中,因上述机械精度要求不高,选择具有一定精度（IT9～IT11）的冷拉钢材做轴时,不必切削加工就可直接使用,因此应选用基轴制。

（2）在同一公称尺寸的轴的不同部位上,装配几个不同松紧要求的孔的零件时,为方便加工和利于装配,应该选用基轴制。如图 3-25 所示,在压缩机的活塞连杆机构中,要求活塞销与活塞上的两个销孔的配合稍微紧些（过渡配合）,而活塞销与连杆孔之间要求有相对运动（间隙配合）。如果采用基孔制,那么活塞上的两个销孔的公差带和连杆小头孔的公差带就相同（H6）。要满足两种不同的松紧要求,只有将活塞销加工成阶梯形才行,如图 3-26（a）所示,这样一来,既不便于加工,又不便于装配。反过来,在设计中采用基轴制配合,把活塞销加工成一种公差带（大小一样）,而把活塞孔和连杆孔分别加工成两种不同的公差带,既便于加工,又便于装配,如图 3-26（b）所示。

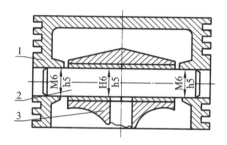

图 3-25　活塞连杆机构中的三处配合
1—活塞；2—活塞销；3—连杆

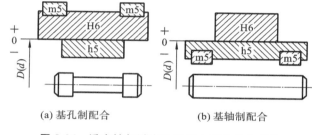

(a) 基孔制配合　　(b) 基轴制配合

图 3-26　活塞销与活塞及连杆上的孔的公差带

（3）任何与标准零部件配合的孔和轴,必须以标准件为基准。例如,滚动轴承的内圈与轴的配合采用基孔制,外圈与轴承座孔的配合则采用基轴制。

另外,有时为满足某些配合的特殊需要,国家标准允许在孔和轴的配合中采用任意公差带组成的配合,即采用没有基准的非基准制配合,如 T7/f6、F8/g8 等。

2. 标准公差等级的选用

合理地选择标准公差等级,就是要正确地处理零件的使用要求与制造工艺、加工成本之间的关系。一般按以下原则确定标准公差等级。

（1）在满足零件使用要求的前提下,尽量选用级别较低的公差等级。对于公称尺寸相同的零件,公差等级选得越高,零件的使用性能越好,制造成本也越高。

（2）考虑加工工艺,遵守等价原则,使孔和轴的加工难易程度相当。在分配配合公差时,在间隙配合和过渡配合中,当公差等级≤IT8 时,或过盈配合时的公差等级≤IT7 时,常用尺寸的孔比相同等级的轴加工起来要困难,加工成本也相对高些,为了使组成配合的孔和轴工艺等价,选用公差时可把轴的公差比孔的公差定得高一级,如 H5/g4、H5/m5、H6/p5 等。对于精度较低的配合,可选同级配合,如 H9/G9、H10/m10 等。

（3）考虑配合性质。对于过渡配合和过盈配合,一般情况下不允许间隙和过盈的变动范围太大,因此公差等级不能过低（一般可取孔为≤IT8,轴为≤IT7）。对于间隙配合来说,间隙小的配合公差等级应高些,间隙大的配合公差等级应低些。

（4）考虑相配合零部件的精度。例如,与滚动轴承相配合的轴和轴承座孔的精度取决于滚动轴承的精度等级,与齿轮相配合的轴的精度取决于齿轮的精度等级,相配合零部件的精度等级要相等。

3. 孔和轴公差等级的确定

确定孔、轴的公差等级,主要采用类比法和计算-查表法。

1) 类比法

类比法就是把现有的经验资料和设计要求进行对比,根据不同的使用要求对经验资料做一定调整的方法。用类比法确定公差等级时,必须熟悉不同公差等级的应用范围和不同加工方法所能达到的公差等级,否则将无法正确地使用类比法。公差等级的应用范围如表 3-11所示,各种加工方法所能达到的公差等级如表 3-12 所示。

表 3-11　公差等级的应用范围

应用公差等级	01	0	1	2	3	4	5	6	7	8	9	10	11	12	13	14	15	16	17	18
量块	○	○	○																	
量规			○	○	○	○	○	○	○											
配合尺寸							○	○	○	○	○	○	○	○	○					
特精密零件				○	○	○	○	○												
非配合尺寸														○	○	○	○	○	○	○
原材料										○	○	○	○	○	○					

表 3-12　各种加工方法所能达到的公差等级

加 工 方 法	公 差 等 级																			
	IT01	IT0	IT1	IT2	IT3	IT4	IT5	IT6	IT7	IT8	IT9	IT10	IT11	IT12	IT13	IT14	IT15	IT16	IT17	IT18
气割																	○	○	○	○
金属模铸造																○	○			
砂型铸造																○	○			
锻造																	○	○		
冲压														○	○	○	○			
压铸																	○	○		
插削												○	○	○						
钻削												○	○	○	○	○				
粗车、粗刨、粗镗												○	○	○						
细车、细刨、细镗										○	○	○								
精车、精刨、精镗									○	○	○									
粗铣											○	○	○							
精铣										○	○									
细铰										○	○	○	○							
精铰								○	○	○										
粉末冶金烧结										○	○	○								
粉末冶金成型								○	○	○										

续表

加工方法	公差等级																			
	IT01	IT0	IT1	IT2	IT3	IT4	IT5	IT6	IT7	IT8	IT9	IT10	IT11	IT12	IT13	IT14	IT15	IT16	IT17	IT18
金刚石镗孔							○	○	○											
金刚石车削							○	○	○											
细拉削								○	○	○										
精拉削								○	○											
平磨							○	○	○											
圆磨							○	○	○											
粗磨								○	○	○										
细磨						○	○	○												
精磨			○	○	○	○														
初珩磨								○	○											
终珩磨						○	○	○												
粗研磨					○	○	○	○												
细研磨			○	○	○	○														
精研磨	○	○	○																	

2）计算-查表法

计算-查表法就是根据已知配合的极限过盈或极限间隙,先计算出配合公差,再把配合公差合理地分配给孔和轴,最后查表 3-2 确定孔和轴的标准公差的一种方法。

【例 3-13】　有一孔、轴配合,公称尺寸为 $\phi100$ mm,要求配合间隙在 $+35\sim+92\ \mu$m 范围内,试确定孔和轴的公差等级。

【解】　首先,计算该间隙配合的配合公差 T_f:

$$T_f = |X_{max} - X_{min}| = 92\ \mu m - 35\ \mu m = 57\ \mu m$$

因配合公差等于孔、轴公差之和,如果平均分配,则

$$T_h = T_s = 28.5\ \mu m$$

查表 3-2 发现,公称尺寸 80～120 mm 范围内,没有正好公差值等于 28.5 μm 的标准公差等级,只有 IT6＝22 μm,IT7＝35 μm。

根据工艺等价原则,孔的公差等级应低于轴的公差等级,故孔的公差等级选 IT7 级,即 T_h＝IT7＝35 μm;轴的公差等级选 IT6 级,即 T_s＝22 μm。

验算 $T_f = T_h + T_s = 35\ \mu m + 22\ \mu m = 57\ \mu m$。

因此,选定上述公差等级符合设计要求。

4. 配合种类的选用

确定了基准制和孔与轴的标准公差后,要选择配合种类,也就是选择基孔制中的非基准轴的基本偏差代号或基轴制中的非基准孔的基本偏差代号。

选择配合时,要尽量选用国家标准推荐的优先或常用配合。如果优先和常用配合满足不了使用要求,可在国家标准推荐的一般用途的孔和轴的公差带中按需要组成配合。配合

的选择方法包括类比法、计算-查表法和实验法三种。类比法就是在现有的同类机器或类似机构中,将经过生产实践证明的已用配合与所设计零件的使用要求做比较,再对数据进行适当调整后确定配合的一种方法。计算-查表法就是根据一些理论和公式,计算出配合中所需的间隙或过盈,再根据计算的结果,对照国家标准选用合适的配合。由于很多因素会影响配合的间隙和过盈,所以理论计算只能是近似的,在实际使用过程中应当根据实际情况对计算数据进行必要的调整。实验法就是通过多次实验,从中找到最佳的间隙或过盈,然后确定配合的一种方法。实验法是一种比较可靠的方法。但实验法需做大量的实验,成本较高,一般仅用在一些对产品影响较大的配合或特别重要的配合部位。因计算-查表法和实验法都比较复杂,所以选择配合时,应用比较广泛的方法是类比法。

1)类比法

使用类比法时要做好以下两个方面的工作。

(1)认真分析工作条件和使用要求。分析时,要充分考虑孔和轴工作时的相对状态,如运动方向、速度、精度和连续工作时间,承受载荷情况,工作温度和润滑条件,装拆情况和材料的机械性能等,根据具体工作条件的不同,相应地改变孔、轴配合的间隙或过盈。工作条件对配合的过盈、间隙的影响如表 3-13 所示。

表 3-13　工作条件对配合的过盈、间隙的影响

具体工作条件	过盈应增或减	间隙应增或减
材料强度低	减	—
经常拆卸	减	—
有冲击载荷	增	减
工作时孔的温度高于轴的温度	增	减
工作时轴的温度高于孔的温度	减	增
配合长度较大	减	增
零件形状偏差较大	减	增
装配时可能歪斜	减	增
旋转速度较高	增	增
有轴向运动	—	增
润滑油黏度大	—	增
表面粗糙度低	增	减
装配精度高	减	减

(2)确定配合类别及基本偏差。配合类别包括间隙配合、过渡配合和过盈配合。

①间隙配合的选择。工作时孔和轴之间有相对运动,或虽无相对运动但要求装拆方便的孔和轴的配合,应该选用间隙配合。间隙大小与孔、轴之间的相对运动速度有关:速度高,间隙要大一些;速度低,间隙可以小一些。

②过渡配合的选择。接合件要求定心精度很高时,或要求装拆较方便的孔和轴之间的

配合,应采用过渡配合(如轴与较高精度齿轮的配合等)。为保证高的定心精度,过渡配合的最大间隙要小;为保证装拆方便,过渡配合的最大过盈也不能大,因而配合公差也就比较小($T_{\mathrm{f}}=|X_{\max}-Y_{\max}|$),所以要求过渡配合的孔和轴的公差等级都比较高。对不常装拆、传递载荷大、振动大和对中性要求高的情况,一般选用较紧的过渡配合,否则选用比较松的过渡配合。

③过盈配合的选择。对于受力较大,需要利用过盈来保证固定或传递载荷的孔、轴之间的配合,应选择过盈配合。

在确定配合类别时可参照表 3-14。

表 3-14 选择配合类别的一般方法

配合件的工作情况			配 合 类 别
无相对运动	要传递扭矩	要求精确同轴	永久接合	过盈配合
			可拆接合	过渡配合或基本偏差为{H(h)}①的间隙配合加紧固件②
		不要求精确同轴		较小间隙配合加紧固件②
	不需要传递扭矩			过渡配合或轻的过盈配合
有相对运动	只有移动			基本偏差为{H(h)G(g)}①等小间隙配合
	转动或转动和移动复合运动			基本偏差为{A~F(a~f)}①等较大间隙配合

注:①指非基准件的基本偏差代号。

②紧固件指螺钉、键、销等。

在确定了配合类别之后,选取合适的基本偏差。表 3-15 所示为各种基本偏差的特性和应用实例,表 3-16 所示为优先配合的选用说明,可供参考。

表 3-15 各种基本偏差的特性和应用实例

配合	基本偏差	各种基本偏差的特性及应用实例
间隙配合	a(A)b(B)	主要用于工作时温度很高、热变形大的零件配合,可得到特别大的间隙,应用很少
	c(C)	间隙很大的配合,一般用于缓慢、松弛的间隙配合。多用于工作条件较差(如农业机械),工作时受力变形大,或为了装配方便,而必须保证有较大的间隙时所选用的配合。推荐配合为 H11/c11,其较高级别的 H8/c7 配合适用于轴在高温工作时的紧密间隙配合,如发动机排气阀和导管的配合
	d(D)	多用于 IT7~IT11 级,适用于比较松的转动配合,如空转带轮、密封盖及大直径滑动轴承和轴的配合,如球磨机、涡轮发动机和重型弯曲机,以及其他重型机械中的一些滑动轴承
	e(E)	与 IT7~IT9 级相对应,多用于有明显间隙要求,易于转动的轴承配合,如多支点、大跨距轴颈与轴承的配合,以及涡轮发动机、大型电动机与内燃机主要轴等的配合

续表

配合	基本偏差	各种基本偏差的特性及应用实例
间隙配合	f(F)	主要用于 IT6～IT8 级的一般转动配合,温度影响不大时,多用于普通润滑油的轴颈与滑动轴承的配合,如主轴箱、小电机、泵等的转轴轴颈与滑动轴承的配合
	g(G)	主要用于 IT5～IT7 级、间隙较小、轻载机械密封装置中的转动配合,也可用于精密连杆轴承、滑阀、活塞等的配合
	h(H)	主要与 IT4～IT11 级相对应,多用于无相对转动的零件之间的定位配合;如果没有温度、变形的影响,也可用于车床尾座导向孔与滑动套筒等精密移动部位的配合
过渡配合	js(JS)	偏差相对于零线完全对称($\pm$IT/2),主要用于 IT4～IT7 级、平均间隙很小的过渡配合,如联轴器、齿圈与钢制轮毂的配合等,一般用木槌装配
	k(K)	主要用于 IT4～IT7 级、平均间隙接近于零的定位配合,如滚动轴承分别与轴和外轴承座孔的配合,一般用手锤装配
	m(M)	主要用于 IT4～IT7 级、平均过盈较小的配合,如涡轮的青铜缘与轮毂的配合等。一般可用木槌装配,但在最大过盈时,要求有一定的压入力
	n(N)	主要用于平均过盈较大、很少得到间隙的 IT4～IT7 级配合;可用于加键传递较大的扭矩的配合,如冲床上齿轮与轴之间的配合,用锤子或压力机装配
过盈配合	p(P)	主要用于过盈较小的配合,但与 H8 孔会形成过渡配合。碳钢和铸铁形成的配合为标准压入配合;对非铁零件,为较轻的压入配合
	r(R)	主要用于传递大扭矩或受冲击载荷并需要加键的配合。对铁类零件,为中等打入配合;而对非铁类的配合,为轻打入配合。但在公称尺寸<100 mm 时,H8/r8 为过渡配合
	s(S)	用于钢和铁的永久性及半永久性装配,可产生相当大的接合力,如将套环压在轴、阀座上。零件尺寸较大时,需用热胀法或冷缩法装配
	t(T)	用于过盈较大的配合,可用于钢和铸铁的永久性配合,不用键就能传递扭矩。装配时需用热胀法或冷缩法
	u(U)	过盈很大的配合,使用时应验算在最大过盈状态下工件材料是否受损。需用热胀法或冷缩法装配
	v(V)、x(X)、y(Y)、z(Z)	这些基本偏差用于过盈量特别大的配合,至今为止可用的经验和资料很少,须经试验后才可应用,一般不推荐

表 3-16   优先配合的选用说明

配合代号		说明与举例
基 孔 制	基 轴 制	
H11/c11	C11/h11	配合间隙非常大,用于装配很松、转速很低的配合,如安全阀与套杆之间、支承盖与阀座之间的配合等

续表

配合代号		说明与举例
基 孔 制	基 轴 制	
H9/d9	D9/h9	用于间隙很大的灵活转动配合,特别适用于精度为非主要要求,有大的温度改变、高速度或大的轴颈压力等情况的配合,如柴油机活塞环与环槽之间、空压机活塞与压杆之间的配合等
H8/f7	F8/h7	具有中等间隙的转动配合,可用于中等转速和中等轴颈压力的精确传动与装配较容易的中等精度的定位配合,如机床中轴向移动的齿轮与轴之间的配合等
H7/g6	G7/h6	间隙很少,适用于有一定的相对运动(不要求自由转动),并能精确定位的配合,如机床的主轴与轴承之间、柱塞燃油泵的轴承壳体与销轴之间的配合等
H7/h6	H7/h6	均为最小间隙为零的定位配合:工件拆卸比较方便,加辅助零件如键等可传递扭矩
H8/h7	H8/h7	
H9/h9	H9/h9	
H11/h11	H11/h11	
H7/k6	K7/h6	最广泛采用的精密定位配合,同轴度精度高,拆卸较方便;多用在冲击载荷不大的地方,如减速器涡轮和轴的配合等
H7/n6	N7/h6	有较大过盈量的高精度定位配合,在加辅助紧固件的前提下,可承受很大的转矩、振动和冲击载荷,如柴油机的泵座和泵缸之间的配合等
H7/p6	P7/h6	过盈量最小的定位配合,多用于定位精度要求特别严格,以高定位精度达到零部件的刚性和对中性要求的场合,如压缩机十字头销轴和连杆衬套之间的配合等
H7/s6	S7/h6	过盈变化较小的中等压入配合,适用于一般钢件或铸铁件之间的配合及薄壁件的冷缩配合,如柴油机气门导管和气缸盖等接合精度要求较高的配合
H7/u6	U7/h6	适用于承受较大扭矩的一种过盈配合,可用压力机或温差法装配,连接十分牢固,如拖拉机活塞销和活塞壳的配合等

2) 计算-查表法

用计算-查表法确定配合时,第一步是根据设计给定的极限间隙或极限过盈,计算出配合公差,然后把配合公差按工艺等价原则初步分配给孔和轴,再查标准公差表分别确定孔和轴的标准公差值。确定好标准公差后要检验一下,看看孔和轴的标准公差之和是否大于设计给定的配合公差,若是,要调整孔和轴的标准公差值,直至孔和轴的公差之和小于或等于设计给定的配合公差。第二步是确定基准制,如设计无特殊要求,一般选用基孔制。第三步是通过由设计给定的极限间隙或极限过盈,确定非基准件的基本偏差代号。确定非基准件的基本偏差时,又分为基孔制和基轴制两种情况。

(1)基孔制。基孔制包括间隙配合、过盈配合和过渡配合三种。

①间隙配合。此时轴的公差带在零线之下,轴的基本偏差为上极限偏差 es,基本偏差

$|es|=X_{min}$。根据 X_{min} 查轴的基本偏差数值表(表 3-4),便可确定轴的基本偏差代号。图 3-27所示为基孔制间隙配合的公差带图。

②过盈配合。此时轴的公差带在孔的公差带之上,轴的基本偏差为下极限偏差 ei,基本偏差 $ei=ES+|Y_{min}|$。根据轴的基本偏差数值表(表 3-4),便可确定轴的基本偏差代号。图 3-28 所示为基孔制过盈配合的公差带图。

③过渡配合。轴的基本偏差为下极限偏差 ei,$ei=T_h-X_{max}$。从轴的基本偏差数值表(表 3-4)中查到,轴的下极限偏差 ei 可以为正,如图 3-29 所示;也可以为负,如图 3-30 所示;还可以为零,如图 3-31 所示。但是,轴的基本偏差都为下极限偏差。根据计算出来的结果,查阅轴的基本偏差数值表(表 3-4),便可得到轴的基本偏差代号。

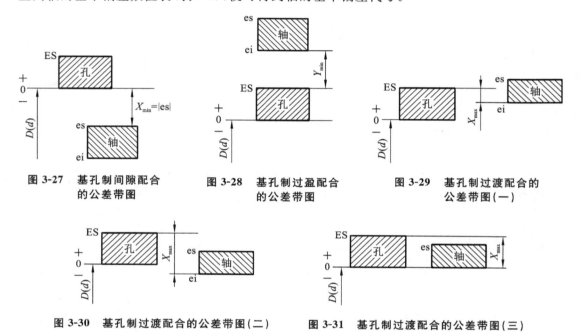

图 3-27 基孔制间隙配合的公差带图　　图 3-28 基孔制过盈配合的公差带图　　图 3-29 基孔制过渡配合的公差带图(一)

图 3-30 基孔制过渡配合的公差带图(二)　　图 3-31 基孔制过渡配合的公差带图(三)

(2)基轴制。基轴制也包括间隙配合、过盈配合和过渡配合三种。

①间隙配合。此时孔的公差带在零线之上,基本偏差为下极限偏差 EI,$EI=X_{min}$,查阅表 3-5,便可确定孔的基本偏差代号。图 3-32 所示为基轴制间隙配合的公差带图。

②过盈配合。此时孔的公差带在轴的公差带之下,基本偏差为上极限偏差 ES,孔的基本偏差 $ES=Y_{min}+ei$。根据计算出来的结果,查阅表 3-5,可得到孔的基本偏差代号。图 3-33所示为基轴制过盈配合的公差带图。

③过渡配合。此时孔的基本偏差为上极限偏差 ES。$ES=Y_{max}-T_s$。从表 3-5 中查到,孔的上极限偏差 ES 可以为正,如图 3-34 所示;也可以为负,如图 3-35 所示;还可以为零,如图 3-36 所示。但是,孔的基本偏差都为上极限偏差。根据计算出来的结果,查阅表3-5,便可得到孔的基本偏差代号。

在实际使用过程中,不管是基孔制还是基轴制,都有可能出现根据设计条件计算出的极限偏差值不能与基本偏差数值表中的数据正好相对应的情况,此时应在满足使用要求的前提下,适当地选取邻近的代号。

用计算-查表法确定配合的第四步是验算极限间隙或极限过盈。首先可根据孔、轴的基

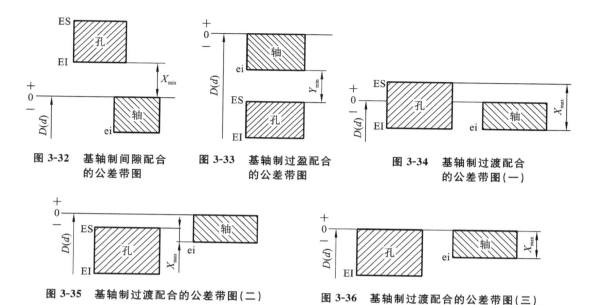

图 3-32　基轴制间隙配合的公差带图　　图 3-33　基轴制过盈配合的公差带图　　图 3-34　基轴制过渡配合的公差带图(一)

图 3-35　基轴制过渡配合的公差带图(二)　　图 3-36　基轴制过渡配合的公差带图(三)

本偏差和标准公差值,算出另一个极限偏差,然后算出极限间隙或极限过盈。如果根据标准公差得出的极限间隙或极限过盈在设计所给定的范围内,那么选用的配合符合要求。否则,需采用更换基本偏差代号或变动标准公差等级的方法进行调整,直到得到的极限间隙或极限过盈在设计所给定的范围内为止。

【例 3-14】　已知公称尺寸为 $\phi60$ mm 的配合,经计算确定其间隙为 $28\sim108$ μm,试确定孔和轴的公差带代号。

【解】　①确定孔和轴的公差等级。配合公差为

$$T_f = |X_{max} - X_{min}| = 108 \ \mu m - 28 \ \mu m = 80 \ \mu m$$

首先,尝试将配合公差 T_f 平均分配给孔和轴,即

$$T_h = T_s = T_f/2 = 40 \ \mu m$$

从表 3-2 中查得,公称尺寸在 $50\sim80$ mm 范围内,IT7=30 μm,IT8=46 μm。

根据工艺等价原则,孔的公差等级应低于轴的公差等级,故孔的公差等级选 IT8 级,即 T_h=IT8=46 μm;轴的公差等级选 IT7 级,即 T_s=30 μm。

验算 $T_f = T_h + T_s = 46 \ \mu m + 30 \ \mu m = 76 \ \mu m \leqslant T_f = 80 \ \mu m$。

因此,选定上述公差等级符合设计要求。

②确定基准制。题意无特殊要求,可采用基孔制,即孔的下极限偏差 EI=0 μm。

③确定基本偏差代号。因为是基孔制,所以孔的基本偏差代号为 H,孔的公差带代号为 H8。又因是间隙配合,所以轴的基本偏差为上极限偏差 es,$|es| = X_{min} = 28 \ \mu m$。

从表 3-4 中查出,基本偏差代号 f 的基本偏差数值为 -30 μm,与轴的上极限偏差 es=-28 μm 比较接近,暂定轴的基本偏差代号为 f,轴的公差带代号为 f7。

暂定孔和轴的配合代号为 $\phi60H8/f7$ mm。

④验算配合的极限间隙。

孔的上极限偏差:　　　　　　ES=EI+IT8=0 μm+46 μm=+46 μm

轴的下极限偏差:　　　　　　ei=es$-$IT7=-30 μm-30 μm=-60 μm

验算最大间隙:　　　X_{max}=ES$-$ei=+46 μm$-$(-60)μm=106 μm<108 μm

验算最小间隙：$X_{min} = EI - es = 0\ \mu m - (-30\ \mu m) = 30\ \mu m > 28\ \mu m$

经验算可知,选用配合 $\phi 60H8/f7$ mm 符合设计要求。

【例 3-15】 已知公称尺寸为 $\phi 60$ mm 的配合,要求采用基轴制。经计算确定配合的最大间隙 $X_{max} = +26\ \mu m$,最大过盈 $Y_{max} = -10\ \mu m$,试确定孔和轴的公差带代号。

【解】 ①确定孔和轴的公差等级。计算配合公差为

$$T_f = |X_{max} - Y_{max}| = +26\ \mu m - (-10\ \mu m) = 36\ \mu m$$

首先,尝试将配合公差 T_f 平均分配给孔和轴,即

$$T_h = T_s = T_f/2 = 18\ \mu m$$

从表 3-2 中查得,公称尺寸在 $50 \sim 80$ mm 范围内,IT5 $= 13\ \mu m$,IT6 $= 19\ \mu m$。根据工艺等价原则,孔的公差等级应低于轴的公差等级,故孔的公差等级选 IT6 级,即 $T_h = IT6 = 19\ \mu m$;轴的公差等级选 IT5 级,即 $T_s = 13\ \mu m$。

验算 $T_f = T_h + T_s = 19\ \mu m + 13\ \mu m = 32\ \mu m \leqslant T_f = 36\ \mu m$。

因此,选定上述公差等级符合设计要求。

②确定基准制。根据题意采用基轴制,即轴的上极限偏差 es $= 0\ \mu m$。

③确定基本偏差代号。因为是基轴制,轴的基本偏差代号为 h,轴的公差带代号为 h5,又因该配合既有间隙又有过盈,所以是过渡配合,因而孔的基本偏差为上极限偏差 ES,为

$$ES = X_{max} - T_s = +26\ \mu m - 13\ \mu m = +13\ \mu m$$

从表 3-5 中查出,基本偏差代号 J 的基本偏差数值为 $+13\ \mu m$,暂定孔的基本偏差代号为 J,孔的公差带代号为 J6。

因此,孔和轴的配合代号为 $\phi 60J6/h5$ mm。

④验算配合的极限间隙。

孔的下极限偏差： $EI = ES - IT6 = +13\ \mu m - 19\ \mu m = -6\ \mu m$

轴的下极限偏差： $ei = es - IT5 = 0\ \mu m - 13\ \mu m = -13\ \mu m$

验算最大间隙： $X_{max} = ES - ei = +13\ \mu m - (-13\ \mu m) = +26\ \mu m$

验算最大过盈： $Y_{max} = EI - es = -6\ \mu m - 0\ \mu m = -6\ \mu m < -10\ \mu m$

经验算可知,选用配合 $\phi 60J6/h5$ mm 符合设计要求。

3.5.7 未注线性尺寸的公差

未注公差也叫自由公差、自由尺寸、一般公差,是一种不在图样上标注具体数值的公差,它的精度一般不会影响零件的使用性能和质量。不标注公差并不是对尺寸没有限制和要求,只是限制较小、要求比较低。未注公差是在车间普通工艺条件下,只要对机床设备进行正常维护和操作,机床设备一般加工能力就可保证的公差。未注公差一般可不检验。

在图样上采用未注公差有以下两个好处。

(1) 对于要求不高的非配合尺寸采用未注公差,可使图面清晰,并突出其他重要尺寸,引起加工人员和检验人员的重视。

(2) 零件上的未注公差不需要在图样上的尺寸后标注出来,节省图样设计时间。

1. 未注线性尺寸公差的国家标准

国家标准把未注公差规定为四个公差等级,即精密级(f)、中等级(m)、粗糙级(c)、最粗级(v)。精密级精度等级最高,公差值最小;最粗级精度等级最低,公差值最大。线性尺寸的

极限偏差数值如表 3-17 所示，倒圆半径和倒角高度尺寸的极限偏差数值如表 3-18 所示。

表 3-17　线性尺寸的极限偏差数值（摘自 GB/T 1804—2000）　　单位：mm

公差等级	公称尺寸分段							
	0.5～3	>3～6	>6～30	>30～120	>120～400	>400～1 000	>1 000～2 000	>2 000～4 000
精密级（f）	±0.05	±0.05	±0.1	±0.15	±0.2	±0.3	±0.5	—
中等级（m）	±0.1	±0.1	±0.2	±0.3	±0.5	±0.8	±1.2	±2
粗糙级（c）	±0.2	±0.3	±0.5	±0.8	±1.2	±2	±3	±4
最粗级（v）	—	±0.5	±1	±1.5	±2.5	±4	±6	±8

表 3-18　倒圆半径和倒角高度尺寸的极限偏差数值（摘自 GB/T 1804—2000）　　单位：mm

公差等级	公称尺寸分段			
	0.5～3	>3～6	>6～30	>30
精密级（f）	±0.2	±0.5	±1	±2
中等级（m）	±0.2	±0.5	±1	±2
粗糙级（c）	±0.4	±1	±2	±4
最粗级（v）	±0.4	±1	±2	±4

2. 未注线性尺寸公差的标注

采用国家标准规定的未注公差，不需要在图样中的尺寸后标注出来，而是在图样标题栏或技术文件中用标准号和公差等级符号表示。例如，选用精密级，表示为 GB/T 1804-f；选用中等级，表示为 GB/T 1804-m。

3.6　大尺寸机械零件公差配合的选用

3.6.1　大尺寸机械零件的特点及其公差与配合的注意事项

1. 大尺寸机械零件的特点

大于 500 mm 的公称尺寸称为大尺寸。重型机械制造中，如船舶制造、大型发电机组制造、飞机制造、巨型油罐制造等，常遇到大尺寸的公差与配合问题。

在大尺寸的加工过程中，影响误差的因素较为复杂。国内外的有关调查研究认为，影响大尺寸误差最主要的是测量问题，包括以下几点。

（1）测量大尺寸孔和轴时，测得值往往大于实际值。

（2）大尺寸外径的测量比大尺寸内径的测量更难掌握，测量误差大。

（3）测量基准的问题。在大尺寸的测量中，测量基准的准确性和量具轴线与被测机械零件的中心线的对准问题，都对测量精度有影响。

（4）被测大尺寸机械零件与量具之间的温度差对测量精度有较大影响。

2. 大尺寸机械零件公差与配合的注意事项

由于大尺寸机械零件在测量及其他方面的一些特殊性，因而大尺寸机械零件的公差与配合需注意以下几点。

(1) 在大尺寸的标准公差因子计算公式中,应充分反映测量误差的影响,并注意测量误差对配合的影响。

(2) 由于大尺寸机械零件制造和测量较困难,在大尺寸范围内,一般选用IT6～IT12级。

(3) 由于大尺寸轴比大尺寸孔更难测量,推荐孔、轴同级精度配合。

(4) 除采用互换性配合外,根据制造特点,可以采用配制配合。大尺寸机械零件的配合往往只要求保证相互配合的性质,而不强调保持严格的公称尺寸。

3.6.2 大尺寸孔和大尺寸轴的常用公差带

国家标准规定,公称尺寸大于 500 mm 且小于或等于 3 150 mm 的常用孔、轴公差带分别如图 3-37、图 3-38 所示。国家标准中只规定了 41 种常用轴公差带和 31 种常用孔公差带,没有推荐配合。对于公称尺寸大于 500 mm 且小于或等于 3 150 mm,国家标准规定一般采用基孔制的同级配合。

				G6	H6	JS6	K6	M6	N6
		F7	G7	H7	JS7	K7	M7	N7	
D8	E8	F8		H8	JS8				
D9	E9	F9		H9	JS9				
D10				H10	JS10				
D11				H11	JS11				
				H12	JS12				

图 3-37 公称尺寸大于 500 mm 且小于或等于 3 150 mm 的常用孔公差带

				g6	h6	js6	k6	m6	n6	p6	r6	s6	t6	u6
		f7	g7	h7	js7	k7	m7	n7	p7	r7	s7	t7	u7	
d8	e8	f8		h8	js8									
d9	e9	f9		h9	js9									
d10				h10	js10									
d11				h11	js11									
				h12	js12									

图 3-38 公称尺寸大于 500 mm 且小于或等于 3 150 mm 的常用轴公差带

3.6.3 大尺寸机械零件的配制配合

配制配合是以一个机械零件的实际尺寸为基数,来配制另一个机械零件的一种工艺措施,一般适用于尺寸较大、公差等级较高的场合。首先按互换性生产选取配合;然后选取较难加工的那个机械零件作为先加工件(多数情况下是孔),给它一个容易达到的公差;最后根据所选的配合公差确定配制件的公差。配制配合是关于尺寸公差方面的技术规定,机械零件的几何公差和表面粗糙度等不因采用配制配合而降低。配制公差的代号为 MF。

【例 3-16】 某一公称尺寸为 ϕ3 000 mm 的孔和轴配合,要求配合的最大间隙为 0.450 mm,最小间隙为 0.140 mm,采用配制配合。试确定孔和轴的公差等级、基本偏差,并绘制公差带图。

【解】 ①先按互换性生产要求,选取配合为 ϕ3 000H6/f6 mm 或 ϕ3 000F6/h6 mm。查

相关国家标准,经计算得到两种配合的最大间隙为 0.415 mm,最小间隙为 0.145 mm,符合零件配合要求。

若先加工孔,在图样上应标注为 $\phi 3\,000 H6/f6$ MF。若先加工轴,在图样上应标注为 $\phi 3\,000 F6/h6$ MF。

②选择先加工机械零件。根据大尺寸机械零件加工及测量特点,一般选择先加工孔,因为孔加工困难,但能得到较高的测量精度。先对孔给一个比较容易达到的尺寸公差,如 H8,在孔零件图上标注为 $\phi 3\,000 H8$ MF。若按未注公差尺寸的极限偏差加工,则孔零件图上标注为 $\phi 3\,000$ MF。

③对于配制件轴,根据配合公差来选取适当公差。本例可按最大间隙、最小间隙来考虑。如果选 f7,最大间隙为 0.355 mm,最小间隙为 0.145 mm,符合要求;如果选 f8,则最大间隙为 0.475 mm,超过要求,故 f8 不符合要求,只能选 f7。

在轴零件图上标注为 $\phi 3\,000 f7$ MF 或 $\phi 3\,000_{-0.355}^{-0.145}$ MF。

④用尽可能准确的方法测出先加工件孔的实际尺寸,如测得孔径为 $\phi 3\,000.195$ mm,以此尺寸作为配制件极限尺寸的计算起始尺寸,则 f7 轴的极限尺寸为

上极限尺寸:　$d_{\max}=(3\,000.195-0.145)$ mm $=3\,000.050$ mm

下极限尺寸:　$d_{\min}=(3\,000.195-0.355)$ mm $=2\,999.840$ mm

根据计算结果绘制公差带图,如图 3-39 所示。

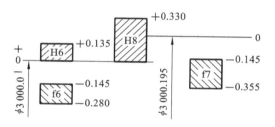

图 3-39　例 3-16 公差带图

复习与思考题

3-1　利用已知数值,填写表 3-19 中各项数值。

表 3-19　复习与思考题 3-1 各项数值填写表　　　　　单位:mm

孔　或　轴	上极限尺寸	下极限尺寸	上极限偏差	下极限偏差	公　差	尺　寸　标　注
孔 $\phi 18$	18.034	18.016				
孔 $\phi 30$			$+0.033$	0		
孔 $\phi 45$			-0.017		0.025	
轴 $\phi 60$		60.0			0.046	
轴 $\phi 80$						$\phi 80_{-0.040}^{-0.010}$
轴 $\phi 150$	150.100			0		

3-2　查表,确定下列各孔、轴公差带的上、下极限偏差。

(1) $\phi 25 f7$。

(2) $\phi 65 c10$。

(3) $\phi 24 k6$。

（4）$\phi40n8$。

3-3 已知下列四对孔、轴配合：① 孔 $\phi30^{+0.033}_{0}$ 与轴 $\phi30^{-0.040}_{-0.073}$；② 孔 $\phi60^{+0.046}_{0}$ 与轴 $\phi60^{+0.083}_{+0.053}$；③ 孔 $\phi40^{-0.003}_{-0.008}$ 与轴 $\phi40^{0}_{-0.016}$；④ 孔 $\phi108\pm0.027$ 与轴 $\phi108^{0}_{-0.035}$。

（1）试求各对配合的极限间隙或极限过盈、配合公差。

（2）分别绘出公差带图，并说明它们的配合类型。

3-4 已知某孔、轴配合的公称尺寸为 $\phi30$ mm，最大间隙 $X_{max}=+23\ \mu$m，最大过盈 $Y_{max}=-10\ \mu$m，孔的尺寸公差 $T_h=20\ \mu$m，轴的上极限偏差 es$=0$ mm，试确定孔、轴的极限偏差和公差，并画出公差图。

3-5 某孔、轴配合，已知轴的尺寸为 $\phi10h8$ mm，$X_{max}=+0.007$ mm，$Y_{max}=-0.037$ mm，试计算孔的尺寸，并说明该配合是什么基准制、什么配合类别。

3-6 某孔、轴配合，公称尺寸为 $\phi35$ mm，要求 $X_{max}=+120\ \mu$m，$X_{min}=+50\ \mu$m，试确定基准制、公差等级及其配合。

3-7 某孔、轴配合，公称尺寸为 $\phi75$ mm，要求 $X_{max}=+0.028$ mm，$Y_{max}=-0.024$ mm，试确定其配合公差带代号。

3-8 某与滚动轴承外圈配合的轴承座孔尺寸为 $\phi25J7$ mm，今设计与该轴承座孔相配合的端盖尺寸，使端盖与轴承座孔的配合间隙在 $+15\sim+125\ \mu$m 范围内，试确定端盖的公差等级和选用配合，说明该配合属于何种基准制。

项目 4 几何公差及其选用

★ **项目内容**

· 机械零件的几何公差及其选用。

★ **学习目标**

· 掌握机械零件的几何公差及其选用。

★ **主要知识点**

· 机械零件的构成要素、加工误差。
· 几何公差的定义、类型与符号。
· 几何公差的标注。
· 几何公差带。
· 几何公差原则与应用。
· 机械零件几何公差的选用。
· 未注几何公差及其选用。

4.1 几何公差基本术语的了解

4.1.1 机械零件的构成要素

机械零件的构成要素是指构成机械零件的具有几何特征的点、线、面。图 4-1 所示的机械零件就是由各个要素组成的几何体,它由顶点、球心、轴线、圆柱面、球面、圆锥面和平面等要素组成。要素可从不同角度分为以下 6 类。

1. 理想要素

理想要素是指具有几何学意义的要素。它是具有理想形状的点、线、面。该要素严格符合几何学意义,而没有任何误差。图样上给出的几何要素均为理想要素。

2. 实际要素

实际要素是指机械零件上实际存在的要素。实际要素通常用测量所得到的要素来代替。但是由于测量过程中存在测量误差,因此测得的要素状况并非实际要素的真实状况。

3. 被测要素

被测要素是指在图样上给出几何公差要求的要素。被测要素即为图样上几何公差代号箭头所指的要素。如图 4-2 所示,$\phi100f6$ mm 外圆和 $40_{-0.05}^{0}$ mm,右端面是被测要素。

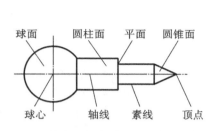

图 4-1 构成机械零件几何特征的要素

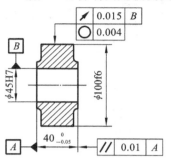

图 4-2 被测要素和基准要素

4. 基准要素

用来确定被测要素的方向或(和)位置的要素称为基准要素。理想的基准要素称为基准。如图 4-2 所示,$\phi45H7$ mm 的轴线和 $40_{-0.05}^{0}$ mm 的左端面都是基准。

5. 单一要素

仅对要素本身给出了几何公差的要素称为单一要素。单一要素是不给定基准关系的要素,如一个点、一条线(包括直线、曲线、轴线等)、一个面(包括平面、圆柱面、圆锥面、球面、中心面和公共中心面等)。如图 4-2 所示,$\phi100f6$ mm 圆柱面的圆度有精度要求,所以 $\phi100f6$ mm 圆柱面就是单一要素。

6. 关联要素

对其他要素具有功能关系的要素称为关联要素。所谓功能关系,是指要素与要素之间具有某种确定的方向或位置关系(如垂直、平行、倾斜、对称或同轴等)。如图 4-2 所示,右端面对左端面有平行功能要求。可以认为关联被测要素就是有位置公差要求的被测要素。

4.1.2 机械零件的几何误差

机械零件的精度一般包括尺寸精度、形状精度、位置精度和表面结构特征等 4 个方面。

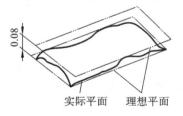

图 4-3 实际要素与理想要素的比较

若单纯用零件的几何特征来阐述误差的概念,则可以将误差理解为被测要素相对理想要素的变动量。变动量越大,误差就越大。例如,对有几何形状误差的实际平面进行平面度误差检测时,用理想平面(无形状误差的平面)与这个实际平面做比较,如图 4-3 所示,就可以找出这个被测平面平面度误差的大小。

4.1.3 几何公差

几何公差是指限制实际要素变动的区域。

1. 几何公差带的特点

（1）形状误差值用最小包容区域（简称最小区域）的宽度或直径表示。

最小包容区域是指包容被测要素时，具有最小宽度或直径的包容区域。最小包容区域的形状应与公差带的形状一致（即应服从设计要求）；公差带的方向和位置应与最小包容区域一致（在设计本身无要求的前提下应服从误差评定的需要）。最小包容区域体现的原则称为最小条件原则，它是评定形状误差的基本原则。遵守它，可以最大限度地通过合格件，但是在许多情况下，又可能使检测和数据处理复杂化，因此允许在满足机械零件功能要求的前提下，用近似最小包容区域的方法来评定形状误差值。用近似最小包容区域的方法得到的误差值小于公差值，机械零件在使用中会更趋可靠；大于公差值，则在仲裁时应按最小条件原则。

（2）方向公差有平行度、垂直度、倾斜度、线轮廓度和面轮廓度等 5 个项目。

方向公差带具有以下特点：相对于基准有方向要求；在满足方向要求的前提下，公差带的位置可浮动；能综合控制被测要素的形状误差，即若被测要素的方向误差 f 不超过方向公差 t，其自身的形状误差也不超过 t，因此当对某一被测要素给出方向公差后，通常不再对该要素给出形状公差。如果在功能上需要对形状精度做进一步要求，则可同时给出形状公差，当然形状公差值一定小于方向公差值。

方向误差值用定向最小包容区域（简称定向最小区域）的宽度或直径表示。定向最小包容区域是指按公差带要求的方向来包容被测要素时，具有最小宽度 f 或最小直径 f 的包容区域，它的形状与公差带的形状一致，宽度或直径由被测要素本身决定。

（3）位置公差有同轴度（用于轴线）、对称度、位置度、同心度（用于中心点）、线轮廓度和面轮廓度等 6 个项目。

位置公差带具有以下特点：相对于基准有位置要求；方向要求包含在位置要求中；能综合控制被测要素的方向和形状误差；当对某一被测要素给出位置公差后，通常不再对该要素给出方向和形状公差。如果在功能上对方向和形状有进一步要求，则可同时给出方向和形状公差。

位置误差值用定位最小包容区域（简称定位最小区域）的宽度或直径表示。定位最小包容区域是指按要求的位置来包容被测要素时，具有最小宽度 f 或最小直径 f 的包容区域，它的形状与公差带的形状一致，宽度或直径由被测要素本身决定。

（4）跳动公差分为圆跳动公差和全跳动公差。

圆跳动公差是指被测要素在某种测量截面内相对于基准轴线的最大允许变动量。根据测量截面的不同，圆跳动分为径向圆跳动（测量截面为垂直于轴线的正截面）、端面圆跳动（也称轴向圆跳动，测量截面为与基准同轴的圆柱面）和斜向跳动（测量截面为素线与被测锥面的素线垂直或成一指定角度、轴线与基准轴线重合的圆锥面）。

全跳动公差是指整个被测表面相对基准轴线的最大允许变动量。被测表面为圆柱面的全跳动称为径向全跳动，被测表面为平面的全跳动称为端面全跳动。

跳动公差被认为是针对特定的测量方法定义的几何公差项目，因而可以从测量方法角度理解其意义。同时，与其他项目一样，也可以从公差带角度理解其意义。后者对于正确理解跳动公差与其他项目公差的关系从而做出正确设计具有更直接的意义。

除端面全跳动外，跳动公差带具有以下特点：跳动公差带相对于基准有确定的位置；跳动公差带可以综合控制被测要素的位置、方向和形状（端面全跳动相对于基准仅有确定的方向）。

跳动误差通常简称为跳动，从测量的角度来看，它的定义如下。

①圆跳动。被测要素绕基准轴线无轴向运动回转一周时，由位置固定的指示器在给定方向上测得的最大读数与最小读数之差称为该被测表面的圆跳动，取各被测表面上圆跳动的最大值作为被测表面的圆跳动。

②全跳动。被测要素绕基准轴线作无轴向移动的回转，同时指示器沿理想素线连续移动（或被测要素每回转一周，指示器沿理想素线作间断移动），由指示器在给定方向上测得的最大读数与最小读数之差称为被测表面的全跳动。

2. 几何公差带的构成要素

几何公差带是用来限制实际要素变动的区域。构成机械零件实际要素的点、线、面都必须处在该区域内，机械零件才为合格。虽然几何公差带的构成比较复杂，但是它主要由大小、形状、位置和方向 4 个要素构成，并形成 9 种公差带形式，如图 4-4 所示，用在 14 个几何公差项目中。

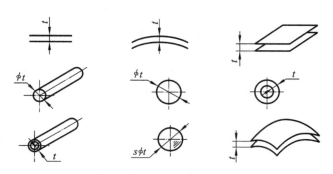

图 4-4　几何公差带的形状

1）公差带的形状

几何公差带的形状是由各个公差项目的定义决定的，如图 4-4 所示。

2）公差带的大小

几何公差带的大小用公差值表示，公差值和公差带是多种多样的，如图 4-4 所示。公差带的形状可分为用公差值 t 表示宽度的两平行直线、两等距曲线、两同心圆、两同轴圆柱、两平行平面、两等距曲面，以及用公差值 t 表示直径的一个圆、一个球、一个圆柱。因此，公差值 t 可以是公差带的宽度或直径。

3）公差带的方向

（1）形状公差带的方向。形状公差带的方向是公差带的延伸方向，它与测量方向垂直。公差带的实际方向是由最小条件决定的，如图 4-5(a) 所示，h_1 为最小。

（2）位置公差带的方向。位置公差带的方向也是公差带的延伸方向，它与测量方向垂直。公差带的实际方向与基准保持图样上给定的几何关系，如图 4-5(b) 所示。

4）公差带的位置

公差带的位置分为浮动和固定两种。

（1）浮动位置公差带。机械零件的实际尺寸在一定的公差所允许的范围内变动，因此有的要素位置就必然随着变动，这时几何公差带的位置也会随着机械零件实际尺寸的变动而变动，这种公差带称为浮动位置公差带。如图 4-6 所示，平行度公差带的位置随着实际尺

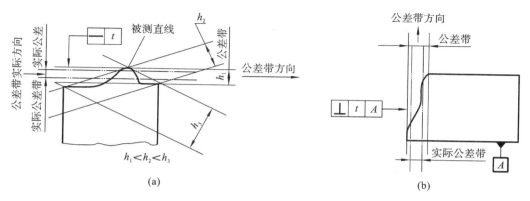

图 4-5　公差带的方向

寸(20.05 mm 和 19.95 mm)的变动而变动。但是,几何公差范围应在尺寸公差带之内,即几何公差 $t \leqslant$ 尺寸公差 T。

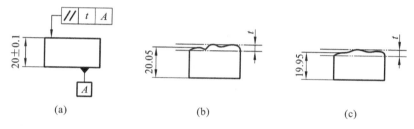

图 4-6　公差带位置浮动的情况

（2）固定位置公差带。几何公差带的位置给定之后,它与机械零件上的实际尺寸无关,不随尺寸的变动而变动,这种公差带称为固定位置公差带。如图 4-7 所示,ϕt_1 对 ϕt_2 有同轴度要求,ϕt_2 轴线为基准轴线,ϕt_1 轴线为被测轴线,公差带形状是直径为 ϕt 的圆柱面,并与 ϕt_2 轴线同轴,公差带的位置不随被测圆柱直径 ϕt_1 的变动而变动。

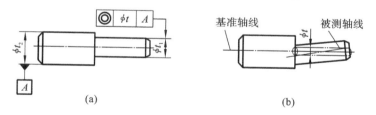

图 4-7　公差带位置固定的情况

在几何公差中,属于固定位置公差带的有同轴度、对称度、部分位置度、部分轮廓度等项目的公差带,其余几何公差带均属于浮动位置公差带。

4.1.4　理论正确尺寸

对于要素的位置度、轮廓度或倾斜度,其尺寸由不带公差的理论正确位置、轮廓或角度确定,这种尺寸称为理论正确尺寸。

理论正确尺寸应围以框格表示,机械零件的实际尺寸仅由在公差框格中的位置度公差、轮廓度公差或倾斜度公差来限定。如图 4-8 所示，$\boxed{25}$、$\boxed{60°}$ 就为理论正确尺寸，它不附加公差。

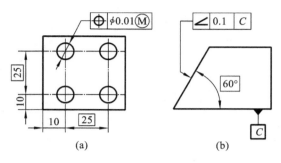

图 4-8　理论正确尺寸

4.1.5　延伸公差带

　　根据机械零件的功能要求，位置度和对称度需要延伸到被测要素长度界线以外时，该公差带为延伸公差带。延伸公差带的主要作用是防止机械零件装配时发生干涉现象。延伸公差带分为靠近形体延伸公差带和远离形体延伸公差带两种。图 4-9 所示为靠近形体延伸公差带。图 4-10 所示为远离形体延伸公差带。

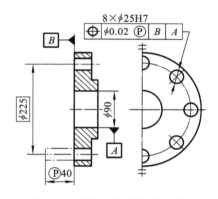

图 4-9　靠近形体延伸公差带

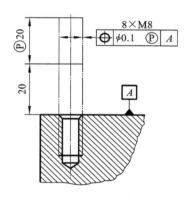

图 4-10　远离形体延伸公差带

　　延伸公差带的延伸部分用双点画线绘制，并在图样上注出相应的尺寸。在延长部分尺寸数字前和几何公差框格中的公差后分别加注符号 Ⓟ。

4.1.6　基准目标

　　当需要在基准要素上指定某些点、线或局部表面来体现各种基准平面时，应标注基准目标。基准目标按下列方法标注在图样上。

　　(1) 当基准目标为点时，用"×"表示，如图 4-11(a)所示。

　　(2) 当基准目标为线时，用细实线表示，并在棱边上加"×"表示，如图 4-11(b)所示。

　　(3) 当基准目标为局部表面时，用双点画线绘出该局部表面图形，并画上与水平线成45°的细实线，如图 4-11(c)所示。

基准目标是由基准目标代号表示的,如图 4-12 所示。基准目标代号的圆圈用细实线画出,圈内分上、下两个部分,上半部分填写给定的局部表面尺寸(直径或边长×边长),下半部分填写基准代号的字母。基准目标代号的指引线自圆圈的径向引出,箭头指向基准目标。

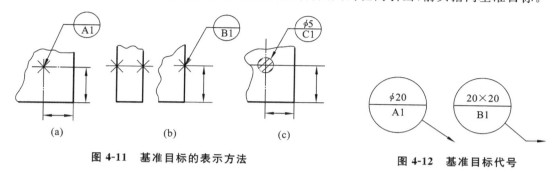

图 4-11　基准目标的表示方法　　　　　　图 4-12　基准目标代号

4.2　几何公差的类型与符号

4.2.1　几何精度的定义

机械零件的几何误差对产品的工作精度、密封性、运动平稳性、耐磨性和使用寿命等都有很大的影响,对那些经常处于高速、高温、高压及重载条件下工作的机械零件更为重要。为此,不仅要控制机械零件的几何尺寸误差、表面粗糙度,而且要控制机械零件的形状误差和机械零件表面相互位置的误差。

图 4-13 所示的光滑轴,尽管轴各段横截面的尺寸都控制在 $\phi20f7$ mm 尺寸范围内,但是该轴发生弯曲将导致不能与配合孔装配,或改变原设计的配合性质。为了保证机械零件的互换性要求,就必须对机械零件提出几何的精度要求。

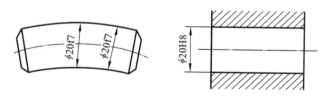

图 4-13　几何误差对配合的影响示意图

几何精度就是指构成机械零件形状的实际要素与理想形状要素和位置要素相符合的程度。

为了控制几何误差,国家制定和发布了几何公差标准,以便在机械零件的设计、加工和检测等过程中对几何公差有统一的认识和标准。现行国家标准主要有以下几个。

(1)《产品几何技术规范(GPS)　几何公差　形状、方向、位置和跳动公差标注》(GB/T 1182—2018)。

(2)《形状和位置公差　未注公差值》(GB/T 1184—1996)。

(3)《产品几何技术规范(GPS)　基础　概念、原则和规则》(GB/T 4249—2018)。

(4)《产品几何技术规范(GPS)　几何公差　最大实体要求(MMR)、最小实体要求(LMR)和可逆要求(RPR)》(GB/T 16671—2018)。

国家标准规定,几何公差采用框格和符号表示法进行标注。在图样中几何公差采用符号进行标注,当无法用符号进行标注时,也允许在技术要求中用相应的文字说明。几何公差符号包括以下 4 个方面:几何公差特征项目符号、几何公差的框格和指引线、几何公差的数值和其他有关符号、几何公差的基准符号。

4.2.2 几何公差的特征项目符号

几何公差特征项目符号如表 4-1 所示,分为形状公差、方向公差、位置公差和跳动公差四大类。几何公差特征项目共计 14 项,分别用 14 个符号表示。

表 4-1 几何公差特征项目符号

公差类型	几何特征	符 号	有无基准
形状公差	直线度	—	无
	平面度	▱	无
	圆度	○	无
	圆柱度	⌀	无
	线轮廓度	⌒	无
	面轮廓度	⌓	无
方向公差	平行度	//	有
	垂直度	⊥	有
	倾斜度	∠	有
	线轮廓度	⌒	有
	面轮廓度	⌓	有
位置公差	位置度	⊕	有或无
	同心度(用于中心点)	◎	有
位置公差	同轴度(用于轴线)	◎	有
	对称度	=	有
	线轮廓度	⌒	有
	面轮廓度	⌓	有
跳动公差	圆跳动	↗	有
	全跳动	↗↗	有

4.2.3 几何公差的框格和指引线

几何公差采用框格形式标注,框格用细实线绘制,如图 4-14 所示。每一个公差框格内只能表达一项几何公差的要求,公差框格根据公差的内容要求可分为多格。公差框格可以水平放置,也可以垂直放置,自左至右或从下到上依次填写公差符号、公差数值(单位为

mm)、基准代号字母,第二格及其后各格中还可填写其他有关符号。

　　形状公差无基准,形状公差的公差框格只有两格,如图 4-15 所示,而位置公差框格可用三格或更多格。

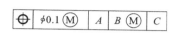

图 4-14　标注几何公差的框格

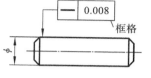

图 4-15　用框格标注形状公差

4.2.4　几何公差的数值和其他有关符号

　　几何公差的数值标注在框格的第二格中。框格中的数字和字母的高度应与图样中的尺寸数字高度相同。公差带、要素和特征部分所使用的符号定义如表 4-2 所示。

表 4-2　公差带、要素和特征部分所使用的符号定义

描　　述	符　　号
组合规范元素	
组合公差带	CZ
独立公差带	SZ
不对称公差带	
(规定偏置量的)偏置公差带	UZ
公差带约束	
(未规定偏置量的)线性偏置公差带	OZ
(未规定偏置量的)角度偏置公差带	VA
拟合被测要素	
最小区域(切比雪夫)要素	Ⓒ
最小二乘(高斯)要素	Ⓖ
最小外接要素	Ⓝ
贴切要素	Ⓣ
最大内切要素	Ⓧ
导 出 要 素	
中心要素	Ⓐ
延伸公差带	Ⓟ
评定参照要素的拟合	
无约束的最小区域(切比雪夫)拟合被测要素	C
实体外部约束的最小区域(切比雪夫)拟合被测要素	CE
实体内部约束的最小区域(切比雪夫)拟合被测要素	CI
无约束的最小二乘(高斯)拟合被测要素	G

续表

描　述	符　号
实体外部约束的最小二乘（高斯）拟合被测要素	GE
实体内部约束的最小二乘（高斯）拟合被测要素	GI
最小外接拟合被测要素	N
最大内切拟合被测要素	X
参　数	
偏差的总体范围	T
峰值	P
谷深	V
标准差	Q
被测要素标识符	
区间	← →
联合要素	UF
小径	LD
大径	MD
中径/节径	PD
全周（轮廓）	
全表面（轮廓）	
公 差 框 格	
无基准的几何规范标注	
有基准的几何规范标注	
辅助要素标识符或框格	
任意横截面	ACS
相交平面框格	
定向平面框格	
方向要素框格	
组合平面框格	

续表

描　　述	符　　号
理论正确尺寸符号	
理论正确尺寸(TED)	50
实　体　状　态	
最大实体要求	Ⓜ
最小实体要求	Ⓛ
可逆要求	Ⓡ
状态的规范元素	
自由状态(非刚性零件)	Ⓕ
基准相关符号	
基准要素标识	E
基准目标标识	φ4 / A1
接触要素	CF
仅方向	><
尺寸公差相关符号	
包容要求	Ⓔ

4.2.5　几何公差的基准符号

对于位置、方向、跳动公差要求,在图样上必须标明基准要素,基准要素用基准字母表示。带方框的大写字母用细实线、基准三角形与基准要素相连,如图 4-16 所示,表示基准要素的字母应标注在公差框格内。方框的边长与公差框格的边长相同,方框内的字母一律字头向上大写。为了不引起误解,字母 E、I、J、M、O、P、L、R、F 不采用。字母的高度应与图样中的尺寸高度相同。基准字母的书写如图 4-17 所示。

图 4-16　基准符号　　　　　　　　　　图 4-17　基准字母的书写

4.3　几何公差的标注

4.3.1　几何公差被测要素的标注方法

被测要素是检测对象。国家标准规定,图样上用带箭头的指引线将被测要素与公差框

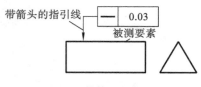

图 4-18　带箭头的指引线

格一端相连,指引线的箭头应垂直地指向被测要素,如图 4-18所示。

指引线的箭头按下列方法与被测要素相连:指引线可从公差框格的任一端引出,引出段垂直于公差框格,引向被测要素时允许弯折,但弯折不得多于两次;指引线箭头所指的应是公差带的宽度或直径方向;跳动公差框格指引线箭头与测量方向一致。

1. 被测要素为直线或表面时的标注

当被测要素为直线或表面时,指引线的箭头应指到该要素的轮廓线或轮廓线的延长线上,并且应与尺寸线明显错开,如图 4-19 所示。

2. 被测要素为轴线、中心线或中心平面时的标注

当被测要素为轴线、中心线或中心平面时,指引线的箭头应与该要素的尺寸线对齐,如图 4-20所示。

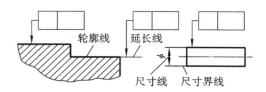

图 4-19　被测要素为直线或表面时的标注

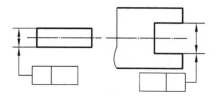

图 4-20　被测要素为轴线、中心线或中心平面时的标注

3. 被测要素为圆锥体轴线时的标注

当被测要素为圆锥体轴线时,指引线箭头应与圆锥体的直径尺寸线(大端或小端)对齐,如图 4-21(a)所示。如果直径尺寸线不能明显地区别圆锥体与圆柱体,则应在圆锥体里画出空白尺寸线,并将指引线的箭头与空白尺寸线对齐,如图 4-21(b)所示。如果圆锥体使用角度尺寸标注,则指引线的箭头应对着角度尺寸线,如图 4-21(c)所示。

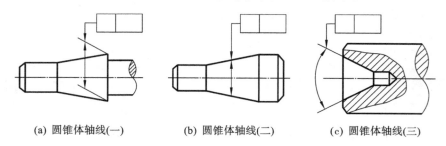

(a) 圆锥体轴线(一)　　(b) 圆锥体轴线(二)　　(c) 圆锥体轴线(三)

图 4-21　被测要素为圆锥体轴线时的标注

4. 被测要素为螺纹轴线时的标注

(1) 当被测要素为螺纹中径轴线时,在图样中画出中径,指引线箭头应与中径尺寸线对齐,如图 4-22(a)所示。如果图样中未画出中径,指引线箭头可与螺纹尺寸线对齐,如图 4-22(b)所示,但其被测要素仍为螺纹中径轴线。

(2) 当被测要素不是螺纹中径轴线时,则应在框格下面附加说明。若被测要素是螺纹大径轴线,则应用"MD"表示,如图 4-22(c)所示。若被测要素是螺纹小径轴线时,则应用

"LD"表示,如图 4-22(d)所示。

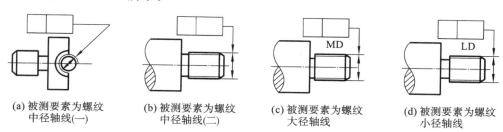

(a) 被测要素为螺纹中径轴线(一)　　(b) 被测要素为螺纹中径轴线(二)　　(c) 被测要素为螺纹大径轴线　　(d) 被测要素为螺纹小径轴线

图 4-22　被测要素为螺纹轴线时的标注

5. 同一被测要素有多项几何公差要求且其标注方法又一致时的标注

当同一被测要素有多项几何公差要求且其标注方法又一致时,可以将这些公差框格绘制在一起,只画一条指引线,如图 4-23 所示。

6. 多个被测要素有相同几何公差要求时的标注

当多个被测要素有相同的几何公差要求时,可以从公差框格引出的指引线上画出多个指引箭头,并分别指向各被测要素,如图 4-24 所示。

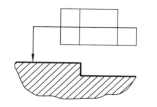

图 4-23　同一被测要素有多项几何公差要求且其标注方法又一致时的标注

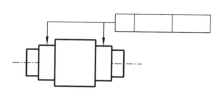

图 4-24　多个被测要素有相同几何公差要求时的标注

为了说明几何公差框格中所标注的几何公差的其他附加要求,或为了简化标注,可以在公差框格的下方或上方附加文字说明。凡属于被测要素数量的文字说明,应写在公差框格的上方,如图 4-25(a)～(c)所示;凡属于解释性的文字说明,应写在公差框格的下方,如图 4-25(d)～(i)所示。

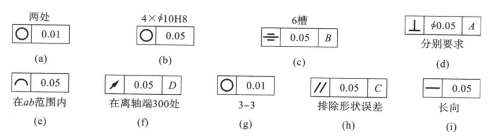

图 4-25　几何公差的其他附加要求

4.3.2　几何公差基准要素的标注方法

对于有几何公差要求的被测要素,它的方向和位置由基准要素来确定。如果没有基准要素,被测要素的方向和位置就无法确定。因此,在识读和使用几何公差时,不仅要知道被测要素,还要知道基准要素。国家标准中规定,基准要素用基准符号表示。

1. 用基准符号标注基准要素

当基准要素是轮廓线或表面时,基准三角形应置于基准要素的轮廓线或它的延长线上(应与尺寸线明显错开),如图 4-26(a)所示。基准三角形还可以置于用圆点指向实际表面的参考线上,如图 4-26(b)所示。当基准要素是尺寸要素确定的轴线、中心平面或中心点时,基准三角形放置在该尺寸线的延长线上,如图 4-26(c)所示。若尺寸线处安排不下两个箭头,则其中一个箭头可用基准三角形代替,如图 4-26(d)所示。

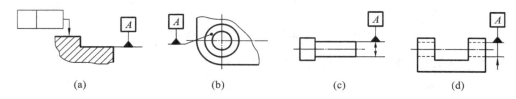

图 4-26 基准要素的标注

2. 基准的分类及其标注

为了确定被测要素的空间方位,有时 1 个基准是不够的,可能需要 2 个或 3 个基准。因此产生了基准的如下分类。

(1) 单一基准。单一基准是指用一个基准要素建立的基准。图 4-27(a)中的基准就是用基准平面 A 建立的单一基准。

(2) 公共基准。公共基准是指由两个或两个以上的同类基准要素建立的一个独立的基准,也称为组合基准。图 4-27(b)中的基准就是用两基准轴线 A 和 B 及两基准中心面 A 和 B 建立的公共基准。公共基准的表示是在组成公共基准的两个或两个以上同类基准代号的字母之间加连接号。

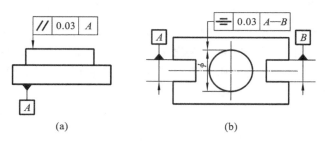

图 4-27 基准示例及标注

(3) 三基准体系。3 个基准互相垂直的基准平面组成三基准体系,如图 4-28 所示。3 个基准平面按功能要求分别称为第一基准、第二基准、第三基准。定位功能要求最强的是第一基准,以此类推,即选最重要或最大的平面作为第一基准 A,选次要或较长的平面作为第二基准 B,选不重要的平面作第三基准 C。

3. 任选基准的标注

有时对相关要素不指定基准,如图 4-29 所示,这种情况称为任选基准,也就是在测量时可以任选其中一个要素为基准。

4. 被测要素与基准要素的连接

在位置公差标注中,被测要素用指引箭头确定,而基准要素用基准符号表示,如图 4-30 所示。

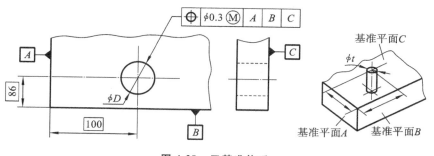

图 4-28   三基准体系

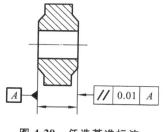

图 4-29   任选基准标注

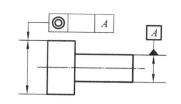

图 4-30   被测要素与基准要素的连接

4.3.3   几何公差值的标注

几何公差值是几何误差的最大允许值,其数值都是线性值,这是由公差带定义所决定的。国家标准中规定:几何公差值在图样上的标注应填写在公差框格第二格内。给出的公差值一般是指被测要素的全长或全面积,如果仅指被测要素某一部分,则要在图样上用粗点画线表示出要求的范围,如图 4-31 所示。

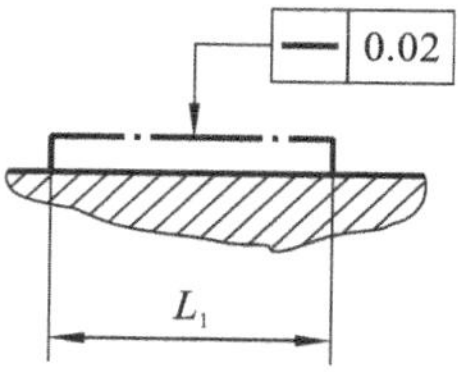

如果几何公差值是指被测要素的任意长度(或范围),可在公差值框格里填写相应的数值。如图 4-32(a)所示,在任意 200 mm 长度内,直线度公差为 0.02 mm;如图 4-32(b)所示,被测要素全长的直线度为 0.05 mm,而在任意 200 mm 长度内直线度公差为 0.02 mm;如图4-32(c)所示,在被测要素上任意 100 mm×100 mm 正方形面积上,平面度公差为 0.05 mm。

图 4-31   被测要素范围的标注

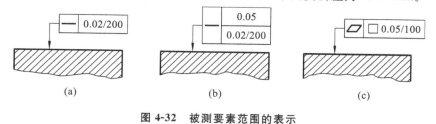

图 4-32   被测要素范围的表示

4.3.4   几何公差附加要求的标注

对几何公差有附加要求时,应在相关的公差值后面加注有关符号。几何公差附加要求的标注如表 4-3 所示。

表 4-3　几何公差附加要求的标注

含　义	符　号	举　例
只许中间向材料内凹下	（—）	▭ — ▭ $t(—)$
只许中间向材料外凸起	（＋）	▭ ▱ ▭ $t(+)$
只许从左至右减小	（▷）	▭ ⟋ ▭ $t(\triangleright)$
只许从右至左减小	（◁）	▭ ⟋ ▭ $t(\triangleleft)$

4.3.5　几何公差的识读

学习几何公差的目的是掌握零件图样上几何公差符号的含义，了解技术要求，保证产品质量。在识读几何公差代号时，应首先从标注中确定被测要素、基准要素、公差项目、公差值、公差带的要求和有关文字说明等。

【例 4-1】　识读图 4-33 所示止推轴承轴盘的几何公差。

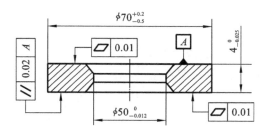

图 4-33　止推轴承轴盘的几何公差

【解】　① ▭ ▱ ▭ 0.01，表示上平面和下平面的平面度为 0.01 mm。

② ▭ ∥ ▭ 0.02 ▭ A ，表示上、下平面的平行度为 0.02 mm，属于任选基准。

4.4　几何公差带的定义、标注和解释

几何公差带的定义、标注和解释如表 4-4 所示。

表 4-4　几何公差带的定义、标注和解释

符号	公差带的定义	标注和解释
—	直线度公差。被测要素可以是组成要素或导出要素，公称被测要素的属性与形状为明确给定的直线或一组直线要素，属线要素	
	公差带为在平行于（相交平面框格给定的）基准 A 的给定平面内与给定方向上、间距等于公差值 t 的两平行直线所限定的区域。	在由相交平面框格规定的平面内，上表面的提取（实际）线应限定在间距等于 0.1 mm 的两平行直线之间

续表

符号	公差带的定义	标注和解释
	说明： a——基准A； b——任意距离； c——平行于基准A的相交平面	
一	公差带为间距等于公差值 t 的两平行平面所限定的区域	圆柱表面的提取（实际）棱边应限定在间距等于 0.1 mm 的两平行平面之间
	公差值前加注了直径符号 ϕ。公差带为直径等于公差值 ϕt 的圆柱面所限定的区域	圆柱面的提取（实际）中心线应限定在直径等于 $\phi 0.08$ mm 的圆柱面内
⌓	平面度公差。被测要素可以是组成要素或导出要素，公称被测要素的属性和形状为明确给定的平面，属面要素	
	公差带为间距等于公差值 t 的两平行平面所限定的区域	提取（实际）表面应限定在间距等于 0.08 mm 的两平行面之间

续表

符号	公差带的定义	标注和解释
○	圆度公差。被测要素是组成要素,公称被测要素的属性与形状为明确给定的圆周线或一组圆周线,属线要素。圆柱要素的圆度要求可用在与被测要素轴线垂直的横截面上。球形要素的圆度要求可用在包含球心的横截面上。非圆柱体或球体的回转体表面应标注方向要素	
	公差带为在给定横截面内,半径差等于公差值 t 的两个同心圆所限定的区域。 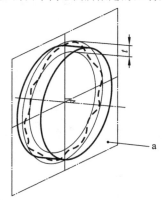 说明: a——任意相交平面（任意横截面）	在圆柱面与圆锥面的任意横截面内,提取（实际）圆周应限定在半径差等于 0.03 mm 的两共面同心圆之间。这是圆柱表面的缺省应用方式。对于圆锥表面,应使用方向要素框格进行标注 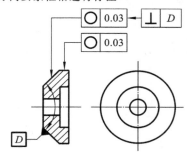
	公差带为在给定横截面内,沿表面距离为 t 的两个在圆锥面上的圆所限定的区域。 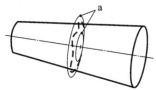 说明: a——垂直于基准 C 的圆（被测要素的轴线）,在圆锥表面上且垂直于被测要素的表面	提取圆周线位于该表面的任意横截面上,由被测要素和与其同轴的圆锥相交所定义,并且其锥角可确保该圆锥与被测要素垂直。该提取圆周线应限定在距离等于 0.1 mm 的两个圆之间,这两个圆位于相交圆锥上。例如,方向要素框格所示的,垂直于被测要素表面的公差带。圆锥要素的圆度要求应标注方向要素框格。 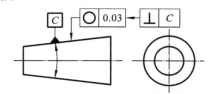 非圆柱形要素与非球形要素的回转体表面应标注方向要素框格,可用于表示垂直于被测要素表面或与被测要素轴线成一定角度的圆度
⌭	圆柱度公差。被测要素是组成要素,公称被测要素的属性与形状为明确给定的圆柱表面,属面要素	
	公差带为直径差等于公差值 t 的两个同轴圆柱面所限定的区域	提取（实际）圆柱表面应限定在半径差等于 0.1 mm 的两同轴圆柱面之间

续表

符号	公差带的定义	标注和解释
⌒	 与基准不相关的线轮廓度公差。被测要素可以是组成要素或导出要素,公称被测要素的属性由线要素或一组线要素明确给定。被测要素的形状,除直线外,应通过图样上完整的标注或基于 CAD 模型的查询明确给定	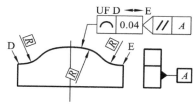

与基准不相关的线轮廓度公差。被测要素可以是组成要素或导出要素,公称被测要素的属性由线要素或一组线要素明确给定。被测要素的形状,除直线外,应通过图样上完整的标注或基于 CAD 模型的查询明确给定

公差带为直径等于公差值 t,圆心位于理论正确几何形状上的一系列圆的两包络线所限定的区域。

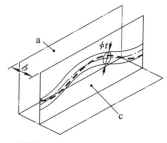

说明:
a——基准平面 A;
b——任意距离;
c——平行于基准平面 A 的平面

在任一平行于基准平面 A 的截面内,如相交平面框格所规定的,提取(实际)轮廓线应限定在直径等于 0.04 mm,圆心位于理论正确几何形状上的一系列圆的两等距包络线之间。可使用 UF 表示组合要素上的三个圆弧部分应组成联合要素要素范围的标注方式。

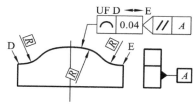

注:部分 TED 未标注,可能会导致公称几何形状定义模糊

相对于基准体系的线轮廓度公差。被测要素可以是组成要素或导出要素,公称被测要素的属性由线要素或一组线要素明确给定。公称被测要素的形状,除直线外,应通过图样上完整的标注或基于 CAD 模型的查询明确给定

公差带为直径等于公差值 t,圆心位于具有理论正确几何形状上的一系列圆的两包络线所限定的区域。

公差带为直径等于公差值 t,圆心位于由基准平面 A 与基准平面 B 确定的被测要素理论正确几何形状上的一系列圆的两包络线所限定的区域。

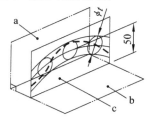

说明:
a——基准平面 A;
b——基准平面 B;
c——平行于基准平面 A 的平面。

在任一由相交平面框格规定的平行于基准平面 A 的截面内,提取(实际)轮廓线应限定在直径等于 0.01 mm,圆心位于由基准平面 A 与基准平面 B 确定的被测要素理论正确几何形状线上的一系列圆的两等距包络线之间。

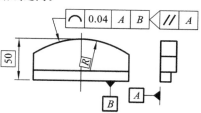

注:部分 TED 未标注,可能会导致公称几何形状定义模糊

符号	公差带的定义	标注和解释
⌓	与基准不相关的面轮廓度公差。被测要素可以是组成要素或导出要素,公称被测要素的属性由某个面要素明确给定。公称被测要素的形状,除平面外,应通过图样上完整的标注或基于 CAD 模型的查询明确给定	
	公差带为直径等于公差值 t,球心位于具有理论正确几何形状的一系列圆球的两个包络面所限定的区域 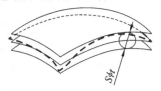	提取(实际)轮廓面应限定在直径等于 0.02 mm,球心位于被测要素理论正确几何形状表面上的一系列圆球的两等距包络面之间 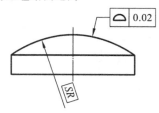
	相对于基准的面轮廓度公差。被测要素可以是组成要素或导出要素,公称被测要素的属性由平面要素明确给定。公称被测要素的形状,除平面外,应通过图样上完整的标注或基于 CAD 模型的查询明确给定。 若是方向规范,">＜"应放置在公差框格的第二格或放在每个公差框格的基准标注之后,如果公差带位置的确定无须依赖基准,则可不标注基准。应使用明确的与/或缺省 TED 给定锁定在公称被测要素与基准之间的角度尺寸,参见 GB/T 17851。 若是位置规范,在公差框格中至少需要一个基准,该基准可用以确定公差带的位置。应使用明确的与/或缺省的 TED 给定锁定在公称被测要素与基准之间的角度与线性尺寸	
	公差带为直径等于公差值 t,球心位于由基准平面 A 确定的被测要素理论正确几何形状上的一系列圆球的两包络面所限定的区域。 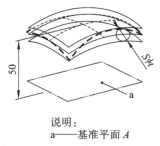 说明: a——基准平面 A	提取(实际)轮廓面应限定在直径等于 0.1 mm,球心位于由基准平面 A 确定的被测要素理论正确几何形状上的一系列圆球的两等距包络面之间。 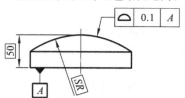 注:部分 TED 未标注,可能会导致公称几何形状定义模糊
//	平行度公差。被测要素可以是组成要素或导出要素。公称被测要素的属性可以是线要素、一组线要素或面要素。每个公称被测要素的形状由直线或平面明确给定。如果被测要素是公称状态为平表面的一系列直线,应标注相交平面框格。应使用与/或缺省的 TBD(0°)定义锁定在公称被测要素与基准之间的 TBD 角度	
	相对于基准体系的中心线平行度公差	

符号	公差带的定义	标注和解释
//	公差带为间距等于公差值 t,平行于两基准且沿规定方向的两平行平面所限定的区域。 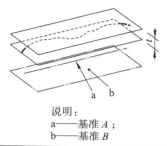 说明: a——基准 A; b——基准 B	提取(实际)中心线应限定在间距等于 0.1 mm,平行于基准轴线 A 的两平行平面之间。限定公差带的平面均平行于由定向平面框格规定的基准平面 B。基准 B 为基准 A 的辅助基准 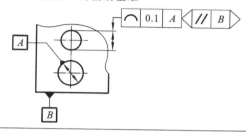
	公差带为间距等于公差值 t,平行于基准 A 且垂直于基准 B 的两平行平面所限定的区域。 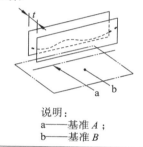 说明: a——基准 A; b——基准 B	提取(实际)中心线应限定在间距等于 0.1 mm,平行于基准轴线 A 的两平行平面之间。限定公差带的平面均垂直于定向平面框格规定的基准平面 B。基准 B 为基准 A 的辅助基准 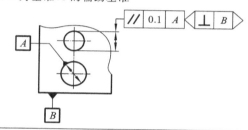
	提取(实际)中心线应限定在两对间距分别等于 0.1 mm 和 0.2 mm,且平行于基准轴线 A 的平行平面之间。定向平面框格规定了公差带宽度相对于基准平面 B 的方向。 ——定向平面框格规定了 0.2 mm 的公差带的限定平面垂直于定向平面 B; ——定向平面框格规定了 0.1 mm 的公差带的限定平面平行于定向平面 B。 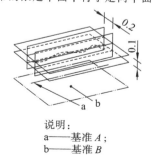 说明: a——基准 A; b——基准 B	提取(实际)中心线应限定在两对间距分别等于公差值 0.1 mm 和 0.2 mm,且平行于基准轴线 A 的平行平面之间。定向平面框格规定了公差带宽度相对于基准平面 B 的方向。基准 B 为基准 A 的辅助基准 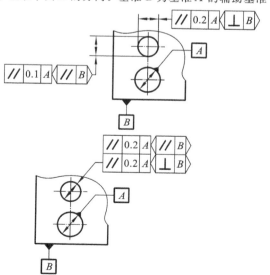

符号	公差带的定义	标注和解释
//	相对于基准直线的中心线平行度公差	
	公差带为平行于基准轴线 A,直径等于公差值 ϕt 的圆柱面所限定的区域。 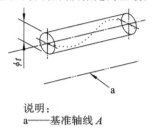 说明: a——基准轴线 A	提取(实际)中心线应限定在平行于基准轴线 A,直径等于 $\phi 0.03$ mm 的圆柱面内 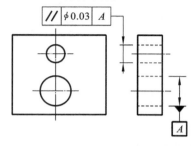
	相对于基准面的中心线平行度公差	
	公差带为平行于基准平面,间距等于公差值 t 的两平行平面限定的区域。 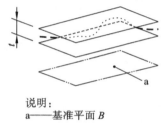 说明: a——基准平面 B	提取(实际)中心线应限定在平行于基准平面 B,间距等于 0.01 mm 的两平行平面之间 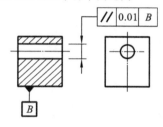
	相对于基准面的一组在表面上的线平行度公差	
	公差带为间距等于公差值 t 的两平行直线所限定的区域。该两平行直线平行于基准平面 A 且处于平行于基准平面 B 的平面内。 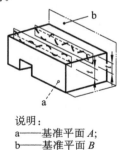 说明: a——基准平面 A; b——基准平面 B	每条由相交平面框格规定的,平行于基准平面 B 的提取(实际)线,应限定在间距等于 0.02 mm,平行于基准平面 A 的两平行线之间。基准平面 B 为基准平面 A 的辅助基准 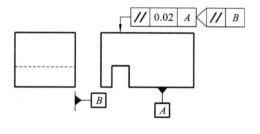
	相对于基准直线的平面平行度公差	
	公差带为间距等于公差值 t,平行于基准轴线 C 的两平行平面所限定的区域。	提取(实际)面应限定在间距等于 0.1 mm,平行于基准轴线 C 的两平行平面之间。

续表

符号	公差带的定义	标注和解释
	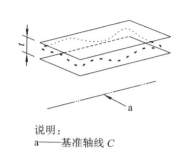 说明： a——基准轴线 C	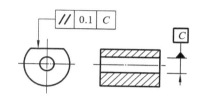 注：给出的标注未定义绕基准轴线的公差带旋转要求，只规定了方向
∥	相对于基准面的平面平行度公差 公差带为间距等于公差值 t，平行于基准平面 D 的两平行平面所限定的区域。 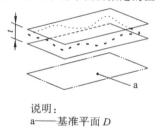 说明： a——基准平面 D	提取(实际)表面应限定在间距等于 0.01 mm，平行于基准平面 D 的两平行平面之间 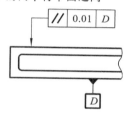
⊥	垂直度公差。被测要素可以是组成要素或导出要素，公称被测要素的属性可以是线要素、一组线要素或面要素。公称被测要素的形状由直线或平面要素明确给定。若被测要素是公称平面，且被测要素是该平面上的一组直线，应标注相交平面框格。应使用缺省的 TBD(90°)给定锁定在公称被测要素与基准之间的 TBD 角度	
	相对于基准直线的中心线垂直度公差 公差带为间距等于公差值 t，垂直于基准轴线的两平行平面所限定的区域。 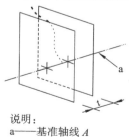 说明： a——基准轴线 A	提取(实际)中心线应限定在间距等于 0.06 mm，垂直于基准轴线 A 的两平行平面之间 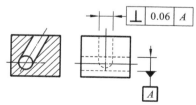

符号	公差带的定义	标注和解释
⊥	**相对于基准体系的中心线垂直度公差** 公差带为间距等于公差值 t 的两平行平面所限定的区域。该两平行平面垂直于基准平面 A 且平行于辅助基准 B。 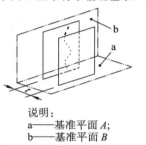 说明： a——基准平面 A; b——基准平面 B	圆柱面的提取（实际）中心线应限定在间距等于 0.1 mm 的两平行平面之间。该两平行平面垂直于基准平面 A，且方向由基准平面 B 规定。基准平面 B 为基准平面 A 的辅助基准 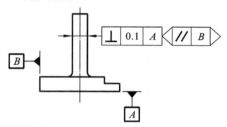
	公差带为间距分别等于公差值 0.1 mm 与 0.2 mm，且相互垂直的两组平行平面所限定的区域。该两组平行平面都垂直于基准平面 A。其中一组平行平面平行于辅助基准 B，另一组平行平面则垂直于辅助基准 B。 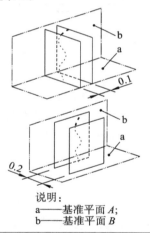 说明： a——基准平面 A; b——基准平面 B	圆柱的提取（实际）中心线应限定在间距分别等于 0.1 mm 与 0.2 mm，且垂直于基准平面 A 的两平行平面之间。公差带的方向使用定向平面框格由基准平面 B 规定。基准平面 B 是基准平面 A 的辅助基准 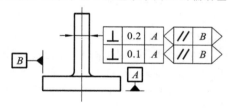
	相对于基准面的中心线垂直度公差 公差带为直径等于公差值 ϕt，轴线垂直于基准平面 A 的圆柱面所限定的区域。 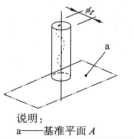 说明： a——基准平面 A	圆柱面的提取（实际）中心线应限定在直径等于 $\phi 0.01$ mm，垂直于基准平面 A 的圆柱面内 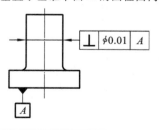

续表

符号	公差带的定义	标注和解释
⊥	**相对于基准直线的平面垂直度公差** 公差带为间距等于公差值 t 且垂直于基准轴线的两平行平面所限定的区域。 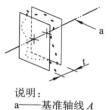 说明： a——基准轴线 A	提取（实际）面应限定在间距等于 0.08 mm 的两平行平面之间。该两平行平面垂直于基准轴线 A 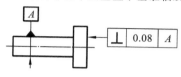
	相对于基准面的平面垂直度公差 公差带为间距等于公差值 t，垂直于基准平面 A 的两平行平面所限定的区域。 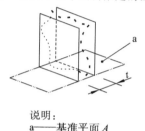 说明： a——基准平面 A	提取（实际）面应限定在间距等于 0.08 mm，垂直于基准平面 A 的两平行平面之间。 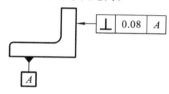 注：上图给出的标注未定义绕基准平面法向的公差带旋转要求，只规定了方向
∠	倾斜度公差。被测要素可以是组成要素或导出要素。公称被测要素的属性是线要素、一组线要素或面要素。每个公称被测要素的形状由直线或平面明确给定。如果被测要素是公称平面，且被测要素是平面上的一组直线，则标注相交平面框格。应使用至少一个明确的 TBD 给定锁定在公称要素与基准之间的 TBD 角度，另外的角度可通过缺省的 TBD 给定（0°或 90°）	
	相对于基准直线的中心线倾斜度公差 公差带为间距等于公差值 t 的两平行平面所限定的区域。该两平行平面按规定角度倾斜于基准轴线。被测线与基准轴线在不同的平面内。 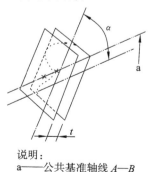 说明： a——公共基准轴线 A—B	提取（实际）中心线应限定在间距等于 0.08 mm 的两平行平面之间。该两平行平面按理论正确角度 60° 倾斜于公共基准轴线 A—B。 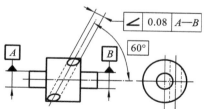 注：上图中给出的标注未定义绕基准轴线的公差带旋转要求，只规定了方向；公差带相对于公共基准轴线 A—B 的距离无约束要求

符号	公差带的定义	标注和解释
	公差带为直径等于公差值 ϕt 的圆柱面所限定的区域。该圆柱面按规定角度倾斜于基准轴线。被测线与基准轴线在不同的平面内。 说明： a——公共基准轴线 A—B。 注：公差带相对于公共基准轴线 　　A—B 的距离无约束要求	提取（实际）中心线应限定在直径等于 $\phi 0.08$ mm 的圆柱面所限定的区域。该圆柱按理论正确角度 $60°$ 倾斜于公共基准轴线 A—B 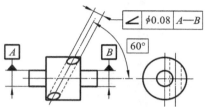
	相对于基准体系的中心线倾斜度公差	
∠	公差带为直径等于公差值 ϕt 的圆柱面所限定的区域。该圆柱面公差带的轴线按规定角度倾斜于基准平面 A，平行于基准平面 B。 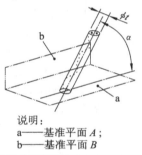 说明： a——基准平面 A； b——基准平面 B	提取（实际）中心线应限定在直径等于 $\phi 0.1$ mm 的圆柱面内。该圆柱面的中心线按理论正确角度 $60°$ 倾斜于基准平面 A，平行于基准平面 B 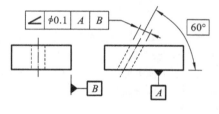
	相对于基准直线的平面倾斜度公差	
	公差带为间距等于公差值 t 的两平行平面所限定的区域。该两平行平面按规定角度倾斜于基准直线。 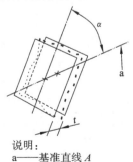 说明： a——基准直线 A	提取（实际）表面应限定在间距等于 0.1 mm 的两平行平面之间。该两平行平面按理论正确角度 $75°$ 倾斜于基准轴线 A。 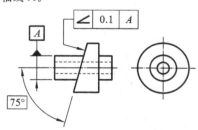 注：上图给出的标注未定义绕基准轴线的 　　公差带旋转要求，只规定了方向

续表

符号	公差带的定义	标注和解释
∠	**相对于基准面的平面倾斜度公差** 公差带为间距等于公差值 *t* 的两平行平面所限定的区域。该两平行平面按规定角度倾斜于基准平面。 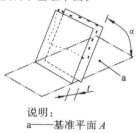 说明： a——基准平面 *A*	提取(实际)表面应限定在间距等于 0.08 mm 的两平行平面之间。该两平行平面按理论正确角度 40°倾斜于基准平面 *A*。 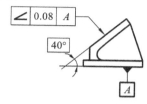 注：本图中给出的标注未定义绕基准平面法向的公差带旋转要求，只规定了方向
⊕	**位置度公差。**被测要素可以是组成要素或导出要素,公称被测要素的属性为一个组成要素或导出的点、直线或平面,或为导出曲线或导出曲面,另见 GB/T 17852。公称被测要素的形状,除直线与平面外,应通过图样上完整的标注或 CAD 模型的查询明确给定	
	导出点的位置度公差 公差带为直径等于公差值 *Sϕt* 的圆球面所限定的区域。该圆球面的中心位置由相对于基准平面 *A*、*B*、*C* 的理论正确尺寸确定。 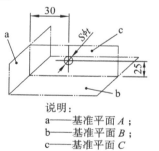 说明： a——基准平面 *A*； b——基准平面 *B*； c——基准平面 *C*	提取(实际)球心应限定在直径等于 *Sϕ0.3* mm 的圆球面内。该圆球面的中心与基准平面 *A*、基准平面 *B*、基准中心平面 *C* 及被测球所确定的理论正确位置一致。 注：提取(实际)球心的定义尚未标准化 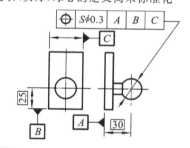
	中心线的位置度公差 公差带为间距分别等于公差值 0.05 mm 与 0.2 mm,对于理论正确位置的平行平面所限定的区域。该理论正确位置由相对于基准平面 *C*、*A*、*B* 的理论正确尺寸确定。该公差在基准体系的两个方向上给定。	各孔的提取(实际)中心线在给定方向上应各自限定在间距分别等于 0.05 mm 及 0.2 mm,且相互垂直的两对平行平面内。每对平行平面的方向由基准体系确定,且对称于基准平面 *C*、*A*、*B* 及被测孔所确定的理论正确位置。

续表

符号	公差带的定义	标注和解释
	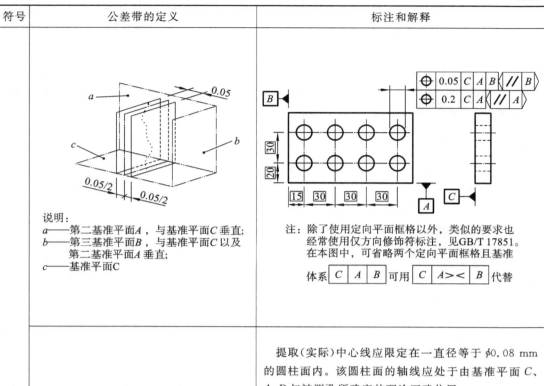说明: *a*——第二基准平面*A*,与基准平面*C*垂直; *b*——第三基准平面*B*,与基准平面*C*以及第二基准平面*A*垂直; *c*——基准平面*C*	注:除了使用定向平面框格以外,类似的要求也经常使用仅方向修饰符标注,见GB/T 17851。在本图中,可省略两个定向平面框格且基准体系 $\boxed{C}\ \boxed{A}\ \boxed{B}$ 可用 $\boxed{C}\ \boxed{A}\!\!><\!\!\boxed{B}$ 代替
⊕	公差带为直径等于公差值 ϕt 的圆柱面所限定的区域。该圆柱面轴线的位置由相对于基准平面*C*、*A*、*B*的理论正确尺寸确定。 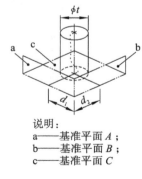说明: *a*——基准平面*A*; *b*——基准平面*B*; *c*——基准平面*C*	提取(实际)中心线应限定在一直径等于 $\phi0.08$ mm的圆柱面内。该圆柱面的轴线应处于由基准平面*C*、*A*、*B*与被测孔所确定的理论正确位置 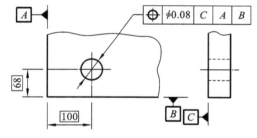 各孔的提取(实际)中心线应各自限定在直径等于 $\phi0.1$ mm的圆柱面内。该圆柱面的轴线应处于由基准平面*C*、*A*、*B*与被测孔所确定的理论正确位置 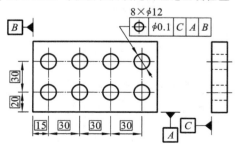

符号	公差带的定义	标注和解释
    ⊕	**中心线的位置度公差** 　　六个被测要素的公差带为间距等于公差值 0.1 mm,对称于要素中心线的两平行平面所限定的区域。中心平面的位置由相对于基准平面 A、B 的理论正确尺寸确定。规范仅适用于一个方向。 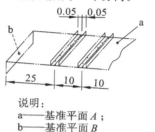 说明: a——基准平面 A ; b——基准平面 B	各条刻线的提取(实际)中心线应限定在距离等于 0.1 mm,对称于基准平面 A、B 与被测线所确定的理论正确位置的两平行平面之间 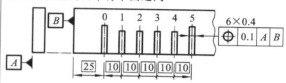
	公差带为间距等于公差值 t 的两平行平面所限定的区域。该两平行平面绕基准轴线 A 对称布置。 　　注:由于使用的是 SZ,8 个凹槽的公差带相互之间的角度不锁定。若使用的是 CZ,公差的相互角度应锁定在 $45°$。 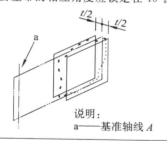 说明: a——基准轴线 A	8 个被测要素应单独考虑(与其相互之间的角度无关),提取(实际)中心面应限定在间距等于公差值 0.05 mm 的两平行平面之间。该两平行平面对称于由基准轴线 A 与中心表面所确定的理论正确位置 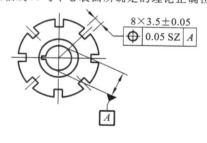
	平表面的位置度公差 　　公差带为间距等于公差值 t 的两平行平面所限定的区域。该两平行平面对称于由相对于基准平面 A、基准轴线 B 的理论正确尺寸所确定的理论正确位置。 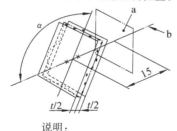 说明: a——基准平面 A ; b——基准轴线 B	提取(实际)表面应限定在间距等于 0.05 mm 的两平行平面之间。该两平行平面对称于由基准平面 A、基准轴线 B 与该被测表面所确定的理论正确位置 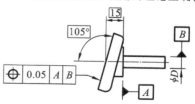

符号	公差带的定义	标注和解释
	同心度与同轴度公差。被测要素可以是导出要素,公称被测要素的属性与形状是点要素、一组点要素或直线要素。当所标注的要素的公称状态为直线,且被测要素为一组点时,应标注"ACS"。此时,每个点的基准也是同一横截面上的一个点。锁定在公称被测要素与基准之间的角度与线性尺寸由缺省的 TBD 给定	

点的同心度公差

公差带为直径等于公差值 ϕt 的圆周所限定的区域。公差值之前应使用符号"ϕ"。该圆周公差带的圆心与基准点重合。

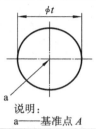

说明:
a——基准点 A

在任一横截面内,内圆的提取(实际)中心应限定在直径等于 $\phi 0.1$ mm,以基准点 A(在同一横截面内)为圆心的圆周内

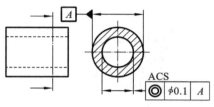

中心线的同轴度公差

被测圆柱的提取(实际)中心线应限定在一直径等于 $\phi 0.08$ mm,以公共基准轴线 A—B 为轴线的圆柱面内

公差带为直径等于公差值的圆柱面所限定的区域。该圆柱面的轴线与基准轴线重合。

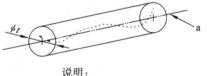

说明:
a——基准轴线 A

被测圆柱的提取(实际)中心线应限定在直径等于 $\phi 0.1$ mm,以基准轴线 A 为轴线的圆柱面内

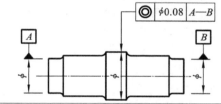

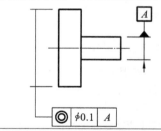

被测圆柱的提取(实际)中心线应限定在直径等于 $\phi 0.1$ mm,以垂直于基准平面 A 的基准轴线 B 为轴线的圆柱面内

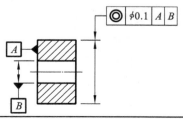

续表

符号	公差带的定义	标注和解释
=	对称度公差。被测要素可以是组成要素或导出要素。公称被测要素的形状与属性可以是点要素、一组点要素、直线、一组直线或平面。当所标注的要素的公称状态为平面,且被测要素为该表面上的一组直线时,应标注相交平面框格。当所标注的要素的公称状态为直线,且被测要素为线要素上的一组点时,应标注"ACS"。此时,每个点的基准都是在同一横截面上的一个点。在公差框格中应至少标注一个基准,且该基准可锁定公差带的一个未受约束的转换。锁定公称被测要素与基准之间的角度与线性尺寸可由缺省的 TBD 给定。 如果所有相关的线性 TBD 均为零,对称度公差可应用在所有位置度公差的场合	

中心平面的对称度公差

公差带为间距等于公差值 t,对称于基准中心平面的两平行平面所限定的区域。

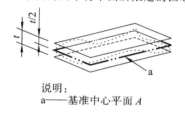

说明:
a——基准中心平面 A

提取(实际)中心表面应限定在间距等于 0.08 mm,对称于基准中心平面 A 的两平行平面之间

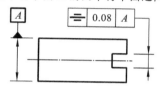

提取(实际)中心面应限定在间距等于 0.08 mm,对称于公共基准中心平面 $A—B$ 的两平行平面之间

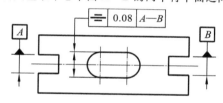

圆跳动公差。被测要素是组成要素,公称被测要素的形状与属性由圆环线明确给定,属线要素

径向圆跳动公差

公差带为在任一垂直于基准轴线的横截面内,半径差等于公差值 t,圆心在基准轴线 A 上的两同心圆所限定的区域。

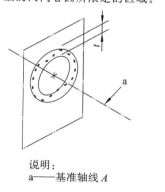

说明:
a——基准轴线 A

在任一垂直于基准轴线 A 的横截面内,提取(实际)线应限定在半径差等于 0.1 mm,圆心在基准轴线 A 上的两共面同心圆之间

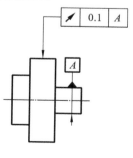

符号	公差带的定义	标注和解释
 🖉 公差带为在任一垂直于基准轴线 *A* 的横截面内，半径差等于公差值 *t*，圆心在基准轴线 *A* 上的两同心圆所限定的区域。 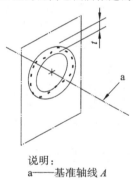 说明： a——基准轴线 *A*		在任一平行于基准平面 *B*，垂直于基准轴线 *A* 的横截面上，提取（实际）圆应限定在半径差等于 0.1 mm，圆心在基准轴线 *A* 上的两共面同心圆之间 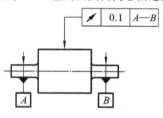
		在任一垂直于公共基准轴线 *A—B* 的横截面内，提取（实际）线应限定在半径差等于公差值 0.1 mm，圆心在基准轴线 *A—B* 上的两共面同心圆之间
		在任一垂直于基准轴线 *A* 的横截面内，提取（实际）线应限定在半径差等于 0.2 mm 的共面同心圆之间 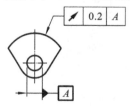

续表

符号	公差带的定义	标注和解释
	轴向圆跳动公差 　　公差带为与基准轴线同轴的任一半径的圆柱截面上间距等于公差值 t 的两圆所限定的圆柱面区域。 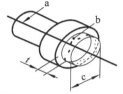 说明: a——基准轴线 D; b——公差带; c——与基准轴线 D 同轴的任意直径	在与基准轴线 D 同轴的任一圆柱形截面上,提取(实际)圆应限定在轴向距离等于 0.1 mm 的两个等圆之间 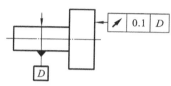
	斜向圆跳动公差 　　公差带为与基准轴线同轴的任一圆锥截面上间距等于公差值 t 的两圆所限定的圆锥面区域。 　　除非另有规定,公差带的宽度应沿规定几何要素的法向。 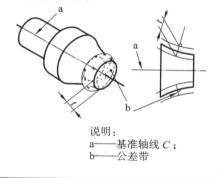 说明: a——基准轴线 C; b——公差带	在与基准轴线 C 同轴的任一圆锥截面上,提取(实际)线应限定在素线方向间距等于 0.1 mm 的两不等圆之间,并且截面的锥角与被测要素垂直 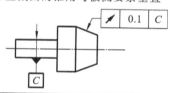 　　当被测要素的素线不是直线时,圆锥截面的锥角要随所测圆的实际位置而改变,以保持与被测要素垂直 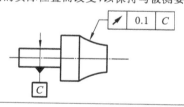
	给定方向的圆跳动公差 　　公差带为在轴线与基准轴线同轴的、具有给定锥角的任一圆锥截面上,间距等于公差值 t 的两不等圆所限定的区域。 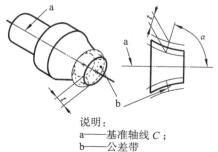 说明: a——基准轴线 C; b——公差带	在相对于方向要素(给定角度 α)的任一圆锥截面上,提取(实际)线应限定在圆锥截面内间距等于 0.1 mm 的两圆之间 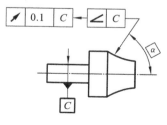

续表

符号	公差带的定义	标注和解释
	全跳动公差。被测要素是组成要素。公称被测要素的形状与属性为平面或回转体表面。公差带保持被测要素的公称形状,但对于回转体表面不约束径向尺寸	
	径向全跳动公差	
	公差带为半径差等于公差值 t,与基准轴线同轴的两圆柱面所限定的区域。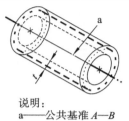说明:a——公共基准 A—B	提取(实际)表面应限定在半径差等于 0.1 mm,与公共基准轴线 A—B 同轴的两圆柱面之间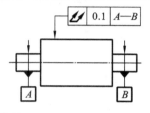
	轴向全跳动公差	
	公差带为间距等于公差值 t,垂直于基准轴线 D 的两平行平面所限定的区域。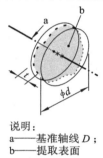说明:a——基准轴线 D;b——提取表面	提取(实际)表面应限定在间距等于 0.1 mm,垂直于基准轴线 D 的两平行平面之间。注:该描述与垂直度公差的含义相同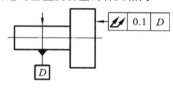

4.5 公差原则

任何实际要素都同时存在几何误差和尺寸误差。有些几何误差和尺寸误差密切相关,如具有偶数棱边的圆柱体的圆度误差与尺寸误差。有些几何误差和尺寸误差相互无关,如中心要素的形状误差与相应轮廓要素的尺寸误差。影响零件使用性能的有时主要是几何误差,有时主要是尺寸误差,有时则主要是它们的综合结果而不必区分出它们各自的大小。设计时,为简明扼要地表达设计意图并为工艺提供便利,应根据需要赋予要素的几何公差和尺寸公差以不同的关系。

处理几何公差和尺寸公差关系的原则称为公差原则。公差原则包括独立原则和相关要求。其中相关要求又包括包容要求、最大实体要求、最小实体要求及可逆要求。

4.5.1 独立原则

图样上给定的每一个尺寸和形状、位置要求均是独立的,都应满足。如果对尺寸与形状、尺寸与位置之间的相互关系有特殊要求,则应在图样上做出规定。独立原则是尺寸公差和几何公差的相互关系应遵循的基本原则。如图 4-34 所示的销轴,公称尺寸为 $\phi12$ mm,尺寸公差为 0.020 mm,轴线的直线度公差为 0.01 mm。当轴的实际尺寸在 $\phi11.98$ mm 与 $\phi12$ mm 之间,轴线的直线度误差在 0.01 mm 范围内时,轴合格。若轴线的直线度误差达到 0.012 mm,尽管尺寸误差控制在 0.02 mm 内,零件由于轴线的直线度误差超过 0.01 mm 仍被判为不合格。这说明零件的直线度公差与尺寸公差无关,应分别满足各自的要求。图 4-34(a)所标注的形状公差符合独立原则,它的局部实际尺寸由上极限尺寸和下极限尺寸控制,形状误差由几何公差控制,二者彼此独立,互相无关。

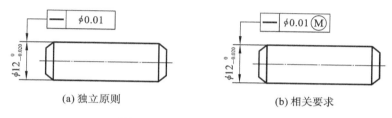

(a) 独立原则　　　　　　　　　　(b) 相关要求

图 4-34　独立原则和相关要求

4.5.2　相关要求

尺寸公差和几何公差相互有关的公差要求称为相关要求。相关要求是指包容要求、最大实体要求、最小实体要求及可逆要求。图 4-34(b)所示的 Ⓜ 代表最大实体要求,这时几何公差不但与图中给定的直线度 $\phi0.01$ mm 有关,而且当实际尺寸小于最大实体尺寸 $\phi12$ mm 时,几何公差值可以增大。

1. 术语及其含义

(1) 局部实际尺寸。局部实际尺寸是指在实际要素的任意正截面上在两对应点之间测得的距离,如图 4-35 所示的 A_1、A_2、A_3。

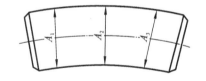

图 4-35　局部实际尺寸

(2) 体外作用尺寸(作用尺寸)。在配合面的全长上,与实际孔体外相接的最大理想轴的尺寸,称为孔的体外作用尺寸。与实际轴体外相接的最小理想孔的尺寸,称为轴的体外作用尺寸。

(3) 体内作用尺寸。在配合面的全长上,与实际孔体内相接的最小理想轴的尺寸,称为孔的体内作用尺寸。与实际轴体内相接的最大理想孔的尺寸,称为轴的体内作用尺寸。

(4) 最大实体状态和最大实体尺寸。最大实体状态(MMC)是指实际要素在给定长度上处处位于尺寸极限之内并具有实体最大时的状态。最大实体尺寸(MMS)是指实际要素在最大实体状态下的极限尺寸。最大实体尺寸对于外表面为上极限尺寸,对于内表面为下极限尺寸。

(5) 最大实体实效状态和最大实体实效尺寸。最大实体实效状态(MMVC)是指在给定长度上,实际要素处于最大实体状态,且其中心要素的形状或位置误差等于给出公差值时的综合极限状态。最大实体实效尺寸(MMVS)是指在最大实体实效状态下的体外作用尺寸。最大实体实效尺寸对于内表面为最大实体尺寸减几何公差值(加注符号Ⓜ的),对于外

表面为最大实体尺寸加几何公差值(加注符号Ⓜ的),即单一要素的实效尺寸计算式为

对孔:　　　　　　实效尺寸＝下极限尺寸－中心要素的形状公差　　　　(4-1)

对轴:　　　　　　实效尺寸＝上极限尺寸＋中心要素的形状公差　　　　(4-2)

关联要素的实效尺寸计算式为

对孔:　　　　　　实效尺寸＝下极限尺寸－中心要素的位置公差　　　　(4-3)

对轴:　　　　　　实效尺寸＝上极限尺寸＋中心要素的位置公差　　　　(4-4)

(6) 最小实体状态和最小实体尺寸。最小实体状态(LMC)是指实际要素在给定长度上处处位于尺寸极限之内并具有实体最小时的状态。最小实体尺寸(LMS)是指实际要素在最小实体状态下的极限尺寸。最小实体尺寸对于外表面为下极限尺寸,对于内表面为上极限尺寸。

(7) 最小实体实效状态和最小实体实效尺寸。最小实体实效状态(LMVC)是指在给定长度上,实际要素处于最小实体状态且其中心要素的形状或位置误差等于给出公差值时的综合极限状态。最小实体实效尺寸(LMVS)是指在最小实体实效状态下的体内作用尺寸。最小实体实效尺寸对于内表面为最小实体尺寸加几何公差值(加注符号Ⓛ的),对于外表面为最小实体尺寸减几何公差值(加注符号Ⓛ的)。

(8) 边界。边界是指由设计给定的具有理想形状的极限包容面。边界的尺寸为极限包容面的直径或距离,其中,尺寸为最大实体尺寸的边界称为最大实体边界;尺寸为最小实体尺寸的边界称为最小实体边界;尺寸为最大实体实效尺寸的边界称为最大实体实效边界;尺寸为最小实体实效尺寸的边界称为最小实体实效边界。

2. 包容要求

(1) 包容要求的含义。包容要求是要求实际要素处处不得超越最大实体边界的一种公差原则,即实际轮廓要素应遵守最大实体边界,作用尺寸不超出(对孔不小于,对轴不大于)最大实体尺寸。按照此要求,如果实际要素达到最大实体状态,就不得有任何几何误差;只有在实际要素偏离最大实体状态时,才允许存在与偏离量相关的几何误差。很自然,遵守包容要求时局部实际尺寸不能超出(对孔不大于,对轴不小于)最小实体尺寸,如图 4-36 所示。要素遵守包容要求时,应该用光滑极限量规检验。

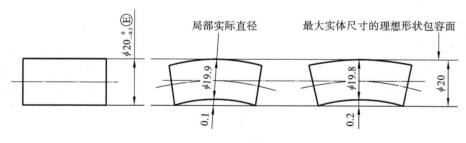

图 4-36　包容要求

(2) 包容要求的标注。按包容要求给出公差时,需要在尺寸的上、下极限偏差后面或尺寸公差带代号后面加注符号Ⓔ,如图 4-36 所示;遵守包容要求,而对几何公差需要进一步要求时,需要另用框格注出几何公差,当然,几何公差值一定小于尺寸公差,如图 4-37 所示。

（3）包容要求的应用。包容要求常常用于有配合要求的场合。例如，$\phi20H7(^{+0.021}_{0})$ Ⓔ孔与 $\phi20H6(^{0}_{-0.013})$ Ⓔ轴的间隙配合中，所需要的间隙是通过孔和轴各自遵守最大实体边界来保证的，这样才不会因孔和轴的形状误差在装配时产生过盈。如图 4-36 所示，圆柱表面必须在最大实体边界内，该边界尺寸为最大实体尺寸 $\phi20$ mm，其局部实际尺寸不得小于 $\phi19.8$ mm。选用包容要求时，为检测方便，可用光滑极限量规来检测实际尺寸和体外作用尺寸。

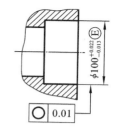

图 4-37　遵守包容要求且对几何公差有进一步要求时的标注

3. 最大实体要求

1）最大实体要求（MMR）的含义

最大实体要求是控制被测要素的实际轮廓处于其最大实体实效边界之内的一种公差要求。当被测要素的实际尺寸偏离最大实体尺寸时，允许其几何误差值超出给定的公差值。最大实体要求适用于中心要素。最大实体要求不仅可以用于被测要素，也可以用于基准要素，此时应在图样中标注符号Ⓜ。此符号置于给出的公差值或基准字母的后面，或同时置于两者后面。

当最大实体要求用于被测要素时，应在被测要素几何公差框格中的公差值后标注符号Ⓜ，如图 4-38（a）所示；当最大实体要求用于基准要素时，应在几何公差框格内的基准字母代号后标注符号"Ⓜ"，如图 4-38（b）所示；当最大实体要求同时用于被测要素和基准要素时，标注如图 4-38（c）所示，在被测要素几何公差框格中的公差值后和基准字母代号后同时标注符号Ⓜ。

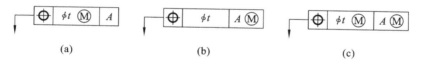

(a)　　　　　　　　(b)　　　　　　　　(c)

图 4-38　最大实体要求图样标注

2）最大实体要求用于被测要素

最大实体要求常用于只要求可装配性的场合，如轴承盖上用于穿过螺钉的通孔等。

要素遵守最大实体要求时，其局部实际尺寸是否在极限尺寸之间，用两点法测量；实体是否超越实效边界，用位置量规检验。

最大实体要求用于被测要素时，被测要素的几何公差值是在该要素处于最大实体状态时给出的，当被测要素的实际轮廓偏离其最大实体状态，即其实际尺寸偏离最大实体尺寸时，几何误差值可超出在最大实体状态下给出的几何公差值，即此时的几何公差值可以增大，其最大的增加量为该要素的最大实体尺寸与最小实体尺寸之差。

图 4-39 所示为最大实体要求用于被测要素 $\phi10^{0}_{-0.03}$ mm。该轴线的直线度公差是 $\phi0.015$ Ⓜ，其中 0.015 mm 是给定值，是在零件被测要素处于最大实体状态时给定的，就是当零件的实际尺寸为最大实体尺寸 $\phi10$ mm 时，给定的直线度公差是 $\phi0.015$ mm。如果被测要素偏离最大实体尺寸 $\phi10$ mm，则直线度公差允许增大，偏离多少就可以增大多少。这样就可以把尺寸公差没有用到的部分补偿给几何公差值。

$$t_允 = t_给 + t_增 \tag{4-5}$$

式中：$t_允$——轴线直线度误差允许达到的值；

$t_给$——图样上给定的几何公差值；

$t_增$——零件实际尺寸偏离最大实体尺寸而产生的增大值。

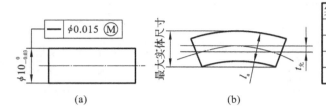

实际尺寸l_a/mm	增大值$t_增$/mm	允许值$t_允$/mm
10.00	0	0.015
9.99	0.01	0.025
9.98	0.02	0.035
9.97	0.03	0.045

(a)　　　　　　　　(b)　　　　　　　　(c)

图 4-39　最大实体要求用于被测要素

图 4-39 中列出了不同实际尺寸的增大值，以及由此而得到的轴线的直线度误差允许达到的值。可以看出，最大增大值就是最大实体尺寸与最小实体尺寸的代数差，也就等于其尺寸公差值 0.03 mm；轴线直线度允许达到的最大值等于图样上给出的直线度公差值 ϕ0.015 mm 与轴的尺寸公差 0.030 mm 之和，为 ϕ0.045 mm。

以上说明：允许的几何公差值不仅取决于图样上给定的公差值，而且与零件相关要素的实际尺寸有关，随着零件实际尺寸的不同，几何公差的增大值也不同。

孔、轴增大值的计算公式分别为

孔：
$$t_增 = L_a - L_{min} \tag{4-6}$$

轴：
$$t_增 = l_{max} - l_a \tag{4-7}$$

式中：L_a——孔的实际尺寸；

L_{min}——孔的下极限尺寸；

l_{max}——轴的上极限尺寸；

l_a——轴的实际尺寸。

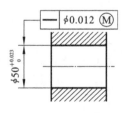

图 4-40　直线度误差要求

【**例 4-2**】　如图 4-40 所示，最大实体要求用于被测要素，试求出给定的直线度公差值、直线度公差最大增大值、直线度误差允许达到的最大值，以及当孔的实际尺寸为 ϕ50.015 mm 时，允许直线度的公差。

【**解**】　①给定的直线度公差值是 ϕ0.012 mm。

②直线度公差最大增大值为

$$t_{增max} = L_{max} - L_{min} = \phi50.023 \text{ mm} - \phi50 \text{ mm} = \phi0.023 \text{ mm}$$

③直线度误差允许达到的最大值为

$$t_{允max} = t_给 + t_{增max} = \phi0.012 \text{ mm} + \phi0.023 \text{ mm} = \phi0.035 \text{ mm}$$

④当孔的实际尺寸为 ϕ50.015 mm 时，允许直线度公差值为

$$t_允 = t_给 + t_增 = t_给 + (L_a - L_{min}) = \phi0.012 \text{ mm} + (\phi50.015 \text{ mm} - \phi50 \text{ mm})$$
$$= \phi0.012 \text{ mm} + \phi0.015 \text{ mm} = \phi0.027 \text{ mm}$$

3）最大实体要求用于基准要素

（1）最大实体要求用于基准要素，而基准要素本身不采用最大实体要求时，在几何公差

框格内的基准字母后标注符号Ⓜ,如图 4-41 所示。

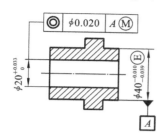

实际尺寸l_a/mm	增大值$t_{增}$/mm	允许值$t_允$/mm
39.990	0	0.020
39.985	0.005	0.025
39.980	0.01	0.03
39.970	0.02	0.04
39.961	0.029	0.049

图 4-41　最大实体要求用于基准要素

最大实体要求用于基准要素时,基准要素应遵守相应的边界。若基准要素的实际轮廓偏离其相应的边界,则允许基准要素在一定范围内浮动。此时,基准的实际尺寸偏离最大实体尺寸多少,就允许增大多少,再与给定的几何公差值相加,就得到允许的公差值。

图 4-41 所示的零件为最大实体要求用于基准要素,而基准要求本身又要求遵守包容要求(用符号Ⓔ表示),被测要素的同轴度公差值是 0.020 mm,是在该基准要素处于最大实体状态时给定的。如果基准要素的实际尺寸是 ϕ39.990 mm,同轴度的公差是图样上给定的公差值 ϕ0.020 mm,当基准偏离最大实体状态时,相应的同轴度公差增大值及允许公差值如图 4-41 所示。

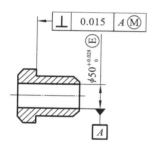

图 4-42　最大实体要求用于
基准要素实例(一)

【例 4-3】　如图 4-42 所示,最大实体要求用于基准要素,试求出给定的垂直度公差值、垂直度公差最大增大值、垂直度误差允许达到的最大值,以及当基准的实际尺寸为 ϕ50.018 mm 时,允许的垂直度公差值。

【解】　①给定的垂直度公差值是 0.015 mm。

②垂直度公差最大增大值为

$$t_{增max}=L_{max}-L_{min}=\phi50.028 \text{ mm}-\phi50 \text{ mm}=\phi0.028 \text{ mm}$$

③垂直度误差允许达到的最大值为

$$t_{允max}=t_给+t_{增max}=\phi0.015 \text{ mm}+\phi0.028 \text{ mm}=\phi0.043 \text{ mm}$$

④当基准的实际尺寸为 ϕ50.018 mm 时,垂直度公差为

$$t_允=t_给+t_增=t_给+(L_a-L_{min})=0.015 \text{ mm}+(\phi50.018 \text{ mm}-\phi50 \text{ mm})$$
$$=\phi0.015 \text{ mm}+\phi0.018 \text{ mm}=\phi0.033 \text{ mm}$$

(2) 最大实体要求用于基准要素,而基准要素本身也采用最大实体要求时,被测要素的位置公差值是在基准要素处于实效状态时给定的。基准要素偏离实效状态,即基准要素的作用尺寸偏离实效尺寸时,被测要素的定向或定位公差值允许增大。此时,该基准要素的代号标注在使它遵守最大实体要求的几何公差框格的下面,如图 4-43 所示。

基准要素所应遵循的边界又分为下列两种情况。

①基准要素自身采用最大实体要求时,其边界为最大实体实效边界。

②基准要素本身不采用最大实体要求,而采用独立原则或包容要求时,其边界为最大实体边界。图 4-44(a)所示为采用独立原则的实例,图 4-44(b)所示为采用包容要求的实例。

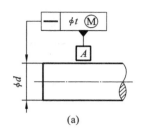 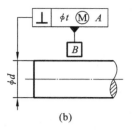

图 4-43　最大实体要求用于基准要素实例(二)

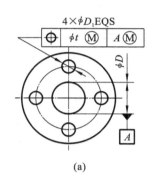 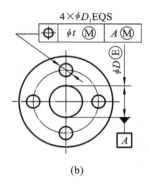

图 4-44　最大实体要求用于基准要素实例(三)

4. 最小实体要求

最小实体要求(LMR)适用于中心要素。最小实体要求是当零件的实际尺寸偏离最小实体尺寸时,允许其几何误差值超出给定的公差值。

1) 最小实体要求用于被测要素

被测要素的实际轮廓在给定的长度上处处不得超出最小实体实效边界,即其体内作用尺寸不应超出最小实体实效尺寸,且其局部实际尺寸不得超出最大实体尺寸和最小实体尺寸。最小实体要求应用于被测要素时,被测要素的几何公差值是在该要素处于最小实体状态时给出的,当被测要素的实际轮廓偏离最小实体状态,即其实际尺寸偏离最小实体尺寸时,几何误差可超出在最小实体状态下给出的公差值。当给出的公差值为零时,为零几何公差。此时,被测要素的最小实体实效边界等于最小实体边界,最小实体实效尺寸等于最小实

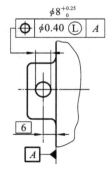

图 4-45　最小实体要求用于中心要素

体尺寸。最小实体要求的符号为Ⓛ。当最小实体要求用于被测要素时,应在被测要素几何公差框格中的公差值后标注符号Ⓛ;当最小实体要求用于基准要素时,应在几何公差框格内的基准字母代号后标注符号Ⓛ。

【例 4-4】　如图 4-45 所示,$\phi 8^{+0.25}_{0}$ mm 的轴线对 A 基准的位置度公差采用最小实体要求。当被测要素处于最小实体状态时,其轴线对 A 基准的位置度公差为 $\phi 0.40$ mm,试问给定的位置度公差值是多少? 位置度公差最大增大值是多少? 位置度误差允许最大值是多少? 当孔的实际尺寸为 $\phi 8.15$ mm 时允许的位置公差值又是多少?

【解】 ①给定的位置度公差值是 $\phi0.40$ mm。

②位置度公差最大增大值为

$$t_{增max} = L_{max} - L_{min} = \phi8.25 \text{ mm} - \phi8 \text{ mm} = \phi0.25 \text{ mm}$$

③位置度误差允许达到的最大值为

$$t_{允max} = t_{给} + t_{增max} = \phi0.40 \text{ mm} + \phi0.25 \text{ mm} = \phi0.65 \text{ mm}$$

④当孔的实际尺寸为 $\phi8.15$ mm 时，位置公差允许的增大值应为实际尺寸偏离最小实体尺寸的值，孔的最小实体尺寸为上极限尺寸 $\phi8.25$ mm，即

$$t_{允} = t_{给} + t_{增} = t_{给} + (L_a - L_{min}) = \phi0.40 \text{ mm} + (\phi8.15 \text{ mm} - \phi8 \text{ mm})$$
$$= \phi0.40 \text{ mm} + \phi0.15 \text{ mm} = \phi0.55 \text{ mm}$$

2）最小实体要求用于基准要素

最小实体要求用于基准要素时，基准要素应遵守相应的边界。若基准要素的实际轮廓偏离相应的边界，即其体内作用尺寸偏离相应的边界尺寸，则允许基准要素在一定范围内浮动，浮动范围等于基准要素的体内作用尺寸与相应边界尺寸之差。基准要素本身采用最小实体要求时，则相应的边界为最小实体实效边界，此时基准代号应直接标注在形成该最小实体实效边界的几何公差框格下面，如图 4-46 所示。

5. 可逆要求

可逆要求就是既允许尺寸公差补偿给几何公差，反过来也允许几何公差补偿给尺寸公差的一种要求。可逆要求的标注方法是，在图样上将可逆要求的符号 Ⓡ 置于被测要素的几何公差值的符号 Ⓜ 或 Ⓛ 后面，如图 4-47 所示。

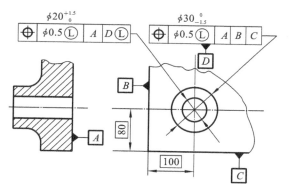

图 4-46 最小实体要求用于基准要素

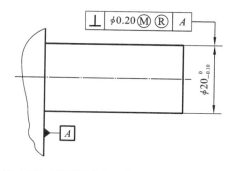

图 4-47 可逆要求用于最大实体要求的示例

1）可逆要求用于最大实体要求

当被测要素实际尺寸偏离最大实体尺寸时，偏离量可补偿给几何公差值；当被测要素的几何误差值小于给定值时，其差值可补偿给尺寸公差值。也就是说，当满足最大实体要求时，可使被测要素的几何公差增大；而当满足可逆要求时，可使被测要素的尺寸公差增大。此时被测要素的实际轮廓应遵守其最大实体实效边界。可逆要求用于最大实体要求的示例如图 4-47 所示，外圆 $\phi20_{-0.10}^{0}$ mm 的轴线对基准 A 的垂直度公差为 $\phi0.20$ mm，同时采用了最大实体要求和可逆要求。当轴的实体直径为 $\phi20$ mm 时，垂直度误差为 $\phi0.20$ mm；当轴的实际直径偏离最大实体尺寸为 $\phi19.9$ mm 时，偏离量可补偿给垂直度误差，此时垂直度误差为 $\phi0.30$ mm；当轴线相对基准 A 的垂直度小于 $\phi0.20$ mm 时，可以给尺寸公差补偿。例

如,当垂直度误差为 $\phi0.10$ mm 时,实际直径可做到 $\phi20.10$ mm;当垂直度误差为 $\phi0$ mm 时,实际直径可做到 $\phi20.20$ mm。此时,轴的实际轮廓仍控制在边界内。

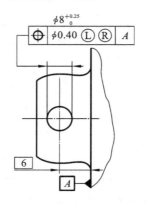

图 4-48　可逆要求用于最小实体要求的示例

2）可逆要求用于最小实体要求

当被测要素实际尺寸偏离最小实体尺寸时,偏离量可补偿给几何公差值;当被测要素的几何误差值小于给定的公差值时,也允许实际尺寸超出尺寸公差所给出的最小实体尺寸。此时,被测要素的实际轮廓仍应遵守其最小实体实效边界。可逆要求用于最小实体要求的示例如图 4-48 所示。孔 $\phi8^{+0.25}_{0}$ mm 的轴线对基准 A 的位置度公差为 $\phi0.40$ mm,既采用最小实体要求,又采用可逆要求。当孔的实际直径为 $\phi8$ mm 时,其轴线的位置度误差可达到 $\phi0.65$ mm;当轴线的位置度误差小于 $\phi0.40$ mm 时,可以给尺寸公差补偿。例如,当位置度误差为 $\phi0.30$ mm 时,实际直径可做到 $\phi8.35$ mm;当位置度误差为 $\phi0.20$ mm 时,实际直径可做到 $\phi8.45$ mm;当位置度误差为 $\phi0$ mm 时,实际直径可做到 $\phi8.65$ mm。此时,孔的实际轮廓仍在控制的边界内。

6. 零几何公差

被测要素采用最大实体要求或最小实体要求时,其给出的几何公差值为零,为零几何公差,在图样的几何公差框格中的第二格里,用 0 Ⓜ 或 0 Ⓛ 表示。关联要素遵守最大实体边界时,可以应用最大实体要求的零几何公差。关联要素采用最大实体要求的零几何公差标注时,要求其实际轮廓处处不得超越最大实体边界,且该边界应与基准保持图样上给定的几何关系,要素实际轮廓的局部实际尺寸不得超越最小实体尺寸。如图 4-49 所示,在图样的几何公差框格中⊥表示关联要素的垂直度,第二格中 $\phi0$ Ⓜ 表示遵循零几何公差。此时圆柱表面必须在最大实体边界内,该边界的尺寸为最大实体尺寸 $\phi20$ mm,且与基准平面 A 垂直,实际圆柱的局部实际尺寸不得小于 $\phi19.8$ mm。

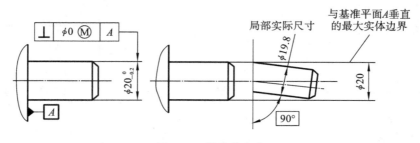

图 4-49　零几何公差

4.6　机械零件几何公差的选用

合理、正确地选择几何公差对保证机器的功能要求,提高经济效益是十分重要的。在图样上是否给出几何公差要求,可按下述规则确定:几何公差要求用一般机床加工能保证的,不必注出,其公差要求应按《形状和位置公差　未注公差值》(GB/T 1184—1996)执行;几何公差有特殊要求(高于或低于 GB/T 1184—1996 规定的公差级别)的,则应按标准规定注出几何公差。几何公差的选择包括公差原则的选择、几何公差项目的选择、几何公差带的确定、几何精度要求的标注。

4.6.1 机械零件几何公差类型和几何公差基准的选择

1. 几何公差类型的选择

几何公差类型的选择需要综合考虑以下几个方面的因素。

(1) 机械零件的几何特征。机械零件的几何特征不同,产生的几何误差不同。例如,对于圆柱形零件,可选圆度、圆柱度、轴心线的直线度及素线的直线度等;对于平面零件,可选平面度;对于窄长平面,可选直线度;对于槽类零件,可选对称度;对于阶梯轴、孔,可选同轴度等。

(2) 机械零件的功能要求。根据零件不同的功能要求,给出不同的几何公差项目。例如,对于圆柱形零件,当仅需顺利装配时,可选轴心线的直线度;如果孔、轴之间有相对运动,应均匀接触,或为保证密封性,应标注圆柱度公差,以综合控制圆度、素线的直线度和轴线的直线度。又例如,为了保证机床工作台或刀架运动轨迹的精度,应对导轨提出直线度要求;对于安装齿轮轴的箱体孔,为了保证齿轮中心的正确啮合,需要提出孔轴心线的平行度要求;为了使箱体、端盖等零件能用螺栓孔顺利装配,应规定孔组位置度公差等。

(3) 检测的方便性。确定几何公差特征项目时,要考虑检测的方便性和经济性。例如,对于轴类零件,可用径向全跳动控制圆柱度、同轴度,不过应注意,径向跳动是同轴度误差与圆柱面形状误差的综合结果,故当同轴度由径向跳动代替时,给出的跳动公差值应略大于同轴度公差值,否则就会要求过严。用端面全跳动代替端面对轴线的垂直度,因为全跳动不仅检测方便,而且能较好地控制相应的几何误差。

在满足功能要求的前提下,选择有综合控制的公差项目,如圆柱度、位置公差的各个项目。应该充分发挥综合控制公差项目的职能,这样可减少图样上给出的几何公差项目及相应的几何误差检测项目。

2. 几何公差基准的选择

在选择位置公差的基准时,主要根据设计要求,并兼顾基准统一原则和结构特征,一般可从下列几个方面来考虑。

(1) 设计时,应根据实际要素的功能要求及要素间的几何关系来选择基准。例如,对于旋转轴,通常以与轴承配合的轴颈表面作为基准或以轴线作为基准。

(2) 从装配关系考虑,应选择机械零件相互配合、相互接触的表面作为各自的基准,以保证机械零件的正确装配。

(3) 从加工、测量角度考虑,应选择在工夹量具中定位的相应表面作为基准,并考虑这些表面作为基准时要便于设计工具、夹具和量具,还应尽量使测量基准与设计基准统一。

(4) 当被测要素的方向需采用多基准定位时,可选用组合基准或三基面体系,还应从被测要素的使用要求角度考虑基准要素的顺序。

4.6.2 公差原则的选择

选择公差原则时,应根据被测要素的功能要求,充分发挥出公差的职能和采取该公差原则的可行性、经济性。表 4-5 列出了 4 种公差原则的应用场合和示例,可供选择时参考。

表 4-5　公差原则的应用场合和示例

公差原则	应用场合	示例
独立原则	尺寸精度与几何精度需要分别满足要求	齿轮箱体孔的尺寸精度与两孔轴线的平行度,连杆活塞销孔的尺寸精度与圆柱度,滚动轴承内、外圈滚道的尺寸精度与形状的精度
	尺寸精度与几何精度要求相差较大	滚筒类零件尺寸精度要求很低,形状精度要求较高;平板的形状精度要求很高,尺寸精度要求不高;冲模架的下模座尺寸精度要求不高,平行度要求较高;通油孔的尺寸精度有一定要求,形状精度无要求
	尺寸精度与几何精度无联系	滚子链条的套筒或滚子内、外圆柱面的轴线同轴度与尺寸精度,齿轮箱体孔的尺寸精度与孔轴线间的位置精度,发动机连杆上的尺寸精度与孔轴线间的位置精度
	保证运动精度	导轨的形状精度要求严格,尺寸精度要求次要
	保证密封性	气缸套的形状精度要求严格,尺寸精度要求次要
	未注公差	凡未注尺寸公差与未注几何公差都采用独立原则,如退刀槽倒角、圆角等非功能要素
包容要求	保证公差与配合国家标准规定的配合性质	ϕ20H7 Ⓔ 孔与 ϕ20h6 Ⓔ 轴的配合,可以保证配合的最小间隙等于零
	尺寸公差与几何公差间无严格比例关系要求	一般的孔与轴配合,只要求作用尺寸不超越最大实体尺寸,局部实际尺寸不超越最小实体尺寸
	保证关联作用尺寸不超越最大实体尺寸	关联要素的孔与轴性质要求标注 0 Ⓜ
最大实体要求	被测中心要素(轴线、中心面)	保证自由装配,如轴承盖上用于穿过螺钉的通孔、法兰盘上用于穿过螺栓的通孔
	基准中心要素(轴线、中心面)	基准轴线或中心平面相对于理想边界的中心允许偏离,如同轴度的基准轴线
最小实体要求	被测中心要素(轴线、中心面)基准中心要素(轴线、中心面)	保证零件的强度要求。对于孔类零件,保证其最小壁厚。对于轴类零件,保证其最小截面

4.6.3　几何公差数值的选用

几何公差数值总的选用原则是在满足零件功能要求的前提下,选取最经济的公差值。

1. 公差数值的选用原则

(1) 根据机械零件的功能要求,并考虑加工的经济性和机械零件的结构、刚性等情况,按公差表中数系确定要素的公差值,并考虑下列情况。

在同一要素上给出的形状公差值应小于位置公差值。例如要求平行的两个表面,其平面度公差值应小于平行度公差值。在一般情况下,圆柱形零件的形状公差值(轴线的直线度除外)应小于其尺寸公差值。圆度、圆柱度的公差值小于同级的尺寸公差值的 1/3,因而可按同级选取,但也可根据机械零件的功能,在邻近的范围内选取。平行度公差值应小于其相应的距离公差值。

(2)对于下列情况,考虑到加工的难易程度和除主参数外其他参数的影响,在满足机械零件功能的要求下,适当降低 1、2 级选用:孔相对于轴,细长比较大的轴和孔,距离较大的轴和孔,宽度较大(一般大于 1/2 长度)的机械零件表面,线对线和线对面相对于面对面的平行度、垂直度公差。

2. 几何公差等级的选用

(1)设计产品时,应按国家标准提供的统一数系选择几何公差值。

国家标准将直线度、平面度、圆度、圆柱度、平行度、垂直度、倾斜度、同轴度、对称度、圆跳动、全跳动都划分为若干等级,公差等级按顺序由高变低,公差值按顺序递增(详见表 4-6 ~表 4-9);对位置度没有划分等级,只提供了位置度系数,如表 4-10 所示;没有对线轮廓度和面轮廓度规定公差值。

表 4-6　直线度、平面度公差(摘自 GB/T 1184—1996)

主参数 L/mm	公 差 等 级											
	1	2	3	4	5	6	7	8	9	10	11	12
	公差值/μm											
=10	0.2	0.4	0.8	1.2	2	3	5	8	12	20	30	60
>10~16	0.25	0.5	1	1.5	2.5	4	6	10	15	25	40	80
>16~25	0.3	0.6	1.2	2	3	5	8	12	20	30	50	100
>25~40	0.4	0.8	1.5	2.5	4	6	10	15	25	40	60	120
>40~63	0.5	1	2	3	5	8	12	20	30	50	80	150
>63~100	0.6	1.2	2.5	4	6	10	15	25	40	60	100	200
>100~160	0.8	1.5	3	5	8	12	20	30	50	80	120	250
>160~250	1	2	4	6	10	15	25	40	60	100	150	300

注:L 为被测要素的长度。

表 4-7　圆度、圆柱度公差(摘自 GB/T 1184—1996)

主参数 d(D)/mm	公 差 等 级												
	0	1	2	3	4	5	6	7	8	9	10	11	12
	公差值/μm												
>6~10	0.12	0.25	0.4	0.6	1	1.5	2.5	4	6	9	15	22	36
>10~18	0.15	0.25	0.5	0.8	1.2	2	3	5	8	11	18	27	43
>18~30	0.2	0.3	0.6	1	1.5	2.5	4	6	9	13	21	33	52
>30~50	0.25	0.4	0.6	1	1.5	2.5	4	7	11	16	25	39	62

续表

主参数	公差等级												
d(D)/mm	0	1	2	3	4	5	6	7	8	9	10	11	12
	公差值/μm												
>50~80	0.3	0.5	0.8	1.2	2	3	5	8	13	19	30	46	74
>80~120	0.4	0.6	1	1.5	2.5	4	6	10	15	22	35	54	87
>120~180	0.6	1	1.2	2	3.5	5	8	12	18	25	40	63	100
>180~250	0.8	1.2	2	3	4.5	7	10	14	20	29	46	72	115

注:d(D)为被测要素的直径。

表 4-8　平行度、垂直度、倾斜度公差(摘自 GB/T 1184—1996)

主参数	公差等级											
L/mm	1	2	3	4	5	6	7	8	9	10	11	12
	公差值/μm											
=10	0.4	0.8	1.5	3	5	8	12	20	30	50	80	120
>10~16	0.5	1	2	4	6	10	15	25	40	60	100	150
>16~25	0.6	1.2	2.5	5	8	12	20	30	50	80	120	200
>25~40	0.8	1.5	3	6	10	15	25	40	60	100	150	250
>40~63	1	2	4	8	12	20	30	50	80	120	200	300
>63~100	1.2	2.5	5	10	15	25	40	60	100	150	250	400
>100~160	1.5	3	6	12	20	30	50	80	120	200	300	500
>160~250	2	4	8	15	25	40	60	100	150	250	400	600

注:L 为被测要素的长度。

表 4-9　同轴度、对称度、圆跳动、全跳动公差(摘自 GB/T 1184—1996)

主参数	公差等级											
d(D)B/mm	1	2	3	4	5	6	7	8	9	10	11	12
	公差值/μm											
>6~10	0.6	1	1.5	2.5	4	6	10	15	30	60	100	200
>10~18	0.8	1.2	2	3	5	8	12	20	40	80	120	250
>18~30	1	1.5	2.5	4	6	10	15	25	50	100	150	300
>30~50	1.2	2	3	5	8	12	20	30	60	120	200	400
>50~120	1.5	2.5	4	6	10	15	25	40	80	150	250	500
>120~250	2	3	5	8	12	20	30	50	100	200	300	600

注:d(D)、B 为被测要素的直径、宽度。

(2) 圆度、圆柱度公差分为 0,1,2,…,12 共 13 级,公差等级按顺序由高变低,公差值按顺序递增,如表 4-8 所示。

（3）位置度公差通常需要经计算确定。对于用螺栓或螺钉连接两个或两个以上的机械零件，被连接机械零件的位置度公差按下列方法计算。用螺栓连接时，被连接机械零件上的孔均为光孔，孔径大于螺栓的直径，位置度公差的计算公式为

$$T = X_{\min} \tag{4-8}$$

式中：T——位置度公差计算值；

　　　$X_{\min}$——通孔与螺栓（钉）间的最小间隙。

用螺钉连接时，有一个机械零件上的孔是螺孔，其余机械零件上的孔都是光孔，且孔径大于螺钉直径，位置度公差的计算公式为

$$T = 0.5X_{\min} \tag{4-9}$$

对计算值经圆整后，按表 4-10 选择标准公差值。若被连接机械零件之间需要调整，位置度公差应适当减小。

表 4-10　位置度系数（摘自 GB/T 1184—1996）　　　　单位：μm

1	1.2	1.5	2	2.5	3	4	5	6	8
1×10^n	1.2×10^n	1.5×10^n	2×10^n	2.5×10^n	3×10^n	4×10^n	5×10^n	6×10^n	8×10^n

注：n 为正整数。

3. 未注公差值的选用

（1）未注公差值的基本规定。未注公差值符合工厂的常用精度等级，不需要在图样上注出。机械零件采用未注几何公差值，其精度由设备保证，一般不需要检验，只有在仲裁时或为了掌握设备精度时才需要对批量生产的零件进行首检或抽检。采用未注几何公差可节省设计时间，使图样清晰易读，并突出机械零件上几何精度要求较高的部位，便于更合理地安排加工和检验，更好地保证产品的工艺性和经济性。

（2）未注出几何公差值的数值。《形状和位置公差　未注公差值》（GB/T 1184—1996）规定直线度、平面度、垂直度、对称度和圆跳动的未注公差值及未注公差等级分为 H、K、L 三个等级，其中 H 为高级，K 为中间级，L 为低级，详见表 4-11～表 4-14。

表 4-11　直线度和平面度的未注公差（摘自 GB/T 1184—1996）　　　　单位：mm

公差等级	基本长度范围					
	≤10	>10～30	>30～100	>100～300	>300～1 000	>1 000～3 000
H	0.02	0.05	0.1	0.2	0.3	0.4
K	0.05	0.1	0.2	0.4	0.6	0.8
L	0.1	0.2	0.4	0.8	1.2	1.6

表 4-12　垂直度的未注公差（摘自 GB/T 1184—1996）　　　　单位：mm

公差等级	基本长度范围			
	≤100	>100～300	>300～1 000	>1 000～3 000
H	0.2	0.3	0.4	0.5
K	0.4	0.6	0.8	1
L	0.6	1	1.5	2

表 4-13　对称度的未注公差（摘自 GB/T 1184—1996）　　　　单位：mm

公 差 等 级	基本长度范围			
	≤100	>100～300	>300～1 000	>1 000～3 000
H	0.5			
K	0.6		0.8	1
L	0.6	1	1.5	2

表 4-14　圆跳动的未注公差（摘自 GB/T 1184—1996）　　　　单位：mm

公 差 等 级	圆跳动公差值
H	0.1
K	0.2
L	0.5

上述 4 个表格中基本长度的选择如下。

①对于直线度，应按其相应线的长度确定。

②对于平面度，应按其表面较长的一侧或圆表面的直径确定。

③对于垂直度和对称度，取两要素中的较长者为基准、较短者为被测要素（两者相同时可任取），以被测要素的长度确定基本长度。

④对于圆跳动，应选择设计给出的支承面为基准要素，如果无法选择支承面，则对于径向圆跳动应取两要素中的较长者为基准要素，如果两要素的长度相同，则可任取其一为基准要素，端面和斜向圆跳动的基准要素为支承它的轴线。

（3）未注出几何公差值的选用。根据国家标准，选用未注出几何公差值时应遵循以下规定。

①圆度未注公差值等于标注的直径公差值，但不能大于径向圆跳动未注公差值。

②圆柱度的未注公差值不做规定，而将其分为圆度、直线度和相对素线的平行度三个部分，即由这三个部分的注出或未注公差控制。

③平行度未注公差值等于给出的尺寸公差值，或是直线度和平面度未注公差值中的相应公差值取较大者。

④同轴度的未注公差值未做规定，在极限状况下可与径向圆跳动的未注公差值相等。

⑤线轮廓度、面轮廓度、倾斜度、位置度和全跳动均应由各要素的注出或未注几何公差、线性尺寸公差或角度公差来控制。

（4）未注出几何公差值的标注。

①采用《形状和位置公差　未注公差值》（GB/T 1184—1996）所规定的未注公差值，应在其标题栏附近或在技术要求、技术文件中注出标准号及公差等级，当采用高公差等级时，应标注"GB/T 1184-H"。

②如果企业已制定了符合 GB/T 1184 的本企业标准，并统一规定了所采用的等级，则不必标注标准号及精度等级。

③在同一张图样中，未注公差值应采用同一等级。

复习与思考题

4-1　将下列几何公差要求分别标注在图 4-50（a）和图 4-50（b）中。

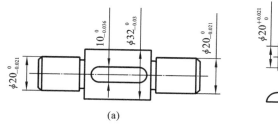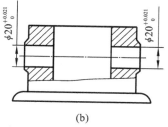

图 4-50　几何公差标注(一)

（1）标注在图 4-50(a)中的几何公差要求如下。

①$\phi 32_{-0.03}^{0}$ mm 圆柱面对两 $\phi 20_{-0.021}^{0}$ mm 公共轴线的圆跳动公差为 0.015 mm。

②两 $\phi 20_{-0.021}^{0}$ mm 轴颈的圆度公差为 0.01 mm。

③$\phi 32_{-0.03}^{0}$ mm 左右两端面对两 $\phi 20_{-0.021}^{0}$ mm 公共轴线的轴向圆跳动公差为 0.02 mm。

④键槽 $10_{-0.036}^{0}$ mm 中心平面对 $\phi 32_{-0.03}^{0}$ mm 轴线的对称度公差为 0.015 mm。

（2）标注在图 4-50(b)中的几何公差要求如下。

①底面的平面度公差为 0.012 mm。

②$\phi 20_{0}^{+0.021}$ mm 两孔的轴线分别对它们的公共轴线的同轴度公差为 0.015 mm。

③$\phi 20_{0}^{+0.021}$ mm 两孔的公共轴线对底面的平面度公差为 0.01 mm。

4-2　将下列技术要求标注在图 4-51 中。

（1）ϕd 圆柱面的尺寸为 $\phi 30_{-0.025}^{0}$ mm，采用包容原则。ϕD 圆柱面的尺寸为 $\phi 50_{-0.039}^{0}$ mm，采用独立原则。

（2）ϕd 表面粗糙度的最大允许值为 $Ra = 1.25$ μm，ϕD 表面粗糙度的最大允许值为 $Ra = 2$ μm。

（3）键槽侧面对 ϕD 轴线的对称度公差为 0.02 mm。

（4）ϕD 圆柱面对 ϕd 轴线的径向圆跳动量不超过 0.03 mm，轴肩端平面对 ϕd 轴线的端面跳动不超过 0.05 mm。

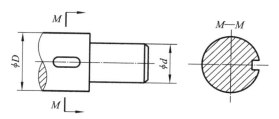

图 4-51　几何公差标注(二)

4-3　指出图 4-52 中几何公差标注方面的错误，并加以改正(不变更几何公差项目)。

4-4　说明图 4-53 中各项几何公差的意义、要求，包括被测要素、基准要素(如有)以及公差带的特征。

4-5　在图 4-54 所示齿条套筒几何公差框格中，按已定的几何公差等级(圆度、同轴度、垂直度、端面圆跳动公差等级均为 6 级，圆柱度公差为 7 级)，查出几何公差数值，并填写在图示框格中。

4-6　图样上未注公差的要素应如何解释？

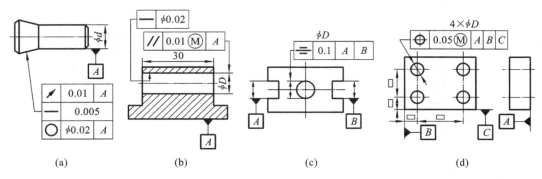

图 4-52　几何公差标注指错并改正

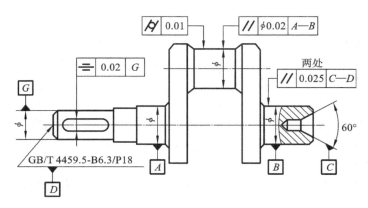

图 4-53　几何公差说明

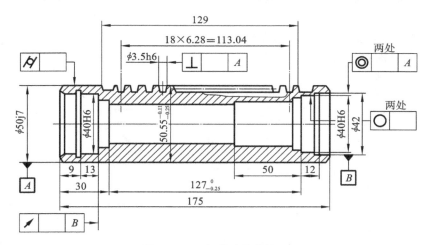

图 4-54　几何公差数值填写

4-7　几何误差的检测原则有哪些？试举例说明。

4-8　在选择几何公差值时，应考虑哪些情况？

4-9　几何公差带由哪些要素组成？几何公差带的形状有哪些？

4-10　几何公差各规定了哪些项目？它们的符号是什么？

项目 5 表面结构特征及其选用

★ **项目内容**

· 机械零件的表面结构特征及其选用。

★ **学习目标**

· 掌握机械零件的表面结构特征及其选用。

★ **主要知识点**

· 表面结构特征对零件使用性能的影响。
· 有关表面结构特征的国家标准。
· 表面结构的评定参数及其系列值。
· 表面结构图形符号的组成、标注。
· 加工方法及相关信息的注法。
· 表面纹理、加工余量的注法。
· 表面结构要求的标注。
· 机械零件表面结构要求的选用。

5.1 表面结构特征的概念及相关国家标准

5.1.1 表面结构特征的定义

表面结构特征的概念是随着我国标准与国际标准体系逐步接轨,由表面粗糙度的单一概念拓展而来的。表面粗糙度原来称为表面光洁度,是指加工表面上所具有的较小间距和峰谷所组成的微观几何形状特性,一般由加工方法和其他因素形成。它属于几何精度的表面结构范畴。

通俗地讲,表面结构特征就是指零件表面经加工后遗留的痕迹,在微小的区间内形成的高低不平的程度(也可以说成粗糙的程度)用数值表现出来,作为评价表面状况的一个依据。

它是研究和评定零件表面粗糙状况的一项质量指标,是在一个限定的区域内排除了表面形状和波纹度误差的零件表面的微观不规则状况。

5.1.2　表面结构特征对零件使用性能的影响

机械零件的表面结构特征不仅影响美观,而且对运动面的摩擦与磨损、贴合面的密封性等都有影响。在参与工作时,零件表面的不规则状况直接影响表面的耐磨性、耐腐蚀性、疲劳强度,也影响两表面间的接触刚度、密封性,还影响流体运动阻力的大小、导电性、导热性等。例如:在间隙配合中,由于表面粗糙不平,会因磨损而使间隙迅速增大,致使配合性质改变;在过盈配合中,表面经压合后,过粗的表面会被压平,减小实际过盈量,从而影响接合的可靠性;对于较粗的表面,接触时的有效面积减小,使单位面积承受的压力增大,零件相对运动时,磨损就会加剧;对于粗糙的表面,峰谷痕迹越深,越容易产生应力集中,使零件的疲劳强度下降。

5.1.3　表面结构特征的相关国家标准

我国的表面粗糙度标准的制定工作是从 20 世纪 50 年代初开始的。为积极采用国际标准,1980 年开始对《表面光洁度》(GB/T 1031—1968)进行修订,1981—1982 年期间对 GB/T 131—1974 进行了修订,经过修订后改为 3 个标准,即《机械制图　表面粗糙度代号及其注法》(GB 131—1983)、《表面粗糙度参数及其数值》(GB 1031—1983)、《表面粗糙度　术语　表面及其参数》(GB 3505—1983)。后来又对这 3 个标准进行了修订,将这 3 个标准分别改为《机械制图　表面粗糙度符号、代号及其注法》(GB/T 131—1993)、《表面粗糙度　参数及其数值》(GB/T 1031—1995)、《产品几何技术规范　表面结构　轮廓法　表面结构的术语、定义及参数》(GB/T 3505—2000),由于修订时间不一致,这几个标准的术语定义等出现了不协调之处,尤其是 GB/T 131—1993 中表面粗糙度代号的标注方法已不能满足 1997 年以来发布的表面结构国家标准的要求。

2006 年又修订了 GB/T 131—1993,产生了《产品几何技术规范(GPS)　技术产品文件中表面结构的表示法》(GB/T 131—2006)。它代替了 GB/T 131—1993。本书主要介绍该标准及相关的术语定义和参数系列。

5.2　表面结构的评定参数及其系列值

5.2.1　表面结构的评定参数

评定表面结构的参数主要有 3 组,即轮廓参数(R、W 和 P 参数)、图形参数和支承率参数。这 3 个参数组已经标准化并与完整符号一起使用。具体的参数定义见 GB/T 3505、GB/T 18618、GB/T 18778.2 和 GB/T 18778.3。表面结构参数代号如表 5-1、表 5-2 和表 5-3所示。

表 5-1　轮廓参数代号

轮 廓 参 数	高 度 参 数									间距参数	混合参数	曲线和相关参数		
	峰 谷 值					平 均 值								
R 参数（粗糙度参数）	Rp	Rv	Rz	Rc	Rt	Ra	Rq	Rsk	Rku	Rsm	$R\Delta q$	$Rmr(c)$	$R\delta c$	Rmr
W 参数（波纹度参数）	Wp	Wv	Wz	Wc	Wt	Wa	Wq	Wsk	Wku	Wsm	$W\Delta q$	$Wmr(c)$	$W\delta c$	Wmr
P 参数（粗糙度参数）	Pp	Pv	Pz	Pc	Pt	Pa	Pq	Psk	Pku	Psm	$P\Delta q$	$Pmr(c)$	$P\delta c$	Pmr

表 5-2　图形参数代号

轮 廓	参 数			
粗糙度轮廓（粗糙度图形参数）	R	Rx	AR	—
波纹度轮廓（波纹度图形参数）	W	Wx	AW	Wte

表 5-3　支承率曲线的参数代号

支承率曲线	类 型	参 数				
基于线性支承率曲线	根据 GB/T 18778.2 的粗糙度轮廓参数（滤波器根据 GB/T 18778.1 选择）	Rk	Rpk	Rvk	$Mr1$	$Mr2$
	根据 GB/T 18778.2 的粗糙度轮廓参数（滤波器根据 GB/T 18618 选择）	Rke	$Rpke$	$Rvke$	$Mr1e$	$Mr2e$
基于概率支承率曲线	粗糙度轮廓（滤波器根据 GB/T 18778.1 选择）	Rpq	Rvq	Rmq		
	原始轮廓滤波 λs	Rpq	Rvq	Rmq		

下面简单介绍一些与 R 轮廓（粗糙度轮廓）参数有关的概念术语。

1. 基准线

用来评定轮廓参数的一条给定的线,称为基准线(也称中线,一般为轮廓的最小二乘中线)。图 5-1 所示是将被测表面横向剖切并经放大后的轮廓示意图。

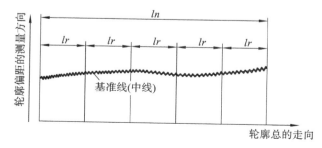

图 5-1　被测表面轮廓示意图

2. 取样长度

为判别表面结构特征而规定的一段基准线长度,称为取样长度,如图 5-1 所示的"lr"。

3. 评定长度

为评定轮廓,测量时必需的一段长度,称为评定长度。它可以包含一个或几个取样长度,一般情况下以 5 个取样长度为一个评定长度,如图 5-1 所示的"ln"。

4. 轮廓偏距

在轮廓偏距的方向上(对于实际表面,可认为轮廓偏距是垂直于基准线的),轮廓线上的任何一点与基准线之间的距离,均称为轮廓偏距,如图 5-2 所示的"y_1"。

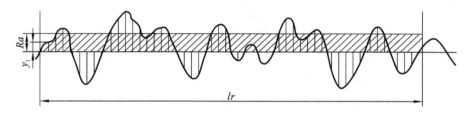

图 5-2　轮廓偏距

5. 轮廓峰高

任一轮廓峰的最高点到基准线之间的距离,称为轮廓峰高,如图 5-3 所示的"Zp"。对于 R 轮廓,轮廓峰高的代号为 Rp。

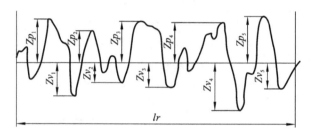

图 5-3　轮廓峰高

6. 轮廓谷深

任一轮廓峰的最低点到基准线之间的距离,称为轮廓谷深,如图 5-3 所示的"Zv"。对于 R 轮廓,轮廓谷深的代号为 Rv。

7. 轮廓算术平均偏差 Ra

轮廓算术平均偏差 Ra 是指在取样长度 lr 内,轮廓偏距绝对值的算术平均值,如图 5-2 所示。它的值为

$$Ra = \frac{1}{lr}\int_0^{lr} |\,y(x)\,|\ \mathrm{d}x \tag{5-1}$$

或近似为

$$Ra = \frac{1}{n}\sum_{i=1}^{n} |\,y_i\,| \tag{5-2}$$

式中:y_i——第 i 个轮廓偏距。

8. 轮廓最大高度 Rz

轮廓最大高度是指在取样长度 lr 内轮廓峰顶线和轮廓谷底线之间的距离,如图 5-4 所示。

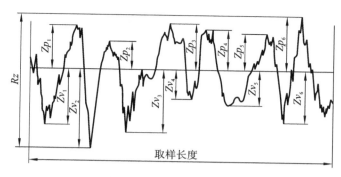

图 5-4　轮廓最大高度 Rz

9. 轮廓单元的平均宽度 Rsm

轮廓单元的平均宽度 Rsm 是在取样长度 lr 内轮廓微观不平度的间距(见图 5-5)的平均值。

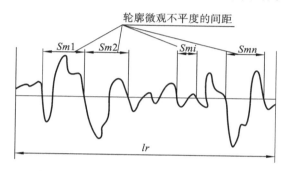

图 5-5　轮廓单元轮廓微观不平度的间距

10. 轮廓支承长度率

轮廓支承长度率是指轮廓支承长度与取样长度之比。轮廓支承长度是指在取样长度 lr 内,一条平行于中线的线与轮廓相截所得到的各段线线长之和。

11. 传输带和滤波器

传输带是两个定义的滤波器之间的波长范围,也是评定时的波长范围。传输带被一个截止短波的滤波器和另一个截止长波的滤波器所限制。滤波器用截止波长值表示。长波滤波器的截止波长值也就是取样长度。

5.2.2　表面结构的评定参数系列值

轮廓算术平均偏差 Ra 的系列数值如表 5-4 所示。轮廓最大高度 Rz 的系列数值如表 5-5 所示。取样长度 lr 的数值如表 5-6 所示。Ra 和 Rz 的取样长度 lr 与评定长度 ln 的选用值分别如表 5-7 和表 5-8 所示。表 5-4 和表 5-5 仅列出了粗糙度轮廓表面评定参数的第 1 系列和第 2 系列,应优先选用表中的第 1 系列。

表 5-4　轮廓算术平均偏差 Ra 的系列数值　　　　　单位:μm

第 1 系列	第 2 系列	第 1 系列	第 2 系列	第 1 系列	第 2 系列	第 1 系列	第 2 系列
	0.008						
	0.010						

续表

第1系列	第2系列	第1系列	第2系列	第1系列	第2系列	第1系列	第2系列
0.012			0.125		1.25	12.5	
	0.016		0.160	1.60			16
	0.020	0.20			2.0		20
0.025			0.25		2.5	25	
	0.032		0.32	3.2			32
	0.040	0.40			4.0		40
0.050			0.50		5.0	50	
	0.063		0.63	6.3			63
	0.080	0.80			8.0		80
0.100			1.00		10.0	100	

表 5-5　轮廓最大高度 Rz 的系列数值　　　　单位：μm

第1系列	第2系列	第1系列	第2系列	第1系列	第2系列	第1系列	第2系列	第1系列	第2系列	第1系列	第2系列
			0.125		1.25	12.5			125		1 250
			0.160	1.60			16.0		160	1 600	
		0.20			2.0		20	200			
0.025			0.25		2.5	25			250		
	0.032		0.32	3.2			32		320		
	0.040	0.40			4.0		40	400			
0.050			0.50		5.0	50			500		
	0.063		0.63	6.3			63		630		
	0.080	0.80			8.0		80	800			
0.100			1.00		10.0	100			1 000		

表 5-6　取样长度 lr 的数值　　　　单位：mm

lr	0.08	0.25	0.8	2.5	8	25

表 5-7　Ra 的取样长度 lr 和评定长度 ln 的选用值

$Ra/\mu m$	lr/mm	$ln(ln=5lr)/mm$
>0.008~0.02	0.08	0.4
>0.02~0.1	0.25	1.25
>0.1~2.0	0.8	4.0
>2.0~10.0	2.5	12.5
>10.0~80.0	8.0	40.0

表 5-8　Rz 的取样长度 lr 和评定长度 ln 的选用值

$Rz/\mu m$	lr/mm	$ln(ln=5lr)/mm$
>0.025~0.10	0.08	0.4
>0.10~0.50	0.25	1.25
>0.50~10.0	0.8	4.0
>10.0~50.0	2.5	12.5
>50.0~320	8.0	40.0

5.3　国家标准对表面结构特征的基本规定

《产品几何技术规范（GPS）　技术产品文件中表面结构的表示法》（GB/T 131—2006）等同采用国际标准《产品几何技术规范（GPS）　技术产品文件中表面结构的表示法》（英文

版,ISO 1302:2002),规定了技术产品文件(包括图样、说明书、合同、报告等)中表面结构的表示法,同时给出了表面结构标注用图形符号和标注方法。该标准适用于对表面结构有要求时的表示,而不适用于对表面缺陷(如孔、划痕等)的标注。如果对表面缺陷有要求,则参见《产品几何量技术规范(GPS)　表面缺陷　术语、定义及参数》(GB/T 15757—2002)。

5.3.1　表面结构的图形符号

基本图形符号和扩展图形符号(见图 5-6)应附加对表面结构的补充要求,它们的形式有数字、图形符号和文本。在特殊情况下,图形符号可以在技术图样中单独使用以表达特定意义。

1. 基本图形符号

基本图形符号由两条不等长的与标注表面成 60°夹角的直线构成,如图 5-6(a)所示。该基本图形符号仅用于简化代号标注(见图 5-7 和图 5-8),没有补充说明时不能单独使用。如果基本图形符号与补充的或辅助的说明一起使用,则不需要进一步说明为了获得指定的表面是否应去除材料或不去除材料。

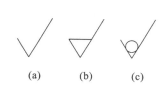

图 5-6　表面结构的基本图形符号
　　　　和扩展图形符号

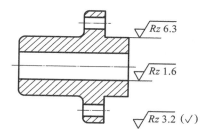

图 5-7　基本图形符号用于简化代号标注(一)

2. 扩展图形符号

如果需要表示指定表面是用去除材料的方法获得的,则应在基本图形符号上加一短横,如图 5-6(b)所示。去除材料主要是指切削加工,如车削、铣削、刨削、钻削、磨削以及其他工艺方法(剪切、抛光、腐蚀、电火花加工、气割等)。如果需要表示指定表面是用不去除材料的方法获得的,如铸造、锻造、冲压变形、热轧、冷轧、粉末冶金等,应在基本图形符号上加一圆圈,如图 5-6(c)所示。

3. 完整图形符号

当要求标注表面结构特征的补充信息时,应在上述 3 个图形符号的长边上加一横线,如图 5-9 所示。在报告和合同的文本中用文字表达图 5-9 所示符号时,用 APA 表示图 5-9(a)所示符号,用 MRR 表示图 5-9(b)所示符号,用 NMR 表示图 5-9(c)所示符号。

4. 工件轮廓各表面的图形符号

当在图样某个视图上构成封闭轮廓的各表面具有相同的表面结构要求时,应在上述完整图形符号上加一圆圈,标注在图样中工件的封闭轮廓线上,如图 5-10 所示。当标注会引起歧义时,各表面应分别标注。

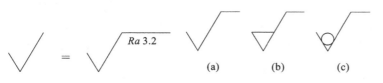

图 5-8　基本图形符号用于简化　　　图 5-9　表面结构的完整
　　　　代号标注(二)　　　　　　　　　　图形符号

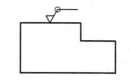

图 5-10　构成封闭轮廓的各表面具有相同的表面结构要求时的标注

5.3.2　表面结构完整图形符号的组成

为了明确表面结构要求,除了标注表面结构参数和数值外,必要时应标注补充要求。补充要求包括传输带、取样长度、加工工艺、表面纹理及方向、加工余量等。各部分的注写位置如图 5-11 所示。

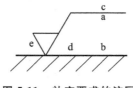

图 5-11　补充要求的注写位置(a~e)

位置 a~e 分别注写以下内容。

(1)位置 a。位置 a 注写表面结构的单一要求,包括参数代号、极限值和传输带或取样长度。为了避免误解,在参数代号和极限值间应插入空格;传输带或取样长度后应有一斜线"/",之后是参数代号,最后是数值,如 $0.0025\text{-}0.8/Rz\,6.3$。

(2)位置 a 和 b。位置 a 和 b 注写两个或多个表面结构要求。位置 a 注写第一个表面结构要求,位置 b 注写第二个表面结构要求。如果要注写第三个或更多个表面结构要求,图形符号应在垂直方向扩大,以空出足够的空间。扩大图形符号时,a 和 b 的位置随之上移。

(3)位置 c。位置 c 注写加工方法、表面处理、涂层或其他加工工艺要求等,如车、磨、镀等。

(4)位置 d。位置 d 注写所要求的表面纹理和纹理的方向,如"="、"X"、"M"。

(5)位置 e。位置 e 注写加工余量。注写所要求的加工余量时,以毫米为单位给出数值。

5.3.3　表面结构参数的标注

标注表面结构参数时,应使用完整图形符号,包括参数代号和相应的数值,并要求解释以下四项重要信息:第一,三种轮廓(R、W、P)中的一种;第二,轮廓特征;第三,满足评定长度要求的取样长度的个数;第四,要求的极限值。

1. 参数代号的标注

若所标注参数代号后没有"max",表明给定极限值采用的是默认定义或默认解释(16%规则),否则应用最大规则解释给定极限值。

2. 评定长度(ln)的标注

若所标注参数代号后没有"max",表明采用的是有关标准中默认的评定长度。当不存在默认的评定长度时,参数代号中应标注取样长度的个数。

（1）轮廓参数（GB/T 3505）。

①R 轮廓。如果评定长度内取样长度的个数不等于 5（默认值），应在相应参数代号后标注其个数，如 $Rp3$、$Rv3$、$Rz3$、$Ra3$ 等。

②W 轮廓。取样长度的个数应在相应波纹度参数代号后标注，如 $Wz5$、$Wa3$ 等。

③P 轮廓。P 参数的取样长度等于评定长度，并且评定长度等于测量长度。因此，在参数代号中不需要标注取样长度的个数。

（2）图形参数（GB/T 18618）。

如果评定长度与默认值 16 mm 不同，应将其数值标注在两斜线"/"中间，如 0.008-0.5/2/R 10。

（3）基于支承率曲线的参数（GB/T 18778.2 和 GB/T 18778.3）。

①R 轮廓。如果评定长度内取样长度的个数不等于 5（默认值），应在相应参数代号后标注其个数，如 $Rk8$、$Rpk8$、$Rvk8$、$Rpq8$、$Rvq8$、$Rmq8$ 等。

②P 轮廓。P 参数的取样长度等于评定长度，并且评定长度等于测量长度。因此，在参数代号中不需要标注取样长度的个数。

3. 极限值判断规则的标注

表面结构要求中给定极限值的判断规则有 16% 规则和最大规则两种。16% 规则是指允许在表面结构参数的所有实测值中，超过规定值的个数少于总数的 16%。它是所有表面结构要求标注的默认规则，适用于轮廓参数、图形参数和基于支承率曲线的参数。当应用 16% 规则（默认传输带）时表面结构参数的标注如图 5-12 所示。

(a) 在文本中　　　　　　　　　　　　　　　(b) 在图样上

图 5-12　当应用 16% 规则（默认传输带）时表面结构参数的标注

最大规则是指要求表面结构参数的所有实测值都不得超过规定值，标注时应在参数代号中加上"max"。最大规则适用于轮廓参数和基于支承率曲线的参数，而不适用于图形参数。当应用最大规则（默认传输带）时表面结构参数的标注如图 5-13 所示。

(a) 在文本中　　　　　　　　　　　　　　　(b) 在图样上

图 5-13　当应用最大规则（默认传输带）时表面结构参数的标注

4. 传输带和取样长度的标注

当参数代号中没有标注传输带时，表面结构要求采用默认的传输带。如果表面结构参数没有定义默认传输带、默认的短波滤波器或默认的取样长度（长波滤波器），则表面结构参数标注应该指定传输带，即短波滤波器或长波滤波器，以保证表面结构明确的要求。传输带应标注在参数代号的前面，并用斜线"/"隔开。传输带标注包括滤波器截止波长（mm），短波滤波器截止波长在前，长波滤波器截止波长在后，并用连字符"-"隔开，如图 5-14 所示。

在某些情况下，在传输带中只标注两个滤波器中的一个。如果存在第二个滤波器，使用

MRR 0.0025-0.8/*Rz* 3.2

(a) 在文本中

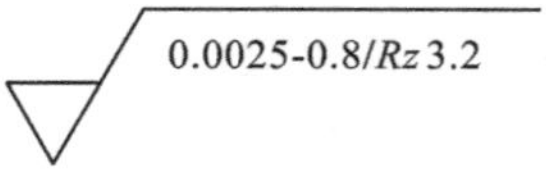

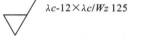

0.0025-0.8/*Rz* 3.2

(b) 在图样上

图 5-14 传输带标注

默认的截止波长。如果只标注一个滤波器,应保留连字符"-",以区分是短波滤波器还是长波滤波器,如"0.008-"表示短波滤波器,"-0.25"表示长波滤波器。

（1）轮廓参数。

①R 轮廓。如果标注传输带,可能只需要标注长波滤波器 λc 值。短波滤波器 λs 值根据 GB/T 6062 选定。如果要求控制用于粗糙度参数的传输带内的短波滤波器和长波滤波器,二者应与参数代号一起标注,如 0.008-0.8。

②W 轮廓。波纹度应标注传输带,即给出两个截止波长。传输带可根据 GB/T 10610 规定的表面粗糙度默认的同一表面的截止波长值 λc 确定,传输带可表示为 λc-$n \times \lambda c$,n 的值由设计者选择,如图 5-15 所示。

MRR λc-12/λc/*Wz* 125

(a) 在文本中

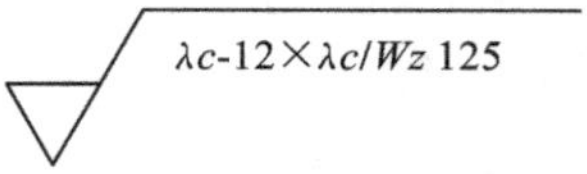

λc-12$\times\lambda c$/*Wz* 125

(b) 在图样上

图 5-15 W 轮廓传输带的标注

③P 轮廓。应标注短波滤波器的截止波长 λs。在默认情况下,P 轮廓参数没有任何长波滤波器（取样长度）,如果对工件功能有要求,对 P 轮廓参数可以标注长波滤波器 λc 值,如-25/*Pz* 225。

（2）图形参数。

①粗糙度轮廓。如果相应的组合（λs、A）取自 GB/T 18618,就不必标注评定长度,但仍应标出两条斜线。如果不标注短波长度界限值,默认值是 $\lambda s = 0.008$ mm。

②波纹度轮廓。短波长度界限值 A 和长波长度界限值 B 应该一起标注。如果相应的组合（A、B）取自 GB/T 18618,就不必标注评定长度,但仍应标出两条斜线。如果不标注短波长度界限值,默认值是 $A = 0.5$ mm,$B = 2.5$ mm。

（3）基于支承率曲线的参数。

①R 轮廓。只有一对默认的标准化值和一对非默认的标准化值。

②P 轮廓。如果根据 GB/T 18778.3 标注 P 参数,短波滤波器 λs 值应与参数代号一起标注,以保证表面结构明确的要求。默认情况下,P 参数没有长波滤波器 λc 值,如果对工件功能有要求,应对 P 参数标注长波滤波器 λc 值。

5. 单向极限和双向极限的标注

标注单向极限或双向极限以表示对表面结构的明确要求。

当只标注参数代号、参数值和传输带时,它们应默认为参数的上限值（16%规则或最大规则的极限值）;当参数代号、参数值和传输带作为参数的单向下限值（16%规则或最大规则的极限值）时,应在参数代号前加注"L"。例如,L Ra 0.32 表示 Ra 的下限值为 0.32 μm。

在完整图形符号中需要表示双向极限时应标注极限代号,上限值在上方用"U"表示,下限值在下方用"L"表示。如果同一参数具有双向极限要求,在不引起歧义的情况下,可以不加"U""L"。另外,上、下极限值可以用不同的参数代号和传输带表达。双向极限的标注如图 5-16 所示。

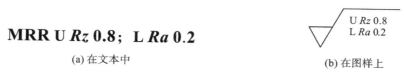

MRR U *Rz* **0.8**;**L** *Ra* **0.2**

(a) 在文本中

U *Rz* 0.8
L *Ra* 0.2

(b) 在图样上

图 5-16　双向极限的标注

5.3.4　加工方法和相关信息的注法

轮廓曲线的特征对实际表面的表面结构参数值影响很大。标注的参数代号、参数值和传输带只作为表面结构要求,有时不一定能够完全准确地表示表面功能。加工工艺在很大程度上决定了轮廓曲线的特征,因此一般应注明加工工艺。加工工艺用文字按图 5-17 和图 5-18 所示的方式在完整图形符号中注明。图 5-18 表示的是镀覆的示例,使用了《金属镀覆和化学处理标识方法》(GB/T 13911—2008)中规定的符号。

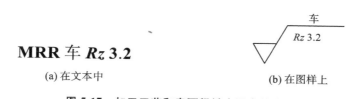

MRR 车 *Rz* **3.2**

(a) 在文本中

车
Rz 3.2

(b) 在图样上

图 5-17　加工工艺和表面粗糙度要求的注法

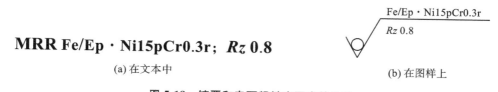

MRR Fe/Ep · Ni15pCr0.3r;*Rz* **0.8**

(a) 在文本中

Fe/Ep · Ni15pCr0.3r
Rz 0.8

(b) 在图样上

图 5-18　镀覆和表面粗糙度要求的注法

5.3.5　表面纹理的注法

纹理方向是指表面纹理的主要方向,通常由加工工艺决定。一般情况下,表面结构不要求有特定的纹理方向;但某些功能的要求,如千分尺的尺身,要求纹理方向平行于滑动面;又如对于有密封要求的表面,应采用呈多方向或放射状的纹理方向;再如对于要求形成油膜的轴承面,应采用呈圆形的纹理方向。因此,在标准中规定纹理方向的符号是十分必要的,这对提高表面的质量、保证功能的要求有重要的意义。

表面纹理及其方向用表 5-9 中规定的符号按照图 5-19 所示标注在完整图形符号中。

表 5-9　表面纹理的标注

符　号	说　　　明	示　意　图
=	纹理平行于视图所在的投影面	（示意图：纹理方向）
⊥	纹理垂直于视图所在的投影面	（示意图：纹理方向）
×	纹理呈两斜向交叉且与视图所在的投影面相交	（示意图：纹理方向）
M	纹理呈多方向	（示意图：M）
C	纹理呈近似同心圆且圆心与表面中心相关	（示意图：C）
R	纹理呈近似放射状且与表面圆心相关	（示意图：R）
P	纹理呈微粒状,凸起,无方向	（示意图：P）

注:若表中所列符号不能清楚地表明所要求的纹理方向,应在图样上用文字说明。

5.3.6　加工余量的注法

在同一图样中,有多个加工工序的表面可标注加工余量。例如,在表示完工零件形状的铸锻件图样中给出加工余量。加工余量可以是加注在完整图形符号上的唯一要求。加工余量也可以同表面结构要求一起标注,如图 5-20 所示,它表示该零件所有表面均有 3 mm 加工余量。不同功能要求的表面结构表示方法示例如表 5-10 所示。

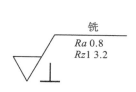

图 5-19　表面纹理的注法

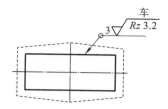

图 5-20　同表面结构要求一起标注加工余量

表 5-10　不同功能要求的表面结构表示方法示例

符　号	含义/解释
$\sqrt{Rz\,0.4}$	表示不允许去除材料,单向上限值,默认传输带,R 轮廓,粗糙度的最大高度 0.4 μm,评定长度为 5 个取样长度(默认),"16%规则"(默认)
$\sqrt{Rzmax\,0.2}$	表示去除材料,单向上限值,默认传输带,R 轮廓,粗糙度最大高度的最大值 0.2 μm,评定长度为 5 个取样长度(默认),"最大规则"
$\sqrt{0.008\text{-}0.8/Ra\,3.2}$	表示去除材料,单向上限值,传输带 0.008-0.8,R 轮廓,轮廓算术平均偏差 3.2 μm,评定长度为 5 个取样长度(默认),"16%规则"(默认)
$\sqrt{\text{-}0.8/Ra3\,3.2}$	表示去除材料;单向上限值;传输带,根据 GB/T 6062,取样长度 0.8 μm(λs 默认 0.002 5 mm);R 轮廓,轮廓算术平均偏差 3.2 μm;评定长度包含 3 个取样长度;"16%规则"(默认)
$\sqrt{\begin{array}{l}U\,Ramax\,3.2\\L\,Ra\,0.8\end{array}}$	表示不允许去除材料。双向极限值。两极限值均使用默认传输带。R 轮廓,上限值,轮廓算术平均偏差 3.2 μm,评定长度为 5 个取样长度(默认),"最大规则";下限值,轮廓算术平均偏差 0.8 μm,评定长度为 5 个取样长度(默认)。"16%规则"(默认)
$\sqrt{0.8\text{-}25/Wz3\,10}$	表示去除材料,单向上限值,传输带 0.8-25,W 轮廓,波纹度最大高度 10 μm,评定长度包含 3 个取样长度,"16%规则"(默认)
$\sqrt{0.008\text{-}/Ptmax\,25}$	表示去除材料,单向上限值,传输带 $\lambda s=0.008$ mm,无长波滤波器,P 轮廓,轮廓总高 25 μm,评定长度等于工件长度(默认),"最大规则"
$\sqrt{0.0025\text{-}0.1//Rx\,0.2}$	表示任意加工方法,单向上限值,传输带 $\lambda s=0.002\ 5$ μm,$A=0.1$ mm,评定长度 3.2 mm(默认),粗糙度图形参数,粗糙度图形最大深度 0.2 μm,"16%规则"(默认)

续表

符　　号	含义/解释
$\sqrt{}$ /10/R 10	表示不允许去除材料,单向上限值,传输带 $\lambda s = 0.008$ mm(默认),$A = 0.5$ mm(默认),评定长度 10 mm,粗糙度图形参数,粗糙度图形平均深度 10 μm,"16%规则"(默认)
$\sqrt{}$ W 1	表示去除材料,单向上限值,传输带 $A = 0.5$ mm(默认),$B = 2.5$ mm(默认),评定长度 16 mm(默认),波纹度图形参数,波纹度图形平均深度 1 mm,"16%规则"(默认)
$\sqrt{}$ -0.3/6/AR 0.09	表示任意加工方法,单向上极值,传输带 $\lambda s = 0.008$ mm(默认),$A = 0.3$ mm(默认),评定长度 6 mm,粗糙度图形参数,粗糙度图形平均间距 0.09 mm,"16%规则"(默认)

5.3.7　表面功能的最少标注

表面结构要求通过几个不同的控制元素建立,可以是图样中标注的一部分或在其他文件中给出文本标注。表面功能的最少标注如图 5-21 所示。

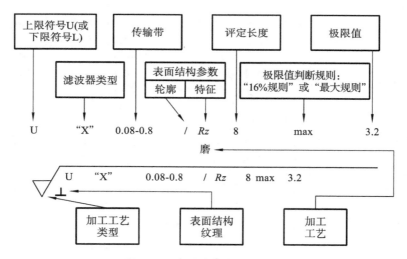

图 5-21　表面功能的最少标注

经验证明,所有这些元素对于表面结构要求和表面功能之间形成明确的关系是必要的。只有在很少的情况下,当不会导致歧义时,其中的一些元素才可以省略;而多数元素对于设定仪器的测量条件是必要的,其余元素对于明确评价测量结果并与所要求的极限值进行比较也是必要的。

在某些情况下,标注多个表面结构参数是必要的,这些参数可能是轮廓、特征或两者都有,目的是在表面结构要求和表面功能之间建立明确的关系。

为了简化表面结构要求的标注,同时能够明确表达表面结构要求和表面功能之间的关系,定义了一系列的默认值,如极限值判断规则、传输带和评定长度。有了默认定义,便可更加简化表面结构要求标注(如 $Ra\ 1.6$ 和 $Rz\ 6.3$),但这只是指无歧义部分,适用于所有参数的默认定义原则目前尚未确定。

每个标准都包含默认定义的信息,如果默认定义不存在,全部的信息都应该标注在图样的表面结构要求中。

选择 GB/T 10610 中定义的默认传输带时需特别注意,选择默认传输带的规则对测量表面参数值也许有很大的影响。根据 GB/T 10610 中的规则,表面的细微变化可能导致测量参数值达 50%的变化。如果表面结构对工件功能有重要作用,则必须在图形符号中标注出传输带,这时绝不能使用默认滤波器。

加工工艺以及某些情况下的表面纹理对图样中的表面结构要求和表面功能之间的关系有非常重要的作用。对于相同的表面功能,两种不同的加工工艺常有它们自己的"表面结构尺寸"。当采用两种不同的加工工艺时,为了得到相同的表面功能,表面的测量参数值的差异可能会超过100%。

将两个或更多个表面结构参数值做比较,只有在这些值有相同的测量条件时才有意义,相同的测量条件是指传输带、评定长度和加工工艺等相同。

5.3.8 表面结构要求在图样和其他技术产品文件中的注法

表面结构要求对每一表面一般只标注一次,并尽可能注在相应的尺寸及其公差的同一视图上。除非另有说明,所标注的表面结构要求是对完工零件表面的要求。

1. 表面结构符号、代号的标注位置与方向

总的原则是根据 GB/T 4458.4 的规定,使表面结构要求的注写和读取方向与尺寸的注写和读取方向一致,如图 5-22 所示。

(1)标注在轮廓线上或指引线上。表面结构要求可标注轮廓线上,表面结构符号应从材料外指向表面并接触表面。必要时,表面结构符号也可用带箭头或黑点的指引线引出标注,如图 5-23和图 5-24 所示。

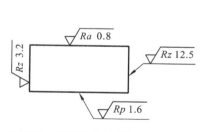

图 5-22 表面结构的注写和读取方向

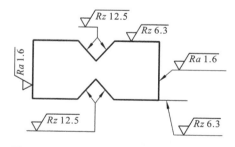

图 5-23 表面结构要求在轮廓线上的标注

(2)标注在特征尺寸的尺寸线上。在不致引起误解时,表面结构要求可以标注在给定的尺寸线上,如图 5-25 所示。

(3)标注在几何公差框格的上方。表面结构要求可标注在几何公差框格的上方,如图 5-26所示。

(4)标注在延长线上。表面结构要求可以直接标注在延长线上,或用带箭头的指引线引出标注,如图 5-23 和图 5-27 所示。

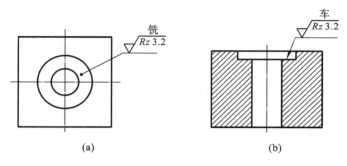

图 5-24 用指引线引出标注表面结构要求

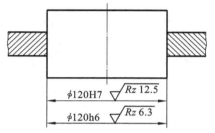

**图 5-25 表面结构要求标注在特征
尺寸的尺寸线上**

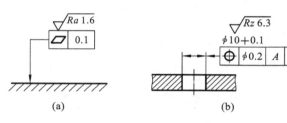

图 5-26 表面结构要求标注在几何公差框格的上方

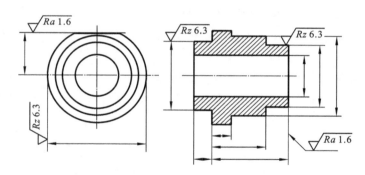

图 5-27 表面结构要求标注在延长线上

（5）标注在圆柱和棱柱表面上。圆柱和棱柱表面的表面结构要求只标注一次，如图 5-27 所示。如果每个棱柱表面有不同的表面结构要求，则应分别单独标注，如图 5-28 所示。

2. 表面结构要求的简化注法

标注表面结构要求的代号时，即使不附带其他有关符号也是较麻烦的，因此标准《产品几何技术规范（GPS）技术产品文件中表面结构的表示法》（GB/T 131—2006）中规定了几种简化的标注方法，供设计时选用。

（1）有相同表面结构要求的简化注法。当工件的多数（包括全部）表面具有相同的表面结构要求时，表面结构要求可统一标注在图样的标题栏附近。此时（除全部表面有相同要求的情况外），在表面结构要求的符号后面：

① 在圆括号内给出无任何其他标注的基本符号,如图 5-7 所示;

② 在圆括号内给出不同的表面结构要求,如图 5-29 所示。

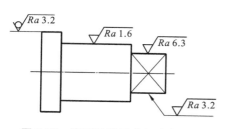

图 5-28　表面结构要求标注在圆柱
和棱柱表面上

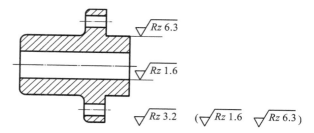

图 5-29　在圆括号内给出不同的表面结构要求

不同的表面结构要求应直接标注在图形中,如图 5-7 和图 5-29 所示。

（2）多个表面有共同表面结构要求的注法。当多个表面具有相同的表面结构要求或图纸空间有限时,可以采用简化注法。此时,既可用带字母的完整图形符号,以等式的形式,在图形或标题栏附近,对有相同表面结构要求的表面进行简化标注,如图 5-30 所示;也可以只用表面结构符号进行简化标注,如图 5-8、图 5-31 和图 5-32 所示。

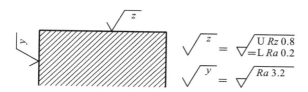

图 5-30　有相同表面结构要求表面的简化标注(一)

图 5-31　有相同表面结构要求表面的简化标注(二)

（3）由两种或更多种工艺获得的同一表面的注法。由几种不同的工艺方法获得的同一表面,当需要明确每种工艺方法的表面结构要求时,可按图 5-33 所示进行标注。该图同时给出了镀覆前后的表面结构要求,与以往标准不同的是,不需要加镀覆“前”“后”等字样,但要用粗虚线画出其范围并标注相应的尺寸。

（4）在同一表面上,如果有不同的表面结构要求,须用细实线画出两个不同要求部分的分界线,并注出相应的表面结构符号和尺寸,如图 5-34 所示。

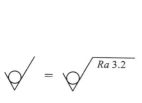

图 5-32　有相同表面结构
要求表面的简化
标注(三)

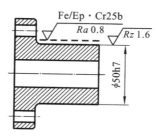

图 5-33　由两种或更多种
工艺获得的同一
表面的注法

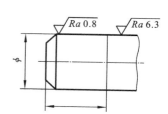

图 5-34　同一表面上有不
同的表面结构要
求时的标注

（5）对于零件上连续表面和重要要素(孔、槽、齿等)的表面(见图 5-35、图 5-36)及用细实线连接不连续的同一表面(见图 5-37),其表面结构要求不需要在所有表面上标注,只需要标注一次。

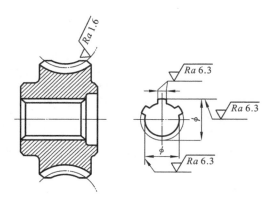

图 5-35　零件上连续表面和重要要素表面的表面结构要求的标注(一)

图 5-36　零件上连续表面和重要要素表面
的表面结构要求的标注(二)

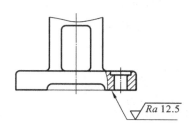

图 5-37　用细实线连接不连续的同一表面的
表面结构要求的标注

(6)下述一些要素表面的表面结构要求都不必标注在工作表面上,可以标注在表示这些工作面的线上。

中心孔工作表面的表面结构要求可以标注在表示中心孔代号的引线上,键槽工作面、倒角的表面结构要求可以标注在尺寸线上,如图 5-38 所示。

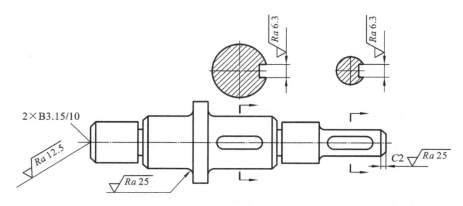

图 5-38　中心孔、键槽工作面、倒角的工作表面的表面结构要求标注

齿轮、渐开线花键等零件的工作表面在没有画出齿形时,表面结构要求应该标注在分度线上,如图 5-39、图 5-40 所示。

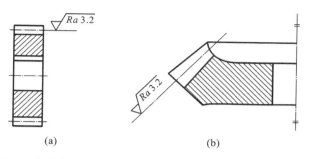

图 5-39　齿轮的工作表面在没有画出齿形时表面结构要求的标注

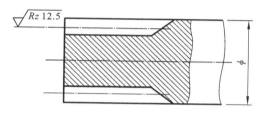

图 5-40　渐开线花键的工作表面在没有画出齿形时表面结构要求的标注

在螺纹的工作表面没有画出牙型时,表面结构要求可以标注在螺纹代号的指引线上,如图 5-41 和图 5-42 所示。

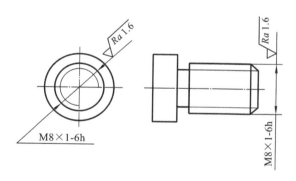

图 5-41　外螺纹的工作表面在没有画出牙型时表面结构要求的标注

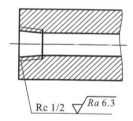

图 5-42　内螺纹的工作表面在没有画出牙型时表面结构要求的标注

3. 图形符号的比例和尺寸

（1）图形符号的比例。基本图形符号和附加部分的比例,如图 5-43、图 5-44 和图 5-45 所示。其中,图 5-43（d）所示符号的水平线长度取决于其上下所标注内容的长度;图 5-44（c）～图 5-44（g）所示符号的形状与 GB/T 14691（B 型,直体）中相应的大写字母相同,尺寸如图 5-45 所示;在"a""b""c""d""e"区域中的所有字母高应该等于 h;区域"c"中的字体可以是大写字母、小写字母或汉字,这个区域的高度可以大于h,以便能够写出小写字母的尾部。

（2）图形符号和附加标注的尺寸。图形符号和附加标注的尺寸如表 5-11 所示。

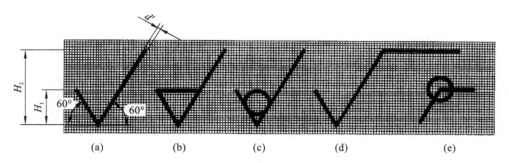

图 5-43 基本图形符号和附加部分的比例(一)

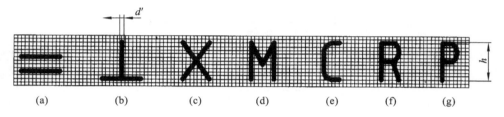

图 5-44 基本图形符号和附加部分的比例(二)

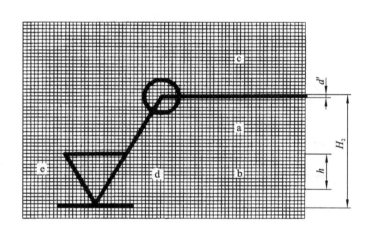

图 5-45 基本图形符号和附加部分的比例(三)

表 5-11 图形符号和附加标注的尺寸   单位:mm

数字和字母的高度 h(GB/T 14690)	2.5	3.5	5	7	10	14	20
符号的线宽 d'	0.25	0.35	0.5	0.7	1	1.4	2
字母的线宽 d							
高度 H_1	3.5	5	7	10	14	20	28
高度 H_2(最小值)	7.5	10.5	15	21	30	42	60

注:H_2 取决于标注内容。

5.4　表面结构要求的标注

表面结构要求的标注示例如表 5-12 所示。

表 5-12　表面结构要求的标注示例

序号	要　求	示　例
1	表面粗糙度： (1) 双向极限值； (2) 上限值 $Ra=50~\mu m$； (3) 下限值 $Ra=6.3~\mu m$； (4) 均为"16％规则"（默认）； (5) 两个传输带均为 0.008-4； (6) 默认的评定长度 5×4 mm＝20 mm； (7) 表面纹理呈近似同心圆且圆心与表面中心相关； (8) 加工方法：铣。 注：因为不会引起争议，不必加 U 和 L	铣 0.008-4/*Ra* 50 C　0.008-4/*Ra* 6.3
2	除一个表面以外，其他所有表面的粗糙度为： (1) 单向上限值； (2) $Rz=6.3~\mu m$； (3) "16％规则"（默认）； (4) 默认传输带； (5) 默认的评定长度（5×λc）； (6) 对表面纹理没有要求； (7) 去除材料的工艺。 不同要求的表面的粗糙度为： (1) 单向上限值； (2) $Ra=0.8~\mu m$； (3) "16％规则"（默认）； (4) 默认传输带； (5) 默认的评定长度 5×λc； (6) 对表面纹理没有要求； (7) 去除材料的工艺	*Ra* 0.8 *Ra* 6.3　（√）

续表

序号	要　　求	示　　例
3	表面粗糙度： (1) 两个单向上限值。 ①Ra＝1.6 μm： a."16％规则"（默认）； b.默认传输带； c.默认评定长度5×λc； ②$Rz\max$＝6.3 μm： a."最大规则"； b.传输带-2.5 μm； c.评定长度默认（5×2.5 mm）； (2) 表面纹理垂直于视图的投影面。 (3) 加工方法：磨削	磨 Ra 1.6 -2.5/$Rz\max$ 6.3
4	表面粗糙度： (1) 单向上限值； (2) Rz＝0.8 μm； (3) "16％规则"（默认）； (4) 默认传输带； (5) 默认评定长度5×λc； (6) 对表面纹理没有要求； (7) 表面处理：铜件，镀镍/铬； (8) 表面要求对封闭轮廓的所有表面有效	Cu/Ep·Ni5bCr0.3r Rz 0.8
5	表面粗糙度： (1) 单向上限值和一个双向极限值。 ①单向 Ra＝1.6 μm： a."16％规则"（默认）； b.传输带-0.8 mm； c.评定长度 5×0.8 mm＝4 mm； ②双向 Rz： a.上限值 Rz＝12.5 μm； b.下限值 Rz＝3.2 μm； c."16％规则"（默认）； d.上下极限传输带均为-2.5 mm； e.上下极限评定长度均为 5×2.5 mm＝12.5 mm（即使不会引起争议，也可以标注 U 和 L 符号）； (2) 表面处理：钢件，镀镍/铬	Fe/Ep·Ni10bCr0.3r -0.8/Ra 1.6 U-2.5/Rz 12.5 L-2.5/Rz 3.2

续表

序号	要　求	示　例
6	表面结构和尺寸可以标注在同一尺寸线上。 键槽侧壁的表面粗糙度： （1）一个单向上限值； （2）$Ra=6.3\ \mu m$； （3）"16％规则"（默认）； （4）默认传输带； （5）默认评定长度 $5\times\lambda c$； （6）对表面纹理没有要求； （7）去除材料的工艺。 倒角的表面粗糙度： （1）一个单向上限值； （2）$Ra=3.2\ \mu m$； （3）"16％规则"（默认）； （4）默认传输带； （5）默认评定长度 $5\times\lambda c$； （6）对表面纹理没有要求； （7）去除材料的工艺	
7	表面结构和尺寸可以标注为：一起标注在延长线上，或分别标注在轮廓线和尺寸界线上。 示例中的 3 个表面粗糙度要求为： （1）单向上限值； （2）分别是 $Ra=1.6\ \mu m$，$Ra=6.3\ \mu m$，$Rz=12.5\ \mu m$； （3）"16％规则"（默认）； （4）默认传输带； （5）默认评定长度 $5\times\lambda c$； （6）对表面纹理没有要求； （7）去除材料的工艺	
8	表面结构、尺寸和表面处理的标注。 示例是 3 个连续的加工工序。 （1）第一道工序： ①单向上限值； ②$Rz=1.6\ \mu m$； ③"16％规则"（默认）； ④默认传输带； ⑤默认评定长度 $5\times\lambda c$； ⑥对表面纹理没有要求； ⑦去除材料的工艺。 （2）第二道工序： 镀铬，无其他表面结构要求。	

序号	要　　　求	示　　　例
8	（3）第三道工序： ①一个单向上限值仅对长为 50 mm 的圆柱表面有效； ②$Rz=6.3\ \mu m$； ③"16％规则"（默认）； ④默认传输带； ⑤默认评定长度 $5\times\lambda c$； ⑥对表面纹理没有要求； ⑦磨削加工工艺	Fe/Ep·Cr50　磨 $\sqrt{Rz\ 6.3}$　$\sqrt{Rz\ 1.6}$ $\phi 29h7$ 50

5.5　机械零件表面结构要求的选用

机械零件表面结构特征参数直接影响零件的性能。本书只介绍轮廓算术平均偏差 Ra 的选用。

对于机械零件轮廓算术平均偏差 Ra，除有特殊要求的表面外，一般多采用类比法选取。此外，一般应考虑以下因素。

（1）在满足零件表面功能要求的情况下，尽量选用大一些的数值。

（2）一般情况下，在同一个零件上，工作表面（或配合面）的轮廓算术平均偏差 Ra 数值应小于非工作面（或非配合面）的轮廓算术平均偏差 Ra 数值。

（3）摩擦面、承受高压和交变载荷的工作面的轮廓算术平均偏差 Ra 数值应小一些。

（4）尺寸精度和形状精度要求高的表面，轮廓算术平均偏差 Ra 数值应小一些。

（5）要求耐腐蚀的零件表面，轮廓算术平均偏差 Ra 数值要小一些。

（6）有关标准已对轮廓算术平均偏差 Ra 要求做出规定的，应按相应标准确定数值。

圆柱体接合的轮廓算术平均偏差 Ra 数值的选用如表 5-13 所示。

表 5-13　圆柱体接合的轮廓算术平均偏差 Ra 数值的选用

表　面　特　征			$Ra/\mu m$	
			公称尺寸/mm	
	公差等级	表面	～50	＞50～500
经常装拆零件的配合表面 （如挂轮、滚刀等）	IT5	轴	≤0.2	≤0.4
		孔	≤0.4	≤0.8
	IT6	轴	≤0.4	≤0.8
		孔	0.4～0.8	0.8～1.6
	IT7	轴	0.4～0.8	0.8～1.6
		孔	≤0.8	≤1.6
	IT8	轴	≤0.8	≤1.6
		孔	0.8～1.6	1.6～3.2

续表

表 面 特 征	Ra/μm				
	公差等级	表面	公称尺寸/mm		
			~50	>50~120	>120~500
过盈配合的配合表面 (a)按机械压入法装配 (b)按热处理法装配	IT5	轴	0.1~0.2	≤0.4	≤0.4
		孔	0.2~0.4	≤0.8	≤0.8
	IT6,IT7	轴	≤0.4	≤0.8	≤1.6
		孔	≤0.8	≤1.6	≤1.6
	IT8	轴	≤0.8	0.8~1.6	1.6~3.2
		孔	≤1.6	1.6~3.2	1.6~3.2
	—	轴	≤1.6		
		孔	1.6~3.2		

表面特征	表面	径向跳动公差/μm					
		2.5	4	6	10	16	25
精密定心用的零件配合面	轴	≤0.05	≤0.1	≤0.1	≤0.2	≤0.4	≤0.8
	孔	≤0.1	≤0.2	≤0.2	≤0.4	≤0.8	≤1.6

表面特征	表面	公差等级		液体湿摩擦条件
		6~9	10~12	
滑动轴承的配合表面	轴	0.4~0.8	0.8~3.2	0.1~0.4
	孔	0.8~1.6	1.6~3.2	0.2~0.8

轮廓算术平均偏差 Ra 幅度参数应用实例如表 5-14 所示。

表 5-14　轮廓算术平均偏差 Ra 幅度参数应用实例

表面粗糙度 幅度参数 Ra 值/μm	表面粗糙度 幅度参数 Rz 值/μm	表面形状特征		应 用 举 例
>40~80	—	粗糙	明显可见刀痕	表面粗糙度很大的加工面,一般很少用
>20~40	—		可见刀痕	
>10~20	>63~125		微见刀痕	应用范围较广的表面,如轴端面、倒角面、铆钉孔的表面和垫圈接触面等
>5~10	>32~63	半光面	可见加工痕迹	半精加工面,用于外壳、箱体、套筒、离合器、带轮侧面等非配合表面;与螺栓头相接触的表面;需要法兰的表面;一般遮板的接合面等
>2.5~5	>16~32		微见加工痕迹	半精加工面、要求有定心及配合特征的固定支承
>1.25~2.5	>8.0~16.0		看不见 加工痕迹	要求保证定心和配合特征的表面、基面及表面质量较高的面,与 G 级和 E 级精度轴承相配合的孔和轴的表面,机床主轴箱箱座和箱盖的接合面等

续表

表面粗糙度幅度参数 Ra 值/μm	表面粗糙度幅度参数 Rz 值/μm	表面形状特征		应 用 举 例
>0.63~1.25	>4.0~8.0		可辨加工痕迹的方向	要求能长期保持配合特性精度的齿轮工作表面,如普通精度的中型机床滑动导轨面、与 D 级轴承配合的孔和轴颈的表面、一般精度的分度盘和需镀铬抛光的外表面等
>0.32~0.63	>2.0~4.0	光面	微辨加工痕迹的方向	工作时承受交变应力的重要零件的表面,如滑动轴承轴瓦的工作表面、轴颈表面和活塞表面、曲轴轴颈的工作面、液压油缸和柱塞的表面、高速旋转的轴颈和轴套的表面等
>0.16~0.32	>1.0~2.0		不可辨加工痕迹的方向	工作时承受较大交变应力的重要零件的表面,如精密机床主轴锥孔表面和顶尖圆锥面、液压传动用孔的表面、活塞销孔的表面和气密性要求高的表面等
>0.08~0.16	>0.5~1.0	极光面	暗光泽面	特别精密的滚动轴承套圈滚道、滚珠或滚柱的表面,仪器在使用中承受摩擦的表面(如导轨等),对同轴度有精确要求的轴和孔等
>0.04~0.08	>0.25~0.5		亮光泽面	特别精密的滚动轴承套圈滚道、滚珠或滚柱的表面,测量仪表中的中等间隙配合零件的工作表面,柴油发动机高压油泵中柱塞和柱塞套的配合表面等
>0.02~0.04	—		镜状光泽面	仪器的测量表面、测量仪表中的高精度间隙配合零件的工作表面、尺寸超过 100 mm 的量块工作表面等
>0.01~0.02	—		镜面	量块工作表面、高精度测量仪表的测量面、光学测量仪表中的金属镜面等

复习与思考题

5-1 表面结构要求的含义是什么?

5-2 完整标注的表面结构形式是怎样的?

5-3 表面结构的评定参数有哪些?

5-4 表面粗糙度对零件的使用性能有哪些影响?

5-5 表面粗糙度测量中,为什么要确定取样长度和评定长度?

5-6 表面粗糙度常用的测量方法有哪些?

5-7 试述表面粗糙度的评定参数 Ra、Rz 的含义。

5-8 解释图 5-46 中表面粗糙度符号、代号的意义。

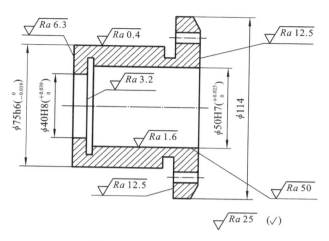

图 5-46　项目 5 习题 5-8 图

5-9　指出图 5-47(a)中表面粗糙度标注的错误(在错误的标注上打"×"),并改正(选择适当位置,再正确标注在图 5-47(b)中)。

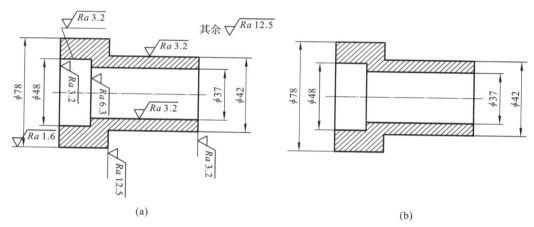

(a)

(b)

图 5-47　项目 5 习题 5-9 图

项目 *6* 常用计量仪器及其使用

★ **项目内容**

· 常用计量仪器及其使用。

★ **学习目标**

· 掌握常用计量仪器及其使用。

★ **主要知识点**

· 测量与计量仪器的类型。

· 金属直尺、内外卡钳与塞尺及其使用。

· 量块及其使用。

· 游标类量具及其使用。

· 千分尺类量具及其使用。

· 机械式测量仪表及其使用。

· 角度量具及其使用。

· 其他计量仪器(立式光学计、万能测长仪、表面粗糙度测量仪、万能工具显微镜)。

· 测量新技术与新型计量仪器(光栅测量技术、激光测量技术、坐标测量技术与三坐标测量机)。

6.1 测量与计量仪器的类型

6.1.1 测量与检测

为了满足互换性要求,除了需要合理地规定公差之外,还应当用正确的检测方法检测完工后零件的实际尺寸,只有经检测合格的零件才具有互换性功能。在生产过程中,由于相配零件可能是在不同的时间、不同的地点,用不同的生产设备,并由不同的生产人员加工而得的,所以如何保证量值的准确性和计量单位的统一便成为一个现实的问题。为了确保量值准确和计量单位统一而进行的工作就称为计量工作。计量是实现互换性的重要环节之一，包括检验和测量两大类。

测量是指为了确定被测对象几何要素而进行的一系列检测工作，有时也称为量测。检验的特点是，一般情况下只确定被测要素是否在规定的合格范围内，而不管被测要素的具体数值。测量的特点是，测量结果都是被测要素的具体数值。

一个完整的检测过程包括被测对象、测量方法、测量单位和测量误差四个方面的内容。

（1）被测对象。在长度计量工作中，被测对象的表现形式多种多样，如孔和轴的直径、槽的宽度和深度、螺纹的螺距和公称直径、表面粗糙度及各种几何误差等。

（2）测量方法。测量方法是计量仪器的比较步骤、方式、检测条件的总称。

（3）测量单位。我国采用的是国际单位制。在国际单位制中，长度的主单位是米。在机械行业中，常用的长度单位是毫米。

（4）测量误差。测量误差是指测量结果与被测要素实际值之间的差。由于各种因素的影响，不可避免地出现测量误差，不可能得到被测要素的真值，而只能得到被测要素的近似值。

如何提高测量效率、降低测量成本，以及避免废品的发生，是检测工作的重要内容。

6.1.2　计量仪器的类型

计量仪器是测量工具与测量仪器的总称。测量工具是直接测量几何量的计量仪器，不具有传动放大系统，如游标卡尺、90°角尺、量规等；而具有传动放大系统的计量仪器称为测量仪器，如机械比较仪、投影仪和测长仪等。

计量仪器按照结构特点可以分为以下几类。

1. 测量工具

测量工具是以固定形式复现测量值的计量仪器，一般结构比较简单，没有测量值的传动放大系统。在测量工具中，有的可以单独使用，有的需要和其他计量仪器配合才能使用。

测量工具根据其复现的测量值分为单值测量工具和多值测量工具。单值测量工具是用来复现单一测量值的测量工具，又称为标准测量工具，如量块、直角尺等。多值测量工具是用来复现一定范围内的一系列不同测量值的测量工具，又称为通用测量工具。

通用测量工具按照结构特点可以分为以下几种。

（1）固定刻线测量工具：包括钢直尺、角度尺、卷尺等。

（2）游标测量工具：包括游标卡尺、万能角度尺等。

（3）螺旋测微测量工具：包括外径千分尺、内径千分尺、螺旋千分尺等。

2. 量规

量规是一种没有刻度的专用计量仪器，只能用于检验零件要素实际形状、位置的测量结果是否处于规定的范围内，从而判断出该零件被测要素的几何量是否合格，而不能得出具体测量值，主要有光滑极限量规等。

3. 测量仪表

测量仪表是将被测几何量的测量值通过一定的传动放大系统转换成可直接观察的指示值或等效信息的计量仪器。根据转换原理，测量仪表分为以下几种。

（1）机械式测量仪表：如杠杆比较仪、扭簧比较仪等。

（2）光学式测量仪表：如万能测长仪、立式光学计、工具显微镜、干涉仪等。

（3）电动式测量仪表：如电感式测微仪、电容式测微仪、电动轮廓仪、圆度仪等。

（4）气动式测量仪表：如水柱式气动测量仪表、浮标式气动测量仪表等。

4. 计量装置

为了确定被测几何量数值所必需的计量仪器和辅助设备就是计量装置。它结构较为复杂，功能较多，能够用来测量几何量较多和较复杂的零件，可以实现检测自动化和智能化，一般应用于大批量零件的检测中，从而提高检测优良率与检测精度。例如，齿轮综合精度检查仪和发动机缸底孔集合精度测量仪表就是计量装置。

6.2 金属直尺、内外卡钳与塞尺及其使用

6.2.1 金属直尺及其使用

金属直尺是最简单的长度测量工具，也称为钢直尺。国家标准《金属直尺》（GB/T 9056—2004）规定，金属直尺的标称长度有 150 mm、300 mm、500 mm、600 mm、1 000 mm、1 500 mm、2 000 mm 等 7 种。图 6-1 所示是常用的 150 mm 金属直尺。

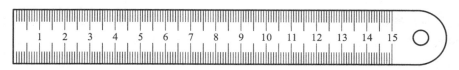

图 6-1　150 mm 金属直尺

金属直尺用于测量零件的长度尺寸，如图 6-2 所示。它的测量结果不太准确。这是因为金属直尺的刻线间距为 1 mm，而刻线本身的宽度就有 0.1～0.2 mm，测量时读数误差比较大，只能读出毫米数，即它的最小读数值为 1 mm，比 1 mm 小的数值只能通过估计而得。

如果用金属直尺直接测量零件的直径尺寸（轴径或孔径），则测量精度更差。原因是：除

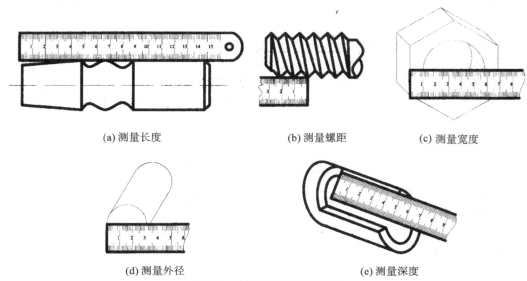

(a) 测量长度　　(b) 测量螺距　　(c) 测量宽度

(d) 测量外径　　(e) 测量深度

图 6-2　金属直尺的使用方法

了金属直尺本身的读数误差比较大以外,金属直尺无法正好放在零件直径的正确位置。所以,零件直径尺寸的测量需要将金属直尺和内外卡钳配合使用。

6.2.2 内外卡钳及其使用

图 6-3 所示是常见的内外卡钳。内外卡钳是最简单的比较测量工具之一。外卡钳是用来测量零件的外径和平面的,内卡钳是用来测量零件的内径和凹槽的。它们本身都不能直接读出测量结果,需要把测量得到的长度尺寸(直径也属于长度尺寸)在钢直尺上进行读数;或在钢直尺上先取下所需尺寸,再去检验零件的直径是否符合要求。

1. 卡钳开度的调节

首先检查钳口的形状,钳口的形状对测量精度影响很大,应注意经常修整钳口的形状。图 6-4 所示为卡钳钳口形状好与坏的对比。

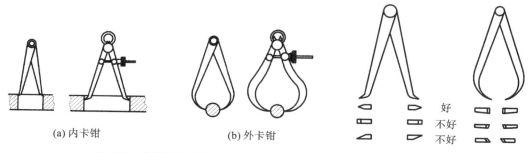

(a) 内卡钳   (b) 外卡钳

图 6-3 常见的内外卡钳   图 6-4 卡钳钳口形状好与坏的对比

调节卡钳的开度时,应轻轻敲击钳脚的两侧。先用双手把卡钳的开口调整到与零件尺寸相近,然后轻敲钳脚的外侧来减小卡钳的开口,轻敲钳脚的内侧来增大卡钳的开口,如图 6-5(a)所示;但不能直接敲击钳口,如图 6-5(b)所示,这样会因卡钳的钳口损伤测量面而引起测量误差;更不能在机床的导轨上敲击卡钳,如图 6-5(c)所示。

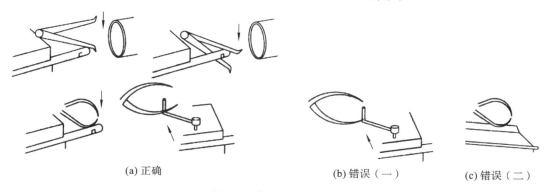

(a) 正确   (b) 错误(一)   (c) 错误(二)

图 6-5 卡钳开度的调节

2. 外卡钳的使用

外卡钳在金属直尺上取下尺寸时,如图 6-6(a)所示,一个钳脚的测量点靠在金属直尺的端面上,另一个钳脚的测量点对准所需尺寸刻线的中间,且两个测量点的连线应与金属直尺平行,人的视线要垂直于金属直尺。

用已在金属直尺上取好尺寸的外卡钳去测量外径时,要使两个测量点的连线垂直零件的轴线,靠外卡钳的自重滑过零件外圆时,手中的感觉应该是外卡钳与零件外圆正好是点接触,此时外卡钳两个测量点之间的距离,就是被测零件的外径。所以,用外卡钳测量外径,就是比较外卡钳与零件外圆接触的松紧程度,如图 6-6(b)所示,以卡钳在自重的作用下能刚好滑下为宜。如果外卡钳滑过外圆时手中没有接触感觉,就说明外卡钳尺寸比零件的外径大;如果外卡钳靠自重不能滑过零件外圆,就说明外卡钳尺寸比零件的外径小。切不可将外卡钳歪斜地放在零件上进行测量,如图 6-6(c)所示,这样会有误差。由于外卡钳有弹性,将外卡钳用力压过外圆是错误的,更不能把外卡钳横着卡上去,如图 6-6(d)所示。对于大尺寸的外卡钳,靠自重滑过零件外圆的测量压力太大了,此时应托住外卡钳进行测量,如图 6-6(e)所示。

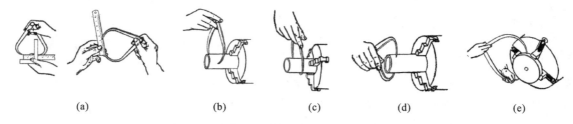

| (a) | (b) | (c) | (d) | (e) |

图 6-6　外卡钳在钢直尺上取尺寸和测量方法

3. 内卡钳的使用

用内卡钳测量内径时,应使两个钳脚的测量点的连线正好垂直相交于内孔的轴线,即钳脚的两个测量点应是内孔直径的两端点。测量时应将下面钳脚的测量点停在孔壁上作为支点,如图 6-7(a)所示,上面的钳脚由孔口略往里面逐渐向外试探,并沿孔壁圆周方向摆动,当沿孔壁圆周方向摆动的距离为最小时,内卡钳钳脚的两个测量点已处于内孔直径的两端点了,再将内卡钳由外至里慢慢移动,可检验孔的圆度公差,如图 6-7(b)所示。

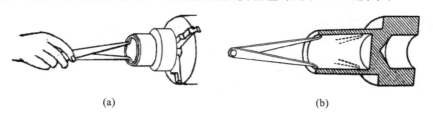

| (a) | (b) |

图 6-7　内卡钳测量方法

用已在金属直尺上或在外卡钳上取好尺寸的内卡钳去测量内径如图 6-8(a)所示,就是比较内卡钳在零件孔内的松紧程度。如果内卡钳在孔内有较大的自由摆动,就表示内卡钳尺寸比孔径小了;如果内卡钳放不进去,或放进孔内后紧得不能自由摆动,就表示内卡钳尺寸比孔径大了;如果内卡钳放入孔内,按照上述的测量方法能有 1～2 mm 的自由摆动距离,这时孔径与内卡钳尺寸正好相等。测量时不要用手抓住内卡钳测量,如图 6-8(b)所示,这样手感就没有了,难以比较内卡钳在零件孔内的松紧程度,并易使内卡钳变形而产生测量误差。

4. 卡钳的使用范围

卡钳是一种简单的测量工具。它因具有结构简单、制造方便、价格低廉、维护和使用方便等特点,而广泛应用于对精度要求不高的零件尺寸的测量和检验。尤其是对锻铸毛坯尺

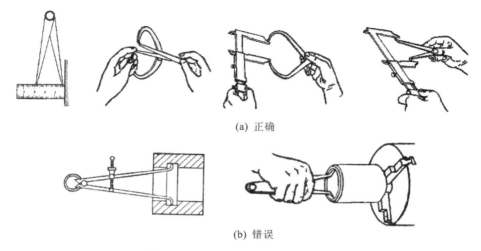

(a) 正确

(b) 错误

图 6-8　内卡钳量取尺寸和测量方法

寸的测量和检验,卡钳是最合适的测量工具。

　　虽然卡钳是简单的测量工具,但只要掌握得好,也可获得较高的测量精度。例如,用外卡钳比较两根轴的直径大小时,即使轴径仅相差 0.01 mm,有经验的技术工人也能分辨得出。又例如,用内卡钳与外径千分尺联合测量内径时,有经验的技术工人完全有把握获得高精度的内径测量结果。这种内径测量方法称为内卡钳搭千分尺,是利用内卡钳在外径千分尺上读取准确的尺寸,再去测量零件的内径,如图 6-9 所示;或在孔内调整好内卡钳与孔接触的松紧程度,再在外径千分尺上读出具体尺寸。这种测量方法在缺少精密的内径测量工具时是测量内径的好办法。另外,对于某零件的内径,如图 6-9 所示的零件,它的孔内有轴,即使使用精密的内径测量工具进行测量也有困难,但是采用内卡钳搭外径千分尺测量内径的方法就能较好地解决问题。

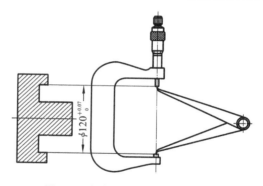

图 6-9　内卡钳搭千分尺测量内径

6.2.3　塞尺及其使用

　　塞尺又称厚薄规或间隙片,主要用来检验机床特别紧固面和紧固面、活塞与气缸、活塞环槽和活塞环、十字头滑板和导板、进排气阀顶端和摇臂等两个接合面之间的间隙大小。塞尺由许多层厚薄不一的薄钢片组成,如图 6-10 所示。一般按照塞尺的组别制成一把一把的塞尺,每把塞尺中的每片具有两个平行的测量平面,且都有厚度标记,以供组合使用。测量时,根据接合面间隙的大小,用一片或数片重叠在一起塞进间隙内。例如,用 0.03 mm 的一片能插入间隙,而

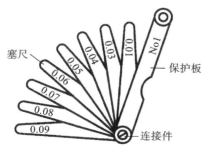

图 6-10　塞尺

0.04 mm的一片不能插入间隙,这说明间隙在 0.03~0.04 mm 范围,所以塞尺也是一种界限量规。塞尺的规格如表 6-1 所示。

表 6-1　塞尺的规格(摘自 GB/T 22523—2008)

塞尺的长度/mm	片数/片	塞尺厚度(mm)及组装顺序
100 150 200 300	13	0.10,0.02,0.02,0.03,0.03,0.04,0.04,0.05,0.05,0.06, 0.07,0.08,0.09
100 150 200 300	14	1.00,0.05,0.06,0.07,0.08,0.09,0.10,0.15,0.20,0.25, 0.30,0.40,0.50,0.75
100 150 200 300	17	0.50,0.02,0.03,0.04,0.05,0.06,0.07,0.08,0.09,0.10, 0.15,0.20,0.25,0.30,0.35,0.40,0.45
100 150 200 300	20	1.00,0.05,0.10,0.15,0.20,0.25,0.30,0.35,0.40,0.45, 0.50,0.55,0.60,0.65,0.70,0.75,0.80,0.85,0.90,0.95
100 150 200 300	21	0.50,0.02,0.02,0.03,0.03,0.04,0.04,0.05,0.05,0.06, 0.07,0.08,0.09,0.10,0.15,0.20,0.25,0.30,0.35,0.40,0.45

注:保护片厚度建议采用大于或等于 0.30 mm。

图 6-11 所示是用塞尺检验车床尾座紧固面的间隙。图 6-12 所示是用直尺和塞尺测量轴的偏移和曲折情况,将直尺贴附在以轴系推力轴或第一中间轴为基准的法兰外圆的素线上,用塞尺测量直尺与与直尺连接的柴油机曲轴或减速器输出轴法兰外圆的间隙 Z_x、Z_s、Y_x、Y_s,并依次在法兰外圆的上、下、左、右四个位置上进行测量。

使用塞尺时必须注意下列几点。

(1) 根据接合面的间隙情况选择塞尺片数,而且片数越少越好。

(2) 测量时不能用力太大,以免塞尺弯曲和被折断。

(3) 不能测量温度较高的工件。

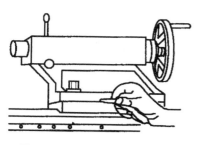

图 6-11　用塞尺检验车床尾座
紧固面的间隙

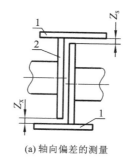

(a) 轴向偏差的测量

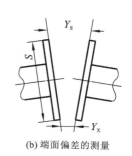

(b) 端面偏差的测量

图 6-12　用直尺和塞尺测量轴的偏移和曲折情况
1—直尺；2—法兰；
Z_x—轴在 Z 方向线下方的偏移量；Z_s—轴在 Z 方向线上方的偏移量；
Y_x—轴在 Y 方向线下方的偏移量；Y_s—轴在 Y 方向线上方的偏移量

6.3　量块及其使用

6.3.1　量块的类型

1. 长度量块

长度量块简称量块，又称块规，是由两个相互平行的测量面之间的距离来确定其工作长度的高精度量具，其长度符合计量仪器的长度标准，通过对计量仪器示值误差的检定等方式，使机械加工中各种制成品的尺寸能够溯源到长度基准。量块在经过精密加工后形成的很平整很光滑的两个平行平面，叫作测量面。量块以其两测量面之间的距离作为长度的实物基准，是一种单值测量工具。量块两测量面之间的距离为工作尺寸，又称为标称尺寸，该尺寸具有很高的精度。为了消除量块测量面的平面度误差和两测量面间的平行度误差对量块长度的影响，将量块的工作尺寸定义为量块的中心长度，即两个测量面中心点的长度。

量块的标称尺寸大于或等于 10 mm 时，其测量面尺寸为 35 mm×9 mm；量块的标称尺寸在 10 mm 以下时，其测量面的尺寸为 30 mm×9 mm。量块通常用铬锰钢、铬钢和轴承钢制成，这些材料经过热处理后可以满足量块尺寸稳定、硬度高、耐磨性好的要求，且线膨胀系数与普通钢材相同（为$(11.5\pm1)\times10^{-6}$/K），稳定性为年变化量不超出$\pm(0.5\sim1.0)$ μm。

绝大多数量块制成直角平行六面体，如图 6-13所示。也有些量块制成 ϕ20 mm 的圆柱体。每块量块的两个测量面非常光洁，平面度精度很高，用少许压力推合两块量块，使它们的测量面紧密接触，两块量块就能贴合在一起，量块的这种特性称为研合性。利用量块的研合性，可用不同尺寸的量块组合成所需的各种尺寸。

量块的应用较为广泛。除了作为量值传递的媒介以外，量块还用于检定和校准其他量

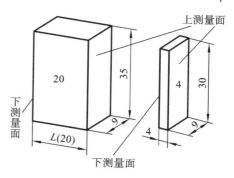

图 6-13　量块

具、量仪,相对测量时调整量具和量仪的零位,以及用于精密机床的调整、精密划线和直接测量精密零件等。

2. 角度量块

角度量块有三角形(一个工作角)和四边形(四个工作角)两种。三角形角度量块只有一个工作角(10°~79°),该工作角可以用作角度测量的标准量;四边形角度量块有四个工作角(80°~100°),这四个工作角均可以用作角度测量的标准量。

6.3.2 量块的等和级

在实际生产中,量块是成套使用的,每套量块由一定数量的不同标称尺寸的量块组成,以便组合成各种尺寸,满足一定尺寸范围内的测量需求,《几何量技术规范(GPS) 长度标准 量块》(GB/T 6093—2001)共规定了17套量块。常用成套量块(91块、83块、46块、38块等)的级别、尺寸系列、间隔和块数如表6-2所示。

表6-2 常用成套量块的级别、尺寸系列、间隔和块数(摘自 GB/T 6093—2001)

套别	总块数	级别	尺寸系列/mm	间隔/mm	块数
1	91	0,1	0.5	—	1
			1	—	1
			1.001,1.002,…,1.009	0.001	9
			1.01,1.02,…,1.49	0.01	49
			1.5,1.6,…,1.9	0.1	5
			2.0,2.5,…,9.5	0.5	16
			10,20,…,100	10	10
2	83	0,1,2	0.5	—	1
			1	—	1
			1.005	—	1
			1.01,1.02,…,1.49	0.01	49
			1.5,1.6,…,1.9	0.1	5
			2.0,2.5,…,9.5	0.5	16
			10,20,…,100	10	10
3	46	0,1,2	1	—	1
			1.001,1.002,…,1.009	0.001	9
			1.01,1.02,…,1.09	0.01	9
			1.1,1.2,…,1.9	0.1	9
			2,3,…,9	1	8
			10,20,…,100	10	10

续表

套别	总块数	级别	尺寸系列/mm	间隔/mm	块数
4	38	0,1,2	1	—	1
			1.005	—	1
			1.01,1.02,…,1.09	0.01	9
			1.1,1.2,…,1.9	0.1	9
			2,3,…,9	1	8
			10,20,…,100	10	10
5	10⁻	0,1	0.991,0.992,…,1	0.001	10
6	10⁺	0,1	1,1.001,…,1.009	0.001	10
7	10⁻	0,1	1.991,1.992,…,2	0.001	10
8	10⁺	0,1	2,2.001,2.002,…,2.009	0.001	10
9	8	0,1,2	125,150,175,200,250,300,400,500	—	8
10	5	0,1,2	600,700,800,900,1 000	—	5
11	10	0,1,2	2.5,5.1,7.7,10.3,12.9,15,17.6,20.2,22.8,25	—	10
12	10	0,1,2	27.5,30.1,32.7,35.3,37.9,40,42.6,45.2,47.8,50	—	10
13	10	0,1,2	52.5,55.1,57.7,60.3,62.9,65,67.6,70.2,72.8,75	—	10
14	10	0,1,2	77.5,80.1,82.7,85.3,87.9,90,92.6,95.2,97.8,100	—	10
15	12	3	41.2,81.5,121.8,51.2,121.5,191.8,101.2,201.5,291.8,10,20(两块)	—	12
16	6	3	101.2,200,291.5,375,451.8,490	—	6
17	6	3	201.2,400,581.5,750,901.8,990	—	6

$\qquad$量块按其制造精度分为 5 级，即 K 级、0 级、1 级、2 级和 3 级。K 级精度最高，其余依次降低，3 级最低。分级的依据是量块长度的极限偏差和长度变动量允许值。用户按量块的标称尺寸使用量块，这样必然受到量块中心长度实际偏差的影响，将制造误差带入测量结果。量块的检定精度分为 6 等，即 1 等、2 等、3 等、4 等、5 等、6 等。其中 1 等最高，其余依次降低，6 等最低。量块按"等"使用时，所依据的是量块的实际尺寸，因而按"等"使用量块时可获得更高的精度，可用较低级别的量块进行较高精度的测量。

6.3.3　量块的选择和使用

1. 量块的选择

$\qquad$低一等的量块检定必须用高一等的量块作基准。单个量块使用很不方便，一般按序列将不同标称尺寸的量块成套配置，使用时根据需要选择多个适当的量块研合起来使用。为了减小量块组合的累计误差，使用量块时，应该尽量减少使用的块数，通常组成所需尺寸的量块总数不应超过4块。选用量块时,应根据所需要的组合尺寸,从最后一位数字开始选择,每选一块量块,应使尺寸数字的位数少一位,依此类推,直到组合成完整的尺寸。按"等"使用量块,在测量上需要加入修正值,这样虽然麻烦一些,但是消除了量块制造误差的影响,可用制造精度较低的量块进行较精密的测量。例如标称长度为30 mm的0级量块,其长度的极限偏差为±0.000 20 mm,若按"级"使用,不管该量块的实际尺寸如何,按30 mm计,则引起的测量误差为±0.000 2 mm;但是若该量块经检定后确定为3等,其实际尺寸为30.000 12 mm,测量极限误差为±0.001 2 mm。显然,按"等"使用比按"级"使用测量精度高。

量块除了稳定性、耐磨性和准确性之外,还有一个重要特性——研合性。研合性是指两块量块的测量面相互接触,并在不大的压力下作一些切向相对滑动就能贴附在一起的性质。利用这一性质,把量块研合在一起,便可以组成所需要的各种尺寸。

【例 6-1】 检验尺寸 89.765 mm,请选用 83 块套的量块组合。

89.765 ·············· 所需尺寸
—) 1.005 ·············· 第一块
88.76
—) 1.26 ·············· 第二块
87.5
—) 7.5 ·············· 第三块
80 ·············· 第四块

图 6-14 检验尺寸 89.765 mm 时量块的选择

【解】 尺寸 89.765 mm 使用 83 块套的 4 块量块组合为 89.765 mm＝1.005 mm＋1.26 mm＋7.5 mm＋80 mm,具体过程如图 6-14 所示。

2. 量块的使用

量块是一种精密量具,在使用时一定要十分注意,不能划伤和碰伤表面,特别是其测量面。量块在使用过程中应注意以下几点。

(1)量块必须在使用有效期内,否则应及时送专业部门检定。

(2)量块应存放在干燥处,如存放在干燥缸内,房间湿度应不大于 25%RH。

(3)当气温高于恒温室内温度时,量块从恒温室取出后,应及时清洗干净,并涂一层薄油后存放在干燥处。

(4)使用前应清洗,洗涤液应经过化验,酸碱度应符合规定要求,清洗后应立即擦干净。

(5)使用前应对量块、仪器工作台、平台等的接触表面进行检查,清除杂质,并将接触表面擦干净。

(6)使用时必须戴上手套,不准直接用手拿量块,并避免面对量块讲话,避免量块相碰撞和跌落。

(7)使用时,应尽可能地减少摩擦。

(8)使用后,应涂防锈油或包防锈油纸,防锈油或防锈油纸应经化验,酸碱度应符合规定要求。

(9)研合时应保持动作平稳,以免测量面被量块棱角刮伤,应用推压的方法将量块研合。

6.4 游标类量具及其使用

6.4.1 游标类量具的种类与结构

游标类量具是利用游标读数原理制成的一种常用量具,主要用于在机械加工中测量工件的内外径、宽度、厚度和孔距等,具有结构简单、使用方便、测量范围大等特点。

常用的游标类量具有游标卡尺(见图 6-15(a))、游标齿厚尺(见图 6-15(b))、游标深度尺(见图 6-15(c))、游标高度尺(见图 6-15(d))、游标角度规等。其中前四种用于长度测量,最后一种用于角度测量。

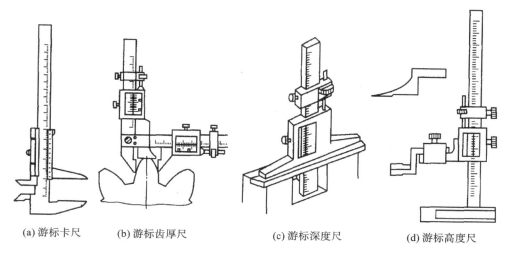

(a) 游标卡尺　　(b) 游标齿厚尺　　　　(c) 游标深度尺　　　　(d) 游标高度尺

图 6-15　常用的游标类量具

游标齿厚尺由两把互相垂直的游标卡尺组成,用于测量直齿、斜齿圆柱齿轮的固定弦齿厚;游标深度尺主要用于测量孔、槽的深度和台阶的高度;游标高度尺主要用于测量工件的高度尺寸或进行划线。

最常用的三种游标卡尺的结构和测量指标如表 6-3 所示。从表 6-3 中的结构图中可以看出,游标卡尺在结构上的共同特征是都有主尺、游标尺以及测量基准面。主尺上有毫米刻度,游标尺上的分度值有 0.10 mm、0.05 mm、0.02 mm 等 3 种。游标卡尺的主尺是一个刻有刻度的尺身,其上有固定量爪。可沿着尺身移动的部分称为尺框。尺框上有活动量爪,并装有游标和紧固螺钉。有的游标卡尺上为了调节方便还装有微动装置。在尺身上滑动尺框,可使两量爪的距离改变,以完成不同尺寸的测量工作。游标卡尺通常用来测量内外径、孔距、壁厚、沟槽及深度等。

表 6-3　最常用的三种游标卡尺的结构和测量指标

种　类	结　构　图	测量范围/mm	游标读数值/mm
三用卡尺 (Ⅰ)型	尺身　内测量爪　尺框　紧固螺钉　游标　深度尺 外测量爪	0～125 0～150	0.02 0.05

种　类	结　构　图	测量范围/mm	游标读数值/mm
双面卡尺 （Ⅱ）型		0～200 0～300	0.02 0.05
单面卡尺 （Ⅲ）型		0～200 0～300	0.02 0.05
		0～500	0.02 0.05 0.1
		0～1 000	0.05 0.10

6.4.2　游标卡尺的刻线原理和读数方法

　　游标卡尺的读数部分由尺身与游标组成。游标读数（或称为游标细分）是利用尺身刻线间距 a 与游标刻线间距 $b\left(b=\dfrac{(n-1)\times a}{n}\right)$ 之差实现的。通常尺身刻线间距 a 为 1 mm，刻线 $n-1$ 格的长度等于游标刻线 n 格的长度。常用的游标刻线格数有 $n=10$，$n=20$ 和 $n=50$ 等 3 种，相应的游标刻线间距分别为 0.90 mm，0.95 mm，0.98 mm 等 3 种。尺身刻线间距与游标刻线间距之差，即 $i=a-b$ 为游标读数值（游标卡尺的分度值），此时 i 分别为 0.10 mm、0.05 mm 和 0.02 mm。根据这一原理，在测量时，尺框沿着尺身移动，根据被测尺寸的大小，尺框停留在某一确定的位置，此时游标上的零线落在尺身的某两刻度间，游标上的某一刻线与尺身上的某一刻线对齐，由以上两点得出被测尺寸的整数部分和小数部分，将两者相加，即得测量结果。

　　为了方便读数，有的游标卡尺装有测微表头。图 6-16 所示为带表游标卡尺。它通过机械传动装置，将两测量爪的相对移动转变为指示表的回转运动，并借助尺身刻线和指示表，对两测量爪相对位移所分隔的距离进行读数。

　　图 6-17 所示为电子数显卡尺。它具有非接触性电容式测量系统，由液晶显示器显示测

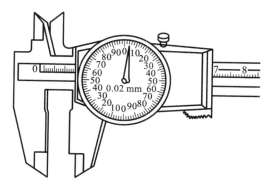

图 6-16　带表游标卡尺

量结果,具有测量方便、可靠的特点。

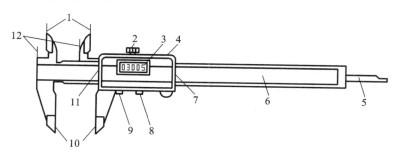

图 6-17　电子数显卡尺

1—内测量爪;2—紧固螺钉;3—液晶显示器;4—数据输出端口;5—深度尺;6—尺身;7,11—防尘板;
8—置零按钮;9—米制/英制转换按钮;10—外测量爪;12—台阶测量面

6.4.3　游标卡尺的使用注意事项

使用游标卡尺时,应注意以下事项。

(1) 使用前,应先把测量爪和被测工件表面的灰尘和油污等擦干净,以免碰伤测量爪面和影响测量精度,同时检查各部件的相互作用,如尺框和基尺装置移动是否灵活、紧固螺钉是否能起作用等。

(2) 使用前,还应检查游标卡尺零位,使游标卡尺两测量爪紧密贴合,用眼睛观察时应无明显的光隙,同时观察游标零线与尺身零线是否对准,游标的尾刻线与尺身的相应刻线是否对准。最好把测量爪闭合 3 次,观察各次读数是否一致。如果 3 次读数虽然不是零但一样,可把这一数值记下来,在测量时加以修正。

(3) 使用时,要掌握好测量爪面同被测工件表面接触时的压力,做到既不太大,也不太小,刚好使测量爪面与被测工件接触,同时测量爪还能沿着被测工件表面自由滑动。对于有微动装置的游标卡尺,应使用微动装置。

(4) 在读数时,应把游标卡尺朝有光亮的方向水平拿着,使视线尽可能地和尺上所读的刻线垂直,以免由于视线的歪斜而引起读数误差(即视差)。必要时,可用 3~5 倍的放大镜帮助读数。最好在被测工件的同一位置上多测量几次,取其平均读数,以减小读数误差。

(5) 测量外尺寸时,在读数后,切不可从被测工件上用猛力抽下游标卡尺,否则会加快测量爪面的磨损。测量内尺寸时,在读数后,要使测量爪沿着孔的中心线滑出,防止歪斜,否则将导致测量爪扭伤、变形或导致尺框走动,影响测量精度。

(6)不准用游标卡尺测量运动中的工件,否则容易使游标卡尺受到严重磨损,也容易发生事故。

(7)不准以游标卡尺代替卡钳在工件上来回拖拉,使用游标卡尺时不可用力同被测工件撞击,防止损坏游标卡尺。

(8)游标卡尺不要放在强磁场附近(如磨床的工作台上),以免游标卡尺感应磁性,影响使用。

(9)使用后,应当注意把游标卡尺平放,尤其是大尺寸的游标卡尺,否则会导致主尺弯曲变形。

(10)使用完毕之后,应将游标卡尺安放在专用盒内,注意不要把它弄脏并防止它生锈。

(11)游标卡尺受损后,不能用锤子、锉刀等工具自行修理,应交专门修理部门修理,并经检定合格后才能使用。

6.5 千分尺类量具及其使用

千分尺类量具又称为螺旋测微测量工具,它是利用螺旋副的运动原理进行测量和读数的一种测量工具,可分为外径千分尺、内径千分尺、深度千分尺、杠杆千分尺以及专用的测量螺纹中径尺寸的螺纹千分尺和测量齿轮公法线长度的公法线千分尺。

6.5.1 千分尺类量具的读数原理

通过螺旋传动,将被测尺寸转换成测微螺杆的轴向位移和微分套筒的圆周位移,并以微分套筒上的刻度对圆周位移进行计量,从而实现对螺距的放大细分。

当测微螺杆带动微分套筒转过 φ 角时,测微螺杆沿轴向位移量为 L,千分尺类量具的传动方程式为

$$L = \frac{p \times \varphi}{2\pi} \tag{6-1}$$

式中:p——测微螺杆螺距;

φ——微分套筒转角。

一般 $p = 0.5$ mm,而微分套筒的圆周刻度数为 50 等分,故每一等分所对应的分度值为 0.01 mm。读数的整数部分由固定套筒上的刻度给出,其分度值为 1 mm;读数的小数部分由微分套筒上的刻度给出。

千分尺类量具的读数原理如下。在千分尺类量具的固定套筒上刻有轴向中线,它是微分套筒读数的基准线;在轴向中线的两侧,刻有两排刻线,每排刻线间距为 1 mm,上下两排相互错开 0.5 mm;测微螺杆的螺距为 0.5 mm,微分套筒的外圆周上刻有 50 等分的刻度;当微分套筒转一周时,测微螺杆轴向移动 0.5 mm;当微分套筒只转动一格时,测微螺杆轴向移动 0.01 mm,因而 0.01 mm 就是千分尺类量具分度值。

读数时,从微分套筒的边缘向左看固定套筒上距微分筒边缘最近的刻线,从固定套筒轴向中线上侧的刻度读出整数,从轴向中线下侧的刻度读出 0.5 mm 小数,再从微分套筒上找

到与固定套筒中的轴向中线对齐的刻线,将此刻线数乘以 0.01 mm 就是小于 0.5 mm 的小数部分的读数,最后把以上几个部分相加即为测量值。

【例 6-2】　请读出图 6-18 中外径千分尺的读数。

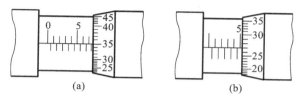

图 6-18　千分尺的读数

【解】　在图 6-18(a)中,距微分套筒最近的刻线为轴向中线下侧的刻线,表示 0.5 mm 的小数;轴向中线上侧距微分套筒最近的为 7 mm 的刻线,表示整数;微分套筒上数值为 35 的刻线对准轴向中线,所以外径千分尺的读数为(7+0.5+0.01×35) mm＝7.85 mm。

在图 6-18(b)中,距微分套筒最近的刻线为 5 mm 的刻线,而微分套筒上数值为 27 的刻线对准轴向中线,所以外径千分尺的读数为(5+0.01×27) mm＝5.27 mm。

6.5.2　外径千分尺的结构与使用

1. 外径千分尺的结构及其特点

外径千分尺由尺架、微分套筒、固定套筒、测力装置、砧座与测微螺杆(构成测量面)、锁紧装置等组成,如图 6-19 所示。外径千分尺的结构特征如下。

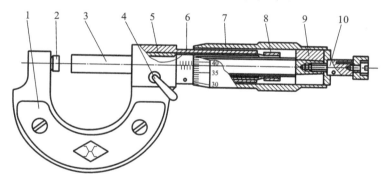

图 6-19　外径千分尺

1—尺架;2—砧座;3—测微螺杆;4—锁紧装置;5—螺纹轴套;6—固定套筒;7—微分套筒;
8—螺母;9—接头;10—测力装置

(1) 结构设计符合阿贝原则。

(2) 以测微螺杆螺距作为测量的基准量,测微螺杆和螺母的配合应精密,配合间隙应能调整。

(3) 固定套筒和微分套筒作为示数装置,通过刻度线进行读数。

(4) 有保证一定测量力的棘轮机构。

在图 6-19 中,测力装置由固定套筒用螺钉固定在螺纹轴套上,并与尺架紧密结合成一体。测微螺杆的一端为测量杆,它的中部外螺纹与螺纹轴套上的内螺纹精密配合,并可通过螺母调节配合间隙;另一端的外圆锥与接头的内圆锥相配,并通过顶端的内螺纹与测力装置连接。当此螺纹旋紧时,测力装置通过垫片紧压接头,而接头上开有轴向槽,轴向槽能沿着测微螺杆上的外圆锥胀大,使微分套筒与测微螺杆和测力装置结合在一起。当旋转测力装置时,就带动测微螺杆和微分套筒一起旋转,并沿精密螺纹的轴线方向移动,使两个测量面之间的距离发生变化。外径千分尺测微螺杆的移动量一般为 25 mm,有少数大型外径千分尺测微螺杆的移动量为 50 mm。

外径千分尺使用方便,读数准确,测量精度比游标卡尺高,在生产中使用广泛;但外径千分尺的螺纹传动间隙和传动副的磨损会影响测量精度,因此外径千分尺主要用于测量中等精度的零件。常用外径千分尺的测量范围有 0～25 mm,25～50 mm,50～75 mm 等多种,外径千分尺最大的测量范围为 2 500～3 000 mm。外径千分尺的制造精度主要由它的示值误差(主要取决于螺纹精度和刻线精度)和测量面的平行度误差决定。外径千分尺的制造精度可分为 0 级和 1 级两种,0 级精度较高。

2. 外径千分尺的使用方法

外径千分尺的使用方法如下。

(1) 使用前,必须校对外径千分尺的零位。对于测量范围为 0～25 mm 的外径千分尺,校对零位时应使两测量面接触;对于测量范围大于 25 mm 的外径千分尺,应在两测量面间安放尺寸为其测量下限的校对用的测量杆后,进行对零。如果零位不准,则按下述步骤调整。

①使用测力装置转动测微螺杆,使两测量面接触。

②锁紧微测螺杆。

③将外径千分尺专用扳手插入固定套筒的小孔内,扳转固定套筒,使固定套筒纵刻线与微分套筒上的零线对准。

④若偏离零线较大,需用螺钉旋具将固定套筒上的紧固螺钉松脱,并使测微螺杆与微分套筒松动,转动微分套筒,进行粗调,然后锁紧紧固螺钉,再按上述步骤③进行微调并对准。

⑤调整零位,必须使微分套筒的棱边与固定套筒上的零线重合,同时要使微分套筒上的零线对准固定套筒上的纵刻线。

(2) 使用时,应手握隔热装量。如果手直接握住尺架,会使外径千分尺和被测工件温度不一致,而增大测量误差。

(3) 测量时,要使用测力装置,不要直接转动微分套筒使测量面与被测工件接触。应先用手转动微分套筒,待测微螺杆的测量面接近被测工件表面时,再使用测力装置,使测微螺杆的测量面接触被测工件,听到 2～3 声"咔咔"声后即停止转动,此时已得到合适的测量力,可读取数值。不可用手猛力转动微分套筒,以免使测量力过大而影响测量精度和损坏螺纹传动副。

(4) 测量时,外径千分尺测量轴线应与工件被测长度方向一致,不要斜着测量。

(5) 外径千分尺测量面与被测工件相接触时,要考虑工件被测表面的几何形状,以减小测量误差。

(6) 在加工过程中测量工件时,应在静态下进行测量。不要在被测工件转动或加工时测量,否则容易使外径千分尺测量面磨损,使测微螺杆弯曲甚至被折断。

(7) 按被测尺寸调整外径千分尺时,要慢慢地转动微分套筒或测力装置,不要握住微分套筒挥动或摇转尺架,以免使测微螺杆变形。

6.5.3　内径千分尺的结构与使用

图 6-20(a)所示为内径千分尺的结构样式。内径千分尺可以用来测量 50 mm 以上的实体内部尺寸,其读数范围为 50～63 mm;也可用来测量槽宽和两个内端面之间的距离。内径千分尺附有成套接长杆,如图 6-20(b)所示,必要时可以通过连接接长杆来扩大其量程。连接时去掉保护螺帽,把接长杆右端与内径千分尺左端旋合。可以连接多个接长杆,直到满足需要。

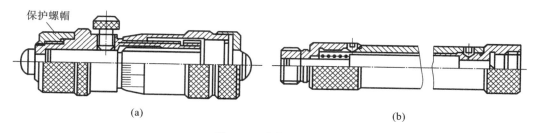

保护螺帽

(a)　　　　　　　　　　　　　　　(b)

图 6-20　内径千分尺

使用内径千分尺时的注意事项如下。

(1) 使用前,应用调整量具(校对卡规)校对微分头零位,若不正确,应进行调整。

(2) 选取接长杆时,应尽可能选取数量最少的接长杆来组成所需的尺寸,以减小累积误差。

(3) 连接接长杆时,应按尺寸大小排列。尺寸最大的接长杆应与微分头连接,这样可以减少弯曲,减小测量误差。

(4) 接长后的大尺寸内径千分尺,测量时应支承在距两端距离为全长的 0.211 处,以使其变形量为最小。

(5) 当使用测量下限为 75 mm(或 150 mm)的内径千分尺时,被测量面的曲率半径不得小于 25 mm(或 60 mm),否则可能导致内径千分尺的测头球面边缘接触被测工件,造成测量误差。

6.5.4　深度千分尺的结构与使用

深度千分尺如图 6-21 所示。与外径千分尺相比较,深度千分尺多了一个基座而没有尺架。深度千分尺主要用来测量孔和沟槽的深度及两平面间的距离。深度千分尺测微螺杆的下面连接着可换测量杆,以增加量程。可换测量杆有 4 种尺寸规格,深度千分尺加可换测量杆后的测量范围分别为 0～25 mm,25～50 mm,50～75 mm,75～100 mm。深度千分尺测量工件的最高公差等级为 IT10 级。

使用深度千分尺时的注意事项如下。

(1) 测量前,应将基座的测量面和被测工件表面擦干净,并去除毛刺,工件被测表面应具有较

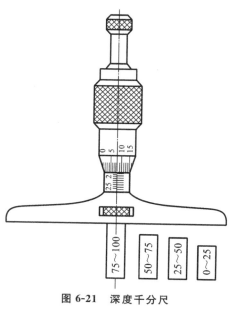

图 6-21　深度千分尺

小的表面粗糙度。

（2）应经常校对零位是否正确,零位的校对可采用两块尺寸相同的量块进行。

（3）在每次更换可换测量杆后,必须用调整量具校正其示值,如果无调整量具,可用量块校正。

（4）测量时,应使基座的测量面与工件被测表面保持紧密接触。可换测量杆中心轴线与被测工件的测量表面保持垂直。

（5）用完之后,放在专用盒内保存。

6.5.5　杠杆千分尺的结构与使用

1. 杠杆千分尺的结构与特点

杠杆千分尺（见图 6-22）是一种带有精密杠杆齿轮传动机构的指示式测微量具。它的用途与外径千分尺相同,但因能进行相对测量,故测量效率较高,适用于较大批量、精度较高的中、小零件测量。

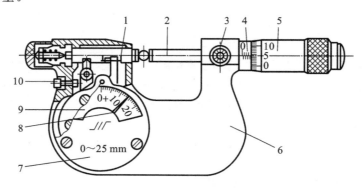

图 6-22　杠杆千分尺

1—测砧;2—测微螺杆;3—锁紧装置;4—固定轴套;5—微分套筒;6—尺架;7—盖板;8—指针;9—刻度盘;10—按钮

杠杆千分尺的结构与外径千分尺相似,只是尺架的刚性比外径千分尺尺架好,可以较好地保证测量精度和测量的稳定性。杠杆千分尺的测砧可以微动调节,并与一套杠杆测微机构相连。被测尺寸的微小变化,可引起测砧的微小位移,此微小位移带动与之相连的杠杆偏转,从而在刻度盘中将微小位移显示出来。

杠杆千分尺的量程有 0～25 mm,25～50 mm,50～75 mm,75～100 mm 等 4 种。杠杆千分尺螺旋读数装置的分度值是 0.001 mm;而杠杆齿轮传动机构的表盘分度值有 0.001 mm 和 0.002 mm 等 2 种,刻度盘的示值范围为 ±0.02 mm。杠杆千分尺的测量精度比外径千分尺高。若使用标准量块辅助做相对测量,还可进一步提高杠杆千分尺的测量精度。分度值为 0.001 mm 的杠杆千分尺可测量的尺寸公差等级为 IT6 级,分度值为 0.002 mm 的杠杆千分尺可测量的尺寸公差等级为 IT7 级。

2. 杠杆千分尺的使用注意事项

（1）使用前应校对杠杆千分尺的零位。首先校对微分套筒零位和刻度盘零位。0～25 mm 杠杆千分尺可使两测量面接触,直接进行校对;25 mm 以上的杠杆千分尺用 0 级调整量棒或 1 级量块来校对零位。

刻度盘可调整式杠杆千分尺零位的调整,先使微分套筒对准零位,如果此时刻度盘上的指针不对准零位,只需要转动刻度盘调整螺钉至指针对准零线即可。

刻度盘固定式杠杆千分尺零位的调整,需要先调整刻度盘指针零位,此时若微分套筒上零位不准,应按通常千分尺调整零位的方法进行调整,即将微分套筒后盖打开,紧固止动器,松开微分套筒后,将微分套筒对准零线,再紧固后盖,直至零位稳定。在进行上述零位调整时,均应多次拨动拨叉,且示值必须稳定。

(2) 直接测量时,将被测工件正确置于两测量面之间,调节微分套筒使指针有适当示值,并应拨动拨叉几次,示值必须稳定。此时,微分套筒的读数加上刻度盘上的读数,即为被测工件的实测尺寸。

(3) 相对测量时,可以量块为标准调整杠杆千分尺,使指针指向零位,然后紧固微分套筒,在刻度盘上读数。相对测量可提高测量精度。

(4) 成批测量时,应按工件被测尺寸用量块组调整杠杆千分尺示值,然后根据被测工件公差,转动公差带指标调节螺钉,调节公差带。

测量时只需观察指针是否在公差带范围内,即可确定被测工件是否合格,这种测量方法不但精度高,而且效率高。

(5) 使用后,放入专用盒内保存。

6.6 机械式测量仪表及其使用

游标卡尺和千分尺虽然结构简单,使用方便,但由于示值范围较大及受机械加工精度的限制,测量准确度不易提高。

机械式测量仪表借助杠杆、齿轮、齿条或扭簧的传动,将测量杆的微小直线位移经传动和放大机构转变为表盘上指针的角位移,从而指示出相应的数值。机械式测量仪表又称指示式测量仪表。

机械式测量仪表主要用于相对测量,可单独使用,也可将它安装在其他仪器中作测微表头使用。机械式测量仪表的示值范围较小,示值范围最大的(如百分表)不超出 10 mm,最小的(如扭簧比较仪)只有 ± 0.015 mm,示值误差在 $\pm(0.01 \sim 0.000\,1)$ mm 范围内。此外,机械式测量仪表都有体积小、质量轻、结构简单、造价低等特点,不需要附加电源、光源、气源等,也比较坚固耐用。因此,机械式测量仪表的应用十分广泛。

按传动方式的不同,机械式测量仪表可以分为以下 4 类。

(1) 杠杆式传动测量仪表:如刀口式测微仪等。

(2) 齿轮式传动测量仪表:如百分表等。

(3) 扭簧式传动测量仪表:如扭簧比较仪等。

(4) 杠杆式齿轮传动测量仪表:如杠杆齿轮比较仪、杠杆卡规、杠杆千分尺、杠杆百分表和内径百分表等。

6.6.1 百分表的结构与使用

1. 百分表的结构

百分表是一种应用最广的机械式测量仪表,它的外形及传动原理如图 6-23 所示。从图 6-23(b) 中可以看到,当切有齿条的测量杆 5 上下移动时,带动与齿条相啮合的小齿轮 1

转动,此时与小齿轮固定在同一轴的大齿轮 2 也跟着转动。通过大齿轮 2 即可带动中间齿轮 3 转动及与中间齿轮固定在同一轴上的指针 6 偏转。这样通过齿轮传动系统就可将测量杆的微小位移放大变为指针的偏转,并由指针在刻度盘上指出相应的数值。

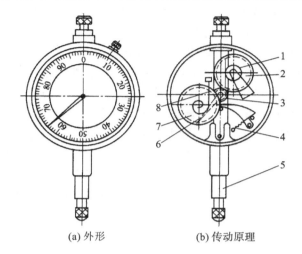

(a) 外形   (b) 传动原理

图 6-23　百分表的外形和传动原理

1—小齿轮;2,7—大齿轮;3—中间齿轮;4—弹簧;5—测量杆;6—指针;8—游丝

为了消除由齿轮传动系统中齿侧间隙引起的测量误差,在百分表内装有游丝 8,由游丝 8 产生的扭矩作用在大齿轮 7 上,大齿轮 7 也和中间齿轮 3 啮合,这样可以保证齿轮在正反转时都在齿的同一侧面啮合,因而消除了齿侧间隙的影响。大齿轮 7 的轴上装有小指针,以显示大指针的转数。

百分表体积小、结构紧凑、读数方便、测量范围大、用途广,但齿轮的传动间隙和齿轮的磨损及齿轮本身的误差会产生测量误差,影响测量精度。百分表的示值范围通常有 0～3 mm,0～5 mm 和 0～100 mm 等 3 种。

百分表的测量杆移动 1 mm,通过齿轮传动系统,使大指针沿着刻度盘转过一圈。刻度盘沿圆周刻有 100 个刻度,当指针转过一格时,表示所测量的尺寸变化 1 mm/100 = 0.01 mm,所以百分表的分度值为 0.01 mm。

2. 百分表的使用

测量前应该检查刻度盘玻璃是否破裂或脱落,测量头、测量杆、套筒等是否有碰伤或锈蚀,指针有无松动现象,指针的转动是否平稳等。

测量时应使测量杆与工件被测表面垂直。测量圆柱的直径时,测量杆的中心线要通过被测量圆柱的轴线。测量头开始与被测表面接触时,为保持一定的初始测量力,应该使测量杆压缩 0.3～1 mm,以免当偏差为负时得不到测量数据。

测量时应轻提测量杆,移动被测工件至测量头的下面(或将测量头移至被测工件上),再缓慢放下测量杆使其与被测表面接触。不能急于放下测量杆,否则易造成测量误差。不准将被测工件强行推至测量头下,以免损坏百分表。

使用百分表座及专用夹具,可对长度尺寸进行相对测量。测量前先用标准件或量块校对百分表和转动表圈,使刻度盘的零线对准指针,然后测量工件,从刻度盘中读出被测工件尺寸相对标准件或量块的偏差,从而确定被测工件尺寸。

使用百分表及相应附件还可测量工件的直线度误差、平面度误差及平行度误差等,以及在机床上或者其他专用装置上测量工件的各种跳动误差等。

3. 百分表的使用注意事项

(1)测量头移动要轻缓,距离不要太大,测量杆与被测表面的相对位置要正确,提压测量杆的次数不要过多,距离不要过大,以免损坏机件及加剧零件磨损。

(2)测量时不能超量程使用,以免损坏百分表内部零件。

(3)应避免剧烈振动和碰撞,不要使测量头突然撞击在被测表面上,以防测量杆弯曲变形,更不能敲打百分表的任何部位。

(4)表架要放稳,以免百分表落地摔坏。使用磁性表座时,要注意表座的旋钮位置。

(5)表体不得猛烈振动,被测表面不能太粗糙,以免齿轮等运动部件损坏。

(6)严防水、油、灰尘等进入表内,不要随便拆卸表的后盖。百分表使用完毕,要擦净放回盒内,使测量杆处于自由状态,以免表内弹簧失效。

6.6.2 内径百分表的结构与使用

内径百分表由百分表和专用表架组成,用于测量孔的直径和孔的形状误差,特别适用于深孔的测量。

内径百分表如图 6-24 所示。百分表的测量杆与传动杆始终接触,弹簧是用来控制测量力的,并经过传动杆、杠杆向外顶住活动测量头。测量时,活动测量头的移动使杠杆回转,通过传动杆推动百分表的测量杆,使百分表指针回转。由于杠杆是等臂的,百分表测量杆、传动杆及活动测量头三者的移动量是相同的,所以活动测量头的移动量可以在百分表上读出来。

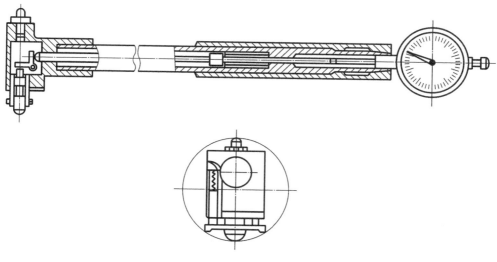

图 6-24 内径百分表

使用内径百分表时的注意事项如下。

(1)测量前必须根据被测工件尺寸,选用相应尺寸的测量头,将其安装在内径百分表中。

(2)使用前应调整百分表的零位。根据被测工件尺寸,选择相应精度的标准环规、量块和量块附件的组合体来调整内径百分表的零位。调整时表针应压缩 1 mm 左右,表针指向正上方为宜。

（3）在调整及测量中，内径百分表的测量头应与标准环规及被测孔径的轴线垂直，即在径向上找最大值、在轴向上找最小值。

（4）测量槽宽时，在径向及轴向上均找最小值。

（5）用具有定心器的内径百分表测量内孔时，只需要将其按内孔的轴线方向来回摆动，其最小值即为孔的直径。

6.6.3 杠杆百分表的结构与使用

杠杆百分表又称靠表，是把杠杆测量头的位移（杠杆的摆动），通过机械传动系统转变为指针在刻度盘上的偏转。杠杆百分表刻度盘圆周上有均匀的刻度，分度值为 0.01 mm，示值范围一般为±0.4 mm。

杠杆百分表的外形和传动原理如图 6-25 所示。它主要由杠杆齿轮传动机构组成。杠杆测量头发生位移时，带动扇形齿轮绕其轴摆动，使与其啮合的齿轮转动，从而带动与齿轮同轴的指针偏转。当杠杆测量头的位移为 0.01 mm 时，杠杆齿轮传动机构使指针正好偏转一格。

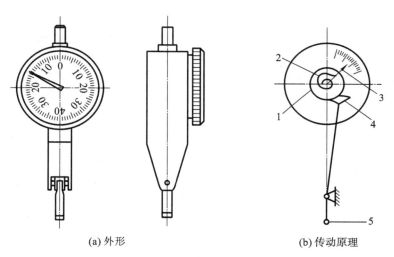

(a) 外形　　　　　　　　(b) 传动原理

图 6-25　杠杆百分表的外形和传动原理

1—齿轮；2—游丝；3—指针；4—扇形齿轮；5—杠杆测量头

杠杆百分表体积较小，杠杆测量头的位移方向可以改变，因而在校正工件和测量工件时都很方便。尤其是对小孔的测量和在机床上校正工件时，由于空间限制，百分表放不进去或测量杆无法垂直于工件被测表面，使用杠杆百分表十分方便。

若无法使测量杆的轴线垂直工件被测表面，测量结果按下式修正。

$$A = B\cos\alpha \tag{6-2}$$

式中：A——正确的测量结果；

　　　B——测量读数；

　　　α——测量线与工件被测表面的夹角。

6.6.4   其他机械式测量仪表简介

1．千分表

千分表(见图 6-26)的用途、结构形式和工作原理与百分表相似,只是千分表的传动机构中齿轮传动的级数要比百分表多,因而千分表的放大比更大,分度值更小,测量精度更高,可用于较高精度的测量。千分表的分度值为 0.001 mm,示值范围为 0～1 mm。千分表的示值误差在工作行程范围内不大于 5 μm,在任意 0.2 mm 范围内不大于 3 μm,示值变化不大于 0.3 μm。

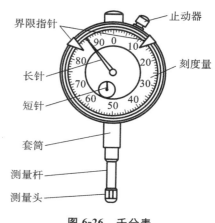

图 6-26   千分表

2．杠杆齿轮比较仪

杠杆齿轮比较仪将测量杆的直线位移通过杠杆齿轮传动机构变为指针在刻度盘盘上的角位移。杠杆齿轮比较仪的刻度盘盘上有不满一周的均匀刻度。图 6-27 所示为杠杆齿轮比较仪的外形和传动原理。

测量杆移动,使杠杆绕轴转动,并通过杠杆短臂(R_4)和长臂(R_3)将位移放大,同时扇形齿轮带动与其啮合的小齿轮转动,这时小齿轮分度圆半径(R_2)与指针长度(R_1)又起放大作用,使指针在刻度盘上指示出测量杆的位移值。

3．扭簧比较仪

扭簧比较仪利用扭簧作为传动放大机构,将测量杆的直线位移转变为指针的角位移。图 6-28 所示为它的外形与传动原理。

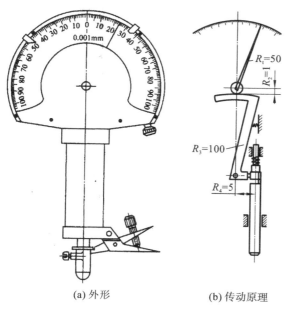

(a) 外形 　　(b) 传动原理

图 6-27   杠杆齿轮比较仪的外形和传动原理

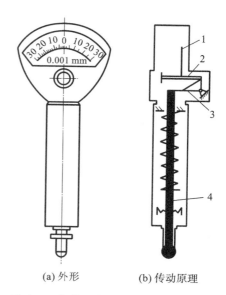

(a) 外形 　　(b) 传动原理

图 6-28   扭簧比较仪的外形和传动原理

1—指针;2—灵敏弹簧片;3—弹性杠杆;4—测量杆

灵敏弹簧片 2 是截面为长方形的扭曲金属带,一半向左、一半向右扭曲成麻花状,它的一端固定在可调整的弓形架上,另一端固定在弹性杠杆 3 上。当测量杆 4 有微小升降位移时,弹性杠杆 3 动作,拉动灵敏弹簧片 2,从而使固定在灵敏弹簧片 2 中部的指针 1 偏转一个角度,偏转角度的大小与灵敏弹簧片的伸长量成比例,从而在刻度盘上指示出相应的测量杆位移值。

扭簧比较仪结构简单,内部没有相互摩擦的零件,由此灵敏度极高,可用于精密测量。

6.7 角度量具及其使用

6.7.1 万能角度尺

万能角度尺是用来测量工件 0°～320°内外角度的量具。它按最小刻度(即分度值)可分为 2′和 5′两种,按尺身的形状可分为圆形和扇形两种。本书以最小刻度为 2′的扇形万能角度尺为例介绍万能角度尺的结构、刻线原理、读数方法和测量范围。

2′扇形万能角度尺的结构如图 6-29 所示。2′扇形万能角度尺由尺身、角尺、游标、制动器、扇形板、基尺、直尺、夹块(卡块)、捏手、小齿轮和扇形齿轮等组成。游标固定在扇形板上,基尺和尺身连成一体。扇形板可以与尺身作相对回转运动,形成和游标卡尺相似的读数机构。角尺用夹块固定在扇形板上,直尺又用夹块固定在角尺上。根据所测角度的需要,也可拆下角尺,将直尺直接固定在扇形板上。制动器可将扇形板和尺身锁紧,便于读数。

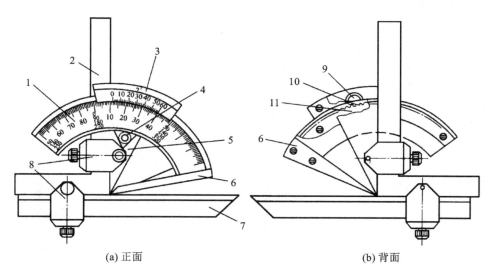

(a) 正面   (b) 背面

图 6-29 2′扇形万能角度尺的结构

1—尺身;2—角尺;3—游标;4—制动器;5—扇形板;6—基尺;7—直尺;8—夹块;9—捏手;10—小齿轮;11—扇形齿轮

测量时,可转动 2′扇形万能角度尺背面的捏手,通过小齿轮驱动扇形齿轮,使尺身相对扇形板产生转动,从而改变基尺与角尺或直尺间的夹角,满足各种不同情况测量的需要。

6.7.2　正弦规

正弦规是测量锥度的常用量具。使用正弦规检测圆锥体的锥角 α 时,如图 6-30 所示,应先计算出量块组的高度尺寸,计算公式为

$$H = L \times \sin\alpha \qquad (6\text{-}3)$$

如果被测角正好等于锥角,则指针在 a、b 两点指示值相同。

如果被测角有误差 ΔK,则 a、b 两点必有差值 n。n 与被测长度 L 的比即为锥度误差,即

$$\Delta K = \frac{n}{L} \qquad (6\text{-}4)$$

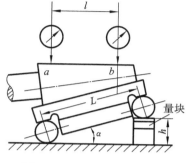

图 6-30　用正弦规测量锥角

6.7.3　水平仪

1.水平仪的用途与类型

水平仪是测量被测平面相对水平面微小倾角的一种计量仪器。在机械制造中,水平仪常用来检测工件表面或设备安装的水平情况,如检测机床、仪器的底座、工作台面及机床导轨等的水平情况。水平仪还可以用来检测导轨、平尺、平板等的直线度误差和平面度误差,以及两工作面的平行度误差和工作面相对于水平面的垂直度误差等。

水平仪按工作原理可分为水准式水平仪和电子水平仪两类。水准式水平仪又有条式水平仪、框式水平仪和合像水平仪三种。水准式水平仪目前使用较为广泛。

2.水准式水平仪的结构与规格

水准式水平仪的主要工作部分是管状水准器。管状水准器是一个密封的玻璃管,其内表面的纵剖面是一曲率半径很大的圆弧面。管状水准器内装有精馏乙醚或精馏乙醇,但未注满,形成一个气泡。管状水准器的外表面刻有刻度,不管管状水准器的位置处于何种状态,气泡总是趋向于管状水准器圆弧面的最高位置。当管状水准器处于水平位置时,气泡位于中央。当管状水准器相对于水平面倾斜时,气泡就偏向高的一侧,倾斜程度可以从管状水准器外表面上的刻度读出,如图 6-31 所示,经过简单的换算,就可得到被测表面相对水平面的倾角。

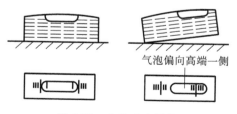

气泡偏向高端一侧

图 6-31　水准式水平仪

1）条式水平仪

条式水平仪如图 6-32 所示。它由主体、盖板、水准器和调零装置组成。条式水平仪在测量面上刻有 V 形槽,以便放在圆柱形的被测表面上测量。图 6-32(a)所示条式水平仪的调零装置在一端;而图 6-32(b)所示条式水平仪的调零装置在条式水平仪的上表面,因而使

用更为方便。条式水平仪工作面的长度有 200 mm 和 300 mm 两种。

2) 框式水平仪

框式水平仪如图 6-33 所示。它由横水准器、主体把手、主水准器、盖板和调零装置组成。它与条式水平仪的不同之处在于：条式水平仪的主体为条形，而框式水平仪的主体为框形。框式水平仪除有安装水准器的下测量面外，还有一个与下测量面垂直的侧测量面，因此框式水平仪不仅能测量工件的水平表面，还可用它的侧测量面与工件的被测表面相靠，检测工件被测表面对水平面的垂直度。框式水平仪的框架规格有 150 mm×150 mm，200 mm×200 mm，250 mm×250 mm，300 mm×300 mm 等 4 种，其中 200 mm×200 mm 较为常用。

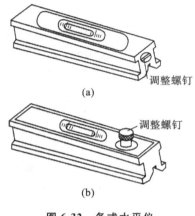

图 6-32　条式水平仪

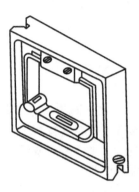

图 6-33　框式水平仪

3) 合像水平仪

合像水平仪主要用于测量平面和圆柱面对水平面的倾斜度，以及机床与光学机械仪器的导轨或机座等的平面度、直线度和设备安装位置的正确度等。它的工作原理是利用棱镜将水准器中的气泡影像放大来提高读数的瞄准精度，利用杠杆、微动螺杆等传动机构进行读数。合像水平仪的结构如图 6-34 所示。合像水平仪的水准器安装在杠杆架的底板上，它的位置可用微动旋钮通过测微螺杆与杠杆系统进行调整。水准器内的气泡经两个不同位置的棱镜反射至观察窗放大（分成两个半合像）。当水准器不在水平位置时，气泡 A、B 两半不对齐；当水准器在水平位置时，气泡 A、B 两半对齐，如图 6-34(c)所示。

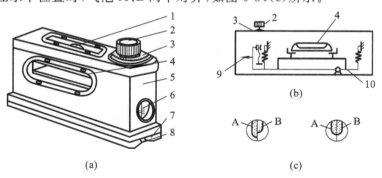

图 6-34　合像水平仪的结构

1—观察窗；2—微动旋钮；3—微分盘；4—水准器；5—壳体；6—毫米/米刻度；
7—底面工作面；8—V 形工作面；9—指针；10—杠杆

合像水平仪主要用于精密机械制造中。它最大的特点是使用范围广,测量精度较高,读数方便、准确。

3. 水准式水平仪的使用注意事项

(1)使用前工作面要清洗干净。

(2)湿度变化对水准器的位置影响很大,所以水准式水平仪必须隔离热源。

(3)测量时旋转微分盘要平稳,必须等 A、B 两气泡完全对齐后方可读数。

6.8　其他计量仪器简介

除了上述计量仪器外,利用光学原理制成的光学式测量仪表的应用也比较广泛,如用于长度测量的光学计、测长仪等。光学计是利用光学杠杆放大作用将测量杆的直线位移转换为反射镜的偏转,使反射光线也发生偏转,从而得到标尺影像的一种光学式测量仪表。

6.8.1　立式光学计

立式光学计主要利用将量块与零件相比较的方法来测量零件外形的微差尺寸,是测量精密零件的常用测量器具。

1. LG-1 型立式光学计的主要技术参数

(1)总放大倍数:约 1 000 倍。

(2)分度值:0.001 mm。

(3)示值范围:±0.1 mm。

(4)测量范围:最大长度 180 mm。

(5)仪器的最大不确定度:±0.000 25 mm。

(6)示值稳定性:0.000 1 mm。

(7)测量的最大不确定度:±$(0.5+L/100)$ μm(L 为测量长度)。

2. 立式光学计的工作原理

立式光学计利用光学杠杆的放大原理,将微小的位移转换为光学影像的移动。

3. 立式光学计的结构

立式光学计的外形和结构如图 6-35 所示。它主要由以下几个部分组成。

(1)光管:测量读数的主要部件。

(2)零位调整手轮:可对零位进行微调整。

(3)测帽:根据被测工件形状,选择不同的测帽套在测量杆上。测帽的选择原则为测帽与被测工件的接触面积最小。

(4)工作台:对不同形状的被测工件,应选用尺寸不同的工作台。工作台的选择原则与测帽的选择原则基本相同。

4. 立式光学计的使用方法

(1)粗调。将立式光学计放在平稳的工作台上,将光学计管安装在横臂的适当位置。

(2)测帽选择。测量时被测工件与测帽间的接触面积应最小,即近似于点或线接触。

(3)工作台校正。工作台校正的目的是使工作面与测帽平面保持平行。一般是将与被

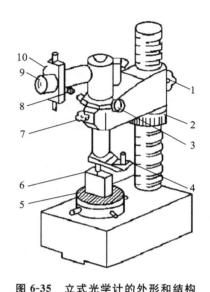

图 6-35 立式光学计的外形和结构
1—悬臂锁紧装置;2—升降螺母;3—光管细调手轮;
4——拨叉;5——工作台;6——被测工件;
7—光管锁紧螺母;8—测微螺母;9—目镜;
10—反光镜

测工件尺寸相同的量块放在测帽边缘的不同位置,若读数相同,则说明平行,否则可调工作台旁边的 4 个调整螺钉。

(4)调零。将选用的量块组放在一个清洁的平台上,转动粗调节环使横臂下降至测量头刚好接触量块组,将横臂固定在立柱上。松开横臂前端的锁紧螺钉,调整光管与横臂的相对位置,当从光管的目镜中看到零线与指示虚线基本重合后,固定光管。调整光管零位调整手轮,使零线与指示虚线完全对齐。拨动提升器几次,若零位稳定,则立式光学计可进行工作。

5. 立式光学计的保养

(1)使用立式光学计应注意保持清洁,不用时宜用罩子套上以防尘。

(2)使用完毕后必须将工作台、测量头以及其他金属表面用航空汽油清洗、拭干,再涂上无酸凡士林。

(3)光管内部构造比较复杂、精密,不宜随意拆卸,出现故障应送专业修理部门修理。

(4)光学部件避免用手指碰触,以免影响成像质量。

6.8.2 万能测长仪

万能测长仪是由精密机械、光学系统和电气部分构成的长度测量仪器。它可用来对工件的外形尺寸进行直接测量和比较测量,也可以使用其附件进行各种特殊测量工作。

1. 万能测长仪的主要技术参数

(1)分度值:0.001 mm。

(2)测量范围。

万能测长仪的测量范围包括以下几个方面。

①直接测量:0~100 mm。

②外尺寸测量:0~500 mm。

③内尺寸测量:10~200 mm。

④电眼装置测量:1~20 mm。

⑤外螺纹中径测量:0~180 mm。

⑥内螺纹中径测量:10~200 mm。

(3)万能测长仪的误差。

万能测长仪的误差包括以下几个方面。

①测外尺寸:$\pm(0.5+L/100)$ μm(L 为测量长度)。

②测内尺寸:$\pm(2+L/100)$ μm(L 为测量长度)。

2. 万能测长仪的测量原理

万能测长仪是按照阿贝原则设计制造的,测量精度较高。在万能测长仪上进行测量,是直接把被测工件与精密玻璃刻度尺做比较,然后利用补偿式读数显微镜观察玻璃刻度尺进行读数。玻璃刻度尺被固定在被测工件上,由于在纵向轴线上,所以玻璃刻度尺在纵向上的移动量完全与被测工件的长度一致,而此移动量可在显微镜中读出。

3. 万能测长仪的结构

卧式万能测长仪如图 6-36 所示。它主要由底座、万能工作台、测量座、手轮、尾座和各种测量附件等组成。

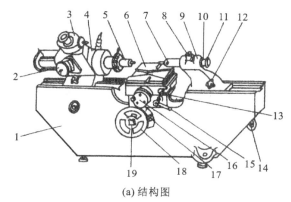

(a) 结构图

(b) 实物图

图 6-36　卧式万能测长仪

1—底座;2,11—微动手轮;3—读数显微镜;4—测量座;5—测量轴;6—万能工作台;7—微调螺钉;
8—尾管紧固手柄;9—尾座;10—尾管;12—尾座紧固手柄;13—工作台转动手柄;14—平衡手轮;15—工作台摆动手柄;
16—微分筒;17—限位螺钉;18—工作台升降手柄;19—锁紧螺钉

底座的头部和尾部分别安装着测量座和尾座,它们可在导轨上沿测量轴线方向移动。在底座的中部安装着万能工作台,通过底座尾部的平衡装置,可使万能工作台连同被测工件一起轻松地升降。平衡装置通过尾座下方的尾座紧固手柄使弹簧产生不同的伸长量和拉力,再通过杠杆机构和工作台升降机构连接,以与万能工作台的重量相平衡。

2′扇形万能工作台有 5 个自由度:中间手轮调整万能工作台的升降运动,范围为 $0\sim105$ mm,并可在刻度盘上读出升降值;旋转前端微分筒,可使万能工作台产生 $0\sim25$ mm 的横向移动;扳动侧面两手柄,可使万能工作台产生 $\pm3°$ 的倾斜运动或使万能工作台绕其垂直轴线旋转 $\pm4°$;在测量轴线方向上,万能工作台可自由移动 ±5 mm。

测量座是测量过程中感应尺寸变化并进行读数的重要部件,主要由测量杆、读数显微镜、照明装置及微动装置组成。它可以通过滑座在底座的导轨上滑动,并能用手轮在任何位置上固定。测量座的壳体用内六角螺钉与滑座紧固成一体。

尾座放在底座右侧的导轨面上,它可以用手柄固定在任意位置上。尾管装在尾管的相应孔中,并能用手柄固定,旋转尾管后面的微动手轮,可使尾座测量头沿轴向微动。测量头上可以装置各种测帽,通过螺钉调节,可使测量头上的测帽平面与测量座上的测帽平面平行,尾座上的测量头是测量中的一个固定测量点。

测量附件主要包括内尺寸测量附件、内螺纹测量附件和电眼装置等 3 类。

4. 万能测长仪的使用

卧式万能测长仪可测量两平行平面间的长度、圆柱体的直径、球体的直径、内尺寸长度、外螺纹中径和内螺纹中径等。万能测长仪能测量的工件类型较多,测量方法各不相同。使用万能测长仪进行测量的基本步骤为选择并装调测量头、安放被测工件、校正零位、寻找被测工件的最佳测量点、测量读数。在具体操作万能测长仪前需仔细阅读使用说明书。

5. 万能测长仪的维护和保养

(1) 仪器室不得有灰尘、振动及各种腐蚀性气体。

(2) 室温应维持在 20 ℃左右,相对湿度最好不超过 60%RH,以防止光学部件产生霉斑。

(3) 每次使用完毕后,必须用汽油清洗万能工作台、测帽以及其他附属设备的表面,并涂上无酸凡士林,盖上仪器罩。

6.8.3 表面粗糙度测量仪

1. JJI-22A 型表面粗糙度测量仪

JJI-22A 型表面粗糙度测量仪主要用于测量表面粗糙度和不同型面的粗糙度,结构简单小巧,灵敏度高。它采用计算机进行信号处理,测量精度高,测量人员只需按动一个测量键即可进行测量,仪器自动显示测量结果。

1) 主要技术指标

(1) 传感器种类:压电式传感器。

(2) 触针:圆弧半径为(10 ± 2.5) μm,材料为金刚石。

(3) 驱动器移动长度:15 mm。

(4) 测量长度:4～12.5 mm。

(5) 移动速度:3.2 mm/s。

(6) 测量范围:Ra 0.1～3.2 μm,Rz 0.5～30 μm,Ry 0.5～30 μm。

(7) 仪器误差:±15%。

(8) 可测工件尺寸:长度,>15 mm;内孔直径,>10 mm。

2) 工作原理

驱动器带动压电式传感器在工件被测表面移动进行采样。信号经放大器及计算机进行处理,通过显示屏同时读出被测表面的 Ra、Rz 实测值。

3) 仪器使用

仪器使用的基本步骤如下。

(1) 安装仪器。

(2) 校准仪器放大倍数。

(3) 安放被测工件。

(4) 采集数据。

(5) 处理数据。

4) 维护与保养

(1) 被测表面温度不得高于 40 ℃,且不得有水、油、灰尘、切屑、纤维及其他污物。

(2) 使用现场不得有振动,仪器不能跌撞。

(3) 传感器在使用中避免撞击触尖,触尖不能用酒精清洗,必要时只能用无水汽油清洗。

(4) 随仪器附带的多刻线样板如有严重划伤,应及时更换,否则会造成校准的误差增大。

2. 德国霍米尔 T1000 小粗糙度仪

德国霍米尔 T1000 小粗糙度仪及其附件如图 6-37 所示。它是面向 21 世纪的小型粗糙度轮廓仪。

(a) 德国霍米尔T1000小粗糙度仪　　(b) 附件（一）　　(c) 附件（二）

图 6-37　德国霍米尔 T1000 小粗糙度仪及其附件

1）主要技术指标

（1）德国霍米尔 T1000"世纪星"小粗糙度仪的主要技术指标如下。

①测量精度：3%。

②粗糙度参数：$Ra,Rz,Rmax,Rt,Rpc,Rp,Rpm,Rq,R3z,Rsm,Rmr$。

③珩磨网纹粗糙度参数：$Rk,Rpk,Rvk,Mr1,Mr2$。

④选用参数（波纹度参数）：Wa,Wz,Wt,Wpc,Wsm。

⑤选用参数（原始轮廓参数）：Pa,Pz,P_{max},Pt,Ppc。

⑥测量长度：16 mm/20 mm。

⑦垂直量程：160 μm/640 μm。

⑧分辨率：0.001 μm。

⑨内置微型打印机，可配 Windows 2000 版测量分析软件。

⑩有标准圆弧面、小孔、深槽等各种测量头。

（2）德国霍米尔 T1000 BASIC"世纪星"小粗糙度仪的主要技术指标如下。

①测量精度：3%。

②系统总的允许误差：德国标准 DIN4772，一级（5%）。

③传感器：触针位置显示为±120 μm，显示分辨率为 0.001 μm，测量分辨率为 0.01 μm。

④测量范围：Ra，0.01～25 μm；Rz，0.05～62.5 μm；$Rmax$ 和 $Rt(Ry)$，0.05～80 μm。

⑤测量头：可以转 90°，横向扫描，可测量曲轴和凸轮轴的轴颈、曲柄的表面粗糙度。

⑥ISO 4287 国际标准/DIN 德国标准：$Ra,Rz(Rz4,Rz3,Rz2,Rz1),Rmax,Rt,Rz$-ISO，$Rpc,Rp,Rpm,Rq,R3z,Rsm,Rmr(c)$。

⑦珩磨表面参数（ISO 13565）：$Rk,Rpk,Rvk,Mr1,Mr2$。

⑧日本标准（JIS-B 0601）：Rz-JIS，$Rmax$-JIS。

⑨法国标准（ISO 12085）：$R,Rx,AR,Pdc(CR,CL,CF)$。

⑩轮廓记录和输出：R 粗糙度轮廓，Rk 轮廓，材料支承率 tp 曲线。

⑪超大液晶显示屏 240×160 点阵显示：真实轮廓显示。

⑫统计：每个参数均可做最多 999 次测量结果的统计分析。

⑬测量程序：5 个预置测量程序。

⑭内置大容量存储卡：具有数据存储功能，能存储 200 条轮廓或 999 次测量结果。

2）仪器设定

德国霍米尔 T1000 小粗糙仪可以自动设定（自动识别传感器），也可以手动设定。

（1）滤波器：M1 高斯数字滤波器（M1）-ISO 11562 和 M2 数字滤波器 ISO 13565-1。

（2）测量行程长度：1.5 mm，4.8 mm，15 mm，也可选用 1～5 倍基本长度（截止波长）。

（3）测量评定长度：1.25 mm，4.0 mm，12.5 mm。

（4）基本长度（截止波长）：0.08 mm，0.25 mm，0.8 mm，2.5 mm。

（5）带通滤波器 Lc/Ls（ISO 3274）：100，300。

（6）测量速度和截止波长：与测量长度相关。

3）放大比

德国霍米尔 T1000 小粗糙度仪的垂直放大比有×100 000 倍，×50 000 倍，×20 000 倍，×10 000 倍，×5 000 倍，×2 000 倍，×1 000 倍，×500 倍，×200 倍，×100 倍。德国霍米尔 T1000 小粗糙度仪也可以自动设定最佳放大比。德国霍米尔 T1000 小粗糙度仪的水平放大比有×10 倍，×40 倍，×100 倍。记录纸 57.5 毫米宽。

4）其他

德国霍米尔 T1000 小粗糙度仪内置大容量环保型镍氢电池（可反复充电，无记忆效应）。电池一次充满电可进行大约 1 000 次测量。德国霍米尔 T1000 小粗糙度仪外接电源具有超宽电压范围（90～240 V）。

6.8.4　万能工具显微镜

万能工具显微镜是一种在工业生产和科学研究部门中使用十分广泛的光学测量仪器。它具有较高的测量精度，适用于长度和角度的精密测量。同时由于配备多种附件，万能工具显微镜的应用范围得到充分的扩大。万能工具显微镜可用影像法、轴切法或接触法按直角坐标或极坐标对机械零件和工具的长度、角度和形状进行测量。万能工具显微镜主要的测量对象有刀具、量具、模具、样板、螺纹和齿轮类零件等。

1. 万能工具显微镜的结构

19JA 型万能工具显微镜如图 6-38 所示。它主要由底座、横向滑台、纵向滑台、立柱、臂架、瞄准显微镜、投影读数装置等组成。

2. 万能工具显微镜的测量原理

万能工具显微镜主要是应用直角坐标或极坐标原理，通过主显微镜瞄准定位和读数系统读取坐标值来实现测量的。

根据被测工件的形状、大小及被测部位的不同，万能工具显微镜一般有以下 3 种测量方法。

（1）影像法。中央显微镜将被测工件的影像放大后，成像在"米"字分划板上，利用"米"字分划板对被测量点进行瞄准，由读数系统读取其坐标值，相应点的坐标值之差即为所需尺寸的实际值。

（2）轴切法。为克服影像法测量大直径外尺寸时因出现衍射现象而造成较大的测量误差这一缺点，用仪器所配附件测量刀上的刻线来替代被测表面轮廓进行瞄准，从而完成测量。

（3）接触法。接触法，即通过用光学定位器直接接触被测表面来进行瞄准、定位并完成

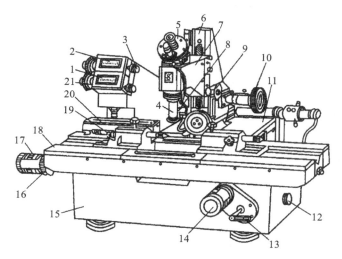

图 6-38　19JA 型万能工具显微镜

1—横向投影读数器；2—纵向投影读数器；3—调零手轮；4—物镜；5—测角目镜；6—立柱；
7—臂架；8—反射照明器；9，10，16—手轮；11—横向滑台；12—仪器调平螺钉；13—手柄；14—横向微动装置鼓轮；
15—底座；17—纵向微动装置鼓轮；18—纵向滑台；19—紧固螺钉；20—玻璃刻度尺；21—读数器鼓轮

测量。它适用于影像成像质量较差或根本无法成像的工件的测量，如有一定厚度的平板件、深孔零件、台阶孔、台阶槽等。

3. 万能工具显微镜的使用方法

使用万能工具显微镜进行测量时，不同的被测工件所采用的测量原理不同，详细的万能工具显微镜操作使用方法可查阅其使用说明书和有关的参考书。

4. 万能工具显微镜的维护和保养

万能工具显微镜的维护和保养与立式光学计、万能测长仪、光切显微镜等光学测量仪器相似。

6.9　测量新技术与新型计量仪器简介

随着科学技术的迅速发展，测量技术已从应用机械原理、几何光学原理发展到应用更多的新的物理原理，引进了最新的技术成就，如光栅技术、激光技术、感应同步器技术、磁栅技术以及射线技术等。特别是计算机技术的发展和应用，使得计量仪器跨越到一个新的领域。三坐标测量机和计算机的完美结合，使三坐标测量仪成为一种越来越引人注目的高效率、新颖的几何量精密测量设备。

6.9.1　光栅技术

1. 计量光栅

在长度和角度测量中应用的光栅称为计量光栅。它一般由很多间距相等的不透光刻线和刻线间的透光缝隙构成。光栅尺的材料有玻璃和金属两种。计量光栅一般可分为长光栅和圆光栅。长光栅的刻线密度有每毫米 25 条、每毫米 50 条、每毫米 100 条和每毫米 250 条等。圆光栅的刻线数有 10 800 条和 21 600 条两种。

2. 莫尔条纹的产生

如图 6-39(a)所示,将两块具有相同栅距(W)的光栅的刻线面平行地叠合在一起,中间保持 0.01~0.1 mm 间隙,并使两光栅刻线之间保持一很小夹角(θ),于是在 a—a 线上,两块光栅的刻线相互重叠,而缝隙透光(或刻线间的反射面反光),形成一条亮条纹;而在 b—b 线上,两块光栅的刻线彼此错开,缝隙被遮住,形成一条暗条纹。由此产生的一系列明暗相间的条纹称为莫尔条纹,如图 6-39(b)所示。图 6-39(b)中的莫尔条纹近似地垂直于光栅刻线,因此又称为横向莫尔条纹。两亮条纹或暗条纹之间的宽度 B 称为条纹间距。

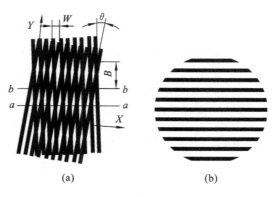

(a)   (b)

图 6-39　莫尔条纹

3. 莫尔条纹的特征

(1) 对光栅栅距的放大作用。根据图 6-39 的几何关系可知,当两光栅刻线的 θ 角很小时,条纹间距 B 的计算公式为

$$B \approx \frac{W}{\theta} \tag{6-5}$$

式中 θ 以弧度为单位。此式说明,适当调整夹角 θ 可使条纹间距 B 比光栅栅距 W 放大几百倍甚至更大,这对莫尔条纹的光电接收器接收非常有利。例如,$W=0.04$ mm,$\theta=0°13'15''$,则 $B\approx10$ mm,相当于放大了 250 倍。

(2) 对光栅刻线误差的平均效应。由图 6-39(a)可以看出,每条莫尔条纹都由许多光栅刻线的交点组成,所以个别光栅刻线的误差和疵病在莫尔条纹中得到平均。设 δ_0 为光栅刻线误差,n 为光电接收器所接收的刻线数,则经莫尔条纹读出系统后的误差为

$$\delta = \frac{\delta_0}{\sqrt{n}} \tag{6-6}$$

由于 n 一般可以达几百条,所以莫尔条纹的平均效应可使系统测量精度提高很多。

(3) 莫尔条纹运动与光栅副运动的对应性。在图 6-39(a)中,当两光栅尺沿 X 方向相对移动一个栅距 W 时,莫尔条纹在 Y 方向也随之移动一个条纹间距 B,即保持着运动周期的对应性;当光栅尺的移动方向相反时,莫尔条纹的移动方向也随之相反,即保持了运动方向的对应性。利用这个特性,可实现数字式的光电读数和判别光栅副的相对运动方向。

6.9.2　激光技术

激光具有其他光源所无法比拟的优点,即很好的单色性、方向性、相干性和能量高度集中性,所以一出现很快就在科学研究、工业生产、医学、国防等许多领域中获得广泛的应用。现在,激光技术已成为建立长度计量基准和实现精密测量的重要手段。它不但可以用干涉法测量线位移,还可以用双频激光干涉法测量小角度。另外,还可用环形激光测量圆周分度,以及用激光准直技术来测量直线度误差等。这里主要介绍应用广泛的激光干涉测长仪的基本工作原理。常用的激光干涉测长仪实质上就是以激光作为光源的迈克尔逊干涉仪。激光干涉测长仪的工作原理如图 6-40 所示。

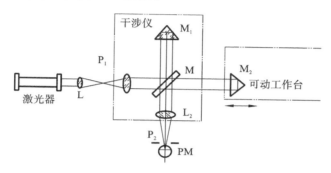

图 6-40　激光干涉测长仪的工作原理

从激光器发出的激光束,经透镜 L、L_1 和光阑 P_1 组成的准直光管扩束成一束平行光,经分光镜 M 被分成两路,分别被角隅棱镜 M_1 和 M_2 反射回到 M 重叠,被透镜 L_2 聚集到光电计数器 PM 处。当可动工作台带动棱镜 M_2 移动时,在光电计数器 PM 处两路光束聚集产生干涉,形成明暗条纹,通过计数就可以计算出可动工作台移动的距离 S,为

$$S = \frac{N \times \lambda}{2} \tag{6-7}$$

式中:N——干涉条纹数;

λ——激光波长。

激光干涉测长仪的电子线路系统原理框图如图 6-41 所示。

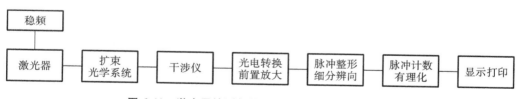

图 6-41　激光干涉测长仪的电子线路系统原理框图

6.9.3　坐标测量技术与三坐标测量机

1. 三坐标测量机的结构类型

三坐标测量机(见图 6-42)一般都具有相互垂直的三个测量方向,水平纵向运动方向为 x 方向(又称 x 轴),水平横向运动方向为 y 方向(又称 y 轴),垂直运动方向为 z 方向(又称 z 轴)。

| (a) AEH三坐标测量机（Daisy系列） | (b) AEH三坐标测量机（MQ系列） | (c) 三坐标夹具 | (d) Renishaw测针 |

图 6-42　三坐标测量机及其夹具和测针

　　三坐标测量机的结构类型如图 6-43 所示。其中图 6-43（a）所示为悬臂式 z 轴移动，特点是左右方向开阔、操作方便，但因 z 轴在悬臂 y 轴上移动，易引起 y 轴挠曲，使 y 轴的测量范围受到限制（一般不超过 500 mm）。图 6-43（b）所示为悬臂式 y 轴移动，特点是 z 轴固定在悬臂 y 轴上随 y 轴一起前后移动，有利于被测工件的装卸，但悬臂在 y 轴方向移动，重心的变化较明显。图 6-43（c）、（d）所示为桥式，以桥框作为导向面，x 轴能沿 y 方向移动，这种三坐标测量机的刚性好，一般为大型测量机。图 6-43（e）、（f）所示分别为龙门移动式、龙门固定式，它们的特点是当龙门移动或工作台移动时，装卸工件非常方便，操作性能好，精度较高。这两种三坐标测量机一般为小型三坐标测量机。图 6-43（g）、（h）所示是在卧式镗床或坐标镗床的基础上发展起来的三坐标测量机，这种三坐标测量机的精度也较高，但结构复杂。

2．三坐标测量机的测量系统

　　测量系统是坐标测量机的重要组成部分之一，它关系着三坐标测量机的精度、成本和寿命。CNC 三坐标测量机要求测量系统输出的坐标值必须为数字脉冲信号，这样才能实现坐标位置闭环控制。三坐标测量机上使用的测量系统种类很多，按性质可分为机械式测量系

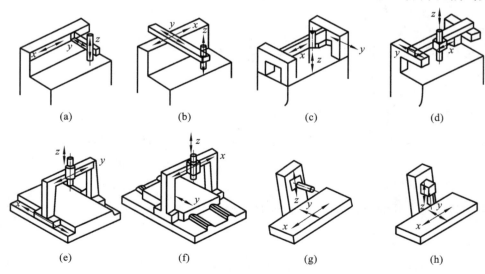

| (a) | (b) | (c) | (d) |
| (e) | (f) | (g) | (h) |

图 6-43　三坐标测量机的结构类型

统、光学式测量系统和电气式测量系统。三坐标测量机各种测量系统的精度范围如表 6-4
所示。

表 6-4 三坐标测量机各种测量系统的精度范围

测 量 系 统	精度范围/μm	测 量 系 统	精度范围/μm
丝杆或齿条	10~50	感应同步器	2~10
刻线尺	光屏投影:1~10	磁尺	2~10
	光电扫描:0.2~1	码尺(绝对测量系统)	10
光栅	1~10	激光干涉仪	0.1

3. 三坐标测量机的测量头

三坐标测量机的测量头按测量方法分为接触式和非接触式两大类。接触式测量头又可分为硬测量头和软测量头两类。硬测量头多为机械测量头,主要用于手动测量和精度要求不高的场合。软测量头是目前三坐标测量机普遍使用的测量头。软测量头分为触发式测量头和三维测微头两种。

触发式测量头又称电触式测量头,其作用是瞄准。它可用于"飞越"测量,即在测量过程中,测量头缓缓前进,当测量头接触被测工件并过零时,测量头即自动发出信号,采集各坐标值,且测量头不需要立即停止或退回,即允许有若干毫米的超程。

图 6-44 所示是触发式测量头的典型结构之一。它相当于零位发信开关。当 3 对由销组成的接触副均匀接触时,测量杆处于零位。当测量头与被测工件接触时,测量头被推向任一方向后,3 对销接触副必然有一对脱开,电路立即断开,随即发出过零信号。当测量头与被测工件脱离后,外力消失,由于弹簧的作用,测量杆回到原始位置。这种测量头的重复精度可达 $\pm 1\ \mu m$。

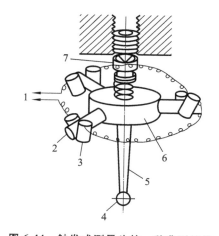

图 6-44 触发式测量头的一种典型结构
1—信号线;2—销;3—圆柱销;
4—红宝石测量头;5—测量杆;6—块规;7—陀螺

4. 三坐标测量机的应用

三坐标测量机集精密机械技术、电子技术、传感器技术、电子计算机技术等现代技术之大成。对于三坐标测量机来说,任何复杂的几何表面与几何形状,只要测量头能感受得到(或能瞄准),就可以测出它们的几何尺寸和相互位置关系,并借助计算机完成数据处理。如果在三坐标测量机上设置分度头、回转台(或数控转台),除采用直角坐标系外,还可采用极坐标、圆柱坐标系测量,扩大测量范围。有 x、y、z、φ(回转台)四轴坐标的测量机常称为四坐标测量机。另外,还有五坐标测量机、六坐标测量机。

三坐标测量机与加工中心相配合,具有"测量中心"的功能。在现代化生产中,三坐标测量机已成为 CAD/CAM 系统中的一个测量单元,它将测量信息反馈到系统主控计算机,以便进一步控制加工过程,提高产品质量。

正因如此,三坐标测量机越来越广泛地应用于机械制造、电子、汽车和航空航天等工业领域。

复习与思考题

6-1 测量尺寸 56.864 mm,使用 91 块套的量块,请确定量块组合。

6-2 某公司生产的编号为 903-01 的角度量块如表 6-5 所示。它共有 94 块、4 种间隔,问测量角度 47°54′需要哪几块角度量块?

表 6-5 编号为 903-01 的角度量块

编 号	总 块 数	级 别	工作角之公称值	间 隔	块 数
903-01	94	0,1,2	15°1′,15°2′,…,15°9′	1′	9
903-01	94	0,1,2	15°10′,15°20′,…,15°50′	10′	5
903-01	94	0,1,2	10°,11°,…,79°	1°	70
903-01	94	0,1,2	10°0′30	—	1

6-3 在图 6-45 中游标卡尺的副尺零线对准主尺的刻度 64 mm,请读出游标卡尺的读数。

图 6-45 游标卡尺读数示意图

6-4 图 6-46 所示为千分尺读数示意图,请读出千分尺所示读数。

(a)   (b)

图 6-46 千分尺读数示意图

项目 7 常用典型机械零件的测量

★ 项目内容
- 机械零件的测量。

★ 学习目标
- 能测量常用机械零件的尺寸精度、形状和位置精度、表面粗糙度。

★ 主要知识点
- 残缺圆柱面的测量。
- 角度的测量。
- 圆锥的测量。
- 箱体的测量。
- 表面粗糙度轮廓幅度参数的测量。

7.1 残缺圆柱面的测量

残缺圆柱面尺寸的测量方式有很多,现介绍用圆柱和深度千分尺、圆柱和外径千分尺、千分表和定位块、游标卡尺进行测量的方法。

7.1.1 用圆柱和深度千分尺测量残缺孔

如图 7-1 所示,将直径均为 d 的三个圆柱放置在残缺孔中,用深度千分尺测得距离 M,然后按下式计算出所测孔的半径 R:

$$R = \frac{d(d+M)}{2M} \qquad (7\text{-}1)$$

式中:R——孔半径(mm);

d——圆柱直径(mm);

M——测量值(mm)。

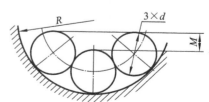

图 7-1 用圆柱和深度千分尺测量残缺孔的半径

【例 7-1】 在图 7-1 中,已知三个圆柱的直径 $d=20$ mm,用深度千分尺测得距离 $M=2.1$ mm,求孔半径 R。

【解】 根据式(7-1),孔半径 R 为

$$R = \frac{d(d+M)}{2M} = \frac{20(20+2.1)}{2\times2.1} \text{ mm} = 105.238 \text{ mm}$$

7.1.2 用圆柱和外径千分尺测量残缺轴

如图 7-2 所示,将残缺轴和直径均为 d 的两个圆柱放置在平板上,用外径千分尺测得距离 M,然后按下式计算出所测轴的半径 r:

$$r = \frac{(M-d)^2}{8d} \tag{7-2}$$

式中:r——轴半径(mm);

d——圆柱直径(mm);

M——测量值(mm)。

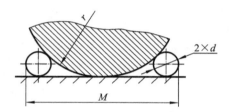

图 7-2 用圆柱和外径千分尺测量残缺轴的半径

【例 7-2】 在图 7-2 中,已知两圆柱直径 $d=25$ mm,用外径千分尺测得距离 $M=155.2$ mm,求轴的半径 r。

【解】 根据式(7-2),轴半径 r 为

$$r = \frac{(M-d)^2}{8d} = \frac{(155.2-25)^2}{8\times25} \text{ mm}$$
$$= 84.76 \text{ mm}$$

7.1.3 用千分表和定位块测量残缺孔

如图 7-3(a)所示,测量工具(简称量具)是利用以定位块的长度作为弦长 L,从千分表中反映弦高 H 的原理制成的。测量时把该量具放置在被测工件的内孔中,旋转表盘,使千分表的指针对准零位。如图 7-3(b)所示,在平板上用两头等高的量块支承起该量具的定位块,调整量块的高度,使千分表的指针恢复至在被测工件中的位置,然后根据量块的高度 H 按下式计算出孔半径 R:

$$R = \frac{L^2 + 4H^2}{8H} \tag{7-3}$$

式中:R——孔半径(mm);

H——量块高度(mm);

L——定位块长度(mm)。

【例 7-3】 在图 7-3 中,已知定位块长度 $L=110$ mm,量块高度 $H=4.22$ mm,求孔半径 R。

【解】 根据式(7-3),所测工件的孔半径 R 为

$$R = \frac{L^2 + 4H^2}{8H} = \frac{110^2 + 4\times4.22^2}{8\times4.22} \text{ mm} = 360.52 \text{ mm}$$

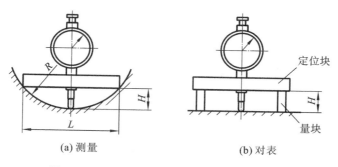

（a）测量　　　　　　（b）对表

定位块

量块

图 7-3　用千分表和定位块测量残缺孔的半径

7.1.4　用游标卡尺测量残缺轴

如图 7-4 所示，用外卡脚长为 H 的游标卡尺测量残缺轴，测得距离为 M，然后按下式计算出轴半径 r：

$$r = \frac{M^2 + 4H^2}{8H} \tag{7-4}$$

式中：r——轴半径（mm）；

　　　H——游标卡尺外卡脚长（mm）；

　　　M——测量值（mm）。

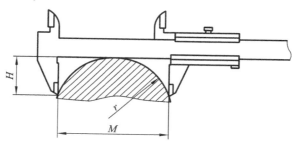

图 7-4　用游标卡尺测量残缺轴的半径

【例 7-4】　在图 7-4 中，已知游标卡尺的外卡脚长 $H = 40$ mm，测得距离 $M = 120$ mm，求轴的半径 r。

【解】　根据式（7-4），所测轴的半径 r 为

$$r = \frac{M^2 + 4H^2}{8H} = \frac{120^2 + 4 \times 40^2}{8 \times 40} \text{ mm} = 65 \text{ mm}$$

7.2　角度的测量

7.2.1　用角度样板测量角度

成批或大量生产时，可用角度样板测量工件的角度。测量时，将角度样板的工作面与被测工件的被测面接触，根据间隙大小来判断角度。用角度样板测量圆锥齿轮坯的角度如图 7-5所示。

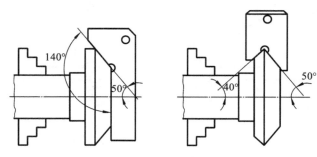

图 7-5　用角度样板测量圆锥齿轮坯的角度

7.2.2　用圆柱角尺或直角尺测量直角

如图 7-6 所示,将被测工件的基准面放置在平板上,使被测工件的被测面与圆柱角尺或直角尺的工作面轻轻接触,根据间隙大小来判断直角。

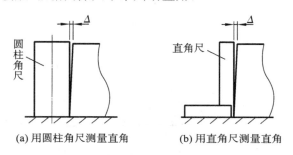

(a) 用圆柱角尺测量直角　　　(b) 用直角尺测量直角

图 7-6　用圆柱角尺、直角尺测量直角

7.2.3　用游标万能角度尺测量角度

如图 7-7(a)所示,游标万能角度尺由主尺、基尺、游标尺、角尺、直尺、夹块及锁紧器等组成。测量时,可转动背面的捏手 8,通过小齿轮 9 带动扇形齿轮 10,使基尺 5 改变角度。转到所需角度时,用锁紧器 4 锁紧。夹块 7 可将角尺和直尺固定在所需的位置上。游标万能角度尺根据游标原理读数,如图 7-7(b)所示,主尺每格为 1°,游标上每格的分度值为 2'。游标万能角度尺的测量范围是 0°～320°。它按不同方式组合可测量不同的角度:图 7-8(a)所示的测量范围是 0°～50°;图 7-8(b)所示的测量范围是 50°～140°;图 7-8(c)所示的测量范围是 140°～230°;图 7-8(d)所示的测量范围是 230°～320°。

7.2.4　用正弦规测量角度

如图 7-9 所示,正弦规主要由平台 3、直径相同且互相平行的两个圆柱 4,以及紧固在平台侧面的侧挡板 1 和紧固在平台前面的前挡板 2 组成。正弦规用于测量小于 40°的角度,精度为±(1°～3°)。用正弦规测量角度的方法如下。

(1) 设正弦规两圆柱的中心距为 L,先按被测角度的理论值 α 算出量块组尺寸 H,即

$$H = L \times \sin\alpha$$

(7-5)

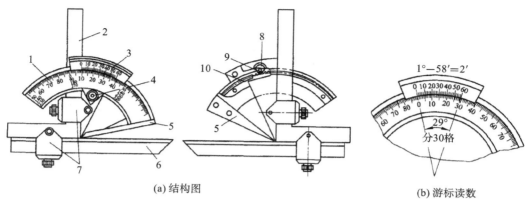

(a) 结构图   (b) 游标读数

图 7-7 游标万能角度尺

1—主尺;2—角尺;3—游标尺;4—锁紧器;5—基尺;6—直尺;7—夹块;8—捏手;9—小齿轮;10—扇形齿轮

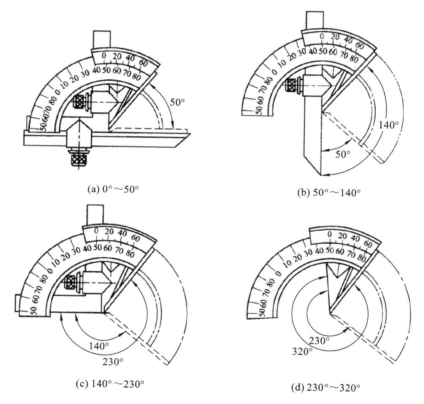

(a) 0°~50°   (b) 50°~140°

(c) 140°~230°   (d) 230°~320°

图 7-8 游标万能角度尺的测量范围

式中:α——被测角度的理论值(°);

    H——量块组尺寸(mm);

    L——正弦规两圆柱的中心距(mm)。

(2) 将组合好的高度为 H 的量块组垫在一端圆柱下,一同放置于平板上;再将被测工件(见图 7-10(a))放置在正弦规的平台上,如图 7-10(b)所示。若工件的被测实际角度等于理论值 α,则被测面与平板是平行的,用指示器可检测被测面与平板是否平行。

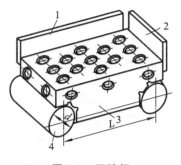

图 7-9　正弦规

1—侧挡板；2—前挡板；3—平台；4—圆柱

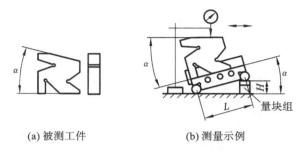

(a) 被测工件　　　　　(b) 测量示例

图 7-10　用正弦规测量角度

7.2.5　用圆柱测量角度

利用圆柱测量角度的方法，常用的有用直径相同的三个圆柱和深度千分尺测量，用直径相同的三个圆柱、量块和塞尺测量，用一大一小两个圆柱、量块和塞尺测量，用两个直径相同的圆柱、量块与塞尺测量。

1. 用直径相同的三个圆柱和深度千分尺测量内角

如图 7-11 所示，将直径均为 d 的三个圆柱放置在被测内角中，用深度千分尺测得距离 M，然后按下式计算出角度 α：

$$\cos\frac{\alpha}{2}=\frac{M}{d}$$

即

$$\alpha=2\arccos\frac{M}{d} \tag{7-6}$$

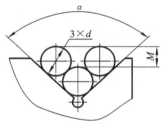

图 7-11　用直径相同的三个圆柱
和深度千分尺测量内角

式中：α——被测内角（°）；

d——圆柱直径（mm）；

M——测量值（mm）。

【例 7-5】　在图 7-11 中，已知三个圆柱的直径 $d=10$ mm，用深度千分尺测得距离 $M=5.15$ mm，求该工件的内角 α。

【解】　根据式(7-6)，所测工件的内角 α 为

$$\alpha=2\arccos\frac{M}{d}=2\arccos\frac{5.15}{10}=2\arccos0.515=118°$$

2. 用直径相同的三个圆柱、量块和塞尺测量内角

如图 7-12 所示，将直径均为 d 的三个圆柱放置在被测内角中，用量块与塞尺测得距离 M，然后按下式计算出角度 α：

$$\sin\frac{\alpha}{2}=\frac{M+d}{2d}$$

即

$$\alpha=2\arcsin\frac{M+d}{2d} \tag{7-7}$$

式中：α——被测内角（°）；

d——圆柱直径（mm）；

M——测量值（mm）。

【例 7-6】　在图 7-12 中，已知三个圆柱的直径 $d=8$ mm，用量块与塞尺测得距离 $M=$ 1.74 mm，求该工件的内角 α。

【解】　根据式（7-7），所测工件的内角 α 为

$$\alpha = 2\arcsin\frac{M+d}{2d} = 2\times\arcsin\frac{1.74+8}{2\times8} = 2\times\arcsin0.608\,75 = 75°$$

3. 用一大一小两个圆柱、量块和塞尺测量内角

如图 7-13 所示，将直径分别为 D 和 d 的两个圆柱放置在被测内角中，用量块与塞尺测得距离 M，然后按下式计算出角度 α：

$$\sin\frac{\alpha}{2} = \frac{D-d}{2M+D+d}$$

即

$$\alpha = 2\arcsin\frac{D-d}{2M+D+d} \tag{7-8}$$

式中：α——被测内角（°）；

D、d——大、小圆柱的直径（mm）；

M——测量值（mm）。

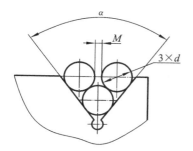

图 7-12　用直径相同的三个圆柱、
量块和塞尺测量内角

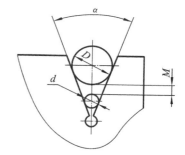

图 7-13　用一大一小两个圆柱、量块
和塞尺测量内角

【例 7-7】　在图 7-13 中，已知圆柱直径为 $D=10$ mm，$d=4$ mm，用量块与塞尺测得距离 $M=1.77$ mm，求该工件的内角 α。

【解】　根据式（7-8），所测工件的内角 α 为

$$\alpha = 2\arcsin\frac{D-d}{2M+D+d} = 2\arcsin\frac{10-4}{2\times1.77+10+4} = 2\arcsin0.342\,1 = 40°$$

4. 用直径相同的两个圆柱、量块与塞尺测量内角

如图 7-14 所示，将直径均为 d 的两个圆柱放置在被测内角中，用量块与塞尺测得距离 M，然后按下式计算出角度 α：

$$\alpha = \arcsin\frac{M}{d} \tag{7-9}$$

式中：α——被测内角（°）；

d——圆柱直径（mm）；

M——测量值（mm）。

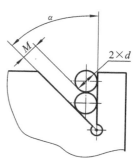

图 7-14　用直径相同的两个圆柱、
量块与塞尺测量内角

【例 7-8】　在图 7-14 中,已知圆柱直径 $d = 8$ mm,用量块与塞尺测得距离 $M = 5.66$ mm,求该工件的内角 α。

【解】　根据式(7-9),所测工件的内角 α 为

$$\alpha = \arcsin \frac{M}{d} = \arcsin \frac{5.66}{8} = \arcsin 0.707\ 5 = 45.2°$$

7.3　圆锥的测量

7.3.1　用圆锥量规测量内、外圆锥

可用圆锥量规测量工件的莫氏锥度和其他标准锥度。其中圆锥塞规用于测量内锥体,圆锥套规用于测量外锥体。测量时,用显示剂(印油或红丹粉)在工件外锥体(或内锥体)表面或圆锥塞规(或圆锥套规)表面沿着素线均匀地涂上三条线(此三条线沿圆周方向均布,涂色要求薄而均匀)。将圆锥塞规或圆锥套规的锥面与被测锥面轻轻接触,在半周范围内往复旋转圆锥量规。退出圆锥塞规或圆锥套规后,如果三条显示剂全长被均匀地擦去,说明工件锥度正确;如果锥体小端或大端的显示剂被擦去,说明工件锥度不正确;如果锥体两头或中间的显示剂被擦去,说明工件锥体素线不直。如图 7-15 所示,圆锥塞规和圆锥套规上分别有两条环形刻线和一个缺口台阶,用于测量锥体大端或小端直径的尺寸,如果锥体端面位于环形刻线或缺口台阶之间,且两锥体表面接触均匀,则表示锥体的锥度和尺寸正确。

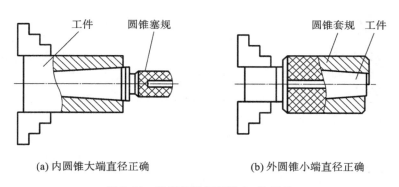

(a) 内圆锥大端直径正确　　　　　　　(b) 外圆锥小端直径正确

图 7-15　用圆锥量规测量内、外圆锥

7.3.2　用正弦规测量内、外圆锥

用正弦规测量内、外圆锥的原理如图 7-10 所示。

7.3.3　用圆柱和外径千分尺测量外圆锥小端直径

如图 7-16 所示,将直径均为 d 的两个圆柱放置在外圆锥的小端两处,两圆柱与放置在

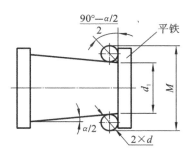

图 7-16   用圆柱和外径千分尺测量
外圆锥小端直径

小端端面的平铁接触,用外径千分尺测得距离 M,然后
按下式计算出外圆锥小端直径 d_1:

$$d_1 = M - d - d\cot\left(\frac{90° - \frac{\alpha}{2}}{2}\right) \qquad (7\text{-}10)$$

式中:d_1——外圆锥小端直径(mm);

d——圆柱直径(mm);

$\alpha/2$——圆锥半角(°);

M——测量值(mm)。

7.3.4   用钢球和外径千分尺测量内圆锥大端直径

如图 7-17 所示,将直径为 d 的钢球放置在内圆锥的大端处,钢球与放置在大端端面的
平铁接触,用外径千分尺测得距离 M,然后按
下式计算出内圆锥大端直径 D:

$$D = D_0 - 2M + d\left(\cot\frac{90° - \frac{\alpha}{2}}{2} + 1\right)$$

$$(7\text{-}11)$$

式中:D——内圆锥大端直径(mm);

d——圆柱直径(mm);

$\alpha/2$——圆锥半角(°);

M——测量值(mm);

D_0——工件外径(mm)。

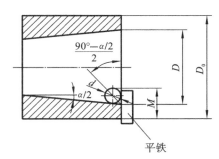

图 7-17   用钢球和外径千分尺测量内圆锥大端直径

7.3.5   用圆柱、圆锥塞规和外径千分尺测量内圆锥大端直径

如图 7-18 所示,将圆锥塞规塞入工件的圆锥孔中,把直径均为 d 的两个圆柱放置在内
圆锥的大端两处,并且两圆柱同时与大端端面和圆锥塞规接触,用外径千分尺测得距离 M,
然后按下式计算出内圆锥大端直径 D:

$$D = M - d - d\left(\cot\frac{90° - \frac{\alpha}{2}}{2}\right) \qquad (7\text{-}12)$$

式中:D——内圆锥大端直径(mm);

d——圆柱直径(mm);

$\alpha/2$——圆锥半角(°);

M——检测值(mm)。

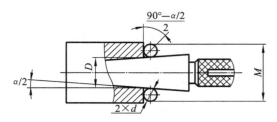

图 7-18   用圆柱、圆锥塞规和外径千分尺测量内圆锥大端直径

7.3.6   用钢球和深度千分尺测量内圆锥的圆锥半角

如图 7-19 所示,先将直径为 d_1 的小钢球放入锥孔中,用深度千分尺测得距离 M_1,取出小钢球后将直径为 d_2 的大钢球放入锥孔中,用深度千分尺测得距离 M_2,然后按下式计算出圆锥半角 $\alpha/2$:

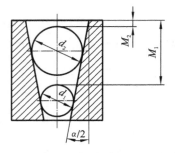

$$\sin\frac{\alpha}{2} = \frac{d_2 - d_1}{2(M_2 - M_1) - (d_2 - d_1)}$$

即
$$\frac{\alpha}{2} = \arcsin\left[\frac{d_2 - d_1}{2(M_2 - M_1) - (d_2 - d_1)}\right] \quad (7\text{-}13)$$

式中:$\alpha/2$——圆锥半角(°);

$\qquad d_2$——大钢球直径(mm);

$\qquad d_1$——小钢球直径(mm);

$\qquad M_2$——大钢球深度(mm);

$\qquad M_1$——小钢球深度(mm)。

**图 7-19   用钢球和深度千分尺测量
内圆锥的圆锥半角**

7.3.7   用圆柱、量块测量外圆锥的圆锥半角

如图 7-20 所示,将工件圆锥小端的端面放置在平板上,将直径相同的两个圆柱放置在圆锥小端两处,用外径千分尺测得距离 M_1,再将原圆柱用高度均为 H 的量块支承,用外径千分尺测得距离 M_2,然后按下式计算出圆锥半角 $\alpha/2$:

$$\tan\frac{\alpha}{2} = \frac{M_2 - M_1}{2H}$$

即
$$\frac{\alpha}{2} = \arctan\left(\frac{M_2 - M_1}{2H}\right) \quad (7\text{-}14)$$

式中:$\alpha/2$——圆锥半角(°);

$\qquad M_2$——圆柱在量块上的测量值(mm);

$\qquad M_1$——圆柱在小端处的测量值(mm);

$\qquad H$——量块长度(mm)。

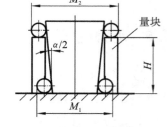

**图 7-20   用圆柱、量块测量外
圆锥的圆锥半角**

7.4   箱体的测量

箱体的测量项目主要有各加工表面粗糙度,孔、平面的尺寸精度及几何形状精度,孔距精度及相互位置精度等。这里只介绍孔距精度及相互位置精度的测量。

7.4.1   孔同轴度误差的测量

孔的同轴度误差可用专用同轴度量规进行综合测量。如图 7-21(a)所示,当几何公差框

格标注方式不同时,专用同轴度量规测量部分的尺寸也不相同。

（1）当公差框格中公差值后面标注了符号Ⓜ,则专用同轴度量规（见图 7-21（b））测量部分的尺寸应等于被测孔的最大实体实效尺寸（即被测孔的下极限尺寸－几何公差值）。

（2）当公差框格中基准代号字母后面标注了符号Ⓜ,则专用同轴度量规定位部分的尺寸应该为基准孔的最大实体尺寸（即基准孔的下极限尺寸）。

（3）若公差框格中基准代号字母后面没有标注符号Ⓜ,则专用同轴度量规定位部分的尺寸应随基准孔实际尺寸的大小而变化（采用可胀式结构或分组选配,使专用同轴度量规的定位部分与基准孔形成很小的配合间隙）。

测量时,如果专用同轴度量规的测量部分与定位部分均能自由通过箱体的被测孔与基准孔,则表示被测孔的同轴度误差在公差允许范围内,是合格的。

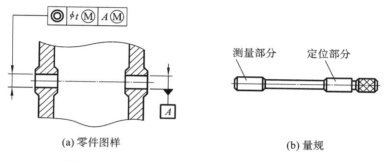

(a) 零件图样　　　　　　　　　(b) 量规

图 7-21　用专用同轴度量规测量孔的同轴度误差

用指示器测量孔的同轴度误差如图 7-22（a）所示。测量时,使孔的轴线在垂线方向上,在箱体的被测孔内插入被测心轴,并轴向固定被测心轴;在基准孔内插入基准心轴（与孔配合间隙较小的心轴）,并轴向固定基准心轴;固定在基准心轴上的百分表在水平面绕被测心轴旋转,即可测量同轴度误差。如果使孔的轴线处于水平位置时测量,如图 7-22（b）所示,指示器自身零件受到地球引力的作用,在垂直面绕被测心轴作旋转时,随着地球引力相对方向的改变,指示器有很大的示值误差。

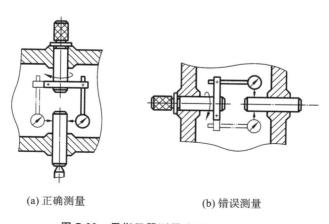

(a) 正确测量　　　　　　　　　(b) 错误测量

图 7-22　用指示器测量孔的同轴度误差

7.4.2 孔距的测量

当孔距的精度不高时,可用游标卡尺测量孔距(见图 7-23(a)),然后按下式计算出孔距 L:

$$L = M + \frac{D_1}{2} + \frac{D_2}{2} \tag{7-15}$$

式中: L——孔距(mm);

　　M——游标卡尺测量值(mm);

　　D_1——被测孔 1 的直径(mm);

　　D_2——被测孔 2 的直径(mm)。

当孔距精度较高时,可在孔内插入心轴,用外径千分尺测量,如图 7-23(b)所示,然后按下式计算出孔距 L:

$$L = M - \frac{d_1}{2} - \frac{d_2}{2} \tag{7-16}$$

式中: L——孔距(mm);

　　M——外径千分尺测量值(mm);

　　d_1——心轴 1 的直径(mm);

　　d_2——心轴 2 的直径(mm)。

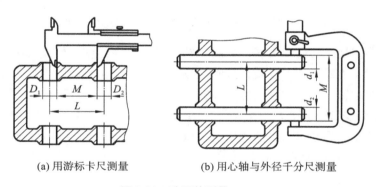

(a) 用游标卡尺测量　　　　　(b) 用心轴与外径千分尺测量

图 7-23　孔距的测量

7.4.3 孔轴线平行度误差的测量

孔轴线对基准平面平行度误差的测量如图 7-24(a)所示。将基准平面放置在平板上,并在被测孔内插入心轴,被测孔轴线由心轴模拟,用指示器在心轴两端测量,然后按下式计算出孔轴线对基准平面的平行度误差 f:

$$f = |\, M_1 - M_2 \,| \frac{L_1}{L_2} \tag{7-17}$$

式中: L_1——被测孔轴线长度(mm);

　　L_2——测量长度(mm);

　　M_1——指示器在测量长度上一端的读数(mm);

M_2——指示器在测量长度上另一端的读数（mm）。

两孔轴线平行度误差的测量如图 7-24（b）所示。在基准孔和被测孔内均插入心轴，基准孔轴线和被测孔轴线由心轴模拟，将基准心轴的两端用等高 V 形架支承，指示器在被测心轴两端测量，然后按式（7-17）计算出两孔轴线的平行度误差 f。用外径千分尺测量基准心轴与被测心轴间的距离，也可计算出两孔轴线的平行度误差 f。

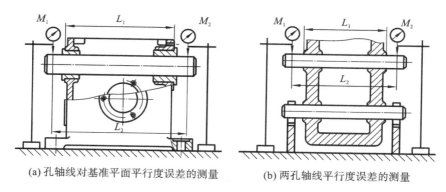

(a) 孔轴线对基准平面平行度误差的测量　　　(b) 两孔轴线平行度误差的测量

图 7-24　孔轴线平行度误差的测量

7.4.4　两孔轴线垂直度误差的测量

如图 7-25（a）所示，将箱体放置在可调支承上，在基准孔和被测孔内均插入心轴，基准孔轴线和被测孔轴线（两孔的公共轴线）由心轴模拟，先调整可调支承，使直角尺与基准心轴素线无间隙，然后用指示器在被测距离为 L_2 的两个位置上分别测得 M_1 和 M_2，按式（7-17）计算出两孔轴线的垂直度误差 f。

如图 7-25（b）所示，在箱体基准孔和被测孔内均插入心轴，基准孔轴线和被测孔轴线由心轴模拟，将指示器安装在基准心轴上，基准心轴在轴向固定并转动，用指示器在距离为 L_2 的两个位置上分别测得 M_1 和 M_2，然后按式（7-17）计算出两孔轴线的垂直度误差 f。

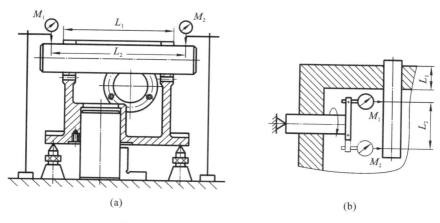

(a)　　　　　　　　　　　　(b)

图 7-25　两孔轴线垂直度误差的测量

7.4.5 端面对孔轴线垂直度误差的测量

用心轴和指示器测量端面对孔轴线的垂直度误差如图 7-26(a)所示。将装有指示器的心轴插入箱体的基准孔内，轴向固定并转动心轴，即可测得在直径 D 范围内端面对孔轴线的垂直度误差。

也可按图 7-26(b)所示方法测量。将带有圆盘的心轴塞入基准孔内，旋转心轴，根据被测平面显示剂的被擦面积的大小来判断垂直度误差的大小。显示剂被擦面积越大，工件的垂直度误差越小，反之越大。当垂直度误差较大时，被测平面与圆盘端面之间的间隙可用塞尺测量。能塞入的最大塞尺厚度，即为该工件的垂直度误差。

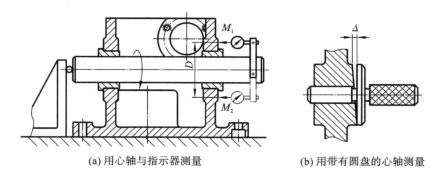

(a) 用心轴与指示器测量   (b) 用带有圆盘的心轴测量

图 7-26 端面对孔轴线垂直度误差的测量

复习与思考题

7-1 用两种不同的测量方法求圆锥角，并比较结果。准备清单为：①4 号莫氏圆锥塞规；②标准平板；③ϕ8 mm 量棒(2 根)；④量块(1 套)；⑤25～50 mm 外径千分尺；⑥正弦规；⑦带表座百分表。

(1) 用圆柱量棒、量块测量 4 号莫氏圆锥塞规(见图 7-27(a))，通过公式计算出圆锥半角 $\alpha/2$，再求圆锥角 α。

(2) 用正弦规测量 4 号莫氏圆锥塞规(见图 7-27(b))，调整量块组高度，使指示器在 a 点与 b 点等高，根据量块组高度，通过公式计算出圆锥角 α。

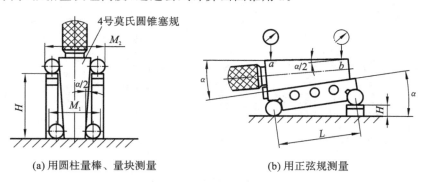

(a) 用圆柱量棒、量块测量   (b) 用正弦规测量

图 7-27 用两种不同的测量方法求圆锥角

7-2 按表 7-1 所示的内容进行多角度样板角度测量练习。准备清单为：①多角度样板；②游标万能角度尺。

表 7-1 多角度样板角度测量练习

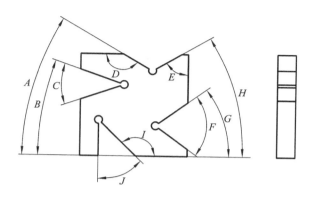

测量内容	实测角度	配分	得分
A		10	
B		10	
C		10	
D		10	
E		10	
F		10	
G		10	
H		10	
I		10	
J		10	

7-3 按表 7-2 所示的内容进行多角度样板综合测量练习。准备清单为：①多角度样板；②$\phi 4$ mm 量棒（1 根）；③$\phi 8$ mm 量棒（3 根）；④$\phi 10$ mm 量棒（3 根）；⑤0～25 mm 深度千分尺；⑥1.7 mm 量块；⑦塞尺；⑧游标万能角度尺。

表 7-2 多角样板综合测量练习

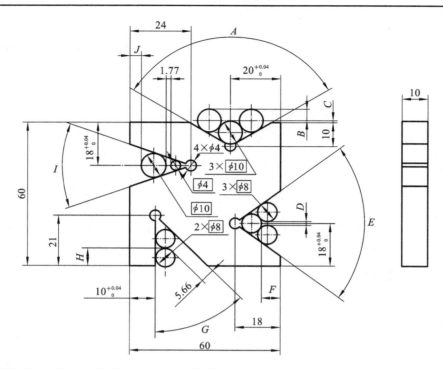

测 量 内 容	实 测 值	配　　分	得　　分
A		10	
B		10	
C		10	
D		10	
E		10	
F		10	
G		10	
H		10	
I		10	
J		10	

项目 8 轴套类零件的测量

★ **项目内容**

· 轴套类零件的测量。

★ **学习目标**

· 掌握轴套类零件的测量。

★ **主要知识点**

· 轴径的测量。

· 孔径的测量。

· 长度的测量。

· 锥度的测量。

· 圆度误差的测量。

· 轴类零件跳动误差的测量。

· 轴类零件同轴度误差的测量。

8.1 轴径的测量

机械制造业中,轴套类零件是一种非常重要的非标准零件。它主要用来支持旋转零件,传递转矩,保证旋转零件(如凸轮、齿轮、链轮和带轮等)具有一定的回转精度和互换性。大部分轴套类零件的加工,可以在数控车床上完成。轴套类零件参数的精确与否将直接影响装配精度和产品合格率。对轴套类零件的主要技术要求有尺寸精度、几何形状精度、相互位置精度、表面粗糙度,以及其他要求。

8.1.1 轴径的测量方法

轴径的测量方法较多。轴径测量方法分类如表 8-1 所示。常用的轴径测量方法有用数字式立式光学计测量轴径和用数显式外径千分尺测量轴径等。

表 8-1 轴径测量方法分类

序号	轴径测量方法	所需计量仪器	说 明
1	通用量具法	游标卡尺、千分尺、三沟千分尺、杠杆千分尺	准确度中等,操作简便
2	机械式测微仪法	百分表、千分表、扭簧比较仪、量块组	用扭簧比较仪测量较准确
3	光学测微仪法	各种立、卧式光学比较仪,量块组	准确度较高
4	电动量仪法	各种电感或电容测微仪、卡规、量块组或标准圆柱体	准确度较高,易于与计算机连接
5	气动量仪法	气动量仪、标准圆柱	准确度较高,效率高
6	测长仪法	各种立式测长仪、万能测长仪、量块组	准确度较高
7	影像法	大型和万能工具显微镜	准确度一般
8	轴切法	大型和万能工具显微镜、测量刀组件	准确度较高

8.1.2 用数字式立式光学计测量轴径

1. 立式光学计的测量原理

立式光学计是一种可以用于测量长度的仪器,它的外形结构如图 8-1 所示。

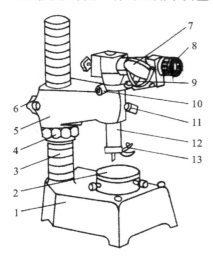

图 8-1 立式光学计的外形结构
1—底座;2—工作台;3—立柱;4—粗调节螺母;
5—支臂;6—支臂紧固螺钉;7—平面镜;8—目镜;
9—零位调节手轮;10—微调手轮;
11—光管紧固螺钉;12—光学计管;
13—提升器光源

立式光学计光学系统图如图 8-2 所示。立式光学计是利用光学杠杆放大原理进行测量的仪器。如图 8-2(b)所示,照明光线经反射镜 1 照射到刻度尺 8 上,再经直角棱镜 2、物镜 3,照射到反射镜 4 上。由于刻度尺 8 位于物镜 3 的焦平面上,故从刻度尺 8 上发出的光线经物镜 3 后成为平行光束。若反射镜 4 与物镜 3 之间相互平行,则反射光线折回到焦平面,刻度尺像 7 与刻度尺 8 对称。

若被测尺寸变动使测杆 5 推动反射镜 4 绕支点转动某一角度 α,如图 8-2(a)所示,则反射光线相对于入射光线偏转 2α 角度,从而使刻度尺像 7 产生位移 t,如图 8-2(c)所示,它代表被测尺寸的变动量。物镜 3 至刻度尺 8 的距离为物镜焦距 f,设 b 为测杆 5 中心至反射镜 4 支点间的距离,s 为测杆 5 移动的距离,则立式光学计的放大比 K 为

$$K = \frac{t}{s} = \frac{f\tan 2\alpha}{b\tan\alpha} \tag{8-1}$$

当 α 很小时,$\tan 2\alpha = 2\alpha$,$\tan\alpha = \alpha$,因此,

$$K = \frac{2f}{b} \tag{8-2}$$

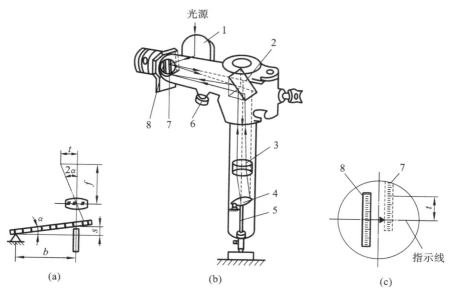

图 8-2 立式光学计光学系统图

1,4—反射镜;2—直角棱镜;3—物镜;5—测杆;6—微调手轮;7—刻度尺像;8—刻度尺

若立式光学计的目镜放大倍数为 12,$f = 200$ mm,$b = 5$ mm,则它的总放大倍数 n 为

$$n = 12K = 12 \times \frac{2f}{b} = 12 \times \frac{2 \times 200}{5} = 960$$

由此说明,当测杆移动 0.001 mm 时,在目镜中可见到 0.96 mm 的位移量。

2. 轴径的测量步骤

以图 8-3 所示轴类零件的轴径 $\phi 25_{-0.021}^{0}$ mm 为例,轴径的测量步骤如下。

(1) 根据被测工件形状,正确选择测帽,并将其装入测杆中。测量时被测工件与测帽的接触面必须最小,因此在测量圆柱形时使用刀口形测帽(本课题是测量圆柱形,用刀口形测帽),测量平面时需使用球形测帽,测量球形时则使用平面形测帽。测帽的形式如图 8-4 所示。

(2) 按被测的公称尺寸组合量块。由于轴径为 $\phi 25_{-0.021}^{0}$ mm,故量块选 25 mm。

(3) 调整仪器零位。

①选好量块组后,将下测量面置于工作台 2(见图 8-1)的中央,并使测量头对准上测量面中央。

②粗调节:松开支臂紧固螺钉 6,转动粗调节螺母 4,使支臂 5 缓慢下降,直到测量头与量块上测量面轻微接触,并能看到数显刻度有变化(发生压表现象),再将支臂紧固螺钉 6 锁紧。

③细调节:松开光管紧固螺钉 11,转动微调手轮 10,直到从目镜 8 中看到零位置指示线为止,然后拧紧光管紧固螺钉 11。

④将测量头抬起,放回零位,观察是否稳定。

(4) 抬起提升杠杆,取出量块,轻轻地将被测工件放在工作台上,并在测帽下来回移动被测工件,其最高转折点即为测得值。

(5) 在靠近轴的两端和轴的中间部位共取三个截面,并在互相垂直的两个方向上共测

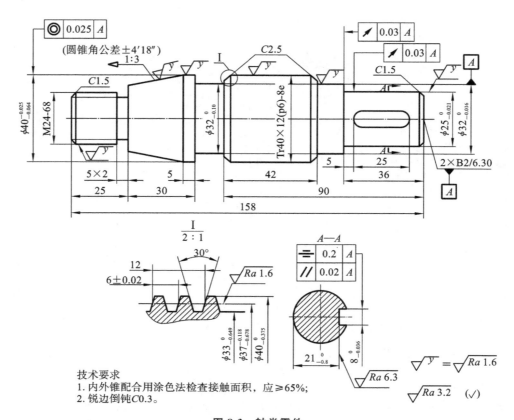

图 8-3 轴类零件

技术要求
1. 内外锥配合用涂色法检查接触面积，应≥65%；
2. 锐边倒钝C0.3。

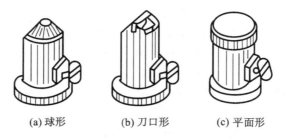

(a) 球形   (b) 刀口形   (c) 平面形

图 8-4 测帽的形式

量六次。

（6）填写表 8-2 所示的轴径(孔径)测量与误差分析报告,并按是否超出工件设计公差带所限定的上极限尺寸与下极限尺寸,判断其合格性。

3. 注意事项

（1）由于接触面的杂物和油污会造成测量不精确,因此要重视工作台与工件表面的清洁工作。

（2）测量过程中的测量力不要太大,注意轻放测杆。

（3）多件测量时,应注意经常用量块复检零位。

表 8-2　轴径(孔径)测量与误差分析报告

测量工具：_____

测量方法及要求：_____

测量结果：

内容＼测量位置						
测量值(1)						
测量值(2)						
合格						
不合格						
加工后仍可用						

分析：_____
_____
_____
_____

姓名_____

年　　　月　　　日

8.1.3　用数显式外径千分尺测量轴径

1. 数显式外径千分尺的工作原理

图 8-5 所示为数显式外径千分尺,它由尺架、测砧、测微螺杆、测力装置和锁紧装置等组成。

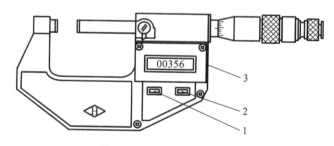

图 8-5　数显式外径千分尺

1—公制/英制转换按钮;2—置零按钮;3—数据输出端口

数显式外径千分尺的工作原理是,利用一对精密螺纹耦合件,把测微螺杆的旋转运动变成直线位移,这是符合阿贝原则的。数显式外径千分尺测微螺杆的螺距一般制成 0.5 mm,即测微螺杆旋转一周,沿轴线方向移动 0.5 mm;微分套筒圆周有 50 个分度,所以微分套筒每格刻度值为 0.01 mm。

2. 轴径的测量步骤

（1）擦净工件被测表面。

（2）调整量具零位。

（3）将被测工件装在偏摆仪上（注意将两顶针孔内的毛刺和脏物清理干净）。

（4）测量并记录数据。

（5）测量结束，将量具复位。

（6）根据仪器的示值误差，修正测量结果。如果不用数显量具来测量，则还应注意量具的读数视差。

（7）填写表 8-2 所示的轴径（孔径）测量与误差分析报告，并按是否超出工件设计公差带所限定的上极限尺寸与下极限尺寸，判断其合格性。

8.2 孔径的测量

8.2.1 孔径的测量方法

孔径的测量方法较多。孔径测量方法分类如表 8-3 所示。常用的孔径测量方法有用内径千分表测量孔径和用万能测长仪测量孔径等。

表 8-3 孔径测量方法分类

序号	孔径测量方法	所需计量仪器	说　明
1	通用量具法	游标卡尺、深度游标卡尺、内径千分尺	准确度中等，操作简便
2	机械式测微仪法	内径百分表、内径千分表、扭簧比较仪、量块组	用扭簧比较仪测量较准确
3	量块比较光波干涉测量法	孔径测量仪	准确度较高
4	电动量仪法	各种电感或电容测微仪、内孔比长仪、量块组	准确度较高、易于与计算机连接
5	气动量仪法	气动量仪	准确度较高，效率高
6	测长仪法	各种立式测长仪、万能测长仪、量块组	准确度较高
7	影像法	大型和万能工具显微镜	准确度一般
8	量块比较准直法	自准式测孔仪	准确度较高

8.2.2 用内径千分表测量孔径

内孔起支承或导向作用，通常与运动着的轴颈或活塞等零件相配合。因此，在长度测量中，圆柱形孔径（见图 8-6）的测量占很大的比例。根据生产的批量大小、孔径精度高低和孔径尺寸的大小等因素，孔径可采用不同的测量方法。成批生产的孔，一般用光滑极限量规进行测量;中、低精度的孔,通常用游标卡尺、内径千分尺、杠杆千分尺等进行绝对测量,或用百分表、千分表、内径百分表等进行相对测量;高精度的孔,用机械比较仪、气动量仪、万能测长仪或电感测微仪等仪器进行测量。

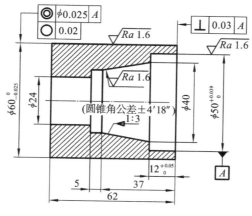

图 8-6 套类零件

1. 内径千分表的工作原理

内径千分表是生产中测量孔径常用的计量仪器。它由指示表和装有杠杆系统的测量装置组成,如图 8-7 所示。

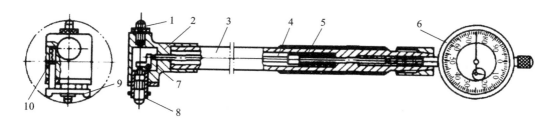

图 8-7 内径千分表

1—可换测量头;2—测量套;3—测量杆;4—传动杆;5,10—弹簧;6—指示表;7—杠杆;8—活动测量头;9—定位装置

活动测量头 8 的移动可通过杠杆系统传给指示表 6。内径千分表的两个测量头放入被测孔径内,位于被测孔径的直径方向上,这可由定位装置来保证。定位装置借助弹簧力始终与被测孔径接触,接触点的连线与被测孔的直径线是垂直的。

用内径千分表测量孔径属于相对测量,根据不同的孔径可选用不同的可换测量头,内径千分表的测量范围为 6~400 mm。内径千分表的分度值为 0.001 mm。

2. 孔径的测量步骤

以测量孔径 $\phi50^{+0.039}_{0}$ mm 为例,孔径的测量步骤如下。

(1) 根据被测孔径的大小正确选择测量头,将测量头装入测量杆的螺孔内。

(2) 按被测孔径的公称尺寸选择量块,擦净后将其组合于量块夹内。

(3) 将测量头放入量块夹内并轻轻摆动,按图 8-8(a)所示的方法在指示表指针的最小值(即指针转折点位置)处将指示表调零。

(4) 按图 8-8(b)所示的方法测量孔径,在指示表指针的最小值处读数。

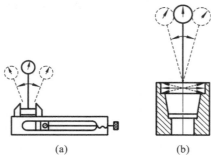

图 8-8　内径千分表找读数转折点

（5）在孔深的上、中、下三个截面内互相垂直的两个方向上，共测六个位置。

（6）填写轴径（孔径）测量与误差分析报告（见表 8-2）。

3. 注意事项

（1）注意测量面和被测面的接触状况。当两测量面与被测面接触后，要轻轻地晃动内径千分表，使测量面和被测量面紧密接触。测量时，不得只用测量面的边缘。

（2）内径千分表要注意经常校对，防止漂移。

8.2.3　用万能测长仪测量孔径

1. 万能测长仪的工作原理

万能测长仪主要由底座、万能工作台、测量座、尾座及各种测量附件组成，如图 8-9 所示。

万能测长仪是按照阿贝原则设计制造的，被测工件在标准件（玻璃刻度尺）的延长线上，以保证仪器的高精度测量。在万能测长仪上进行测量，是直接把被测工件与玻璃刻度尺做比较，然后利用补偿式读数显微镜观察玻璃刻度尺，进行读数。玻璃刻度尺被固定在测量轴 2 上。因在纵向轴线上，故玻璃刻度尺在纵向上的移动量与被测工件长度完全一致，而此移动量可在补偿式读数显微镜中读出。万能测长仪工作原理如图 8-10 所示。

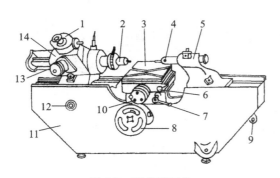

图 8-9　万能测长仪

1—补偿式读数显微镜；2—测量轴；3—万能工作台；
4—微调螺钉；5—尾座；6—工作台转动手柄；
7—工作台摇动手柄；8—工作台升降手轮；9—平衡手轮；
10—工作台横向移动手轮；11—底座；12—电源开关；
13—微调手轮；14—测量座

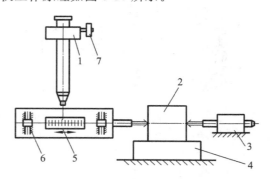

图 8-10　万能测长仪工作原理

1—补偿式读数显微镜；2—被测工件；
3—尾座；4—万能工作台；5—玻璃刻度尺；
6—滚珠轴承；7—微调手轮

在补偿式读数显微镜的绿色视场中，可看到三种不同的刻线分置在两个不同的窗框中。在中间大的窗框中有两种刻线：一种是水平方向固定的双刻线，从左端开始标有 0～10 的数字，这是刻度值为 0.1 mm 的分划板上的刻线；另一种是一条长的并在垂直方向标有数字的刻线，这是毫米分划尺上的刻线。在下面较小的窗框中，可看到一条可在水平方向上移动的刻线，其上标有 0～100 的数字，这是刻度值为 0.001 mm 的移动分划板上的刻线。起始读数方法如图 8-11 所示。

读数方法为:首先从毫米刻线和 0.1 mm 分划线上读出毫米值和 0.1 mm 的数值,如图 8-12(a)所示,然后顺时针转动微调手轮,在视场中可看到毫米刻线和 0.001 mm 分划线均向左移动,当处于任意位置的毫米刻线向左移至双线之中时,0.001 mm 分划线也相应移动至某一位置;此时从 0.001 mm 分划板上可读出 0.001 mm 的数值,并估读到 0.1 μm 级,如图 8-12(b)所示,其数值为 79.468 5 mm。

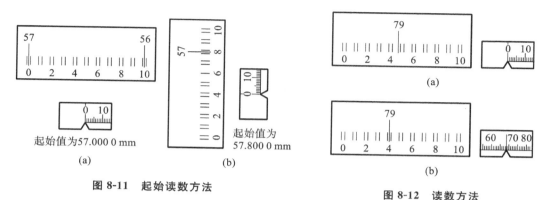

图 8-11　起始读数方法

图 8-12　读数方法

2. 孔径的测量步骤

在圆柱体的测定中(无论是外圆柱面还是内孔),必须使测量轴线穿过该曲面的中心,并垂直于圆柱体的轴线。为了满足这一条件,在将被测工件固定在万能工作台上后,就要利用万能工作台各个可能的运动条件,通过寻找"读数转折点",将被测工件调整到符合阿贝原则的正确位置上。以孔径测量(见图 8-13)为例,测量步骤如下。

(1)接通图 8-9 所示万能测长仪的电源,转动补偿式读数显微镜 1 目镜的调节环来调节视度。

(2)松开工作台升降手轮 8 的固定螺钉,转动工作台升降手轮 8,使万能工作台 3 下降到最低位置。

(3)将一对测钩分别安装在测量轴 2 和尾座 5 上。沿轴向移动测量轴 2 和尾座 5,使这一对测钩头部的凸楔、凹楔对齐。然后,旋紧两个测钩上的螺钉,将它们分别固定。将标准环或具有被测孔径的量块夹安放在万能工作台 3 上。

(4)转动工作台升降手轮 8,使万能工作台 3 上升,使两个测钩伸入标准环或具有被测孔径的量块夹中,然后将工作台升降手轮 8 的固定螺钉拧紧。调整仪器的零位或将仪器调整至某一位置(取整数),并记下读数。

(5)取下标准环或具有被测孔径的量块夹,将被测工件安装在工作台上,使两个测钩伸入被测工件内,并用压板固定,如图 8-14 所示。调整仪器至某一正确位置(取读数转折点),并记下读数。此时万能测长仪的读数与调零位时的读数之差,为被测工件的尺寸偏差(使用标准环时,被测工件的实际尺寸=读数之差+标准环直径)。

(6)填写表 8-2 所示的轴径(孔径)测量与误差分析报告,并按是否超出工件设计公差带所限定的上极限尺寸与下极限尺寸,判断其合格性。

3. 注意事项

(1)调整万能测长仪至某一正确位置,一定要取得读数转折点。

(2)要根据被测工件情况确定测量力的大小。

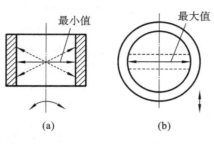

图 8-13 孔径测量

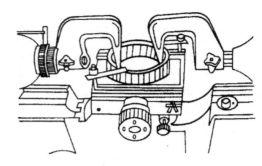

图 8-14 被测工件的安装(一)

（3）安装被测工件时要用压板固定。

8.3 长度的测量

长度测量的内容较广,包括长度、轴径、孔径、几何形状、表面相互位置等的测量,如图 8-3 所示的轴类零件尺寸的测量。长度测量方法较多,本书主要介绍几种常用的方法。

8.3.1 用万能测长仪测量长度

用万能测长仪测量长度的步骤如下。

（1）接通图 8-9 所示万能测长仪的电源,转动补偿式读数显微镜 1 目镜的调节环来调节视度。

（2）松开工作台升降手轮 8 的固定螺钉,转动工作台升降手轮 8,使万能工作台 3 下降到最低位置。

（3）将一对测帽分别安装在测量轴 2 和尾座 5 上,并沿轴向移动对齐。万能测长仪采用的是接触测量方式,合理地选择测帽可以避免产生较大的测量误差。测帽的选择原则是:尽量减小测帽与被测工件的接触面积。

（4）调整万能测长仪,找到读数转折点位置(取整数),并记下读数。读数转折点寻找方法如图 8-15 所示。

（5）将被测工件安装在万能工作台 3 上,使两个测帽接触被测工件两端面,并用压板固定被测工件,如图 8-16 所示。调整万能测长仪至某一正确位置(取读数转折点),并记下读数,此时万能测长仪的读数与调零位时的读数之差,即为被测工件的实测尺寸。

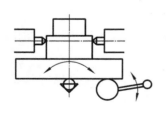

(a) 万能工作台左右偏摆及
上下偏摆找最小值

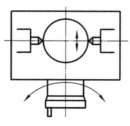

(b) 移动工作台横向
手柄找最大值

图 8-15 读数转折点寻找方法

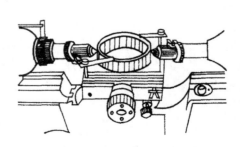

图 8-16 被测工件的安装(二)

（6）填写表 8-4 所示的长度测量与误差分析报告，并按是否超出工件设计公差带所限定的上极限尺寸与下极限尺寸，判断其合格性。

表 8-4　长度测量与误差分析报告

测量项目：

测量零件简图：

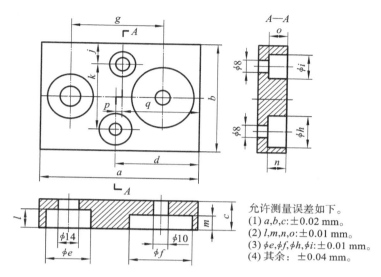

允许测量误差如下。
(1) a,b,c：±0.02 mm。
(2) l,m,n,o：±0.01 mm。
(3) $\phi e,\phi f,\phi h,\phi i$：±0.01 mm。
(4) 其余：±0.04 mm。

测量工具：_____

测量方法及要求：_____

测量结果：

内容 ＼ 测量位置						
测量值(1)						
测量值(2)						
合格						
不合格						
加工后仍可用						

分析：_____
_____
_____

姓名_____
年　　月　　日

8.3.2　用游标卡尺测量长度

　　利用游标尺和主尺相互配合进行测量和读数的量具称为游标量具。游标量具结构简单,使用方便,维护、保养容易,在现场加工中应用广泛。

用游标卡尺测量长度的方法如图 8-17 所示。

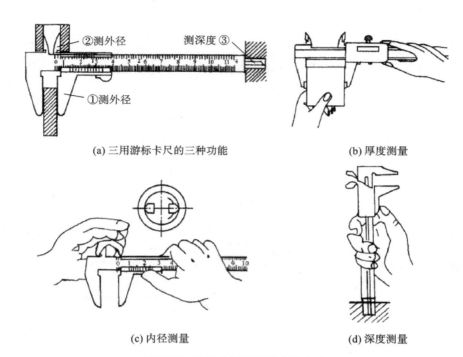

(a) 三用游标卡尺的三种功能　　　　(b) 厚度测量

(c) 内径测量　　　　(d) 深度测量

图 8-17　游标卡尺测量长度的方法

测量时,游标卡尺要端平,否则将会产生测量误差,如图 8-18 所示。

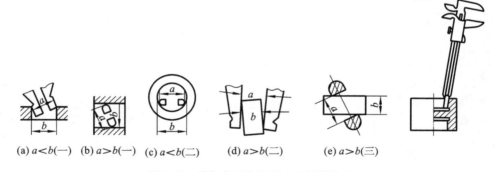

(a) $a<b$(一)　(b) $a>b$(一)　(c) $a<b$(二)　(d) $a>b$(二)　(e) $a>b$(三)

图 8-18　游标卡尺未端平产生测量误差

游标卡尺不能当工具使用。游标卡尺的不当使用如图 8-19 所示。

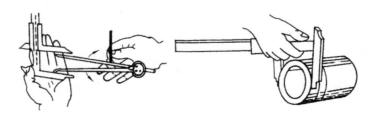

图 8-19　游标卡尺的不当使用

8.3.3　用数显式深度尺测量长度

深度尺有深度千分尺(见图 8-20)、深度游标卡尺(见图 8-21)和数显式深度尺(见图 8-22)三种结构形式。数显式深度尺是用容栅(或光栅)测量系统和数字显示器进行读数的一种长度测量仪器。它的分辨率为 0.01 mm;测量范围有 0~200 mm,0~300 mm,0~500 mm 三种。数显式深度尺可用于测量通孔、盲孔、阶梯孔和槽的深度,也可测量台阶高度和平面之间的距离。

使用数显式深度尺测量长度的方法如图 8-23 所示。

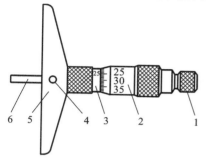

图 8-20　深度千分尺

1—测力装置;2—微分套筒;3—固定套筒;
4—锁紧装置;5—基座;6—测量杆

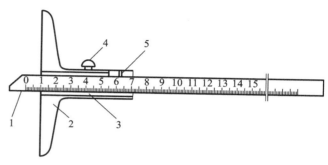

图 8-21　深度游标卡尺

1—尺身;2—尺框;3—游标;
4—紧固螺钉;5—调整螺钉

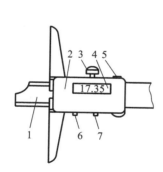

图 8-22　数显式深度尺

1—尺身;2—尺框;3—紧固螺钉;4—数字显示器;5—数据输出端口;
6—公制/英制转换按钮;7—置零按钮

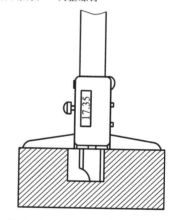

图 8-23　使用数显式深度尺测量长度的方法

8.4　锥度的测量

8.4.1　用正弦规测量锥度

1. 正弦规测量原理

正弦规测量原理如图 8-24 所示。两个圆柱的直径相等,两圆柱中心线互相平行,又与工作面平行。两圆柱的中心距为 100 mm、200 mm 或 300 mm。在测量工件的角度或锥度时，只要用量块垫起其中一个圆柱，就组成一个直角三角形，锥角 α 等于正弦规工作面与平板（假如正弦规放在平板上测量工件）之间的夹角。

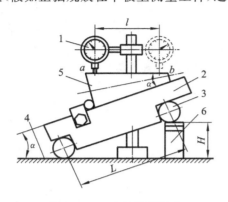

图 8-24　正弦规测量原理
1—指示计；2—正弦尺；3—圆柱；
4—平板；5—角度块；6—量块组

锥角 α 的对边是由量块组成的高度 H，斜边是两圆柱的中心距 L，这样利用直角三角形的正弦函数关系 $\sin\alpha = H/L$ 便可求出的 α 值。

若被测角度 α 与其公称值一致，则角度块上表面与平板平行；若被测角度有偏差，则角度块上表面与平板不平行，可用在平板上移动的测微计在角度块上表面两端进行测量。测微计在两个位置上的示值差与这两端点之间距离的比值，即为角度块的偏差值（用弧度来表示），也即被测角度的偏差值。设测微计在角度块的小端和大端测量的示值分别为 n_1 和 n_2，两测点之间的距离为 l，则角度块偏差值为

$$\Delta\alpha = \frac{n_1 - n_2}{l} \tag{8-3}$$

如果测量示值 n_1、n_2 的单位为 μm，测点间距 l 的单位为 mm，而 $\Delta\alpha$ 的单位为″，则上式变为

$$\Delta\alpha = 206\,\frac{n_1 - n_2}{l} \tag{8-4}$$

1 rad＝206.265″，式(8-4)中只取了前三位数字。

2. 长度的测量步骤

(1) 用不带酸性的无色航空汽油清洗正弦规、量块。

(2) 检查平板、工件被测表面是否有毛刺、损伤和油污，若有毛刺和油污应清除。

(3) 将正弦规放在平板上，把被测工件按要求放在正弦规上。

(4) 根据被测工件尺寸，选用相应高度尺寸的量块组，垫起其中的一个圆柱。

(5) 调整磁性表架，装入千分表（或百分表），将表头调整到相应高度，压缩千分表表头 0.1～0.2 mm（百分表表头压缩 0.2～0.5 mm）。紧固磁性表架各部分螺钉（装入表头的紧固螺钉不能过紧，以免影响表头的灵活性）。

(6) 提升表头测量杆 2～3 次，检查示值的稳定性。

(7) 求出被测角度的偏差值 $\Delta\alpha$。

(8) 填写锥度测量与误差分析报告（见表 8-5）。

3. 注意事项

(1) 不要用正弦规测量粗糙工件。被测工件的表面不要带毛刺、研磨剂、灰屑等脏物，也要避免带磁性。

(2) 使用正弦规时，应防止在平板或工作台上来回拖动正弦规，以免磨损圆柱而降低精

度。

（3）被测工件应利用正弦规的前挡板或侧挡板定位，以保证被测工件角度截面在正弦规圆柱轴线的垂直平面内，避免产生测量误差。

表 8-5 锥度测量与误差分析报告

测量项目：

测量零件简图：

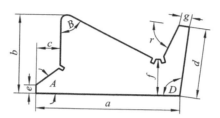

允许测量误差如下。
(1) b,f：±0.02 mm。
(2) a,c,d,e,g：±0.02 mm。
(3) A,B,D：±2°。
(4) r'：±4'。

测量工具：_____

_____

测量方法及要求：_____

_____

测量结果：

内容 ＼ 测量位置					
测量值（1）					
测量值（2）					
合格					
不合格					
加工后仍可用					

分析：_____

_____

_____

_____

姓名_____

年 月 日

8.4.2 用万能角度尺测量锥度

万能角度尺是另一种可以用于测量角度的量具。它是一种用接触法测量斜面、燕尾槽和圆锥面角度的游标量具。万能角度尺结构图如图 8-25 所示。

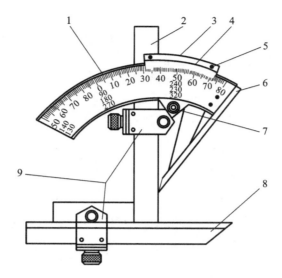

图 8-25　万能角度尺结构图

1—主尺；2—角尺；3—尺座；4—游标；5—齿轮转钮；6—基尺；7—制动器；8—直尺；9—紧固装置

8.4.3　用圆锥量规测量锥度

1. 圆锥量规的操作方法

圆锥量规是另一种可以用于测量角度的量具。圆锥量规的操作方法如图 8-26 所示。使用圆锥量规时，应先在圆锥体、圆锥孔或圆锥量规的表面，顺着母线，用显示剂均匀地涂上三条线（线与线相隔约 120°）；然后把圆锥套规或圆锥塞规在圆锥体或圆锥孔上转动约半周，观察显示剂的擦去情况，以此来判断工件锥度的正确性。

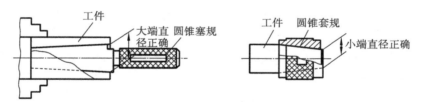

图 8-26　圆锥量规的操作方法

2. 注意事项

使用圆锥量规测量锥度时应注意以下几点。

（1）若圆锥量规的转动量超过半周，则显示剂会互相黏结，使操作者无法正确分辨，易造成误判。

（2）测量锥度以后，切不可用敲击圆锥量规的方法取下圆锥量规，否则被测工件在敲击后容易走动，产生锥度误差。

（3）锥面未擦净不能测量，否则易造成误判，测量时也容易破坏圆锥量规的锥面，影响圆锥量规的测量精度。

（4）用涂色法测量时，显示剂不能厚薄不均，否则会造成误判。

8.5　圆度误差的测量

圆度误差的测量方法可以分为三大类,一是用圆度仪测量圆度误差,二是用测量坐标值原理测量圆度误差(如用光学分度头测量圆度误差),三是用两点法和三点法测量(如用测微表测量)圆度误差。

8.5.1　用光学分度头测量轴的圆度误差

光学分度头用于测量被测工件的中心角和加工中的分度,一般是以被测工件的旋转中心线为测量基准测量中心角,所以它也可以测量轴的圆度误差。

光学分度头按读数形式分为目镜式、影屏式和数字式,分度值有 $1'$、$10''$、$6''$、$5''$、$3''$、$2''$、$1''$ 等几种。

1. 光学分度头的结构和光学系统

1) 光学分度头的外形结构

FP130A 型影屏式光学分度头的外形结构如图 8-27 所示。

2) 光学分度头的主要技术参数

(1) 玻璃分度盘分度值:$1°$。

(2) 分值分划板分度值:$5'$。

(3) 秒值分划板分度值:$5''$。

(4) 顶尖中心高:130 mm。

(5) 两顶尖间最大距离:710 mm。

3) 光学分度头的光学系统

图 8-28 所示为光学分度头的光学系统。光学分度头的玻璃分度盘直接安装在光学分度头的主轴上而与传动机构无关。当主轴旋转时,玻璃分度盘将随着一起转动,这样避免了传动机构的制造误差对测量结果的影响,所以光学分度头具有相当高的精确度。

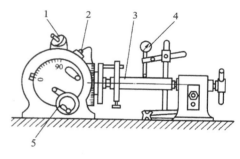

图 8-27　FP130A 型影屏式光学分度头的外形结构

1—目镜;2—光源;3—被测工件;
4—指示表;5—手轮

由光源 12 发出的光线经滤光片 11、聚光镜 10 到反射镜 9,照亮主轴上的玻璃分度盘 8 (分度值为 $1°$),通过物镜组 7 的玻璃刻线影像经过转像棱镜 6 投射到秒值分划板 5 上(分度值为 $5''$),通过物镜组 4,玻璃分度盘 8 上的影像和秒值刻线影像一起又投射到分值分划板 3 (分度值为 $5'$)上并通过棱镜 2,最后通过目镜 1 可同时看到度值刻线、分值刻线和秒值刻线。

2. 光学分度头的读数原理

在目镜视野中,右边细长刻线分度值为 $1°$,满刻度为 $360°$;中间短亮刻线分度值为 $5'$,满刻度为 $60'(1°)$;左边细长刻线分度值 $5''$,满刻度为 $300''(5')$。测量时,通过手轮将度值刻线调到邻近的分值刻线亮隙中间,即可读数。图 8-29(a)的示值为 $354°14'$,图 8-29(b)的示值为 $354°8'5''$。

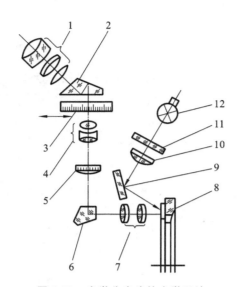

图 8-28 光学分度头的光学系统

1—目镜;2—棱镜;3—分值分划板;4,7—物镜组;
5—秒值分划板;6—转像棱镜;8—玻璃分度盘;
9—反射镜;10—聚光镜;11—滤光片;12—光源

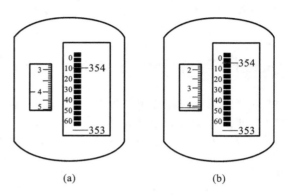

图 8-29 光学分度头读数显示

3. 轴圆度误差的测量步骤

（1）将被测工件顶在光学分度头的两顶尖间,将指示表引向被测工件,并使表头与被测工件径向最高点相接触。

（2）将光学分度头主轴上的外活动度盘转到 0°,再将指示表调零。

（3）根据对测取点数的要求进行分度,在一周内,分度头每转过一个角度（或进行了一次分度）,从指示表上读取相应点的数值,并记入圆坐标纸,连成误差曲线。

（4）进行数据处理并做出合格性判断。

（5）填写测量报告（见表 8-6）。

4. 圆度误差的评定方法

圆度误差的评定方法目前有最小包容区域法、最小外接圆法、最大内切圆法和最小二乘圆法四种,如图 8-30 所示。

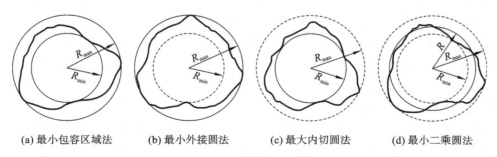

(a) 最小包容区域法   (b) 最小外接圆法   (c) 最大内切圆法   (d) 最小二乘圆法

图 8-30 圆度误差的评定方法

表 8-6　用光学分度头测量轴的圆度误差测量报告

被测量名称				圆度公差			
计量仪器	名称			分度值			
	名称			分度值			

用最小二乘圆法评定圆度误差

序号	测点/(°)	读数/μm	读数/μm	读数/μm	读数/μm	读数/μm	读数/μm
1	0°						
2	30°						
3	60°						
4	90°						
5	120°						
6	150°						
7	180°						
8	210°						
9	240°						
10	270°						
11	300°						
12	330°						

f			合格性判断		
姓名	班级	学号	审核		成绩

（1）最小包容区域法。最小包容区域是指包容实际轮廓且半径差为最小的两个同心圆间的区域。两同心圆与被测要素内外相间，至少四点接触（交叉准则）。圆度误差为两同心圆半径之差。如果轮廓误差曲线已被描绘出来，通常可应用透明的同心圆模板试凑包容轮廓误差曲线。

（2）最小外接圆法。最小外接圆法以包容实际轮廓且半径为最小的外接圆作为评定基准，以实际轮廓上各点至该圆圆心的最大半径差作为圆度误差。它适用于测量外圆柱面的圆度误差。

（3）最大内切圆法。最大内切圆法以内切于实际轮廓且半径为最大的内切圆作为评定基准，以实际轮廓上各点至该圆圆心的最大半径差作为圆度误差。它适用于测量内圆柱面的圆度误差。

（4）最小二乘圆法。最小二乘圆法以实际轮廓的最小二乘圆作为理想圆，最小二乘圆圆心至轮廓的最大距离 $R_{\max}$ 与最小距离 $R_{\min}$ 之差即为圆度误差。在实际轮廓之内找出这样一点，使实际轮廓上各点到以该点为圆心所作的圆的径向距离的平方和为最小，该圆即为最小二乘圆。寻找最小二乘圆圆心的方法如图 8-31 所示。根据测得的误差曲线，按照测量时的回转中心等分圆周角。在图 8-31 中，对 360° 进行 12 等分，设径向线与曲线的交点分别为 $p_1,p_2,\cdots,p_{12}$。选取 2 个互相垂直的径向线构成一个直角坐标系，并确定坐标轴 x 和 y。p_i 的极坐标为 $p_i(r_i,\theta_i)$，而直角坐标值为 $p_i(x_i,y_i)$。

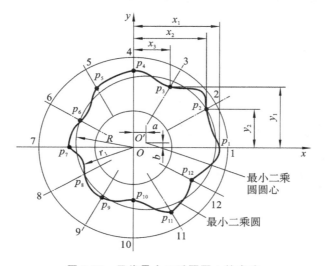

图 8-31 寻找最小二乘圆圆心的方法

设最小二乘圆圆心 O' 的直角坐标为 (a,b)，则可根据各 p 点的直角坐标值或极坐标值求得 a 和 b 分别为

$$a = \frac{2}{n}\sum_{i=1}^{n} x_i, \quad b = \frac{2}{n}\sum_{i=1}^{n} y_i \tag{8-5}$$

或者

$$a = \frac{2}{n}\sum_{i=1}^{n}(r_i \times \cos\theta_i), \quad b = \frac{2}{n}\sum_{i=1}^{n}(r_i \times \sin\theta_i) \tag{8-6}$$

式中：n——实际轮廓等分角间隔数，n 越大计算结果越准确。

最小二乘圆半径 R 可用下式计算：

$$R = \frac{1}{n}\sum_{i=1}^{n} r_i \tag{8-7}$$

当最小二乘圆圆心找到后，以该圆心为圆心的、与实际轮廓曲线相内切和外接的两个圆的半径差就是按最小二乘圆法评定的圆度误差，此时可不必算出半径 R。

8.5.2 用圆度仪测量圆度误差

1. 圆度仪的测量原理和测量头形状的选择

将一个精密回转轴系统上一个动点(测量装置的触头)所产生的理想圆与实际轮廓进行比较,就可求得圆度误差值。这种用精密回转轴系统测量圆度误差的仪器称为圆度仪。

1)圆度仪的测量原理

圆度仪有两种。一种是转轴式(或称传感器旋转式)圆度仪,如图 8-32(a)所示。它的主轴垂直地安装在头架上,主轴的下端安装一个可以径向调节的传感器,用同步电机驱动主轴旋转,这样就使安装在主轴下端的传感器测量头形成一接近于理想圆的轨迹。被测工件安装在中心可精确调整的微动定心台上,利用电感放大器的对中表可以相对精确地找正主轴中心。测量时,传感器测量头与被测工件截面的侧表面接触,被测工件截面实际轮廓引起的径向尺寸的变化由传感器转化成电信号,通过放大器、滤波器输入极坐标记录器。把被测工件截面实际轮廓在半径方向上的变化量加以放大,画在记录纸上。用刻有同心圆的透明样板或采用作图法可评定出圆度误差,或者通过计算机直接显示测量结果。由于主轴工作时不受被测工件质量的影响,因而转轴式圆度仪比较容易保证较高的主轴回转精度。

另一种是转台式(或称工作台旋转式)圆度仪,如图 8-32(b)所示。测量时,被测工件被安置在回转工作台上,随回转工作台一起转动。传感器在支架上固定不动。传感器感受的被测工件截面实际轮廓的变化经放大器放大,并做相应的信号处理,然后被送到记录器由记录器记录或送到计算机由计算机显示测量结果。转台式圆度仪具有能使测量头很方便地调整到被测工件任一截面位置进行测量的优点,但受回转工作台承载能力的限制,只适用于测量小型工件的圆度误差。

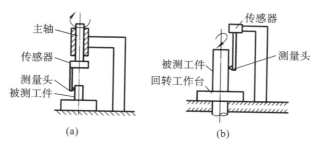

图 8-32 圆度仪

2)测量头形状的选择

测量头形状有针形、球形、圆柱形和斧形。对于较小的工件,材料硬度较低,可用圆柱形测量头。若材料硬度较低并要求排除表面粗糙度的影响,则可用斧形测量头。

2. 圆度仪记录图形放大倍率的选择

使用圆度仪时要注意记录图形放大倍率的选择。圆度仪记录图形放大倍率是指被测工件截面实际轮廓径向误差的放大比率,即记录笔位移量与测量头位移量之比。在选取记录图形放大倍率时,以使记录的截面轮廓图形占记录纸记录环宽度的 $1/3 \sim 1/2$ 为宜。圆度仪记录的图形是以被测工件截面实际轮廓为依据的,是将截面实际轮廓与理想圆的半径差按高倍数放大,而半径尺寸是按低倍数放大的,即记录图形上半径差与半径尺寸值的放大倍率不同,这样如果半径差与半径尺寸按同一倍率放大,则需要极大的一张记录纸来描绘轮廓图形。由于上述原因,记录的截面轮廓图形在形状特征上与截面实际轮廓有较大差别。如图 8-33 所示,一个五棱形的实际轮廓会在选用 3 种不同的记录图形放大倍率的情况下,呈现出 3 个不同形状特征的记录轮廓。

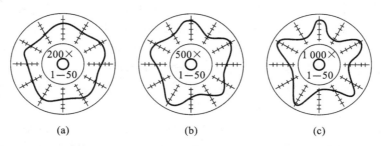

图 8-33　五棱形采用 3 种不同的记录图形放大倍率时的记录轮廓图

3. 圆度误差评定方法

用圆度仪测量的圆度误差的评定方法与利用光学分度头测量的圆度误差的评定方法相同。测量结束后,填写用圆度仪测量圆度误差报告(见表 8-7)。

表 8-7　用圆度仪测量圆度误差报告

被测量名称						圆度公差						
计量仪器	名称					分度值						
测点/(°)	0°	30°	60°	90°	120°	150°	180°	210°	240°	270°	300°	330°	360°
读数													

测量记录曲线

f_0			合格判断		
姓名	班级	学号	审核	成绩

8.6　轴类零件位置误差的测量

8.6.1　跳动误差的测量

轴类零件跳动误差测量所用仪器有跳动检查仪、指示表、V 形架等。图 8-34 所示为齿轮跳动检查仪,它主要用于在齿轮加工现场或车间检查站测量圆柱齿轮或圆锥齿轮的径向跳动误差。它的导轨面采用磨削后刮研工艺,精度高,美观耐用。齿轮跳动检查仪的工作原理是,齿圈的径向跳动 F_r 为测量头相对于齿轮轴线的最大变动量。为此,齿圈径向跳动的测量由具有原始齿条齿形的测量头进行,测量时,将装在芯轴上的被测工件即齿轮固定在仪器的两顶针间,把具有原始齿条齿形的测量头依次插入齿轮的齿间内,在齿轮转一圈范围内,测量头相对于齿轮轴线的最大变动量即为 F_r。

图 8-34　齿轮跳动检查仪

齿轮跳动检查仪还可用于测量图 8-35 所示回转类零件的径向跳动误差。

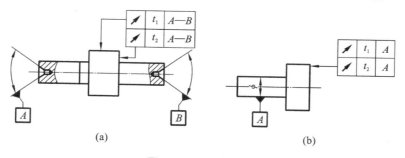

(a)　　　　　　　　　　　　　　　　(b)

图 8-35　回转类零件

轴类零件跳动误差的具体测量方法如表 8-8 所示。测量完成后,填写表 8-9 所示的测量报告。

表 8-8　轴类零件跳动误差的具体测量方法

测量项目	计量仪器	测量方法示意图	测量方法说明
径向圆跳动和径向全跳动	跳动检查仪、指示表		（1）将被测工件安装在跳动检查仪的两顶尖间,公共基准轴线由两顶尖模拟; （2）将指示表压缩 2～3 圈; （3）将被测工件回转一周,读出指示表的最大变动量,此即为径向圆跳动误差; （4）按上述方法测若干个截面,取各截面跳动量最大值作为径向全跳动误差

续表

测量项目	计量仪器	测量方法示意图	测量方法说明
径向圆跳动	平板、指示表、V形架、圆球、固定支承		（1）将被测工件放在V形架上，基准轴线由V形架模拟，轴向通过圆球支承定位； （2）将指示表压缩2～3圈； （3）将被测工件回转一周，读出指示表的最大变动量； （4）按上述方法测若干个截面，取各截面跳动量的最大值作为径向圆跳动误差
轴向圆跳动	跳动检查仪、指示表		（1）将被测工件安装在跳动检查仪的两顶尖间，公共基准轴线由两顶尖模拟； （2）将指示表压缩2～3圈； （3）将被测工件回转一周，读出指示表的最大变动量； （4）按上述方法测若干个圆柱面，取各圆柱面上测得的跳动量最大值作为轴向圆跳动误差
轴向圆跳动	平板、指示表、V形架、圆球、固定支承		（1）将被测工件放在V形架上，基准轴线由V形架模拟，并在轴向固定； （2）将指示表压缩2～3圈； （3）将被测工件回转一周，读出指示表的最大变动量； （4）按上述方法测若干个圆柱面，取各圆柱面上测得的跳动量的最大值作为轴向圆跳动误差

注：1为被测工件转动方向，2为指示表移动方向。

8.6.2　同轴度误差的测量

　　轴类零件同轴度误差的测量方案很多，既可在圆度仪上记录轮廓图形，根据轮廓图形按同轴度定义求出同轴度误差；也可在三维坐标机上用坐标测量法求得圆柱面轴线与基准轴线间最大距离的两倍，此即为同轴度误差。生产实际中轴类零件同轴度误差运用最广泛的测量方法是打表法。打表法所用器具为平板、刃口状V形架、指示表及测量架。图8-36(a)所示为被测要素的同轴度公差标注。图8-36(b)所示为测量示意图。

表 8-9　轴类零件位置误差的测量报告

所用计量仪器的名称及规格

名称＿＿＿＿＿＿＿＿　　　　　　　　　规格＿＿＿＿＿＿＿＿

＿＿＿＿＿＿＿＿　　　　　　　　　＿＿＿＿＿＿＿＿

＿＿＿＿＿＿＿＿　　　　　　　　　＿＿＿＿＿＿＿＿

＿＿＿＿＿＿＿＿　　　　　　　　　＿＿＿＿＿＿＿＿

画测量简图并标注测量项目及其公差

测量项目	实验误差	合格性判断
径向圆跳动		
径向全跳动		
轴向圆跳动		
同轴度误差		

姓名	班级	学号	审核	成绩

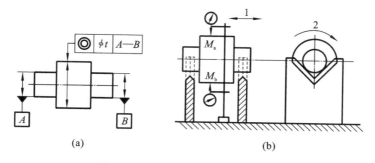

图 8-36　轴类零件同轴度误差测量

测量步骤如下。

（1）将被测工件基准轮廓要素的中截面放置在两个等高的刃口状 V 形架上，公共基准轴线由两个 V 形架模拟；将两个指示表分别在铅垂轴截面调零。

（2）转动被测工件，取指示表在垂直公共基准轴线的正截面上测得各对应点的读数差$|M_a - M_b|$作为在该截面上的同轴度误差。

（3）按上述方法测量若干个截面，取测得的最大同轴度误差作为该被测工件的同轴度误差，并判断其合格性。

（4）填写测量报告（见表 8-9）。

复习与思考题

8-1 轴径的测量方法有哪些？各使用哪些计量仪器？

8-2 孔径的测量方法有哪些？各使用哪些计量仪器？

8-3 圆度误差的测量方法有哪些？各使用哪些计量仪器？

8-4 简述圆度误差的评定方法。

8-5 正弦规的使用注意事项有哪些？

8-6 万能测长仪的使用注意事项有哪些？

8-7 数字式立式光学计的使用注意事项有哪些？

8-8 圆锥量规的使用注意事项有哪些？

项目 9 表面结构特征的测量

★ **项目内容**

· 表面结构特征的测量。

★ **学习目标**

· 掌握表面结构特征的测量。

★ **主要知识点**

· 用比较法测量表面粗糙度。
· 用表面粗糙度测量仪测量表面粗糙度。

《产品几何技术规范(GPS) 技术产品文件中表面结构的表示法》(GB/T 131—2006)、《产品几何技术规范(GPS) 表面结构 轮廓法 接触(触针)式仪器的标称特性》(GB/T 6062—2009)等国家标准,已经将"表面粗糙度"的概念扩大为广义的表面结构,而表面结构的轮廓参数在原来的 R 参数(粗糙度参数)基础上又增加了两个,即 W 参数(波纹度参数)和 P 参数(原始轮廓参数)。本书只介绍表面结构中 R 参数(粗糙度参数)的测量。

9.1 用比较法测量表面粗糙度

比较法是生产中常用的表面粗糙度测量方法之一。此方法是将表面粗糙度比较样块与被测表面进行比较,判断被测表面粗糙度的数值。尽管这种方法不够严谨,但它具有测量方便、成本低、对环境要求不高等优点,广泛用于在生产现场测量一般表面粗糙度。

9.1.1 表面粗糙度比较样块

图 9-1 所示为表面粗糙度比较样块。它是采用特定合金材料加工而成的,具有不同的表面粗糙度参数值。通过触觉、视觉将被测表面与之做比较,可确定被测表面粗糙度的数值。

ISO 表面粗糙度比较样块由高纯度镍电镀的特定低碳钢制成,在同一块比较样块上有

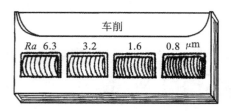

(a) 车削加工的样块

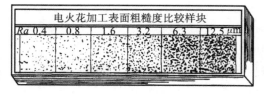

(b) 电铸工艺复制的样块

图 9-1　表面粗糙度比较样块

细砂型和喷丸型两种规格,符合 ISO 8503 标准所规定的细、一般、粗糙三个等级,分别达到喷砂、喷丸清除表面的 Sa 2.5 级和 Sa 3 级标准。ISO 表面粗糙度比较样块如图 9-2 所示。

(a) 表面粗糙度比较样块

(b) ISO 8503-1 E125-1 喷砂表面粗糙度比较样块

型号	加工方法		粗糙度值Ra/μm	包含的对比样块
ISR-CS315	磨平面		0.025, 0.05, 0.1, 0.2, 0.4, 0.8, 1.6, 3.2	8块
ISR-CS316	磨外圆		0.025, 0.05, 0.1, 0.2, 0.4, 0.8, 1.6, 3.2	8块
ISR-CS317	研平面	交错	0.025, 0.05, 0.1, 0.2	4块
		平行	0.025, 0.05, 0.1, 0.2	4块
ISR-CS318	研磨外圆		0.025, 0.05, 0.1, 0.2	4块
	超精加工		0.025, 0.05, 0.1, 0.2	4块
ISR-CS319	车平面		0.4, 0.8, 1.6, 3.2, 6.3, 12.5, 25, 50	8块
ISR-CS320	车外圆		0.4, 0.8, 1.6, 3.2, 6.3, 12.5, 25, 50	8块
ISR-CS321	立铣		0.4, 0.8, 1.6, 3.2, 6.3, 12.5, 25, 50	8块
ISR-CS322	铰削		0.4, 0.8, 1.6, 3.2	4块
	钻削		1.6, 3.2, 6.3, 12.5	4块
ISR-CS323	卧铣		0.4, 0.8, 1.6, 3.2, 6.3, 12.5, 25, 50	8块
ISR-CS325	刨削		0.8, 1.6, 3.2, 6.3, 12.5, 25, 50, 100	8块
ISR-CS326	砂带磨削		0.1, 0.2, 0.4, 0.8 1.6, 3.2	6块
ISR-CS328	立磨		0.2, 0.4, 0.8, 1.6, 3.2, 6.3	6块
ISR-CS329	喷砂		3.2, 10.5, 18, 25	4块
	喷丸		3.2, 8, 13, 18	4块
ISR-CS331	电火花加工		0.4, 0.8, 1.6, 3.2, 6.3, 12.5, 25, 50	8块
ISR-CS333	手工锉削		0.4, 0.8, 1.6, 3.2, 6.3	5块
ISR-CS334	铸造		0.8, 1.6, 3.2, 6.3, 12.5, 25, 50	7块
ISR-CS335	珩磨		0.05, 0.1, 0.2, 0.4, 0.8, 1.6	6块
ISR-CS336	抛光		0.012 5, 0.025, 0.05, 0.1, 0.2	5块

(c) ISR-CS系列表面粗糙度比较样块明细

图 9-2　ISO 表面粗糙度比较样块

考虑到采用不同加工方法得到的工件表面结构特征不一样,国家标准对表面粗糙度比较样块做了较详细的规定,详见《表面粗糙度比较样块　铸造表面》(GB/T 6060.1—1997)、《表面粗糙度比较样块　磨、车、镗、铣、插及刨加工表面》(GB/T 6060.2—2006)、《表面粗糙度比较样块　第 3 部分:电火花、抛(喷)丸、喷砂、研磨、锉、抛光加工表面》(GB/T 6060.3—2008)。

9.1.2　测量方法

1. 视觉比较法

视觉比较法就是用人的眼睛反复比较被测表面与表面粗糙度比较样块间的加工痕迹异同、反光强弱、色彩差异,以判定被测表面粗糙度的大小。必要时可借用放大镜进行比较。

2. 触觉比较法

触觉比较法就是用手指分别触摸或划过被测表面和表面粗糙度比较样块,根据手的感觉判断被测表面与表面粗糙度比较样块在峰谷高度和间距上的差别,从而判断被测表面粗糙度的大小。

采用比较法时,应注意以下事项。

（1）被测表面与表面粗糙度比较样块应具有相同的材质。不同材质的表面的反光特性和手感不一样。例如,将一个钢质的表面粗糙度比较样块与一个铜质的加工表面相比较,将会得到误差较大的比较结果。

（2）被测表面与表面粗糙度比较样块应具有相同的加工方法,采用不同的加工方法所获取的加工痕迹是不一样的。例如,车削加工的表面粗糙度绝对不能用磨削加工的表面粗糙度比较样块去比较并得出结果。

（3）用比较法测量工件的表面粗糙度时,应注意温度、照明方式等环境因素影响。

9.2　用表面粗糙度测量仪测量表面粗糙度

利用表面粗糙度测量仪测量表面粗糙度,具有直观、准确、高效等优势。测量时,主要是要严格遵守表面粗糙度测量仪使用说明书的操作程序,仔细处理各项数据。

9.2.1　用 2205 型表面粗糙度测量仪测量表面粗糙度

2205 型表面粗糙度测量仪的外形如图 9-3 所示。它由驱动箱、传感器、电气箱、支臂、底座、计算机等六个基本部件组成。

图 9-3　2205 型表面粗糙度测量仪的外形

2205 型表面粗糙度测量仪的驱动箱如图 9-4 所示,传感器如图 9-5 所示。

当测量工件表面粗糙度时,将传感器搭在工件被测表面上,从传感器探出的极其尖锐的棱锥形金刚石测针沿着工件被测表面滑行,此时工件被测表面的粗糙度引起了金刚石测针的位移,该位移使传感器线圈的电感量发生变化,从而在相敏整流器的输出端产生与被测表面粗糙度成比例的模拟信号,该信号经过放大及电平转换之后进入数据采集系统,计算机自动地将其采集的数据进行数字滤波和参数计算,得出测量结果,测量结果及图形在显示器上显示或打印输出。

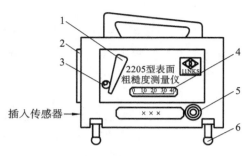

插入传感器→

图 9-4　2205 型表面粗糙度测量仪的驱动箱
1—启动手柄；2—燕尾导轨；3—启动手柄限位钉；
4—行程标尺；5—调整手轮；6—球形支承脚

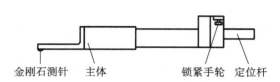

金刚石测针　主体　锁紧手轮　定位杆

图 9-5　2205 型表面粗糙度测量仪的传感器

9.2.2　其他表面粗糙度测量仪

1. TR300 表面粗糙度形状测量仪

图 9-6　TR300 表面粗糙度形状测量仪

TR300 表面粗糙度形状测量仪如图 9-6 所示。它是一款完全符合最新国际标准的新产品，是评定工件表面质量的多用途便携式仪器，具有符合国际标准和多个国家的国家标准的多个参数，可对多种表面的粗糙度、波纹度和原始轮廓进行多参数评定，可测量平面、外圆柱面、内孔表面及轴承滚道等。该仪器具有测量范围大、性能稳定、精度高的特点，适用于生产现场、科研实验室和企业计量室。它根据选定的测量条件计算相应的参数，测量结果可以以数字和图形的方式显示在液晶显示器上，也可以输出到打印机上。该仪器还可以连接计算机，计算机专用分析软件可直接控制测量操作并提供强大的高级分析功能。

TR300 表面粗糙度形状测量仪的性能参数如表 9-1 所示。

表 9-1　TR300 表面粗糙度形状测量仪的性能参数

项　目	描　述
测量轮廓	粗糙度，波纹度，原始轮廓
参数	R 参数：$Ra, Rp, Rv, Rt, Rz, Rq, RSk, Rku, Rc, Rs, Rsm, Rlo, RHSC, Rpc, Rmr(c), Rz(JIS), R3y, R3z$ W 参数：$Wa, Wp, Wv, Wt, Wz, Wq, WSk, Wku, Wc, Ws, Wsm, Wlo, WHSC, Wpc, Wmr(c), Wz(JIS)$ P 参数：$Pa, Pp, Pv, Pt, Pz, Pq, PSk, Pku, Pc, Ps, Psm, Plo, PHSC, Ppc, Pmr(c), Pz(JIS)$ Rk 参数：$Rk, Rpk, Rvk, Mr1, Mr2$
滤波	$RC, PCRC, Gauss, ISO\ 13565$

续表

项　目	描　述
取样长度 lr	0.08 mm,0.25 mm,0.8 mm,2.5 mm,8 mm
评定长度 ln	$(1\sim 5)lr$
最大测量范围	800 μm
最高分辨率	0.000 125 μm/8 μm
残余轮廓	$Ra < 0.005\ \mu m$
示值误差	$< \pm 5\%$
示值变动性	$< 3\%$
内部存储能力	10 组原始数据
外部输入/输出接口	RS-232,USB
电源	内置锂离子充电电池,外接电源适配器

2. 123 指针型表面粗糙度测量仪

英国 Elcometer 公司生产的 123 指针型表面粗糙度测量仪如图 9-7 所示。它的量程为 0~1 000 μm,测量时可直接在表中读出所测表面的粗糙度数值。

3. SURTRONIC 25 便携式表面粗糙度测量仪

英国泰勒公司生产的 SURTRONIC 25 便携式表面粗糙度测量仪是一种体积小、携带方便的表面粗糙度测量仪,如图 9-8所示,广泛用于在加工现场或在计量室进行进一步分析。它可测量各种加工表面,如油泵油嘴、曲轴、凸轮轴、缸套、缸孔、活塞孔等的表面粗糙度。同时它也可应用于 PS 版测量、在线检测机床的设置和调整情况、检测加工过程中刀具的磨损或松动情况。

图 9-7　123 指针型表面粗糙度测量仪

图 9-8　SURTRONIC 25 便携式表面粗糙度测量仪

SURTRONIC 25 便携式表面粗糙度测量仪的特点是:仅手掌大小,可携带到任何需要测量表面粗糙度的地方;设计独特的探头支架可轻易使探头和工件被测表面稳定接触;在操作过程中,内置电池作微型驱动电源;测量通过按键控制,采用菜单选择方式,操作简单;可输出、打印测量结果,或与 DPM 数据处理器连接;测量值在行程结束后 2 s 自动显示;配有多种探头和附件,可满足各种形状工件的测量。

4. BCJ-2 型电动轮廓仪

(1) BCJ-2 型电动轮廓仪及其测量原理。

电动轮廓仪又称表面粗糙度检查仪,它是用针描法来测量表面粗糙度的。针描法又称触针法,是一种接触测量方法。电动轮廓仪适用于测量 $0.025 \sim 5\ \mu m$ 的 Ra 值。有些型号的电动轮廓仪还配有各种附件,除了可测量工件的一般表面外,还可测量圆锥面、球面、曲面、孔径小于 3 mm 的小孔表面、孔径大于 7.5 mm 且深度达 280 mm 的深孔表面、沟槽等表面。BCJ-2 型电动轮廓仪如图 9-9 所示。它由传感器、驱动器、指示表、记录器和工作台等主要部件组成,传感器的端部装有金刚石触针。

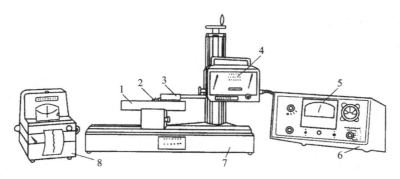

图 9-9 BCJ-2 型电动轮廓仪

1—被测工件;2—金刚石触针;3—传感器;4—驱动器;5—指示表;6—电气箱;7—工作台;8—记录器

BCJ-2 型电动轮廓仪的基本测量原理如图 9-10 所示。

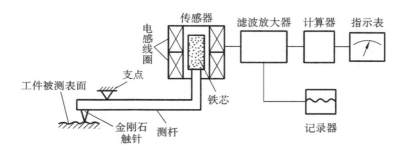

图 9-10 BCJ-2 型电动轮廓仪的基本测量原理

将金刚石触针搭在被测工件上,使金刚石触针与工件被测表面垂直接触,利用驱动器以一定的速度拖动传感器。由于工件被测表面粗糙不平,因此金刚石触针在垂直于工件被测表面的方向上上下移动。这种机械的上下移动通过传感器转换成电信号,该信号经放大、相敏检波和功率放大后,推动记录器,直接描绘出被测轮廓的放大图形,按此图形进行数据处理,即可得到 Ra 值。或者使信号通过滤波器,经检波后的信号由积分电路进行积分计算后,由指示表指出表面的轮廓算术平均偏差 Ra。

BCJ-2 型电动轮廓仪体积小、质量轻、搬运方便、使用灵巧、操作简单、测量迅速方便、读数直观准确,而且对使用环境无严格要求,应用广泛。

与电动轮廓仪相比,光切显微镜虽然不接触工件被测表面,但测量过程烦琐,测量误差大,且只能测 Rz 值。

（2）BCJ-2 型电动轮廓仪的测量步骤。

①接上电源后，根据被测工件表面粗糙度的要求，选择合适的传感器，用连接线将其与驱动器连接。

②将被测工件擦干净，放在工作台的 V 形架上。

③装好被测工件后，将传感器的金刚石触针轻轻搭在被测工件上，注意要特别小心，以免损坏金刚石触针，使金刚石触针与工件被测表面垂直，并使其运动方向与被测工件加工纹理方向垂直。

④打开电动轮廓仪电源开关进行预热，时间不少于 30 min。

⑤根据被测工件选择测量范围。例如，测量活塞销，活塞销的表面粗糙度 Ra 值要求为 $0.2\sim0.4\ \mu m$，按钮调到第三挡，切除长度应选择 0.25 挡。用手轻轻按动驱动器按钮，表针即指示数据，此时按复零按钮，表针立即回到零位。

⑥换不同测量位置连续测 4 次，将测量结果取平均值作为测量结果。

（3）BCJ-2 型电动轮廓仪的使用注意事项。

①根据被测工件表面粗糙度的大小，随时变换量程挡，以满足测量要求。

②金刚石触针与工件被测表面接触时会留下划痕，这对一些重要的表面是不允许的。

③因受金刚石触针圆弧半径大小的限制，BCJ-2 型电动轮廓仪不能测量粗糙度值要求很高的表面，否则会产生大的测量误差。

（4）实验报告。

用电动轮廓仪测量表面粗糙度报告如表 9-2 所示。

表 9-2　用电动轮廓仪测量表面粗糙度报告

测量内容	用电动轮廓仪测量表面粗糙度				
仪器名称与型号		测量范围/μm		测量方式	
被测工件名称		被测工件表面粗糙度要求 $Ra/\mu m$			
测量记录与数据处理					
测量序号	实测 Ra 值/μm	平均值/μm		合格性判断	理由
1					
2					
3					
4					
指导老师		班级	姓名		得分

9.3　用光切显微镜测量表面粗糙度

9.3.1　光切显微镜的测量原理

光切显微镜又称双管显微镜，它的外形和结构如图 9-11 所示。它利用光切原理来测量工件的表面粗糙度，可用于测量车削、铣削、刨削及用其他类似方法加工的金属外表面，也可用来观察木材、纸张、塑料、电镀层等表面的微观不平度。对于大型工件和内表面，可采用印模法复制被测表面模型，然后用光切显微镜进行测量。

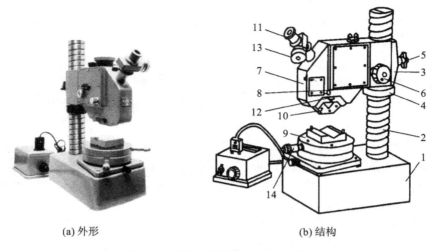

| (a) 外形 | (b) 结构 |

图 9-11　光切显微镜的外形和结构

1—底座;2—立柱;3—横臂;4—粗调螺母;5—锁紧旋钮;6—微调手轮;7—壳体;8—手柄;
9—工作台;10—可换物镜组;11—目镜;12—燕尾;13—目镜千分尺;14—横向移动千分尺

　　光切显微镜主要用于测量轮廓最大高度 Rz(在已作废的 GB/T 3505—1983 中,Rz 表示"不平度的 10 点高度",是指在取样长度内,被测实际轮廓上 5 个最大轮廓峰高的平均值与 5 个最大轮廓谷深的平均值之和。现行标准 GB/T 3505—2009 中,Rz 表示"轮廓最大高度",与旧国标中 Ry 的含义一致,是指在一个取样长度内,最大轮廓峰高与最大轮廓谷深之和。当使用现行的技术文件和图样时,一定要谨慎,不要混淆)。光切显微镜测量 Rz 的范围一般为 $0.8\sim80~\mu m$。必要时也可通过测出轮廓图形上的各点,用坐标点绘图法作出轮廓图形;或使用光切显微镜上的拍照装置,拍摄出被测实际轮廓,近似评定 Ra 或轮廓单元的平均宽度 Rsm。

　　光切显微镜的可换物镜组有 4 组,如表 9-3 所示。

表 9-3　光切显微镜的技术参数

项　　目	技　术　参　数			
物镜放大倍数	7	14	30	60
视场直径/mm	2.5	1.3	0.6	0.3
Rz 测量范围/μm	10~80	3.2~20	1.6~6.3	0.8~3.2
目镜套筒分度值/μm	1.26	0.63	0.294	0.145

　　光切显微镜的测量原理如图 9-12 所示。光切显微镜有两个镜管,右为照明管,左为观察管。两个镜管轴线成 90°。从照明管光源发出的光,穿过聚光镜、狭缝(光阑)和物镜后,变成扁平的光束,以 45°倾角投射到被测表面上。光带在波峰 s 和波谷 s' 处产生反射。波峰 s 与波谷 s' 通过观察管的物镜分别成像在分划板的 a 点和 a' 点。两点之间的距离 h' 即波峰、波谷影像的高度差(已放大了)。测得 h',便可求出被测表面的波峰、波谷高度差 h,即

$$h = ss'\cos45°, \quad ss' = \frac{h'}{V}$$

故
$$h = h' \frac{\cos 45^\circ}{V}$$
(9-1)

式中: V——物镜的放大倍数。

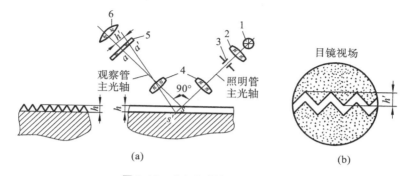

图 9-12　光切显微镜的测量原理

1—光源；2—聚光镜；3—狭缝；4—物镜；5—分划板；6—目镜

9.3.2　测量步骤

(1) 按被测表面粗糙度的大小选择一对物镜，并将其安装在两镜管的下端。

(2) 将光源插头插接变压器并接通电源。

(3) 将被测工件擦净，置于工作台 9(见图 9-11)上，在垂直于加工纹理的方向上测量，即使被测工件加工纹理方向与工作台纵向移动方向垂直。

(4) 粗调焦。松开横臂 3 的锁紧旋钮 5，转动粗调螺母 4，使横臂 3 连同壳体 7 沿着立柱 2 上下缓慢移动，进行显微镜的粗调焦。同时，从目镜 11 观察，直至观察到工件被测表面上出现一绿色光带后锁紧横臂锁紧旋钮 5。转动工作台 9，使加工纹理方向与光带垂直。

(5) 细调焦。转动微调手轮 6，配合调整目镜 11，进行显微镜的细调焦。直到在目镜视场中看到清晰的狭亮波状光带。目镜视场的影像如图 9-13 所示。

(6) 测量。转动目镜千分尺 13，使分划板上的十字线移动，将十字线的水平线与波峰对准，记录第一个读数，然后移动十字线，使十字线的水平线与峰谷对准，记录第二个读数。目镜读数示意图如图 9-14 所示。两次读数差为图中的 a。由于读数是在目镜千分尺轴线(与十字线的水平线成 45°)方向上进行的，因此两次读数的差与目镜中影像高度 h' 的关系为

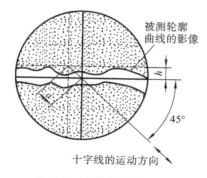

图 9-13　目镜视场的影像

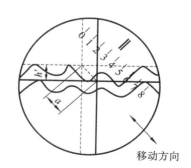

图 9-14　目镜读数示意图

$$h' = a\cos 45° \tag{9-2}$$

将式(9-2)代入式(9-1)中得

$$h = \frac{a}{2V} \tag{9-3}$$

上式的计算结果即轮廓最大高度 Rz 值。测 3 次取平均值。

9.3.3 注意事项

(1) 仪器调好后一般不允许动横向移动千分尺。

(2) 测量时,应选择两条光带边缘中比较清晰的一条进行测量,不要把光带宽度测量进去。

9.3.4 测量报告

用光切显微镜测量表面粗糙度报告如表 9-4 所示。

表 9-4　用光切显微镜测量表面粗糙度报告

测量内容	用光切显微镜测量表面粗糙度					
仪器名称与型号			测量范围/μm			
物镜放大倍数						
被测工件名称						
被测工件表面粗糙度要求 Rz/μm						
测量记录与数据处理/μm						
测量次数	1		2		3	
	波峰	波谷	波峰	波谷	波峰	波谷
测量数据						
	$a_1 =$		$a_2 =$		$a_3 =$	
数据处理	$a = \frac{1}{3}(a_1 + a_2 + a_3) =$					
	$h' = a\cos 45° =$					
	$h = \frac{a}{2V} =$					
合格性判断						
指导老师		班级		姓名		总得分

9.4　用干涉显微镜测量表面粗糙度

9.4.1　干涉显微镜的测量原理

干涉显微镜利用光波干涉原理测量表面粗糙度。它通常用于测量极光滑表面的轮廓最大高度 Rz，测量范围通常为 $0.025\sim0.8\ \mu m$。6JA 型干涉显微镜的结构如图 9-15 所示。

6JA 型干涉显微镜的光学系统原理如图 9-16 所示。光源 1 发出的光，经过聚光镜 2、反射镜 3、光阑 4 和 5、聚光镜 6，到分光镜 7，通过分光镜 7 分为两束光：一束光经过补偿镜 8、物镜 9，射向工件被测表面，再由工件被测表面反射经原光路返回到分光镜 7，由分光镜 7 反射，经反射镜 11、折射镜 12，到目镜 13、14；另一束光由分光镜 7 反射，经过滤光片 17、物镜 10 到标准镜 18，再由标准镜 18 反射经原光路返回，透过分光镜 7 射向目镜 14。两路光束有光程差，产生光波干涉，形成干涉条纹。

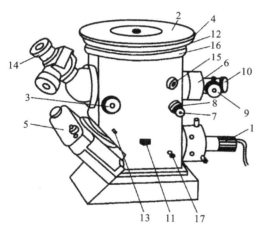

图 9-15　6JA 干涉显微镜的结构

1—光源；2—工作台；3—目视/照相的转换手轮；
4—移动工作台的滚花环；5—照相机；6—参考镜部件；
7,8,9,10—干涉带调节手轮；11—光阑调节手轮；
12—转动工作台的滚花环；13—紧固照相机的螺钉；
14—目镜；15—遮光板调节手轮；
16—升降工作台的滚花环；17—滤光片手柄

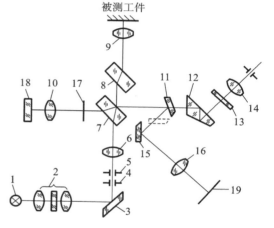

图 9-16　6JA 型干涉显微镜的光学系统原理

1—光源；2,6—聚光镜；3,11,15—反射镜；
4,5—光阑；7—分光镜；8—补偿镜；9,10—物镜；
12—折射镜；13,14—目镜；16—照相物镜；
17—滤光片；18—标准镜；19—照相底片

6JA 型干涉显微镜还附有照相装置。通过反射镜 15、照相物镜 16，干涉条纹成像于照相底片 19 上，可将其拍下，然后进行测量计算。如果被测表面为理想平面，则在视场中出现一组等距平直的干涉条纹；如果被测表面存在微观不平度，则会出现一组弯曲的干涉条纹，如图 9-17 所示。光程差每增加半个波长，就形成一条干涉带，故被测表面的波峰、波谷高度差为

$$h=\frac{a}{b}\times\frac{\lambda}{2} \qquad (9-4)$$

图 9-17　干涉条纹

式中:a——干涉条纹的弯曲量;

b——相邻干涉条纹的间距;

λ——光波波长(绿色光 $\lambda=0.53\ \mu m$)。

9.4.2 测量步骤

(1)将被测工件擦干净,置于工作台上,被测表面朝上,接通电源。

(2)松开目镜紧固螺钉,拔出目镜,从目镜管中观察。若看到两个灯丝像,则调节光源,使两个光源重合,然后插上目镜,锁紧目镜紧固螺钉。

(3)旋转遮光板调节手轮,遮住一束光线,用手轮转动工作台的滚花环,调焦,直至看清楚被测表面的纹路;再旋转遮光板调节手轮,视场中出现干涉条纹。

(4)缓慢调节干涉带调节手轮,直至看到清晰的干涉条纹。

(5)用式(9-4)计算。

9.4.3 注意事项

至少测 3 次,取平均值作为被测工件的表面粗糙度。

9.4.4 测量报告

用干涉显微镜测量表面粗糙度报告如表 9-5 所示。

表 9-5　用干涉显微镜测量表面粗糙度报告

测量内容	用干涉显微镜测量表面粗糙度				
仪器名称与型号		测量范围/μm		测量方式	
被测工件名称		被测工件表面粗糙度要求 $Rz/\mu m$			
测量记录与数据处理					
测量序号	实测 Rz 值/μm	平均值/μm		合格性判断	理由
1					
2					
3					
指导老师		班级		姓名		得分	

复习与思考题

9-1　用比较法测量表面粗糙度时需注意哪些事项?

9-2　用表面粗糙度测量仪测量表面粗糙度的主要优点是什么?

9-3　表面粗糙度测量仪由哪几个部分组成?

9-4　表面粗糙度测量仪传感器的工作原理是什么?

第2篇

提 高 篇

项 目 **10** **滚动轴承的公差配合及其选用**

★ **项目内容**

· 滚动轴承的公差配合及其选用。

★ **学习目标**

· 掌握滚动轴承的公差配合及其选用。

★ **主要知识点**

· 滚动轴承的组成、作用及类型。

· 滚动轴承的尺寸公差项目及公差等级。

· 滚动轴承的尺寸公差带特点。

· 与滚动轴承相配合的轴、轴承座孔的尺寸公差。

· 滚动轴承配合的影响因素。

· 轴、轴承座孔的几何公差及表面结构要求。

· 滚动轴承公差配合的图样标注。

· 滚动轴承与轴、轴承座孔的配合选用示例。

· 与滚动轴承相配合的轴、轴承座孔孔的精度检测。

10.1 滚动轴承的代号

滚动轴承是机械制造业中应用极为广泛的一种标准部件,一般由外圈、内圈、滚动体和保持架组成,如图10-1所示。滚动轴承的外圈与孔配合,内圈与传动轴配合,属于典型的光滑圆柱连接。但是,它的公差配合与一般光滑圆柱连接要求不同。

按承受载荷的方向,滚动轴承可分为平底推力球轴承(承受轴向载荷)、深沟球轴承(承受径向载荷)和角接触球轴承(同时承受径向与轴向载荷),详见国家标准《滚动轴承 分类》(GB/T 271—2017)。

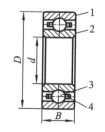

图 10-1 滚动轴承

1—外圈;2—内圈;
3—滚动体;4—保持架

滚动轴承的工作性能与使用寿命,既取决于其本身的制造精度,也与轴承座孔、传动轴的配合尺寸精度、几何公差以及表面粗糙度等有关。滚动轴承代号是表示其结构、尺寸、公差等级和技术性能等特征的产品符号,由字母和数字组成。按《滚动轴承　代号方法》(GB/T 272—2017)的规定,滚动轴承代号由前置代号、基本代号和后置代号构成,其表达方式如表10-1所示。

表 10-1　滚动轴承代号的构成

前 置 代 号	基 本 代 号			后 置 代 号
字母	字母和数字			字母和数字
成套轴承的分部件	××× 类型代号	×× 宽度(或高度)系列代号 直径系列代号	×× 内径代号	内径结构改变 密封、防尘和外部形状变化 保持架结构、材料改变 轴承零件材料改变 公差等级 游隙 配置 振动及噪声 其他

10.1.1　滚动轴承的基本代号

基本代号表示轴承的基本类型、结构和尺寸,是轴承代号的基础。基本代号由类型代号、尺寸系列代号及内径代号三个部分构成。

1. 类型代号

类型代号用数字或大写拉丁字母表示,如表10-2所示。

表 10-2　一般滚动轴承的类型代号

轴 承 类 型	代号	原代号	轴 承 类 型	代号	原代号
双列角接触球轴承	0	6	深沟球轴承	6	0
调心球轴承	1	1	角接触球轴承	7	6
调心滚子轴承和推力调心滚子轴承	2	3和9	推力圆柱滚子轴承	8	9
圆锥滚子轴承	3	—	圆柱滚子轴承	N	2
双列深沟球轴承	4	0	双列或多列用字母 NN 表示		
推力球轴承	5	8	外球面球轴承	U	0
四点接触球轴承	QJ	6	长弧面滚子轴承(圆环轴承)	C	

2. 尺寸系列代号

尺寸系列代号由轴承的宽(高)度系列代号和直径系列代号组合而成。向心轴承、推力轴承尺寸系列代号如表10-3所示。

表 10-3　向心轴承、推力轴承尺寸系列代号

直径系列代号（外径↓）	向 心 轴 承								推 力 轴 承			
	宽度系列代号（宽度→）								高度系列代号（高度→）			
	8	0	1	2	3	4	5	6	7	9	1	2
	尺寸系列代号											
7	—	—	17	—	37				—	—	—	—
8	—	08	18	28	38	48	58	68	—	—	—	—
9	—	09	19	29	39	49	59	69	—	—	—	—
0	—	00	10	20	30	40	50	60	70	90	10	—
1	—	01	11	21	31	41	51	61	71	91	11	—
2	82	02	12	22	32	42	52	62	72	92	12	22
3	83	03	13	23	33	—	—	—	73	93	13	23
4	—	04	—	24	—	—	—	—	74	94	14	24
5									—	95	—	—

直径系列代号表示内径相同的同类轴承有几种不同的外径和宽度，如图 10-2 所示。宽度系列代号表示内、外径相同的同类轴承宽度的变化。

3. 内径代号

内径代号表示轴承的内径尺寸。滚动轴承的内径代号如表 10-4 所示。

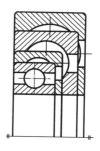

图 10-2　滚动轴承的直径系列

表 10-4　滚动轴承的内径代号

轴承公称内径/mm		内 径 代 号	示 列
0.6～10（非整数）		直接用公称内径毫米数表示，与尺寸系列代号用"/"分开	深沟球轴承 618/2.5：$d=2.5$ mm
1～9（整数）		直接用公称内径毫米数表示。对深沟球轴承及角接触球轴承 7、8、9 直径系列，内径代号与尺寸系列代号用"/"分开	深沟球轴承 625、618/5：$d=5$ mm
10～17	10	00	深沟球轴承 6200：$d=10$ mm
	12	01	
	15	02	
	17	03	
20～480（22,28,32 除外）		用公称内径除以5的商数表示，商数为一位数时，需在商数左边加"0"，如 08	调心滚子轴承 23208：$d=40$ mm

227

续表

轴承公称内径/mm	内径代号	示　列
大于或等于 500 及 22,28,32	直接用公称内径毫米数表示,与尺寸系列代号用"/"分开	调心滚子轴承 230/<u>500</u>:d = 500 mm 深沟球轴承 62/<u>22</u>:d = 22 mm
例如调心滚子轴承 23224:2 为类型代号;32 为尺寸系列代号;24 为内径代号;d=120 mm			

10.1.2　滚动轴承的前置代号和后置代号

前置代号和后置代号是当滚动轴承的结构形状、公差、技术要求等有改变时,在滚动轴承基本代号左右添加的补充代号。滚动轴承的前置代号和后置代号如表 10-5 所示。

表 10-5　滚动轴承的前置代号和后置代号

代号	含义	示　列	1	2	3	4	5	6	7	8	9
F	带凸缘外圈的向心球轴承(仅适用于 d≤10 mm)	F 618/4	内部结构和外部形状	密封、防尘和外部形状	保持架及其材料	轴承零件材料	公差等级	游隙	配置	振动及噪声	其他
L	可分离轴承的可分离内圈或外圈	LNU 207								
R	不带可分离内圈或外圈的组件 (滚针轴承仅适用于 NA 型)	RNU 207								
WS	推力圆柱滚子轴承轴圈	WS 81107								
GS	推力圆柱滚子轴承座圈	GS 81107								
KOW-	无轴圈的推力轴承组件	KOW-51108								
KIW-	无座圈的推力轴承组件	KIW-51108								
K	滚子和保持架组件	K 81107								
FSN	凸缘外圈分离型微型角接触球轴承 (仅适用于 d≤10 mm)	FSN 719/5-Z								
LR	带可分离内圈或外圈与滚动体的组件	—								

后置代号用字母或字母加数字表示。滚动轴承后置代号中的内部结构代号及含义如表 10-6 所示。滚动轴承后置代号中的公差等级代号及其含义如表 10-7 所示。滚动轴承后置代号中的游隙代号及其含义如表 10-8 所示。滚动轴承后置代号中的配置代号及其含义如表 10-9 所示。有关后置代号的其他内容可查阅轴承标准及设计手册。

表 10-6　滚动轴承后置代号中的内部结构代号及其含义

代　号	含　义	示　例
A	无装球缺口的双列角接触或深沟球轴承	3205 A
	滚针轴承外圈带双锁圈(d>9 mm,F_w>12 mm)	—
	套圈直滚道的深沟球轴承	—
AC	角接触球轴承　公称接触角 α=25°	7210 AC

续表

代　号	含　义	示　例
B	角接触球轴承　公称接触角 $\alpha = 40°$	7210 B
	圆锥滚子轴承　接触角加大	32310 B
C	角接触球轴承　公称接触角 $\alpha = 15°$	7005 C
	调心滚子轴承　C 型　调心滚子轴承设计改变,内圈无挡边,活动中挡圈,冲压保持架,对称型滚子,加强型	23122 C
CA	C 型调心滚子轴承,内圈带挡边,活动中挡圈,实体保持架	23084 CA/W33
CAB	CA 型调心滚子轴承,滚子中部穿孔,带柱销式保持架	—
CABC	CAB 型调心滚子轴承,滚子引导方式有改进	—
CAC	CA 型调心滚子轴承,滚子引导方式有改进	22252 CACK
CC	C 型调心滚子轴承,滚子引导方式有改进。 注:CC 还有第二种解释	22205 CC
D	剖分式轴承	K 50×55×20 D
E	加强型[a]	NU 207 E
ZW	滚针和保持架组件　双列	K 50×55×20 ZW

注:加强型[a],即内部结构设计改进,增大轴承载能力。

表 10-7　滚动轴承后置代号中的公差等级代号及其含义

代　号	含　义	示　例
/PN	公差等级符合标准规定的普通级,代号中省略不表示	6203
/P6	公差等级符合标准规定的 6 级	6203/P6
/P6X	公差等级符合标准规定的 6X 级	30210/P6X
/P5	公差等级符合标准规定的 5 级	6203/P5
/P4	公差等级符合标准规定的 4 级	6203/P4
/P2	公差等级符合标准规定的 2 级	6203/P2
/SP	尺寸精度相当于 5 级,旋转精度相当于 4 级	234420/SP
/UP	尺寸精度相当于 4 级,旋转精度高于 4 级	234730/UP

表 10-8　滚动轴承后置代号中的游隙代号及其含义

代　号	含　义	示　例
/C2	游隙符合标准规定的 2 组	6210/C2
/CN	游隙符合标准规定的 N 组,代号中省略不表示	6210
/C3	游隙符合标准规定的 3 组	6210/C3
/C4	游隙符合标准规定的 4 组	NN 3006 K/C4
/C5	游隙符合标准规定的 5 组	NNU 4920 K/C5
/CA	公差等级为 SP 和 UP 的机床主轴用圆柱滚子轴承径向游隙	—

续表

代　号	含　义	示　例
/CM	电机深沟球轴承游隙	6204-2RZ/P6CM
/CN	N 组游隙。/CN 与字母 H、M 和 L 组合,表示游隙范围减半,或与字母 P 组合,表示游隙范围偏移,如: /CNH——N 组游隙减半,相当于 N 组游隙范围的上半部; /CNL——N 组游隙减半,相当于 N 组游隙范围的下半部; /CNM——N 组游隙减半,相当于 N 组游隙范围的中部; /CNP——偏移的游隙范围,相当于 N 组游隙范围的上半部及 3 组游隙范围的下半部组成	—
/C9	轴承游隙不同于现标准	6205-2RS/C9

表 10-9　滚动轴承后置代号中的配置代号及其含义

代　　号	含　义	示　例
/DB	成对背对背安装	7210 C/DB
/DF	成对面对面安装	32208/DF
/DT	成对串联安装	7210 C/DT

10.1.3　滚动轴承代号的解释

1. 71908/P5 滚动轴承

(1) 7:轴承类型为角接触球轴承。

(2) 19:尺寸系列代号,1 为宽度系列代号,9 为直径系列代号。

(3) 08:内径代号,$d = 40$ mm。

(4) P5:公差等级为 5 级。

2. 6204 滚动轴承

(1) 6:轴承类型为深沟球轴承。

(2) (0)2:尺寸系列代号,宽度系列代号为 0(省略),2 为直径系列代号。

(3) 04:内径代号,$d = 20$ mm。

(4) 公差等级为普通级(公差等级代号/PN 省略)。

滚动轴承代号中的基本代号最为重要,而在基本代号的 7 位数字中,从右边数起的 4 位数字最为常用。

10.2　滚动轴承的公差

滚动轴承安装在机器上,为保证正常工作性能必须满足两项要求:一是具有必要的旋转精度,以防轴承内、外圈和端面的跳动引起机件运转不平稳,产生振动和噪声;二是具有适当的径向和轴向游隙,以免游隙过大引起径向或轴向窜动,产成振动和噪声,或游隙过小引起滚动体与套圈间产生较大的接触应力而摩擦发热,导致轴承使用寿命缩短。为此,国家标准专门制定了滚动轴承公差,对滚动轴承公差带的大小和位置均有特殊规定。

10.2.1　滚动轴承公差带的大小

1. 公差项目

滚动轴承的内、外圈都是薄壁零件,在制造和搬运过程中容易变形(如变成椭圆形)。但当轴承内圈与轴、外圈与轴承座孔装配后,这种变形往往又能得到矫正。考虑到上述情况,国家标准对轴承内径和外径尺寸公差做了以下两项规定。

(1)单一平面平均内、外径偏差 Δdmp、ΔDmp,即实测内、外径尺寸的最大值和最小值的平均值与公称直径的允许偏差,目的是用于轴承的配合。

(2)单一内、外径偏差 Δds、ΔDs,即内、外径尺寸的最大值、最小值的允许偏差,目的是限制变形量。

部分向心轴承单一平面平均内、外径偏差 Δdmp、ΔDmp 值如表 10-10 所示。

表 10-10　部分向心轴承单一平面平均内、外径偏差 Δdmp、ΔDmp 值(摘自 GB/T 307.1—2017)

精度等级		普通级		6		5		4		2	
公称直径/mm		极限偏差/μm									
大于	到	上极限偏差	下极限偏差	上极限偏差	下极限偏差	上极限偏差	下极限偏差	上极限偏差	下极限偏差	上极限偏差	下极限偏差
内圈	18　30	0	−10	0	−8	0	−6	0	−5	0	−2.5
	30　50	0	−12	0	−10	0	−8	0	−6	0	−2.5
外圈	50　80	0	−13	0	−11	0	−9	0	−7	0	−4
	80　120	0	−15	0	−13	0	−10	0	−8	0	−5

2. 精度等级

国家标准《滚动轴承　通用技术规则》(GB/T 307.3—2017)规定,向心轴承精度(圆锥滚子轴承除外)分为普通级、6、5、4、2 等五级,精度依次升高;圆锥滚子轴承精度分为普通级、6X、5、4、2 等五级;推力轴承精度分为普通级、6、5 和 4 等四级。

滚动轴承各级精度应用范围如下。

(1)普通级滚动轴承。普通级滚动轴承在机械中应用最广。它主要用于低、中速及旋转精度要求不高的一般旋转机构,如普通机床的变速、进给机构,汽车、拖拉机变速箱,普通电动机、水泵、压缩机的旋转机构等。除普通级滚动轴承以外的其余各级滚动轴承统称为高精度滚动轴承。

(2)6 级滚动轴承。6 级滚动轴承用于转速较高、旋转精度要求较高的旋转机构,如用于普通机床主轴、精密机床变速箱中等。

(3)5、4 级滚动轴承。5、4 级滚动轴承用于高速、高旋转精度要求的机构,如用于精密机床的主轴、精密仪器仪表等。

(4)2 级滚动轴承。2 级滚动轴承用于转速很高、旋转精度要求也很高的机构,如用于齿轮磨床、精密坐标键床的主轴,高精度仪器仪表及其他高精度精密机械。

10.2.2　滚动轴承的公差带位置

滚动轴承是标准件,国家标准规定轴承内圈与轴配合采用基孔制,外圈与轴承座孔配合采用基轴制。这种配合制与普通光滑圆柱体的配合制有所不同,这是由滚动轴承配合的特殊需要决定的。

图 10-3 所示为滚动轴承内、外径的公差带图,各级轴承公差带均采用单向下置配置,即上极限偏差为零,下极限偏差为负值。

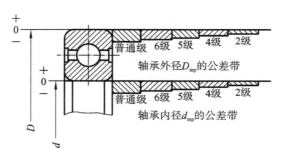

图 10-3　滚动轴承内、外径的公差带图

滚动轴承内圈与轴的配合属于基孔制,但采用下置制。因为多数情况下轴承内圈随轴一起转动,为防止内圈与轴发生相对滑动而导致磨损,要求其配合必须有一定的过盈量。但过盈量过大,使内圈应力过大而且不便拆卸;过盈量不足,会出现孔轴配合不可靠的情况。因此,应该选择小过盈量的过盈配合或大过盈量的过渡配合。假如轴承内圈直接引用一般基准孔的公差带(单向偏置在零线上侧),则与一般轴配合时,很难达到上述要求。若采用非标准配合,不仅给设计者带来麻烦,又违反了标准化与互换性原则。为此,国家标准专门规定将轴承内圈公差带置于零线下侧,再与国家标准《产品几何技术规范(GPS)　极限与配合

公差带和配合的选择》(GB/T 1801—2009)中推荐的常用(优先)轴公差带相结合,其配合将不同程度地变紧,能够较好地满足使用要求。

滚动轴承的外圈与轴承座孔采用基轴制,但公差值与一般基轴制不同,原因是为了补偿轴由工作引起的热膨胀而产生的轴向移动,轴承一端设计为游动支承,故外圈与轴承座孔之间的结合不能很紧。因此,标准中规定作为基准轴 的轴承外圈公差带与一般基准轴的公差带位置相似,但公差值不同。滚动轴承自身的尺寸误差、几何误差、粗糙度以及滚动体与内、外圈的配合误差等,可在滚动轴承的制造过程中由轴承厂根据滚动轴承公差与配合标准加以控制。因此,对于滚动轴承使用者来说,在实际生产中面临最多的问题,是对与滚动轴承相配合的轴及轴承座孔公差的选用问题。

10.2.3　滚动轴承公差选用实例

【例 10-1】　某车床传动机构中深沟球轴承的尺寸为 $d \times D \times B = 50$ mm$\times 110$ mm$\times 27$ mm,试确定尺寸公差带。

【解】　①确定精度等级。此轴承属于普通机床变速机构用轴承,从上述应用范围中可确定为普通级滚动轴承。

②确定极限偏差。查表 10-10 得,向心轴承单一平面平均内径偏差 Δdmp 为上极限偏

差＝0 mm，下极限偏差＝－0.012 mm；单一平面平均外径偏差 ΔDmp 为上极限偏差＝0 mm，下极限偏差＝－0.015 mm。

③画尺寸公差带图。根据上述上下极限偏差，画出滚动轴承尺寸公差带，如图 10-4 所示。

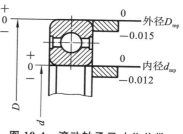

图 10-4 滚动轴承尺寸公差带

10.3 滚动轴承与轴、轴承座孔的配合

10.3.1 轴与轴承座孔的尺寸公差带

如前所述，与滚动轴承相配合的轴、轴承座孔直接引用光滑圆柱体的公差标准。为了方便选用，国家标准《滚动轴承 配合》(GB/T 275—2015)中，对与普通级和 6 级滚动轴承相配的轴、轴承座孔规定了一定数量的常用公差带(其相应数值选自 GB/T 1801—2009)，如图 10-5 所示。与 5 级和 4 级滚动轴承相配的轴、轴承座孔的公差带如表 10-11～表 10-14 所示。

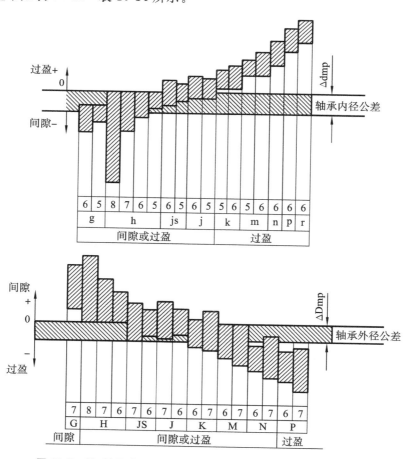

图 10-5 轴、轴承座孔与普通级和 6 级滚动轴承配合的公差带图

公差配合与测量技术 ────────────────────────────

表 10-11　向心轴承与轴的配合——轴公差带代号（摘自 GB/T 275—2015）

轴承类型				圆柱孔轴承			
载荷情况			举　例	深沟球轴承、调心球轴承和角接触球轴承	圆柱滚子轴承和圆锥滚子轴承	调心滚子轴承	公　差　带
				轴承公称内径/mm			
内圈承受旋转载荷或方向不定载荷		轻载荷	输送机、轻载齿轮箱	≤18	—	—	h5
				>18～100	≤40	≤40	j6[a]
				>100～200	>40～140	>40～100	k6[a]
				—	>140～200	>100～200	m6[a]
		正常载荷	一般通用机械、电动机、泵、内燃机、正齿轮传动装置	≤18	—	—	j5,js5
				>18～100	≤40	≤40	k5[b]
				>100～140	>40～100	>40～65	m5[b]
				>140～200	>100～140	>65～100	m6
				>200～280	>140～200	>100～140	n6
				—	>200～400	>140～280	p6
						>280～500	r6
		重载荷	铁路机车车辆轴箱、牵引电机、破碎机等	—	>50～140	>50～100	n6[c]
					>140～200	>100～140	p6[c]
					>200	>140～200	r6[c]
					—	>200	r7[c]
内圈承受固定载荷	所有载荷	内圈需在轴向易移动	非旋转轴上的各种轮子	所有尺寸			f6
							g6
		内圈不需在轴向易移动	张紧轮、绳轮				h6
							j6
仅有轴向载荷				所有尺寸			j6,js6
轴承类型				圆锥孔轴承			
所有载荷		铁路机车车辆轴箱	装在退卸套上	所有尺寸			h8(IT6)[d,e]
		一般机械传动	装在紧定套上	所有尺寸			h9(IT7)[d,e]

注:[a] 表示凡精度要求较高的场合,应用 j5、k5、m5 代替 j6、k6、m6。
[b] 表示圆锥滚子轴承、角接触球轴承配合对游隙影响不大,可用 k6、m6 代替 k5、m5。
[c] 表示重载荷下轴承游隙应选大于 N 组。
[d] 表示凡精度要求较高或转速要求较高的场合,应选用 h7(IT5)代替 h8(IT6)等。
[e] 表示 IT6、IT7 表示圆柱度公差数值。

表 10-12 向心轴承与轴承座孔的配合——孔公差带代号(摘自 GB/T 275—2015)

载荷情况		举 例	其他状况	公差带[a]	
				球 轴 承	滚 子 轴 承
外圈承受固定载荷	轻、正常、重	一般机械、铁路机车车辆轴箱	轴向易移动,可采用剖分式轴承座	H7,G7[b]	
	冲击				
方向不定载荷	轻、正常	电机、泵、曲轴主轴承	轴向能移动,可采用整体式或剖分式轴承座	J7,JS7	
	正常、重		轴向不移动,采用整体式轴承座	K7	
	重、冲击	牵引电机		M7	
外圈承受旋转载荷	轻	皮带张紧轮		J7	K7
	正常	轮毂轴承		M7	N7
	重			—	N7,P7

注:[a] 表示并列公差带随尺寸的增大从左至右选择,对旋转精度有较高要求时可相应提高一个公差等级。

[b] 表示不适用于剖分式轴承座。

表 10-13 推力轴承与轴的配合——轴公差带代号(摘自 GB/T 275—2015)

载荷情况		轴承类型	轴承公称内径/mm	公 差 带
仅有轴向载荷		推力球和推力圆柱滚子轴承	所有尺寸	j6,js6
径向和轴向联合载荷	轴圈承受固定载荷	推力调心滚子轴承、推力角接触球轴承、推力圆锥滚子轴承	≤250	j6
			>250	js6
	轴圈承受旋转载荷或方向不定载荷		≤200	k6[a]
			>200~400	m6
			>400	n6

注:[a] 表示要求较小过盈时,可用 j6、k6、m6 代替 k6、m6、n6。

表 10-14 推力轴承与轴承座孔的配合——孔公差带代号(摘自 GB/T 275—2015)

载荷情况		轴承类型	公 差 带
仅有轴向载荷		推力球轴承	H8
		推力圆柱、圆锥滚子轴承	H7
		推力调心滚子轴承	—[a]
径向和轴向联合载荷	座圈承受固定载荷	推力角接触球轴承、推力调心滚子轴承、推力圆锥滚子轴承	H7
	座圈承受旋转载荷或方向不定载荷		K7[b]
			M7[c]

注:[a] 表示轴承座孔与座圈的间隙为 0.001D(D 为轴承公称外径)。

[b] 表示一般工作条件。

[c] 表示有较大径向载荷时。

10.3.2 滚动轴承配合的选用

选用轴、轴承座孔与滚动轴承配合的方法是类比法,选用时需考虑的主要因素有轴承套圈的旋转状态、载荷类型、载荷大小等,以及旋转精度、旋转速度、工作温度、零件结构、安装与拆卸等。

1. 载荷类型

承受载荷的轴承套圈的类型直接影响着轴承配合的选用。作用在滚动轴承上的径向载荷主要有两种情况,即定向载荷(如齿轮作用力、皮带拉力等)和旋转载荷(如机械零件偏心力)。这些载荷的合成称为合成径向载荷,它由内、外圈和滚动体来承受。根据套圈工作时相对于合成径向载荷的方向,将套圈所承受的合成径向载荷分为固定载荷、循环载荷和摆动载荷 3 种类型。

(1)固定载荷。固定载荷是指套圈所承受的合成径向载荷仅固定地作用在套圈的固定区域,其特点是套圈相对于合成径向载荷的方向相对静止。以外圈静止、内圈旋转的向心球轴承为例,如图 10-6 所示,轴承上只承受了定向载荷 P,其大小和方向皆保持不变,这时固定不转动的外圈滚道上承受的就是固定载荷。

(2)循环载荷。循环载荷是指套圈所承受的合成径向载荷沿套圈循环作用(依次作用在套圈的整个滚道上),其特点是套圈相对于合成径向载荷的方向相对转动。图 10-6 中旋转的内圈承受的就是循环载荷。在轴上安装有一个重的偏心零件,当轴旋转时,滚动轴承上便承受一个旋转的离心力 Q,如图 10-7 所示。此时,若忽略其他载荷作用,则离心力 Q 将沿着外圈滚道循环作用,静止的外圈所承受的载荷即为循环载荷,而与离心力 Q 一起旋转的内滚道上所承受的是固定载荷。

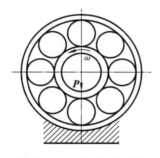 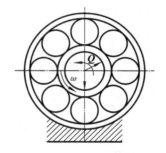

图 10-6 只承受定向载荷　　　　图 10-7 只承受旋转载荷

(3)摆动载荷。摆动载荷是指套圈所承受的合成径向载荷沿套圈在一定区域内往复作用,其特点是套圈相对于合成径向载荷的方向在一定区域内摆动。如图 10-8(a)所示,在滚动轴承的套圈上承受一个定向载荷 P 和一个旋转载荷 Q(一般情况下 $P>Q$),两者合成的径向载荷 R 的大小与方向都在变动,如图 10-8(b)所示。此时合成的径向载荷不作用在外圈滚动的整个圆周上,而仅在 A、B 两点间滚道上往返作用。这时,外圈滚道所承受的合成径向载荷就是摆动载荷。例如,在车床上切削偏心零件而未加配重平衡时,车床主轴前端滚动轴承的外圈即承受此种载荷,内圈承受循环载荷。

套圈所承受的载荷类型决定滚动轴承配合的松紧程度,选用配合时必须遵循以下原则。

(1)当轴承套圈承受固定载荷时,应选较松的过渡配合或较小的间隙配合,以便于套圈

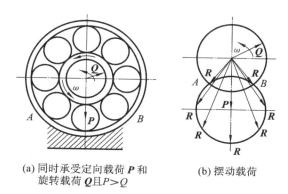

(a) 同时承受定向载荷 **P** 和　　　　(b) 摆动载荷
　　旋转载荷 **Q** 且 P>Q

图 10-8　套圈载荷类型(外圈摆动载荷、内圈循环载荷)

在摩擦力矩的作用下缓慢转位,受力均匀,延长使用寿命。

（2）当轴承套圈承受循环载荷时,应选较紧的过渡配合或小过盈配合,以防止配合面打滑,导致发热和磨损。过盈量的选择,以套圈转动时与轴或轴承座间不产生爬行现象为原则。

（3）当轴承套圈承受摆动载荷时,轴承配合的松紧程度应比承受循环载荷时略松。

2. 载荷大小

滚动轴承所承受载荷的大小也直接影响滚动轴承配合的松紧程度。由于施加在滚动轴承上的过大载荷将导致套圈变形,导致配合面的实际过盈量减小及轴承内部游隙增大,为保证滚动轴承正常转动,在承受较重载荷时,转动的套圈与零件间应选用较紧的配合;在承受较轻载荷时,应选用较松的配合。滚动轴承所承受载荷的大小可用径向当量动载荷 P_r 与径向额定动载荷 C_r 的比值来区分。国家标准 GB/T 275—2015 规定:$P_r/C_r \leqslant 0.06$ 时为轻载荷;$0.06 < P_r/C_r \leqslant 0.12$ 时为正常载荷;$P_r/C_r > 0.12$ 时为重载荷。

3. 旋转精度与旋转速度

机器对旋转精度与旋转速度的要求影响着滚动轴承精度的确定,也影响着与其配合的轴、轴承座孔的公差选择。例如,对普通级滚动轴承,与之配合的轴采用 IT6、轴承座孔用 IT7。在对旋转精度和运转平稳性有较高要求的场合,与滚动轴承配合的轴应选 IT5、轴承座孔应选 IT6。对 4 级滚动轴承,标准推荐轴采用 IT4 或 IT5,轴承座孔采用 IT5 或 IT6。另外,滚动轴承的旋转速度越高,配合应越紧。对旋转精度要求高的滚动轴承,应避免采用间隙配合,以防止因间隙而导致变形与振动。

4. 工作温度

滚动轴承旋转时,滚动体与滚道摩擦发热引起套圈温度升高而膨胀,导致内圈与轴松动,外圈与轴承座孔胀紧而阻止滚动轴承游动。因此,在选择配合时应考虑滚动轴承的发热因素,可将内圈与轴的配合适当地选紧些,外圈与轴承座孔的配合适当地选松些。

5. 轴与轴承座孔的结构

滚动轴承与轴或轴承座孔相配合,不应由于轴或轴承座孔在结构方面的原因而导致内、外圈产生不正常变形,如剖分式轴承座孔与轴承外圈应采用较松的配合(但不能使外圈在轴承座孔内转动)。当滚动轴承装于空心轴或刚性较差的薄壁轴承座上时,为保证滚动轴承有足够的支承刚性,应采用较紧的配合。

6. 安装与拆卸

对于安装在经常需拆卸、维修的零部件上的滚动轴承，或者装于不便拆装部位的滚动轴承，常采用较松的配合，以便于拆装。

10.3.3　轴、轴承座孔几何公差及表面结构要求

为了避免在安装后滚动轴承套圈出现变形，国家标准 GB/T 275—2015 规定了与滚动轴承配合的轴和轴承座孔表面的圆柱度公差、轴肩及轴承座孔肩的轴向圆跳动公差，以及各表面结构要求等，如表 10-15、表 10-16 所示。

表 10-15　轴和轴承座孔的几何公差（摘自 GB/T 275—2015）

公称尺寸/mm		圆柱度 t				轴向圆跳动 t_1			
		轴		轴承座孔		轴　肩		轴承座孔肩	
		轴承公差等级							
		普通级	6(6X)	普通级	6(6X)	普通级	6(6X)	普通级	6(6X)
大于	至	公差值/μm							
—	6	2.5	1.5	4	2.5	5	3	8	5
6	10	2.5	1.5	4	2.5	6	4	10	6
10	18	3	2.0	5	3	8	5	12	8
18	30	4	2.5	6	4	10	6	15	10
30	50	4	2.5	7	4	12	8	20	12
50	80	5	3	8	5	15	10	25	15
80	120	6	4	10	6	15	10	25	15
120	180	8	5	12	8	20	12	30	20
180	250	10	7	14	10	20	12	30	20
250	315	12	8	16	12	25	15	40	25
315	400	13	9	18	13	25	15	40	25
400	500	15	10	20	15	25	15	40	25

表 10-16　配合表面及端面的表面结构要求（轮廓算术平均偏差 Ra，摘自 GB/T 275—2015）

轴或轴承座孔直径/mm		轴或轴承座孔配合表面直径公差等级					
		IT7		IT6		IT5	
		表面粗糙度 Ra/μm					
>	≤	磨	车	磨	车	磨	车
—	80	1.6	3.2	0.8	1.6	0.4	0.8
80	500	1.6	3.2	1.6	3.2	0.8	1.6
500	1 250	3.2	6.3	1.6	3.2	1.6	3.2
端面		3.2	6.3	6.3	6.3	6.3	3.2

10.3.4　滚动轴承公差配合的标注

　　由于滚动轴承公差规定的特殊性,国家标准进一步规定,在图样上欲反映滚动轴承的公差配合时,仅标注出与其配合的轴及轴承座孔的公差带代号即可,如图 10-9 所示。

10.3.5　滚动轴承与轴、轴承座孔的配合选用实例

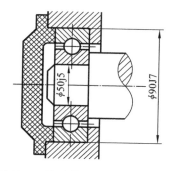

图 10-9　滚动轴承公差配合的标注

　　【例 10-2】　C616 车床主轴后轴颈滚动轴承,尺寸为 $d \times D \times B = 50$ mm $\times 90$ mm $\times 20$ mm,$F_r < 0.07C_r$,旋转精度要求较高。试确定滚动轴承以及相配合的轴、轴承座孔的精度,并画出公差带图。可将确定的轴、孔几何公差及粗糙度标注在装配图和零件图上。

　　【解】　①确定滚动轴承精度。由于 C616 车床属于普通机床,根据滚动轴承精度选择条件,与后轴颈相配的滚动轴承选择 6 级精度的单列向心球轴承(210)。

　　查表 10-10,单一平面平均内径偏差 Δdmp 的上极限偏差为 0 μm,下极限偏差为 -10 μm;单一平面平均外径偏差 ΔDmp 的上极限偏差为 0 μm,下极限偏差为 -13 μm。

　　②确定轴、轴承座孔精度。由于主轴转动,所以运转状态为内圈旋转、外圈固定。$F_r/C_r < 0.07$,属于轻载荷。

　　轴:根据已知条件,从表 10-11 中查得,与内圈配合的轴颈公差带应选 j6,但考虑本机床旋转精度要求较高(参见表 10-11 中的注 a),应选用 j5。

　　轴承座孔:根据已知条件(包括轴向游隙),从表 10-12 中查得,与外圈配合的轴承座孔公差带应选 J7。

　　图 10-10 所示为滚动轴承公差与配合公差带图,从图中可看出内圈配合比外圈配合稍紧,由于旋转精度有较高要求,故所选配合符合要求。

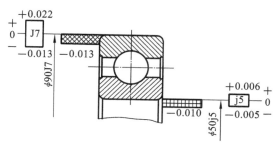

图 10-10　滚动轴承公差与配合公差带图

　　③配合面的表面结构要求。查表 10-16 得轴承座孔的轮廓算术平均偏差 Ra 为 3.2 μm,轴承座孔端面的轮廓算术平均偏差 Ra 为 6.3 μm;轴的轮廓算术平均偏差 Ra 为 0.8 μm,轴肩端面的轮廓算术平均偏差 Ra 为 3.2 μm。

　　④几何公差。查表 10-15 得轴承座孔表面圆柱度为 6 μm,轴承座孔轴向圆跳动为 15 μm;轴表面圆柱度为 2.5 μm,轴肩轴向圆跳动为 8 μm。

　　⑤滚动轴承配合的标注。滚动轴承尺寸公差、几何公差和表面结构要求的标注如

图 10-11 所示。

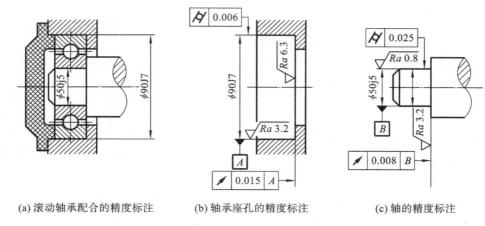

(a) 滚动轴承配合的精度标注   (b) 轴承座孔的精度标注   (c) 轴的精度标注

图 10-11 滚动轴承尺寸公差、几何公差和表面结构要求的标注

复习与思考题

10-1 滚动轴承的精度有几个等级？哪些等级应用广泛？

10-2 滚动轴承的配合应遵守怎样的配合制度？

10-3 滚动轴承的内、外圈公差分布有何特点？

10-4 选择滚动轴承配合时应考虑哪些因素？

10-5 有一圆柱齿轮减速器，小齿轮轴要求较高的旋转精度，装有普通级单列深沟球轴承，尺寸为 50 mm×110 mm×27 mm，径向额定动载荷 C_r＝32 000 N，承受的径向载荷 F_r＝4 000 N。试用类比法确定轴和轴承座孔的公差带代号，画出公差带图，确定孔、轴的几何公差值和表面粗糙度，并将它们分别标注在图样上。

10-6 在一圆锥、圆柱齿轮二级减速器的 II 轴（中间轴）上装有圆锥齿轮和斜齿轮，其支承处轴颈 d 为 $\phi60$ mm，承受定向径向载荷为主，有一定的轴向载荷，F_r＜0.07C_r，旋转精度要求严格。试选择滚动轴承及其与配合零件的配合。

10-7 已知滚动轴承外径和轴承座孔配合的公称尺寸为 $\phi100$ mm，轴承座孔采用 J7，现要求滚动轴承盖外圆柱面与轴承座孔之间允许间隙 0.05～0.18 mm，试选择滚动轴承盖外圆柱面的公差带代号。

项 目 *11* 螺纹的公差配合及其选用

★ **项目内容**

• 螺纹的公差配合及其选用。

★ **学习目标**

• 掌握螺纹的公差配合及其选用。

★ **主要知识点**

• 螺纹的基本牙型与几何参数。
• 普通螺纹几何参数对互换性的影响。
• 螺纹中径合格性条件。
• 普通螺纹公差配合与表面结构要求的选用。
• 机床丝杠、螺母公差配合。

螺纹加工产生的误差不可避免,但误差过大将直接影响螺纹的正常连接与互换性,误差过小使得螺纹加工成本上升。如何兼顾二者?这就要分析导致误差的因素和实现互换的条件,并对误差加以规范与限制。

11.1 螺纹的基本牙型与几何参数

11.1.1 螺纹的分类与使用要求

螺纹结合在机械制造及装配安装中是广泛采用的一种结合形式。螺纹按用途不同可分为以下两大类。

(1)连接螺纹。连接螺纹主要用于紧固和连接零件,因此又称为紧固螺纹。米制普通螺纹是使用最广泛的一种连接螺纹。连接螺纹应具有良好的旋入性和连接可靠性,其牙型为三角形。

(2)传动螺纹。传动螺纹主要用于传递动力或精确的位移。它应具有足够的强度和能保证精确的位移。传动螺纹牙型有梯形、矩形等。机床中的丝杠、螺母常用梯形牙型,而滚动螺旋副(滚珠丝杠副)采用单、双圆弧轨道。

本项目主要讨论普通螺纹,并简要介绍丝杠、螺母。

11.1.2 普通螺纹拧合的基本要求

普通螺纹常用于机械设备、仪器仪表中,用于连接和紧固零部件。为了实现规定的功能,普通螺纹必须满足以下要求。

(1)旋入性。旋入性是指同规格的内、外普通螺纹在装配时不经挑选就能在给定的轴向长度内全部旋合。

(2)连接可靠性。连接可靠性是指用于连接和紧固时,普通螺纹应具有足够的连接强度和紧固性,以确保机器或装置的使用性能。

11.1.3 螺纹的基本牙型与几何参数

1. 螺纹的基本牙型

螺纹的基本牙型可分为三角形、梯形、锯齿形和矩形等。螺纹的种类、牙型及代号、使用要求如表 11-1 所示。

表 11-1 螺纹的种类、牙型及代号、使用要求

种 类		牙型及代号	使 用 要 求
连接螺纹	普通螺纹	— 三角形,M	良好的旋合性、密封性及连接可靠性
	管螺纹 密封	三角形,R	
	非密封	三角形,G	
传动螺纹	梯形	梯形,Tr	传递位移的准确性、传递动力的可靠性
	锯齿形	锯齿形,B	
	矩形	矩形	

2. 螺纹的主要几何参数

在通过螺纹轴线的剖面内,按规定的削平高度截去原始三角形的顶部和底部形成螺纹牙型,如图 11-1(a)所示。该牙型全部尺寸均为基本尺寸,称为基本牙型。

螺纹的主要参数有牙型、公称直径、线数、螺距和旋向等。螺纹的基本几何参数如表 11-2所示。普通螺纹的基本尺寸如表 11-3 所示。

表 11-2 螺纹的基本几何参数

参 数	代 号		定 义
	内 螺 纹	外 螺 纹	
原始三角形高度	H		原始等边三角形顶点到底边的垂直距离
牙型角	α		在螺纹牙型上相邻两牙侧间的夹角。普通螺纹的理论牙型角 α 为60°,牙型半角 $\alpha/2$ 为30°

参 数		代 号		定 义
		内 螺 纹	外 螺 纹	
螺纹直径	螺纹大径	D	d	与外螺纹牙顶或内螺纹牙底相重合的假想圆柱面的直径。国家标准规定大径是螺纹的公称直径
	螺纹小径	D_1	d_1	与外螺纹牙底或内螺纹牙顶相重合的假想圆柱面的直径
	螺纹中径	D_2	d_2	牙型宽与牙槽宽度相等处的一个假想圆柱面的直径
	顶径	D_1	d	与外螺纹牙顶或内螺纹牙顶相重合的假想圆柱面的直径
螺距		P		相邻两牙在中径线上对应两点间的轴向距离
导程		P_h		同一条螺旋线上相邻两牙在中径线上对应两点间的轴向距离。对单线螺纹，$P_h=P$；对多线螺纹，$P_h=nP$，如图 11-1(b) 所示
旋合长度		L		内、外螺纹(见图 11-1(c))沿轴线方向相互旋合部分的长度，如图 11-2 所示
螺纹升角		φ		在中径圆柱上螺旋线的切线与垂直于螺纹轴线的平面的夹角
单一中径		$D_{2单}$	$d_{2单}$	指母线通过牙型上牙槽宽等于基本螺距一半处的一个假想圆柱面的直径，如图 11-3 所示。当螺距无误差时，单一中径就是中径；当螺距有误差时，单一中径可近似视为实际中径

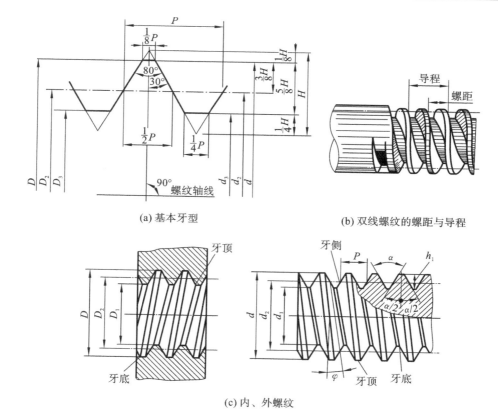

(a) 基本牙型

(b) 双线螺纹的螺距与导程

(c) 内、外螺纹

图 11-1 螺纹的基本尺寸

表 11-3 普通螺纹的基本尺寸(单位:mm)

公称直径(大径) D、d	螺距 P	中径 D_2、d_2	小径 D_1、d_1
1	0.25	0.838	0.729
	0.2	0.870	0.783
1.1	0.25	0.938	0.829
	0.2	0.970	0.883
1.2	0.25	1.038	0.929
	0.2	1.070	0.983
1.4	0.3	1.205	1.075
	0.2	1.270	1.183
1.6	0.35	1.373	1.221
	0.2	1.470	1.383
1.8	0.35	1.573	1.421
	0.2	1.670	1.583
2	0.4	1.740	1.567
	0.25	1.838	1.729
2.2	0.45	1.908	1.713
	0.25	2.038	1.929
2.5	0.45	2.208	2.013
	0.35	2.273	2.121
3	0.5	2.675	2.459
	0.35	2.773	2.621
3.5	0.6	3.110	2.850
	0.35	3.273	3.121
4	0.7	3.545	3.242
	0.5	3.675	3.459
4.5	0.75	4.013	3.688
	0.5	4.175	3.959
5	0.8	4.480	4.134
	0.5	4.675	4.459
5.5	0.5	5.175	4.959
6	1	5.350	4.917
	0.75	5.513	5.188
7	1	6.350	5.917
	0.75	6.513	6.188

公称直径（大径） D、d	螺距 P	中径 D_2、d_2	小径 D_1、d_1
8	1.25	7.188	6.647
	1	7.350	6.917
	0.75	7.513	7.188
9	1.25	8.188	7.647
	1	8.350	7.917
	0.75	8.513	8.188
10	1.5	9.026	8.376
	1.25	9.188	8.647
	1	9.350	8.917
	0.75	9.513	9.188
11	1.5	10.026	9.376
	1	10.350	9.917
	0.75	10.513	10.188
12	1.75	10.863	10.106
	1.5	11.026	10.376
	1.25	11.188	10.647
	1	11.350	10.917
14	2	12.701	11.835
	1.5	13.026	12.376
	1.25	13.188	12.647
	1	13.350	12.917
15	1.5	14.026	13.376
	1	14.350	13.917
16	2	14.701	13.835
	1.5	15.026	14.376
	1	15.350	14.917
17	1.5	16.026	15.376
	1	16.350	15.917
18	2.5	16.376	15.294
	2	16.701	15.835
	1.5	17.026	16.376
	1	17.350	16.917

续表

公称直径（大径） D、d	螺距 P	中径 D_2、d_2	小径 D_1、d_1
20	2.5	18.376	17.294
	2	18.701	17.835
	1.5	19.026	18.376
	1	19.350	18.917
22	2.5	20.376	19.294
	2	20.701	19.835
	1.5	21.026	20.376
	1	21.350	20.917
24	3	22.051	20.752
	2	22.701	21.835
	1.5	23.026	22.376
	1	22.350	22.917
25	2	23.701	22.835
	1.5	24.026	23.376
	1	24.350	23.917
26	1.5	25.026	24.376
27	3	25.051	23.752
	2	25.701	24.835
	1.5	26.026	25.376
	1	26.350	25.917
28	2	26.701	25.835
	1.5	27.026	25.376
	1	27.350	26.917
30	3.5	27.727	26.211
	3	28.051	26.752
	2	28.701	27.835
	1.5	29.026	28.376
	1	29.350	28.917
32	2	30.701	29.835
	1.5	31.026	30.376
33	3.5	30.727	29.211
	3	31.051	29.752
	2	31.701	30.835
	1.5	32.026	31.376

续表

公称直径(大径) D、d	螺距 P	中径 D_2、d_2	小径 D_1、d_1
35	1.5	34.026	33.376
36	4	33.402	31.670
	3	34.051	32.752
	2	34.701	33.835
	1.5	35.026	34.376
38	1.5	37.026	36.376
39	4	36.402	34.670
	3	37.051	35.752
	2	37.701	36.835
	1.5	38.026	37.376
40	3	38.051	36.752
	2	38.701	37.835
	1.5	39.026	38.376
42	4.5	39.077	37.129
	4	39.402	37.670
	3	40.051	38.752
	2	40.701	39.835
	1.5	41.026	40.376
45	4.5	42.077	40.129
	4	42.402	40.670
	3	43.051	41.752
	2	43.701	42.835
	1.5	44.026	43.376
48	5	44.752	42.587
	4	45.402	43.670
	3	46.051	44.752
	2	46.701	45.835
	1.5	47.026	46.376
50	3	48.051	46.752
	2	48.701	47.835
	1.5	49.026	48.376

公称直径（大径） D、d	螺距 P	中径 D_2、d_2	小径 D_1、d_1
	5	48.752	46.587
	4	49.402	47.670
52	3	50.051	48.752
	2	50.701	49.835
	1.5	51.026	50.376
	4	52.402	50.670
55	3	53.051	51.752
	2	53.701	52.835
	1.5	54.026	53.376
	5.5	52.428	50.046
	4	53.402	51.670
56	3	54.051	52.752
	2	54.701	53.835
	1.5	55.026	54.376
	4	55.402	53.670
58	3	56.051	54.752
	2	56.701	55.835
	1.5	57.026	56.376
	5.5	56.428	54.046
	4	57.402	55.670
60	3	58.051	56.752
	2	58.701	57.835
	1.5	59.026	58.376
	4	59.402	57.670
62	3	60.051	58.752
	2	60.701	59.835
	1.5	61.026	60.376
	6	60.103	57.505
	4	61.402	59.670
64	3	62.051	60.752
	2	62.701	61.835
	1.5	63.026	62.376

续表

公称直径(大径) D、d	螺距 P	中径 D_2、d_2	小径 D_1、d_1
65	4	62.402	60.670
	3	63.051	61.752
	2	63.701	62.835
	1.5	64.026	63.376
68	6	64.103	61.505
	4	65.402	63.670
	3	66.051	64.752
	2	66.701	65.835
	1.5	67.026	66.376
70	6	66.103	63.505
	4	67.402	65.670
	3	68.051	66.752
	2	69.701	67.835
	1.5	69.026	68.376
72	6	68.103	65.505
	4	69.402	67.670
	3	70.051	68.752
	2	70.701	69.835
	1.5	71.026	70.376
75	4	72.402	70.670
	3	73.051	71.752
	2	73.701	72.835
	1.5	74.026	73.376
76	6	72.103	69.505
	4	73.402	71.670
	3	74.051	72.752
	2	74.701	73.835
	1.5	75.026	74.376
78	2	76.700	75.835
80	6	76.103	73.505
	4	77.402	75.670
	3	78.051	76.752
	2	78.701	77.835
	1.5	79.026	78.376

续表

公称直径（大径） D、d	螺距 P	中径 D_2、d_2	小径 D_1、d_1
82	2	80.701	79.835
85	6	81.103	78.505
	4	82.402	80.670
	3	83.051	81.752
	2	83.701	82.835
90	6	86.103	83.505
	4	87.402	85.670
	3	88.051	86.752
	2	88.701	87.835
95	6	91.103	88.505
	4	92.402	90.670
	3	93.051	91.752
	2	93.701	92.835
100	6	96.103	93.305
	4	97.402	95.670
	3	98.051	96.752
	2	98.701	97.835
105	6	101.103	98.505
	4	102.402	100.670
	3	103.051	101.752
	2	103.701	102.835
110	6	106.103	103.505
	4	107.402	105.670
	3	108.051	106.752
	2	108.701	107.835
115	6	111.103	108.505
	4	112.402	110.670
	3	113.051	111.752
	2	113.701	112.835
120	6	116.103	113.505
	4	117.402	115.670
	3	118.051	116.752
	2	118.701	117.835

续表

公称直径(大径) D、d	螺距 P	中径 D_2、d_2	小径 D_1、d_1
125	6	121.103	118.505
	4	122.402	120.670
	3	123.051	121.752
	2	123.701	122.835
130	6	126.103	123.505
	4	127.402	125.670
	3	128.051	126.752
	2	128.701	127.835
135	6	131.103	128.505
	4	132.402	130.670
	3	133.051	131.752
	2	133.701	132.835
140	6	136.103	133.505
	4	137.402	135.670
	3	138.051	136.752
	2	138.701	137.835
145	6	141.103	138.505
	4	142.402	140.670
	3	143.051	141.752
	2	143.701	142.835
150	8	144.804	141.340
	6	146.103	143.505
	4	147.402	145.670
	3	148.051	146.752
	2	148.701	147.835
155	6	151.103	148.505
	4	152.402	150.670
	3	153.051	151.752
160	8	154.804	151.340
	6	156.103	153.505
	4	157.402	155.670
	3	158.051	156.752

续表

公称直径（大径） D、d	螺距 P	中径 D_2、d_2	小径 D_1、d_1
165	6	161.103	158.505
	4	162.402	160.670
	3	163.051	161.752
170	8	164.804	161.340
	6	166.103	163.505
	4	167.402	165.670
	3	168.051	166.752
175	6	171.103	168.505
	4	172.402	170.670
	3	173.051	171.752
180	8	174.804	171.340
	6	176.103	173.505
	4	177.402	175.670
	3	178.051	176.752
185	6	181.103	178.505
	4	182.402	180.670
	3	183.051	181.752
190	8	184.804	181.340
	6	186.103	183.505
	4	187.402	185.670
	3	188.051	186.752
195	6	191.103	188.505
	4	192.402	190.670
	3	193.051	191.752
200	8	194.804	191.340
	6	196.103	193.505
	4	197.402	195.670
	3	198.051	196.752
205	6	201.103	198.505
	4	202.402	200.670
	3	203.051	201.752

续表

公称直径(大径) D、d	螺距 P	中径 D_2、d_2	小径 D_1、d_1
210	8	204.804	201.340
	6	206.103	203.505
	4	207.402	205.670
	3	208.051	206.752
215	6	211.103	208.505
	4	212.403	210.570
	3	213.051	211.752
220	8	214.804	211.340
	6	216.103	213.505
	4	217.402	215.670
	3	218.051	216.752
225	6	221.103	218.505
	4	222.402	220.670
	3	223.051	221.752
230	8	224.804	221.340
	6	226.103	223.505
	4	227.402	225.670
	3	228.051	226.752
235	6	231.103	228.505
	4	232.402	230.670
	3	233.051	231.752
240	8	234.804	231.340
	6	236.103	233.505
	4	237.402	235.670
	3	238.051	236.752
245	6	241.103	234.505
	4	242.402	240.670
	3	243.051	241.752
250	8	244.804	241.340
	6	246.103	243.505
	4	247.402	245.670
	3	248.051	246.752

续表

公称直径（大径） D、d	螺距 P	中径 D_2、d_2	小径 D_1、d_1
255	6	251.103	248.505
	4	252.402	250.670
260	8	254.804	251.340
	6	256.103	253.505
	4	257.402	255.670
265	6	261.103	258.505
	4	262.402	260.670
270	8	264.804	261.340
	6	266.103	263.505
	4	267.402	265.670
275	6	271.103	268.505
	4	272.402	270.670
280	8	274.804	271.340
	6	276.103	273.505
	4	277.402	275.670
285	6	281.103	278.505
	4	282.402	280.670
290	8	284.804	281.340
	6	286.103	283.505
	4	287.402	285.670
295	6	291.103	288.505
	4	292.402	290.670
300	8	294.804	291.340
	6	296.103	293.505
	4	297.402	295.670

螺纹的旋合长度如图 11-2 所示。螺纹的单一中径如图 11-3 所示。

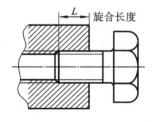

图 11-2　螺纹的旋合长度

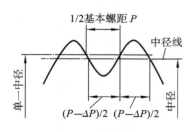

图 11-3　螺纹的单一中径

3. 普通螺纹的标记

国家标准《普通螺纹　公差》(GB/T 197—2018)规定,完整螺纹标记由螺纹特征代号、尺寸代号、公差带代号及其他有必要做进一步说明的个别信息组成,如图 11-4～图 11-6 所示。

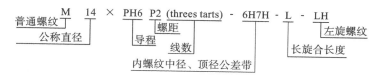

图 11-4　外螺纹在零件图上的标记(一)

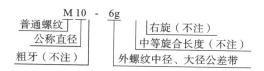

图 11-5　外螺纹在零件图上的标记(二)

(1) 普通螺纹的特征代号用字母"M"表示。单线螺纹的尺寸代号为"公称直径×螺距",公称直径和螺距数值的单位为毫米(mm)。对粗牙螺纹,可以省略标注其螺距项。

标注示例如下。

公称直径为 8 mm、螺距为 1 mm 的单线细牙螺纹:M8×1。

公称直径为 8 mm、螺距为 1.25 mm 的单线粗牙螺纹:M8。

(2) 多线螺纹的尺寸代号为"公称直径×Ph(导程)P(螺距)",公称直径、导程和螺距数值的单位为毫米。如果要进一步表明螺纹的线数,可在后面增加括号说明(使用英语进行说明,如双线为 two starts,三线为 three starts,四线为 four starts)。

标注示例如下。

公称直径为 16 mm、螺距为 1.5 mm、导程为 3 mm 的双线螺纹:M16×Ph3P1.5 或 M16×Ph3P1.5(two starts)。

(3) 公差带代号包含中径公差带代号和顶径公差带代号。中径公差带代号在前,顶径公差带代号在后。各直径的公差带代号由表示公差等级的数值和表示公差带位置的字母(内螺纹用大写字母,外螺纹用小写字母)组成。如果中径公差带代号与顶径(内螺纹小径或外螺纹大径)公差带代号相同,则应只标注一个公差带代号。螺纹尺寸代号与公差带间用"-"号分开。

标注示例如下。

公称直径为 10 mm、螺距为 1 mm、中径公差带为 5g、顶径公差带为 6g 的外螺纹:M10×1-5g6g。

公称直径为 10 mm、中径公差带和顶径公差带为均 6g 的粗牙外螺纹:M10-6g。

公称直径为 10 mm、螺距为 1 mm、中径公差带为 5H、顶径公差带为 6H 的内螺纹:M10×1-5H6H。

公称直径为 10 mm、中径公差带和顶径公差带均为 6H 的粗牙内螺纹:M10-6H。

(4) 在下列情况下,中等公差精度螺纹不标注其公差带代号。

①内螺纹。5H、公称直径小于或等于 1.4 mm 时,6H、公称直径大于或等于 1.6 mm

时。对螺距为 0.2 mm 的螺纹,其公差等级为 4 级。

②外螺纹。6h,公称直径小于或等于 1.4 mm 时,6g,公称直径大于或等于 1.6 mm 时。

标注示例如下。

公称直径为 10 mm、中径公差带和顶径公差带均为 6g、中等公差精度的粗牙外螺纹:M10。

公称直径为 10 mm、中径公差带和顶径公差带为 6H、中等公差精度的粗牙内螺纹:M10。

(5)表示内、外螺纹配合时,内螺纹公差带代号在前,外螺纹公差带代号在后,中间用斜线"/"分开。

标注示例如下。

公称直径为 20 mm、螺距为 2 mm、公差带为 6H 的内螺纹与公称直径为 20 mm、螺距为 2 mm、公差带为 5g6g 的外螺纹组成配合:M20×2-6H/5g6g。

公称直径为 6 mm、公差带为 6H 的内螺纹与公称直径为 6 mm、公差带为 6 g 的外螺纹组成配合(中等公差精度、粗牙):M6。

(6)标记内有必要说明的其他信息包括螺纹的旋合长度和旋向。对旋合长度为短组和长组螺纹,宜在公差带代号后分别标注"S"和"L"代号。旋合长度组别代号与公差带代号间用"-"号分开。对旋合长度为中等组螺纹,不标注旋合长度组别代号(N)。

标注示例如下。

短旋合长度组的内螺纹:M20×2-5H-S。

长旋合长度组的内、外螺纹:M6-7H/7g6g-L。

中等旋合长度组的外螺纹(粗牙、中等精度的 6 g 公差带):M6。

(7)对左旋螺纹,应在螺纹标记的最后标注代号"LH",并与前面用"-"号分开。右旋螺纹不标注旋向代号。

标注示例如下。

左旋螺纹:M8×1-LH(公差带代号和旋合长度组别代号被省略)。

左旋螺纹:M6×0.75-5h6h-S-LH。

左旋螺纹:M14×Ph6P2-7H-L-LH 或 M14×Ph6P2(three starts)-7H-L-LH。

右旋螺纹:M6(螺距、公差带代号、旋合长度组别代号和旋向代号被省略)。

装配图上,螺纹公差带代号用斜线分开,分子为内螺纹公差带代号,分母为外螺纹公差带代号,如图 11-6 所示。

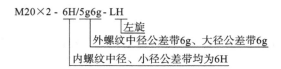

图 11-6 螺纹在装配图上的标记

11.2 普通螺纹几何参数对互换性的影响

保证螺纹互换性的基本要求是:螺纹应具有良好的旋合性和连接可靠性。影响螺纹互换性的因素有螺纹的大径、中径、小径、螺距和牙型半角等处的误差。由于螺纹的大径和小径处留有间隙,一般不会影响配合性质,而内、外螺纹在中径处旋合,是依靠旋合后牙侧面接触的均匀性来实现连接的,因此影响螺纹互换性的主要因素是中径误差、螺距误差和牙型半角误差。

11.2.1 中径误差对互换性的影响

中径误差是指实际中径与理论中径之差。若内螺纹中径过小、外螺纹中径过大,则影响旋合性;反之(内螺纹中径过大、外螺纹中径过小),将影响连接强度。

11.2.2 螺距误差对互换性的影响

螺距误差是指实际螺距与理论螺距之差。它包括螺距局部误差和螺距累积误差 ΔP_{Σ}。后者与旋合长度有关,是主要影响因素,会导致内、外螺纹在旋合时发生干涉。假设一对内、外螺纹连接,中径及牙型角均无误差,内螺纹是理想牙型。在旋合长度内,外螺纹出现螺距累积误差 ΔP_{Σ},外螺纹的螺距累积误差使旋合时产生干涉而导致无法旋合,此时相当于使外螺纹中径增大了一个数值,此值称为螺距误差的中径当量 f_{p}。为了使产生螺距累积误差的外螺纹可旋入理想的内螺纹中去,应把外螺纹中径减小一个中径当量 f_{p} 数值。假定内螺纹具有基本牙型,内、外螺纹的中径与牙型半角分别相同,仅外螺纹螺距有误差,并在旋入 n 个螺牙的旋合长度内,螺距累积误差为 ΔP_{Σ},此时内、外螺纹因产生干涉而无法旋合。

图 11-7 所示为螺距误差对互换性影响,以及外螺纹中径减小后的旋合情况。图中用粗实线表示具有基本牙型的内螺纹,用虚线表示具有螺距误差的外螺纹,螺纹两侧接触不均匀,产生干涉。为了使外螺纹能旋入内螺纹,在制造时应将外螺纹中径减去一个数值 f_{p}。图 11-7 中的粗实线表示外螺纹中径减去 f_{p} 值后与内螺纹旋合在一起的情况。

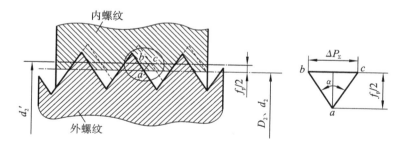

图 11-7 螺距误差引起的干涉现象

从 $\triangle abc$ 中可知,中径当量 f_{p} 的计算公式为

$$f_{p} = |\Delta P_{\Sigma}| \times \cot \frac{\alpha}{2} \tag{11-1}$$

对于普通螺纹,$\frac{\alpha}{2} = 30^{\circ}$,则

$$f_{p} = 1.732 |\Delta P_{\Sigma}| \tag{11-2}$$

11.2.3 牙型半角误差对互换性的影响

牙型半角误差是指实际牙型半角与理论牙型半角之差。如果牙型半角产生误差,内、外螺纹旋合时就会发生干涉。假设一对内、外螺纹连接,中径及螺距均无误差,内螺纹是理想牙型。外螺纹的牙型半角误差使旋合时产生干涉而导致无法旋合,此时相当于使外螺纹中径增大一个数值,此值称为牙型半角误差的中径当量 $f_{α/2}$。为了使产生牙型半角误差的外螺纹可旋入理想的内螺纹中去,应把外螺纹中径减小一个中径当量 $f_{α/2}$ 数值。假定内螺纹具有基本牙型,内、外螺纹的中径与螺距分别相同,仅外螺纹的牙型半角有误差,并分别为 $Δ\frac{α}{2}_{左} < 0$,$Δ\frac{α}{2}_{右} < 0$,明显内、外螺纹因干涉而无法旋合。图 11-8 所示为牙型半角偏差对旋合性的影响。

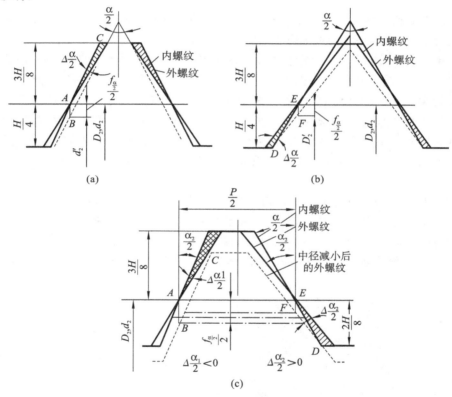

图 11-8 牙型半角误差对旋合性的影响

$f_{α/2}$ 的计算公式为

$$f_{α/2} = 0.073 \times P\left[K_1 \left| Δ\frac{α}{2}_{左} \right| + K_2 \left| Δ\frac{α}{2}_{右} \right| \right] \tag{11-3}$$

式中:P——螺距(mm);

$Δ\dfrac{α}{2}_{左}$——左牙型半角误差(′);

$Δ\dfrac{α}{2}_{右}$——右牙型半角误差(′);

K_1、K_2——系数,按表 11-4 取值。

表 11-4　K_1、K_2 系数值

项　　目	内　螺　纹		外　螺　纹	
牙型半角误差	>0	<0	>0	<0
K_1、K_2	3	2	2	3

式(11-3)是在外螺纹左、右牙型半角误差同时小于零的情况下计算出来的。实际上外螺纹左、右牙型半角误差存在 4 种情况，相应的 $f_{a/2}$ 计算公式也有 4 个，如表 11-5 所示。

表 11-5　外螺纹 $f_{a/2}$ 的计算公式

外螺纹牙型半角误差		$f_{a/2}$ 的计算公式
$\Delta \dfrac{\alpha}{2}_{左}<0$	$\Delta \dfrac{\alpha}{2}_{右}<0$	$f_{a/2}=0.218\,25P\left[\left|\Delta \dfrac{\alpha}{2}_{左}\right|+\left|\Delta \dfrac{\alpha}{2}_{右}\right|\right]$
$\Delta \dfrac{\alpha}{2}_{左}>0$	$\Delta \dfrac{\alpha}{2}_{右}>0$	$f_{a/2}=0.014\,6P\left[\left|\Delta \dfrac{\alpha}{2}_{左}\right|+\left|\Delta \dfrac{\alpha}{2}_{右}\right|\right]$
$\Delta \dfrac{\alpha}{2}_{左}<0$	$\Delta \dfrac{\alpha}{2}_{右}>0$	$f_{a/2}=P\left[0.218\,25\left|\Delta \dfrac{\alpha}{2}_{左}\right|+0.014\,6\left|\Delta \dfrac{\alpha}{2}_{右}\right|\right]$
$\Delta \dfrac{\alpha}{2}_{左}>0$	$\Delta \dfrac{\alpha}{2}_{右}<0$	$f_{a/2}=P\left[0.014\,6\left|\Delta \dfrac{\alpha}{2}_{左}\right|+0.218\,25\left|\Delta \dfrac{\alpha}{2}_{右}\right|\right]$

式(11-3)和表 11-5 同样适用内螺纹牙型半角误差当量中径 $f_{a/2}$ 的计算。

11.3　螺纹中径合格性条件

11.3.1　作用中径

作用中径($D_{2作用}$、$d_{2作用}$)是指在规定的旋合长度内，恰好包容实际螺纹的一个假想螺纹的中径。这是在螺距误差、牙型半角误差综合影响下形成的实际中径，是螺纹旋合时起作用的中径。

1. 外螺纹的作用中径

假设内螺纹为理想牙型，当产生了螺距误差、牙型半角误差的外螺纹与其旋合时，旋合变紧，其效果好像是外螺纹增大了。这个增大的中径就是与内螺纹旋合时起作用的中径，它等于外螺纹的单一中径与螺距误差、牙型半角误差在中径上的当量之和，即

$$d_{2作用}=d_{2单一}+(f_p+f_{a/2}) \tag{11-4}$$

2. 内螺纹的作用中径

同理，假设外螺纹为理想牙型，当产生了螺距误差、牙型半角误差的内螺纹与其旋合时，旋合也变紧，其效果好像是内螺纹减小了。这个减小的中径就是与外螺纹旋合时起作用的中径，它等于内螺纹的单一中径与螺距误差、牙型半角误差在中径上的当量之差，即

$$D_{2作用}=D_{2单一}-(f_p+f_{a/2}) \tag{11-5}$$

显然,为了使内、外螺纹能够自由旋合,应保证 $D_{2作用} \geqslant d_{2作用}$。

【**例 11-1**】 已知某螺纹 M24×2-6g,加工后测得实际中径 $d_{2a} = 22.521$ mm,螺距累积误差为 +0.05 mm,牙型半角误差 $\Delta \dfrac{\alpha}{2}_{左} = +20'$、$\Delta \dfrac{\alpha}{2}_{右} = -25'$。试求其作用中径。

【**解**】 ①计算单一中径,为

$$d_{2单一} = d_{2a} = 22.521 \text{ mm}$$

②计算螺距累积误差的中径当量,为

$$f_p = 1.732 |\Delta P_\Sigma| = 1.732 \times 0.05 \text{ mm} = 0.087 \text{ mm}$$

③计算牙型半角误差的中径当量,为

$$f_{\alpha/2} = P \left[0.014\,6 \left| \Delta \frac{\alpha}{2}_{左} \right| + 0.218\,25 \left| \Delta \frac{\alpha}{2}_{右} \right| \right] = 2 \times (0.014\,6 \times 20 + 0.218\,25 \times 25) \, \mu m$$

$$= 11.496\,5 \, \mu m \approx 12 \, \mu m$$

④计算螺纹作用中径,为

$$d_{2作用} = d_{2a} + (f_p + f_{\alpha/2}) = 22.521 \text{ mm} + (0.087 + 0.012) \text{ mm} = 22.62 \text{ mm}$$

11.3.2 中径合格性条件

由上述可知,作用中径是用来判断螺纹旋合性的中径,若外螺纹作用中径比内螺纹作用中径大,则螺纹难以旋合;若外螺纹作用中径比内螺纹作用中径小,而外螺纹实际中径小于内螺纹实际中径,虽能旋合,但是太松,将影响螺纹的连接强度。因此,在螺纹加工中应将作用中径及实际中径(单一中径)限制在一定范围内。从保证螺纹连接的要求出发,螺纹中径的合格性条件应遵循泰勒原则(包容要求),即螺纹的作用中径不能大于最大实体中径,任意位置的实际中径(单一中径)不能小于最小实体中径。

对外螺纹,应满足:

$$d_{2作用} \leqslant d_{2max}, \quad d_{2单一} \geqslant d_{2min} \tag{11-6}$$

对内螺纹,应满足:

$$D_{2作用} \geqslant D_{2min}, \quad D_{2单一} \leqslant D_{2max} \tag{11-7}$$

中径合格性条件示意图如图 11-9 所示。

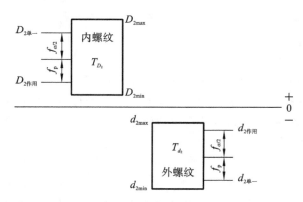

图 11-9 中径合格性条件示意图

11.4 普通螺纹公差配合与表面结构要求的选用

11.4.1 普通螺纹的公差带

螺纹公差带由公差等级(大小)和基本偏差(位置)决定。螺纹公差带以基本牙型轮廓为零线沿基本牙型的牙侧、牙顶、牙底分布,且中径、顶径偏差在垂直于螺纹轴线的方向计量。

1. 螺纹的公差等级

螺纹中径、顶径的公差等级如表 11-6 所示。

表 11-6 螺纹中径、顶径的公差等级(摘自 GB/T 197—2018)

螺 纹 直 径	公 差 等 级	螺 纹 直 径	公 差 等 级
内螺纹小径 D_1	4、5、6、7、8	外螺纹大径 d	4、6、8
内螺纹中径 D_2	4、5、6、7、8	外螺纹中径 d_2	3、4、5、6、7、8、9

其中,3 级精度最高,9 级精度最低,一般 6 级为基本级,各级公差值如表 11-7 和表 11-8 所示。

表 11-7 普通螺纹中径公差(摘自 GB/T 197—2018)

公称直径 D/mm		螺距 P/mm	内螺纹中径公差 T_{D_2}/μm					外螺纹中径公差 T_{d_2}/μm						
			公 差 等 级					公 差 等 级						
>	≤		4	5	6	7	8	3	4	5	6	7	8	9
5.6	11.2	0.75	85	106	132	170	—	50	63	80	100	125	—	—
		1	95	118	150	190	236	56	71	90	112	140	180	224
		1.25	100	125	160	200	250	60	75	95	118	150	190	236
		1.5	112	140	180	224	280	67	85	106	132	170	212	265
11.2	22.4	1	100	125	160	200	250	60	75	95	118	150	190	236
		1.25	112	140	180	224	280	67	85	106	132	170	212	265
		1.5	118	150	190	236	300	71	90	112	140	180	224	280
		1.75	125	160	200	250	315	75	95	118	150	190	236	300
		2	132	170	212	265	335	80	100	125	160	200	250	315
		2.5	140	180	224	280	355	85	106	132	170	212	265	335
22.4	45	1	106	132	170	212	—	63	80	100	125	160	200	250
		1.5	125	160	200	250	315	75	95	118	150	190	236	300
		2	140	180	224	280	355	85	106	132	170	212	265	335
		3	170	212	265	335	425	100	125	160	200	250	315	400
		3.5	180	224	280	355	450	106	132	170	212	265	335	425
		4	190	236	300	375	475	112	140	180	224	280	355	450
		4.5	200	250	315	400	500	118	150	190	236	300	375	475

表 11-8　普通螺纹的顶径公差(摘自 GB/T 197—2018)

螺距 P/mm	内螺纹小径公差 T_{D_1} 公差等级/μm					外螺纹大径公差 T_d 公差等级/μm		
	4	5	6	7	8	4	6	8
1	150	190	236	300	375	112	180	280
1.25	170	212	265	335	425	132	212	335
1.5	190	236	300	375	475	150	236	375
1.75	212	265	335	425	530	170	265	425
2	236	300	375	475	600	180	280	450
2.5	280	355	450	560	710	212	335	530
3	315	400	500	630	800	236	375	600
3.5	355	450	560	710	900	265	425	670
4	375	475	600	750	950	300	475	750

对牙底处内螺纹的大径和外螺纹的小径不规定具体公差值,而只规定内、外螺纹牙底实际轮廓不得超过基本偏差所确定的最大实体牙型,即保证在旋合时不发生干涉。

2. 螺纹的基本偏差

螺纹的基本偏差是指公差带两极限偏差中靠近零线的那个偏差,它决定了公差带相对基本牙型的位置。由于螺纹连接的配合性质只能是间隙配合,故内螺纹的基本偏差是下极限偏差(EI),外螺纹的基本偏差是上极限偏差(es)。国家标准《普通螺纹　公差》(GB/T 197—2018)对内螺纹规定了两种基本偏差,其代号为 G、H,如图 11-10(a)、图 11-10(b)所示;对外螺纹规定了八种基本偏差,其代号为 a、b、c、d、e、f、g、h,如图 11-10(c)、图 11-10(d)

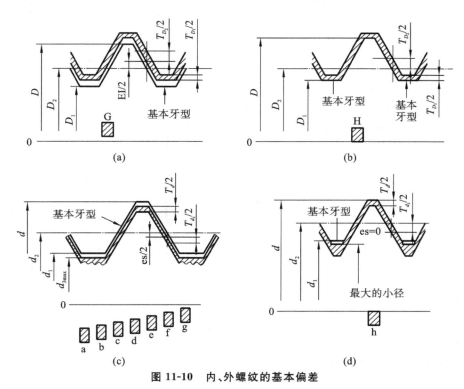

图 11-10　内、外螺纹的基本偏差

所示。普通螺纹的基本偏差如表 11-9 所示。

表 11-9　普通螺纹的基本偏差

螺距 P/mm	基本偏差/μm									
	内螺纹		外螺纹							
	G	H	a	b	c	d	e	f	g	h
	EI	EI	es	es	es	es	es	es	es	es
0.2	+17	0	—	—	—	—	—	—	−17	0
0.25	+18	0	—	—	—	—	—	—	−18	0
0.3	+18	0	—	—	—	—	—	—	−18	0
0.35	+19	0	—	—	—	—	—	−34	−19	0
0.4	+19	0	—	—	—	—	—	−34	−19	0
0.45	+20	0	—	—	—	—	—	−35	−20	0
0.5	+20	0	—	—	—	—	−50	−36	−20	0
0.6	+21	0	—	—	—	—	−53	−36	−21	0
0.7	+22	0	—	—	—	—	−56	−38	−22	0
0.75	+22	0	—	—	—	—	−56	−38	−22	0
0.8	+24	0	—	—	—	—	−60	−38	−24	0
1	+26	0	−290	−200	−130	−85	−60	−40	−26	0
1.25	+28	0	−295	−205	−135	−90	−63	−42	−28	0
1.5	+32	0	−300	−212	−140	−95	−67	−45	−32	0
1.75	+34	0	−310	−220	−145	−100	−71	−48	−34	0
2	+38	0	−315	−225	−150	−105	−71	−52	−38	0
2.5	+42	0	−325	−235	−160	−110	−80	−58	−42	0
3	+48	0	−335	−245	−170	−115	−85	−63	−48	0
3.5	+53	0	−345	−255	−180	−125	−90	−70	−53	0
4	+60	0	−355	−265	−190	−130	−95	−75	−60	0
4.5	+63	0	−365	−280	−200	−135	−100	−80	−63	0
5	+71	0	−375	−290	−212	−140	−106	−85	−71	0
5.5	+75	0	−385	−300	−224	−150	−112	−90	−75	0
6	+80	0	−395	−310	−236	−155	−118	−95	−80	0
8	+100	0	−425	−340	−265	−180	−140	−118	−100	0

【例 11-2】　通过查表，求出 M20-6H/5g6g 普通内、外螺纹的中径、大径和小径的公称尺寸、极限偏差和极限尺寸。

【解】　①由表 11-3 查得，螺距 $P=2.5$ mm，大径 $D=d=20$ mm，中径 $D_2=d_2=18.376$ mm，小径 $D_1=d_1=17.294$ mm。

②由表 11-7、表 11-8 和表 11-9 查得极限偏差并计算极限尺寸，如表 11-10 所示。

表 11-10　M20-6H/5g6g 螺纹极限偏差及极限尺寸　　　　单位:mm

项目		ES(es)	EI(ei)	上极限尺寸	下极限尺寸
内螺纹	大径	不规定	0	不超过实体牙型	20
	中径	+0.224	0	18.600	18.376
	小径	+0.450	0	17.744	17.294
外螺纹	大径	−0.042	−0.377	19.958	19.623
	中径	−0.042	−0.174	18.334	18.202
	小径	−0.042	不规定	17.252	不超过实体牙型

11.4.2　螺纹旋合长度、螺纹公差带和配合的选用

1. 螺纹的旋合长度

国家标准规定了长、中、短等 3 种旋合长度,分别用代号 L、N、S 表示,其数值如表 11-11 所示。一般情况下选用中等旋合长度 N,只有当结构或强度上需要时,才用短旋合长度 S 或长旋合长度 L。

表 11-11　螺纹旋合长度(摘自 GB/T 197—2018)　　　　单位:mm

公称直径 D、d		螺距 P	旋 合 长 度			
			S		N	L
>	≤		≤	>	≤	>
5.6	11.2	0.75	2.4	2.4	7.1	7.1
		1	3	3	9	9
		1.25	4	4	12	12
		1.5	5	5	15	15
11.2	22.4	1	3.8	3.8	11	11
		1.25	4.5	4.5	13	13
		1.5	5.6	5.6	16	16
		1.75	6	6	18	18
		2	8	8	24	24
		2.5	10	10	30	30
22.4	45	1	4	4	12	12
		1.5	6.3	6.3	19	19
		2	8.5	8.5	25	25
		3	12	12	36	36
		3.5	15	15	45	45
		4	18	18	53	53
		4.5	21	21	63	63

【**例 11-3**】　已知螺纹尺寸 M24×2-6g,同时测得实际大径 d_a=23.850 mm,试判断螺纹中径、顶径是否合格,并查出所需旋合长度的范围。

【**解**】　①判断中径的合格性。

由表 11-3 查得,d_2=22.701 mm。

查表 11-7、表 11-8 和表 11-9 得,es=-0.038 mm,T_{d_2}=0.170 mm。

$$d_{2max}=d_2+es=22.701 \text{ mm}-0.038 \text{ mm}=22.663 \text{ mm}$$

$$d_{2min}=d_{2max}-T_{d_2}=22.663 \text{ mm}-0.170 \text{ mm}=22.493 \text{ mm}$$

由例 11-1 可知,$d_{2作用}$=22.62 mm,$d_{2单一}$=22.521 mm。根据中径合格性条件,$d_{2作用} \leqslant d_{2max}$,22.62 mm≤22.663 mm,$d_{2单一} \geqslant d_{2max}$,22.521 mm≥22.493 mm,故中径合格。

②判断大径的合格性。查表 11-8 和表 11-9 得,es=-0.038 mm,T_d=0.280 mm。d_{max}=d+es=24 mm-0.038 mm=23.962 mm,$d_{min}=d_{max}-T_d$=23.962 mm-0.280 mm=23.682 mm,据大径合格性判断条件,$d_{min} \leqslant d_s \leqslant d_{max}$,23.682 mm≤23.850 mm≤23.962 mm,故大径合格。

③所需旋合长度。据大径 d=24 mm、螺纹 P=2 mm,查表 11-11 得,应采取中等旋合长度,即 8.5~25 mm。

2. 螺纹的配合精度等级及应用

根据螺纹连接的要求,国家标准《普通螺纹　公差》(GB/T 197—2018)按螺纹的公差等级和旋合长度对螺纹规定了 3 种配合精度等级,分别为精密级、中等级及粗糙级。对于同一精度等级,随旋合长度的增加,公差等级相应降低。螺纹配合精度等级的应用范围如下。

(1) 精密级。精密级用于精密螺纹,用于要求配合性质稳定、配合间隙变动较小、需要保证一定定心精度的螺纹连接,如飞机零件上螺纹可用内螺纹 4H、5H 与外螺纹 4h 相配合。

(2) 中等级。中等级用于一般用途螺纹。

(3) 粗糙级。粗糙级用于制造螺纹比较困难的场合,如在深盲孔中加工螺纹或在热轧棒上加工螺纹。

3. 螺纹配合的选用

国家标准《普通螺纹　公差》(GB/T 197—2018)规定,宜优先按表 11-12 和表 11-13 选取螺纹公差带。除特殊情况外,表 11-12 和表 11-13 以外的其他公差带不宜选用。如果不知道螺纹旋合长度的实际值(如标准螺栓),推荐按中等旋合长度(N)选取螺纹公差带。公差带优先选用顺序为粗字体公差带、一般字体公差带、括号内公差带。带粗框的粗字体公差带用于大量生产的紧固件螺纹。

表 11-12　内螺纹的推荐公差带(摘自 GB/T 197—2018)

公差精度	公差带位置 G			公差带位置 H		
	S	N	L	S	N	L
精密	—	—	—	4H	5H	6H
中等	(5G)	**6G**	(7G)	**5H**	6H	**7H**
粗糙	—	(7G)	(8G)	—	7H	8H

表 11-13　外螺纹的推荐公差带(摘自 GB/T 197—2018)

公差精度	公差带位置 e			公差带位置 f			公差带位置 g			公差带位置 h		
	S	N	L	S	N	L	S	N	L	S	N	L
精密	—	—	—	—	—	—	—	(4g)	(5g4g)	(3h4h)	**4h**	(5h4h)
中等	—	**6e**	(7e6e)	—	**6f**	—	(5g6g)	**6g**	(7g6g)	(5h6h)	6h	(7h6h)
粗糙	—	(8e)	(9e8e)	—	—	—	—	8g	(9g8g)	—	—	—

　　表 11-12 所示的内螺纹公差带能与表 11-13 所示的外螺纹公差带形成任意组合。但是,为了保证内、外螺纹间有足够的接触高度,完工后的螺纹零件宜优先组成 H/g、H/h 或 G/h 配合。对公称直径小于或等于 1.4 mm 的螺纹,应选用 5H/6h、4H/6h 或更精密的配合。

11.4.3　螺纹的表面结构特征要求

　　螺纹牙型表面的轮廓算术平均偏差 Ra 主要根据中径公差等级来确定。表 11-14 列出了螺纹牙型表面轮廓算术平均偏差 Ra 的推荐值。

表 11-14　螺纹牙型表面轮廓算术平均偏差 Ra 的推荐值

工　件	螺纹中径公差等级		
	4,5	6,7	7~9
	$Ra/\mu m$		
螺栓、螺钉、螺母	≤1.6	≤3.2	3.2~6.3
轴及套上的螺纹	0.8~1.6	≤1.6	≤3.2

11.4.4　螺纹在图纸上的标注

1. 单个螺纹的标记

　　完整的单个螺纹标记由普通螺纹标记、螺纹公称直径、细牙螺纹螺距、左旋螺纹标记、中径公差代号、顶径公差代号、旋合长度代号组成,如图 11-11 所示。

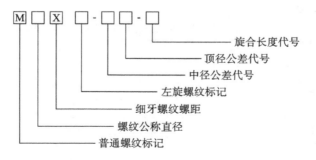

图 11-11　单个螺纹的标记

当螺纹是粗牙螺纹时,螺距不写出;当螺纹为左旋时,在左旋螺纹标记位置写"LH"字样,右旋螺纹则不标出;当螺纹的中径公差带和顶径公差带相同时,合写为一个;当螺纹旋合长度为中等时,不写出;当旋合长度需要标出具体值时,应在旋合长度代号标记位置写出其具体值,如 M20×2-7g6g-L-LH,M10-7H,M10×1-6H-30。

2. 螺纹配合在图样上的标记

标注螺纹配合时,内、外螺纹公差代号用斜线分开,左边为内螺纹公差代号,右边为外螺纹公差代号,如 M20×2-6H/6g。

11.5　机床丝杠、螺母公差配合简介

11.5.1　机床丝杠、螺母的基本牙型及主要参数

机床上的丝杠螺母机构用于传递准确的运动、位移及力。丝杠为外螺纹,螺母为内螺纹,它们的牙型为梯形。国家标准《梯形螺纹　第 1 部分:牙型》(GB/T 5796.1—2005)规定的基本牙型如图 11-12 所示。主要几何参数也在图中示出。

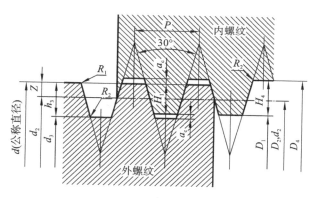

图 11-12　梯形螺纹的基本牙型

由图 11-12 可知,丝杠、螺母的牙型角为 30°,牙型半角为 15°。丝杠的大径、小径的公称尺寸分别小于螺母的大径、小径的公称尺寸,而丝杠、螺母的中径公称尺寸是相同的。

11.5.2　机床丝杠、螺母的工作精度要求

根据丝杠的功用,提出了轴向的传动精度要求,即对螺旋线(或螺距)提出了公差要求。又因丝杠、螺母有相互间的运动,为保证其传动精度,要求螺纹牙侧表面接触均匀,并使牙侧面的磨损小,对丝杠提出了牙型半角的极限偏差要求、中径尺寸的一致性要求等,以保证牙侧面的接触均匀性。

11.5.3 丝杠、螺母公差

标准《机床梯形丝杠、螺母 技术条件》(JB/T 2886—2008)规定了机床梯形丝杠、螺母的术语和定义、精度要求及检验方法,适用于机床传动及定位用牙型角符合《梯形螺纹 第1部分:牙型》(GB/T 5796.1—2005),螺距与直径符合《梯形螺纹 第2部分:直径与螺距系列》(GB/T 5796.2—2005)的单线梯形丝杠、螺母。

1. 丝杠、螺母的精度等级

机床丝杠、螺母的精度分七级,即3级、4级、5级、6级、7级、8级、9级。其中3级精度最高,9级精度最低。各级精度的常用范围是:3级和4级用于超高精度的坐标镗床和坐标磨床的传动定位丝杠和螺母;5级和6级用于高精度的螺纹磨床、齿轮磨床和丝杠车床中的主传动丝杠和螺母;7级用于精密螺纹车床、齿轮机床、镗床、外圆磨床和平面磨床等的精确传动丝杠和螺母;8级用于卧式车床和普通铣床的进给丝杠和螺母;9级用于低精度的进给机构中。

2. 丝杠的公差项目

(1) 螺旋线轴向公差。螺旋线轴向公差是指丝杠螺旋线轴向实际测量值对于理论值的允许变动量,用于限制螺旋线轴向误差。对于螺旋线轴向误差,分别在任意一个螺距内,任意25 mm、100 mm、300 mm的丝杠轴向长度内以及丝杠工作部分全长上进行评定,在中径线上测量。对螺旋线轴向误差的评定,可以全面反映丝杠螺纹的轴向工作精度。因受测量条件限制,螺旋线轴向公差目前只用于高精度(3~6级)丝杠的评定。

(2) 螺距公差。螺距公差分两种。一种用于评定单个螺距误差,称单个螺距公差。单个螺距误差是指单一螺距的实际尺寸相对于基值的最大代数差,用ΔP表示。另一种公差用于评定螺距累积误差,称为螺距累积公差。螺距累积误差是指在规定的轴向长度内及丝杠工作部分全长范围内,螺纹牙型任意两个同侧表面的轴向尺寸相对于基本值的最大代数差,分别用ΔP_1和ΔP_{Lu}表示。测量时规定长度为丝杠螺纹的任意60 mm、300 mm的轴向长度。

评定螺距误差不如评定螺旋线轴向误差全面,但其方法比较简单,常用于评定7~9级的丝杠螺纹。

(3) 牙型半角的极限偏差。丝杠的牙型半角存在误差,会使丝杠与螺母牙侧接触不均匀,影响耐磨性并影响传递精度,故标准中规定了丝杠牙型半角的极限偏差,用以控制牙型半角误差。

(4) 丝杠直径的极限偏差。标准中对丝杠螺纹的大径、中径、小径分别规定了极限偏差,用以控制直径误差。

对于配作螺母的6级以上丝杠,其中径公差带相对于公称尺寸线(中径线)是对称分布的。

(5) 中径的一致性公差。在丝杠螺纹的工作部分全长范围内,实际中径的尺寸变化太大会影响丝杠与螺母配合间隙的均匀性和丝杠螺纹两牙侧螺旋面的一致性,因此标准中规定了中径尺寸的一致性公差。

(6) 大径表面对螺纹轴线的径向圆跳动公差。丝杠为细长件,易发生弯曲变形,从而影响丝杠轴向传动精度以及牙侧面的接触均匀性,故标准中提出了大径表面对螺纹轴线的径向圆跳动公差。

3. 螺母的公差

标准对与丝杠配合的螺母规定了大径、中径、小径的极限偏差。由于螺母这一内螺纹的螺距累积误差和牙型半角误差难以测量,所以用中径公差加以综合控制。对于与丝杠配作的螺母,其中径的极限尺寸是以丝杠的实际中径为基值,按《机床梯形丝杠、螺母 技术条件》(JB/T 2886—2008)规定的螺母与丝杠配作的中径径向间隙来确定。

4. 丝杠和螺母的表面粗糙度

《机床梯形丝杠、螺母 技术条件》(JB/T 2886—2008)对丝杠和螺母的牙侧面、顶径和底径提出了相应的表面粗糙度要求,以满足和保证丝杠和螺母的使用质量。

11.5.4 丝杠、螺母的标记

丝杠、螺母标记的写法是,丝杠螺纹代号"T"后跟尺寸规格(标称直径×螺距)、旋向代号(右旋不写出,左旋写代号"LH")和精度等级。其中旋向代号与精度等级间用短横线"-"相隔。

例如 T55×12-6,所表示的是公称直径为 55 mm、螺距为 12 mm、6 级精度的右旋丝杠螺纹。

例如 T55×12LH-6,所表示的是公称直径为 55 mm、螺距为 12 mm、6 级精度的左旋丝杠螺纹。

以上介绍的机床用梯形螺纹丝杠、螺母的公差项目与一般梯形螺纹的公差项目是不同的。有关机床梯形丝杠、螺母的公差内容,源自《机床梯形丝杠、螺母 技术条件》(JB/T 2886—2008),具体的公差值请查阅该标准。

复习与思考题

11-1   螺纹公差与尺寸公差一样吗?

11-2   螺纹的基本偏差与尺寸的基本偏差一样吗?

11-3   螺纹的尺寸精度怎样分级?如何选用?

11-4   螺纹配合精度如何分级?如何选用?

11-5   解释下列标记的含义。

(1) M10-5。

(2) M16-5H6H-S。

(3) M20×1-5H/5g6g。

(4) M10×1LH-6g-L。

(5) M20×1-5H/5g6g-S。

(6) M24-6H。

11-6   查表求出 M16-6H/6g 内、外螺纹的中径、大径和小径的极限偏差,计算内、外螺纹中径、大径和小径的极限尺寸,绘出内、外螺纹的公差带图。

11-7 有一外螺纹 M27×2-6h,测量得其单一中径 $d_{2单-}=25.5$ mm,螺纹累积误差 $\Delta P_{\Sigma}=-0.035$ mm,牙型半角误差 $\Delta\frac{\alpha}{2}_{左}=+30'$、$\Delta\frac{\alpha}{2}_{右}=-40'$。请求解此加工方法允许中径的实际尺寸变动范围是多少。

11-8 已知一普通螺纹配合为 M12×1-6H/6g,加工后测得:

内螺纹 $D_{2a}=11.441$ mm,$\Delta P_{\Sigma}=+0.03$ mm,$\Delta\frac{\alpha}{2}_{左}=-70'$,$\Delta\frac{\alpha}{2}_{右}=+90'$;

外螺纹 $d_{2a}=11.265$ mm,$\Delta P_{\Sigma}=-0.04$ mm,$\Delta\frac{\alpha}{2}_{左}=+40'$,$\Delta\frac{\alpha}{2}_{右}=-60'$。

试判断中径、顶径是否合格,并查出所需旋合长度的范围。

项目 *12* 键与花键的公差配合及其选用

★ 项目内容
· 键与花键的公差配合及其选用。

★ 学习目标
· 掌握键与花键的公差配合及其选用。

★ 主要知识点
· 键连接及其类型。
· 平键连接的几何参数、公差带。
· 平键连接几何公差的选用。
· 平键连接表面结构要求的选用。
· 矩形花键的基本尺寸、公差带。
· 花键连接公差配合的选用。
· 花键连接表面结构特征要求的选用。

12.1 键连接及其类型

单键与花键都是机械传动中的标准件,广泛应用于轴与齿轮、链轮、皮带轮或联轴器等可拆卸传动件之间的连接,以传递扭矩、运动兼起导向作用。例如,变速箱中变速齿轮与轴之间的平键连接如图 12-1(a)所示,花键孔与花键轴的连接如图 12-1(b)所示。

12.1.1 单键连接

单键的类型有平键、半圆键、钩头楔键和切向键。其中平键、半圆键和钩头楔键如图 12-2所示。

平键分为普通平键和导向平键,如图 12-3 所示。前者用于固定连接,后者用于移动连

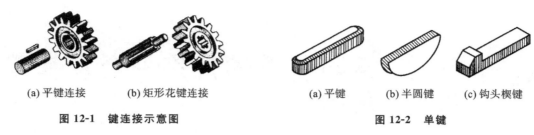

| (a) 平键连接 | (b) 矩形花键连接 | | (a) 平键 | (b) 半圆键 | (c) 钩头楔键 |

图 12-1　键连接示意图　　　　　　　　　图 12-2　单键

接(如双联齿轮)。

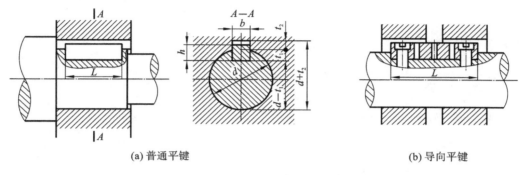

(a) 普通平键　　　　　　　　　　　　　(b) 导向平键

图 12-3　平键连接

普通平键根据两端形状又有 A 型(两端圆)、B 型(两端平)、C 型(一端圆、一端平)之分,如图 12-4 所示。

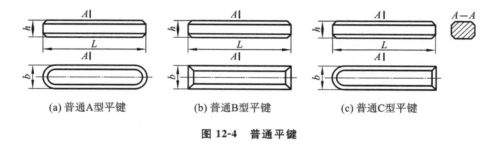

(a) 普通A型平键　　　　　(b) 普通B型平键　　　　　(c) 普通C型平键

图 12-4　普通平键

平键对中性好,可用于较高精度的连接,具有制造和装拆简便、成本低廉等优点。

12.1.2　花键连接

当需要传递较大扭矩时,单键连接已不能满足要求,因而单键连接发展为花键连接。花键分为内花键(花键孔)和外花键(花键轴),如图 12-1(b)所示。花键按截面形状又有矩形花键、渐开线花键、梯形花键、三角形花键之分,其中矩形花键应用较为广泛。

花键连接中键的数目增加,接触面比平键多,且连接键与轴为一体,使轴和轮毂上承受的载荷分布比较均匀,而且花键连接既可作固定连接,也可作滑动连接,因此与平键连接相比,花键连接具有定心精度高、导向性好、承载能力强等优点,在汽车、机床等机械行业中广泛应用,但花键加工需用专用设备和刀具、量具,制造成本较高。

12.2　平键连接公差配合与表面结构要求的选用

12.2.1　平键连接的几何参数

平键连接由键、轴上键槽和轮毂上键槽三个部分实现,通过键的侧面与轴上键槽侧面、轮毂上键槽侧面之间的相互接触来实现扭矩传递。连接时,键的上表面与轮毂上键槽底面间要留有一定的间隙。普通平键的结构和主要尺寸如图 12-3(a)所示(图 12-3(a)所示为减速器的输出轴与带轮之间的连接,减速器输出轴输出的动力及扭矩通过平键来传递)。

键为标准件(由型钢制成),其基本尺寸是键宽(b)、键高(h)和键长(L)。《普通型　半圆键》(GB/T 1099.1—2003)规定,平键标记为 GB/T 1099.1　键 $b \times h \times L$,如 GB/T 1099.1　键 $6 \times 10 \times 25$。

键的其他尺寸包括轴槽深(t)、轮毂槽深(t_1)及轴和轮毂直径(d)(为了便于测量,在图样上分别标注尺寸"$d - t_1$"和"$d + t_2$")。设计键连接时,平键的规格参数根据 d 查表确定。普通平键键槽的尺寸与公差(摘自 GB/T 1095—2003)如表 12-1 所示,普通平键的尺寸与公差(摘自 GB/T 1096—2003)如表 12-2 所示。

12.2.2　平键连接的公差带

1. 配合尺寸的公差带

键是标准件,故键连接通常采用基轴制配合。键与键槽宽(b)是主要配合尺寸,其他尺寸为非配合尺寸。一般来说,对配合尺寸给出较严格的公差,对非配合尺寸给出较宽松的公差。由于键是标准件,因此对误差的主要控制对象是键槽宽。国家标准《平键　键槽的剖面尺寸》(GB/T 1095—2003)规定,键宽公差带为 h9,对轴槽宽和轮毂槽宽分别规定 H9、N9、P9 和 D10、JS9、P9 3 种公差带,共同组成正常连接、紧密连接、松连接 3 种配合类型,如图 12-5所示。平键连接中键宽 b 的 3 种配给类型及其应用如表 12-3 所示。

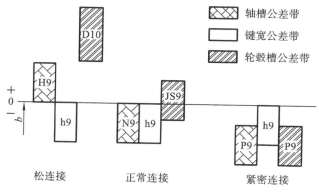

图 12-5　平键连接的配合类型

表 12-1　普通平键键槽的尺寸与公差（摘自 GB/T 1095—2003）（mm）

键尺寸 $b \times h$	基本尺寸	宽度 b 极限偏差 正常连接 轴 N9	正常连接 毂 JS9	紧密连接 轴和毂 P9	松连接 轴 H9	松连接 毂 D10	深度 轴 t_1 基本尺寸	轴 t_1 极限偏差	毂 t_2 基本尺寸	毂 t_2 极限偏差	半径 r min	半径 r max
2×2	2	−0.004 −0.029	±0.012 5	−0.006 −0.031	+0.025 0	+0.060 +0.020	1.2	+0.1 0	1.0	+0.1 0	0.08	0.16
3×3	3						1.8		1.4			
4×4	4	0 −0.030	±0.015	−0.012 −0.042	+0.030 0	+0.078 +0.030	2.5		1.8		0.16	0.25
5×5	5						3.0		2.3			
6×6	6						3.5		2.8			
8×7	8	0 −0.036	±0.018	−0.015 −0.051	+0.036 0	+0.098 +0.040	4.0		3.3		0.25	0.40
10×8	10						5.0		3.3			
12×8	12	0 −0.043	±0.021 5	−0.018 −0.061	+0.043 0	+0.120 +0.050	5.0		3.3			
14×9	14						5.5		3.8			
16×10	16						6.0		4.3			
18×11	18						7.0	+0.2 0	4.4	+0.2 0		
20×12	20	0 −0.052	±0.026	−0.022 −0.074	+0.052 0	+0.149 +0.065	7.5		4.9		0.40	0.60
22×14	22						9.0		5.4			
25×14	25						9.0		5.4			
28×16	28						10.0		6.4			
32×18	32	0 −0.062	±0.031	−0.026 −0.088	+0.062 0	+0.180 +0.080	11.0		7.4			
36×20	36						12.0		8.4			
40×22	40						13.0		9.4		0.70	1.00
45×25	45						15.0		10.4			
50×28	50						17.0		11.4			
56×32	56	0 −0.074	±0.037	−0.032 −0.106	+0.074 0	+0.220 +0.100	20.0	+0.3 0	12.4	+0.3 0		
63×32	63						20.0		12.4		1.20	1.60
70×36	70						22.0		14.4			
80×40	80						25.0		15.4			
90×45	90	0 −0.087	±0.043 5	−0.037 −0.124	+0.087 0	+0.260 +0.120	28.0		17.4		2.00	2.50
100×50	100						31.0		19.5			

表 12-2　普通平键的尺寸与公差(摘自 GB/T 1096—2003)(mm)

宽度 b	基本尺寸	2	3	4	5	6	8	10	12	14	16	18	20	22
	极限偏差(h8)	0 −0.014		0 −0.018			0 −0.022		0 −0.027				0 −0.033	

高度 h		基本尺寸	2	3	4	5	6	7	8	8	9	10	11	12	14
	极限偏差	矩形(h11)	—		—				0 −0.090				0 −0.010		
		方形(h8)	0 −0.014		0 −0.018			—			—				

侧角或倒圆 s	0.16～0.25	0.25～0.40	0.40～0.60	0.60～0.80

长度 L

基本尺寸	极限偏差(h14)	2	3	4	5	6	8	10	12	14	16	18	20	22
6	0 −0.36				—	—	—	—	—	—	—	—	—	—
8					—	—	—	—	—	—	—	—	—	—
10					—	—	—	—	—	—	—	—	—	—
12	0 −0.43					—	—	—	—	—	—	—	—	—
14						—	—	—	—	—	—	—	—	—
16						—	—	—	—	—	—	—	—	—
18						—	—	—	—	—	—	—	—	—
20	0 −0.52					—	—	—	—	—	—	—	—	—
22			—		标准					—	—	—	—	—
25										—	—	—	—	—
28										—	—	—	—	—
32	0 −0.62		—									—	—	—
36			—									—	—	—
40			—	—								—	—	—
45			—				长度					—	—	—
50			—	—	—								—	—
56	0 −0.74													—
63			—	—	—									
70			—	—	—									
80			—	—	—									
90	0 −0.87		—	—	—	—		范围						
100			—	—	—									
110			—	—	—									

续表

宽度 b	基本尺寸	2	3	4	5	6	8	10	12	14	16	18	20	22
	极限偏差 (h8)	0 / −0.014		0 / −0.018			0 / −0.022		0 / −0.027				0 / −0.033	

高度 h		基本尺寸	2	3	4	5	6	7	8	8	9	10	11	12	14
	极限偏差	矩形 (h11)	—						0 / −0.090				0 / −0.010		
		方形 (h8)	0 / −0.014		0 / −0.018			—							

侧角或倒圆 s	0.16～0.25	0.25～0.40	0.40～0.60	0.60～0.80

长度 L

基本尺寸	极限偏差 (h14)													
125	0 / −1.00	—	—	—	—	—	—	—						
140		—	—	—	—	—	—	—						
160		—	—	—	—	—	—	—						
180		—	—	—	—	—	—	—	—					
200	0 / −1.15	—	—	—	—	—	—	—	—					
220		—	—	—	—	—	—	—	—	—				
250		—	—	—	—	—	—	—	—	—	—			

宽度 b	基本尺寸	25	28	32	36	40	45	50	56	63	70	80	90	100
	极限偏差 (h8)	0 / −0.033		0 / −0.039					0 / −0.046			0 / −0.054		

高度 h		基本尺寸	14	16	18	20	22	25	28	32	32	36	40	45	50
	极限偏差	矩形 (h11)	0 / −0.110			0 / −0.130				0 / −0.160					
		方形 (h8)	—			—				—					

侧角或倒圆 s	0.60～0.80	1.00～1.20	1.60～2.00	2.50～3.00

长度 L

基本尺寸	极限偏差 (h14)													
70	0 / −0.74	—	—	—	—	—	—	—	—	—	—	—	—
80		—	—	—	—	—	—	—	—	—	—	—	—
90	0 / −0.87	—	—	—	—	—	—	—	—	—	—	—	—
100		—	—	—	—	—	—	—	—	—	—	—	—
110		—	—	—	—	—	—	—	—	—	—	—	—

续表

宽度 b	基本尺寸	25	28	32	36	40	45	50	56	63	70	80	90	100
	极限偏差 (h8)	0 −0.033			0 −0.039				0 −0.046			0 −0.054		

高度 h		基本尺寸	14	16	18	20	22	25	28	32	32	36	40	45	50
	极限偏差	矩形 (h11)	0 −0.110			0 −0.130				0 −0.160					
		方形 (h8)	—			—				—					

侧角或倒圆 s	0.60~0.80	1.00~1.20	1.60~2.00	2.50~3.00

长度 L

基本尺寸	极限偏差 (h14)													
125	0 −1.00										—			
140											—			
160							标准							
180											—			
200	0 −1.15													—
220														—
250							长度							—
280	0 −1.30													
320	0 −1.40		—											
360			—								范围			
400			—											
450	0 −1.55		—		—		—							
500			—		—		—							

表 12-3　平键连接中键宽 b 的 3 种配合类型及其应用

配合类型	尺寸的公差带			应用
	键	轴　槽	轮　毂　槽	
松连接	h9	H9	D10	轮毂可在轴上滑动,主要用于导向平键
正常连接		N9	JS9	键固定在键槽和轮毂槽中,用于载荷不大的场合
紧密连接		P9	P9	键牢固安装在轴槽和轮毂槽中,主要用于载荷较大、有冲击和传递双向扭矩的场合

2. 非配合尺寸的公差带

轴槽深(t_1)和轮毂槽深(t_2)的公差带如表 12-1 所示。键高(h)、键长(L)和轴槽长等非配合尺寸的公差带如表 12-4 所示。

表 12-4　平键连接中非配合尺寸的公差带

非配合尺寸	键高(h)	键长(L)	轴槽长
公差带	h11	h14	H14

12.2.3 几何公差与表面结构要求的选用

1. 键连接几何公差的选用

键槽的几何公差主要是指键槽的实际中心平面对基准轴线的对称度公差。键槽的对称度误差使键与键槽间不能保证面接触,传递扭矩时键工作表面载荷不均匀,从而影响键连接的配合性质。另外,对称度误差还会影响键连接的自由装配。为了保证键连接正常工作,国家标准对键和键槽的几何公差做出了以下规定。

(1) 对称度公差等级按《形状和位置公差 未注公差值》(GB/T 1184—1996)选取,以键宽(b)为主参数,一般取 IT7~IT9 级。

(2) 对长键($L/b\geqslant8$),规定键的两工作侧面在长度方向上的平行度,平行度公差也按《形状和位置公差 未注公差值》(GB/T 1184—1996)选取,$b\leqslant8$ mm 时取 IT7 级,$b\geqslant8$~36 mm 时取 IT6 级,$b\geqslant36$ mm 时取 IT5 级。

2. 键连接表面结构要求的选用

键和键槽配合面的轮廓算术平均偏差 Ra 值一般取 1.6~6.3 μm,非配合面的轮廓算术平均偏差 Ra 值取 12.5 μm。平键的键槽尺寸和几何公差、表面结构要求在图样中的标注如图 12-6 所示。

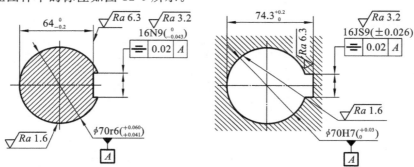

图 12-6 平键的键槽尺寸和几何公差、表面结构要求在图样中的标注

12.3 花键连接公差配合与表面结构要求的选用

12.3.1 矩形花键的基本尺寸

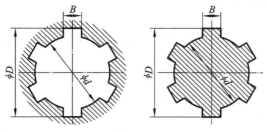

图 12-7 矩形花键的主要尺寸

花键连接由内花键(花键孔)和外花键(花键轴)实现,将轴与轴上零件连为一体共同传递扭矩。花键的规格、尺寸在国家标准《矩形花键尺寸、公差和检验》(GB/T 1144—2001)中做了规定。矩形花键的基本尺寸是键数(N)、小径(d)、大径(D)、键宽和键槽宽(B),如图 12-7 所示。

为了便于加工和测量,规定矩形花键的键数为偶数,有 6、8、10 三种。矩形花键根据承载能力不同,按键高分为中、轻两个系列。与轻系列相比,中系列键高尺寸大(大径大)、承载能力强。矩形花键基本尺寸系列如表 12-5 所示。

表 12-5　矩形花键基本尺寸系列(摘自 GB/T 1144—2001)　　　　单位:mm

小径 d	轻　系　列				中　系　列			
	规格 $N \times d \times D \times B$	键数 N	大径 D	键宽 B	规格 $N \times d \times D \times B$	键数 N	大径 D	键宽 B
23	$6 \times 23 \times 26 \times 6$	6	26	6	$6 \times 23 \times 28 \times 6$	6	28	6
26	$6 \times 26 \times 30 \times 6$		30		$6 \times 26 \times 32 \times 6$		32	
28	$6 \times 28 \times 32 \times 7$		32	7	$6 \times 28 \times 34 \times 7$		34	7
32	$6 \times 32 \times 36 \times 6$		36	6	$8 \times 32 \times 38 \times 6$	8	38	6
36	$8 \times 36 \times 40 \times 7$	8	40	7	$6 \times 36 \times 42 \times 7$		42	7
42	$8 \times 42 \times 46 \times 8$		46	8	$8 \times 42 \times 48 \times 8$		48	8
46	$8 \times 46 \times 50 \times 9$		50	9	$8 \times 46 \times 54 \times 9$		54	9
52	$8 \times 52 \times 58 \times 10$		58	10	$8 \times 52 \times 60 \times 10$		60	10
56	$8 \times 56 \times 62 \times 10$		62		$8 \times 56 \times 65 \times 10$		65	
62	$8 \times 62 \times 68 \times 12$		68		$8 \times 62 \times 72 \times 12$		72	
72	$10 \times 72 \times 78 \times 12$	10	78	12	$10 \times 72 \times 82 \times 12$	10	82	12
82	$10 \times 82 \times 88 \times 12$		88		$10 \times 82 \times 92 \times 12$		92	
92	$10 \times 92 \times 98 \times 14$		98	14	$10 \times 92 \times 102 \times 14$		102	14
102	$10 \times 102 \times 108 \times 16$		108	16	$10 \times 102 \times 112 \times 16$		112	16
112	$10 \times 112 \times 120 \times 18$		120	18	$10 \times 112 \times 125 \times 18$		125	18

花键的标记为键数×小径×大径×键宽,即 $N \times d \times D \times B$,如 $6 \times 23 \times 26 \times 6$。需要标注公差时,各自公差带代号紧跟其后。例如某花键副,$N = 6$,$d = 23H7/f7$,$D = 26H10/a11$,$B = 6H11/d10$,标记如图 12-8 所示。

零件图上的标注为

　　　　外花键 $6 \times 23f7 \times 26a11 \times 6d10$　　GB/T 1144—2001

零件图上的标注为

　　　　内花键 $6 \times 23H7 \times 26H10 \times 6H11$　　GB/T 1144—2001

装配图上的标注为

$$6 \times 23 \frac{H7}{f7} \times 26 \frac{H10}{a11} \times 6 \frac{H11}{d10}　\text{GB/T 1144—2001}$$

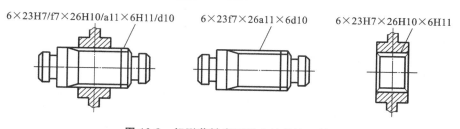

图 12-8　矩形花键在图样中的标注示例

12.3.2 矩形花键的定心

在花键连接中,以小径 d、大径 D 和键(键槽)宽 B 三个连接尺寸中的一个尺寸作为主要配合尺寸,来保证内、外花键的同轴度的方式称为花键的定心。花键的定心方式有三种,即小径 d 定心、大径 D 定心和键(键槽)宽定心,如图 12-9 所示。

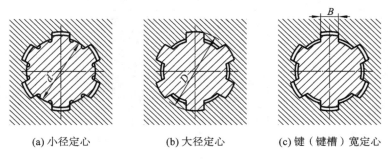

(a) 小径定心   (b) 大径定心   (c) 键(键槽)宽定心

图 12-9 花键的定心方式

国家标准规定矩形花键采用小径定心,即对小径 d 选用公差等级较高的间隙配合。由于扭矩靠侧面传递,所以键(键槽)宽要有足够的精度。大径 D 为非定心尺寸,公差等级应较低,并且非定心直径表面之间应留有较大间隙,以保证它们不接触。

小径定心的主要优点是:小径较易保证较高的加工精度和表面硬度,能提高花键的耐磨性和使用寿命,定心稳定性好。由于定心表面要求有较高的硬度,因此花键在加工过程中往往需要热处理。在热处理后,内、外花键的小径表面可以使用内圆磨削或成形磨削方法进行精加工,以获得较高的加工及定心精度;而内花键的大径和键槽侧面难以进行磨削加工。

对于定心直径(d)的公差带,在一般情况下,内、外花键取相同的公差等级,这主要是因为矩形花键采用小径定心使得加工难度由内花键转移给外花键。

12.3.3 矩形花键尺寸公差的选用

1. 基准制

内花键加工比外花键加工复杂,为了减少内花键加工、检验用的刀具、量具的规格及数量,花键连接通常采用基孔制配合。

2. 主要配合尺寸

小径(d)是花键的主要配合尺寸,也称为定心尺寸;其他为次要配合尺寸。一般来说,对定心尺寸给出较严格的公差,对其他尺寸给出较宽松的公差。

3. 配合精度

花键的配合精度(也称连接精度)分为一般传动和精密传动两种,应根据定心精度要求和传递扭矩大小选用。精密传动多用于定心精度高、传递扭矩大且要求平稳的精密传动机械,如精密机床主轴变速箱。一般传动用于定心精度要求不太高但传递扭矩较大的重载减速器,如重载汽车、拖拉机的变速器。矩形花键的尺寸公差带如表 12-6 所示。

表 12-6　矩形花键的尺寸公差带

内　花　键				外　花　键			装 配 形 式
d	D	\multicolumn{2}{c}{B}	d	D	B	
		拉削后不热处理	拉削后热处理				
\multicolumn{8}{c}{一般传动用}							
H7	H10	H9	H11	f7		d10	滑动
				g7	a11	f9	紧滑动
				h7		h10	固定
\multicolumn{8}{c}{精密传动用}							
H5	H10	H7,H9		f5	a11	d8	滑动
				g5		f7	紧滑动
				h5		h8	固定
H6				f6		d8	滑动
				g6		f7	紧滑动
				h6		h8	固定

4. 配合类型

　　花键的配合类型即花键的连接类型分为 3 种,即固定连接、紧滑动连接和滑动连接。花键的配合类型及其选用范围如表 12-7 所示。

表 12-7　花键的配合类型及其选用范围

连 接 类 型	选 用 范 围
固定连接	内、外花键间无相对滑动,只传递扭矩
紧滑动连接	内、外花键间有相对滑动,但定心精度要求高、传递扭矩大或常有正反向转动
滑动连接	内、外花键间有相对滑动,且滑动距离长、滑动频率高。其配合间隙较大使配合面间有足够的润滑层以保证其运动灵活性,如汽车、拖拉机等变速箱中的变速齿轮与轴的连接

12.3.4　矩形花键几何公差的选用

　　由于矩形花键连接表面复杂,键长与键宽比值较大,几何误差是影响连接质量的重要因素,必须加以控制。

　　单件小批生产时,多采用单项控制法控制矩形花键的几何误差。为了保证定心表面的配合性质,给出键宽对称度,并规定小径处的尺寸公差与几何公差的关系必须采用包容要求。矩形花键对称度公差的标注如图 12-10 所示。

　　大批量生产时,对键宽对定心轴线的对称度、键等分度及键侧对定心轴线的平行度等误差,规定位置度公差、对称度公差加以综合控制,并采用最大实体要求。矩形花键的位置度公差如表 12-8 所示,对称度公差如表 12-9 所示。

表 12-8　矩形花键的位置度公差　　　　　　　　　　　　单位:mm

\multicolumn{2}{c}{键槽宽或键宽 B}	3	3.5~6	7~10	12~18
\multicolumn{2}{c}{}	\multicolumn{4}{c}{位置度公差数值}			
\multicolumn{2}{c}{键槽宽}	0.010	0.015	0.020	0.025
键宽	滑动连接、固定连接	0.010	0.015	0.020	0.025
	紧滑动连接	0.006	0.010	0.013	0.016

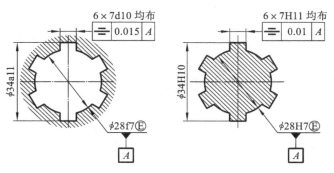

图 12-10　矩形花键对称度公差的标注

表 12-9　矩形花键的对称度公差　　　　　　　　　　单位：mm

键槽宽或键宽 B	3	3.5～6	7～10	12～18
	对称度公差数值			
一般传动用	0.010	0.012	0.015	0.018
精密传动用	0.006	0.008	0.009	0.011

12.3.5　花键连接表面结构要求的选用

花键各接合表面的轮廓算术平均偏差 Ra 参考值如表 12-10 所示。

表 12-10　花键各接合表面的轮廓算术平均偏差 Ra 参考值　　　　单位：μm

加工表面	内花键	外花键
	Ra 不大于	
小径	1.6	0.8
大径	6.3	3.2
键侧	6.3	1.6

复习与思考题

12-1　平键连接为什么只对键（键槽）宽规定严格的公差要求？

12-2　矩形花键的主要参数有哪些？定心方式有哪几种？为什么国家标准规定矩形花键的定心方式采用小径定心？

12-3　平键连接、花键连接的配合各采用何种基准制？为什么？

12-4　齿轮与轴用平键连接传递扭矩。平键尺寸为 $b=10$ mm，$L=28$ mm。齿轮与轴的配合为 $\phi35H7/h6$，平键采用正常连接。试查出键槽尺寸偏差、几何公差和表面粗糙度，并标注在图 12-11 中。

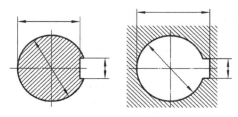

图 12-11　平键的标注（键槽尺寸偏差、几何公差和轮廓算术平均偏差 Ra）

项 目 *13* 螺纹的测量

★ 项目内容

· 螺纹的测量。

★ 学习目标

· 掌握螺纹的测量。

★ 主要知识点

· 用螺纹千分尺测量螺纹中径。
· 用三针法测量螺纹中径。
· 用影像法测量螺纹中径、螺距和牙型半角。

13.1 用螺纹千分尺测量螺纹中径

对于精度要求不高的螺纹,可用螺纹千分尺(见图 13-1)测量中径。螺纹千分尺的使用
方法与外径千分尺相似,不同之处在于要选用专用测量头。螺纹千分尺的每对测量头只能
测量一定螺距范围内的螺纹中径。

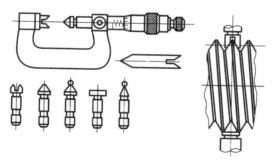

图 13-1 螺纹千分尺

用螺纹千分尺测量螺纹中径的测量误差主要来源于被测螺纹的螺距误差、牙型半角误
差以及螺纹千分尺本身的误差。螺纹千分尺本身的误差来源于测量压力和可换测量头侧端

角度的误差、圆锥测量头工作面曲线和三棱测量头工作面二等分线的重合性误差以及螺纹千分尺螺旋机构的误差等。由于上述误差因素,用螺纹千分尺测量螺纹中径的测量误差一般在0.10～0.15 mm范围内。

测量后,填写测量报告(见表13-1)。

表 13-1　用螺纹千分尺测量螺纹中径报告

被测工件	名称	螺纹标注	上极限尺寸	下极限尺寸	安全裕度 A
计量仪器	名称	测量范围	示值范围	分度值	仪器不确定度
测量示意图					
测量数据	实际尺寸/mm				
	Ⅰ—Ⅰ		Ⅱ—Ⅱ		Ⅲ—Ⅲ
合格性判断					
姓名	班级		学号	审核	成绩

13.2　用三针法测量螺纹中径

13.2.1　三针法测量原理

三针法是一种较精密的螺纹中径间接测量方法。如图13-2所示,测量时,将直径相同、精度很高的三根量针放入被测螺纹的牙槽中,用测量外尺寸的量具测量尺寸 M,由螺纹各参数的几何关系换算出被测螺纹的单一中径 $d_{2\mathrm{S}}$。

$$d_{2\mathrm{S}} = M - d_0\left(1 + \frac{1}{\sin\frac{\alpha}{2}}\right) + \frac{P}{2}\cot\frac{\alpha}{2} \tag{13-1}$$

式中:$d_{2\mathrm{S}}$——被测螺纹的单一中径;

$\quad\ \ d_0$——量针直径;

P——螺纹的螺距；

$\alpha/2$——螺纹牙型半角。

对于普通螺纹，当 $\alpha=60°$ 时，$d_{2S}=M-3d_0+0.866P$。对于梯形螺纹，当 $\alpha=30°$ 时，$d_{2S}=M-4.8637d_0+1.866P$。

测量时，选择最佳直径的量针，使量针与牙侧的接触点在单一中径上，量针最佳直径 $d_{0最佳}$ 的计算公式为

$$d_{0最佳}=\frac{P}{2}\times\cos\frac{\alpha}{2} \qquad (13\text{-}2)$$

由上式可知，当 $\alpha=60°$ 时，$d_{0最佳}=0.433P$；当 $\alpha=30°$ 时，$d_{0最佳}=0.483P$。

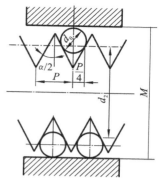

图 13-2　三针的选择

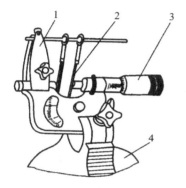

图 13-3　三针法测量螺纹中径步骤(2)

1—三针挂架；2—量针；3—螺纹千分尺；4—底座

13.2.2　测量步骤

用三针法测量螺纹中径的步骤如下。

(1) 根据被测螺纹的中径，正确选择量针。

(2) 在底座上安装好螺纹千分尺和三针，并校正仪器零位，如图 13-3 所示。

(3) 将三针放入螺纹牙槽中，用螺纹千分尺进行测量，读出 M 值。

注意：在同一截面相互垂直的两个方向上，测出尺寸 M，取其平均值。

(4) 计算螺纹单一中径，并判断合格性。

(5) 填写测量报告(见表 13-2)。

表 13-2　用三针法测量螺纹中径报告

用三针法测量螺纹中径				
被测螺纹	螺纹标注	中径极限	极限尺寸	量针最佳直径
计量仪器	名称	测量范围	示值范围	分度值	实际选用量针直径
测量草图					

续表

用三针法测量螺纹中径			
量针最佳直径计算公式		实际中径 d_2 与测得值 M 的关系式	
测得 M 值	M_1	M_2	$M=(M_1+M_2)/2$
测量的实际中径			
合格性判断			
姓名	班级	学号	审核	成绩

姓名	班级	学号	审核	成绩

13.3 用影像法测量螺纹中径、螺距和牙型半角

13.3.1 大型工具显微镜的结构与技术规格

大型工具显微镜是一种用以测量长度和角度的精密光学仪器。在大型工具显微上测量螺纹常用的测量方法有影像法、灵敏杠杆法、轴切法等。本书采用影像法测量螺纹。

1. 大型工具显微镜的外形结构

大型工具显微镜的外形结构如图 13-4 所示,它主要由机座组、支臂支座组、物镜棱镜组、目镜组、照明组五大部分组成。

2. 大型工具显微镜的光学系统

大型工具显微镜的光学系统如图 13-5 所示。光源发出的光经聚光镜 2、滤光镜 3、透镜 4、可变光阑 5、反射镜 6 后垂直向上,再通过透镜 7 形成一组远心光束,照明被测工件 9。通过物镜把放大的被测工件轮廓成像在目镜分划板上,然后通过目镜进行观察。同时,依靠纵、横向千分尺的移动,以及工作台、目镜度盘的转动取得数据。

3. 大型工具显微镜的测角目镜

大型工具显微镜附有测角目镜(见图 13-6)、螺纹轮廓目镜和曲率轮廓目镜,以适应不同的用途。其中测角目镜用途较广。

图 13-6(a)所示为测角目镜的外形,图 13-6(b)所示为测角目镜的结构原理。在分划板中央刻有米字线,圆周刻有 0°~359°的刻度线。转动手轮 3,可使分划板回转 360°。分划板的右下方有一角度固定游标,它将分划板上 1°的距离又细分为 60 格,每格表示 $1'$。

当该测角目镜中角度固定游标的零线与度值的零位对准时,米字线中间的虚线"O—O"正好垂直于仪器工作台的纵向移动方向。

4. 大型工具显微镜的技术规格

(1)纵向测量范围:0~150 mm。

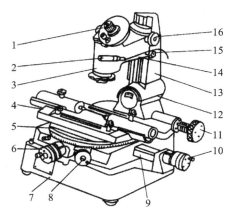

图 13-4　大型工具显微镜的外形结构

1—目镜；2—照明灯；3—物镜管座；4—顶尖架；

5—工作台；6—横向千分尺；7—底座；8—转动手轮；

9—量块；10—纵向千分尺；11—立柱倾斜手轮；12—支座；

13—立柱；14—悬臂；15—锁紧手轮；16—升降手轮

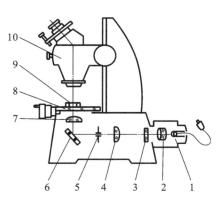

图 13-5　大型工具显微镜的光学系统

1—光源；2—聚光镜；3—滤光镜；4,7—透镜；

5—可变光阑；6—反射镜；8—工作台；

9—被测工件；10—显微镜物镜与目镜部分

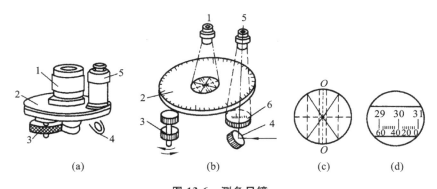

图 13-6　测角目镜

1—中央目镜；2—分划板；3—角度调节手轮；4—反射镜；5—角度读数目镜；6—角度固定游标

（2）横向测量范围：0～50 mm。

（3）分度值：0.01 mm。

（4）工作台角度示值范围：0°～360°，分度值为 3′。

（5）测角目镜角度示值范围：0°～360°，分度值为 3′。

（6）立柱倾斜角度范围：±12°。

13.3.2　测量步骤

用影像法测量螺纹中径、螺距和牙型半角的步骤如下。

（1）将被测工件小心地安装在两顶尖之间，拧紧顶尖的紧固螺钉，以防被测工件掉下打碎玻璃工作台。

（2）根据被测螺纹的直径，从仪器说明书中查出适宜的光阑直径，然后调好光阑的大小，同时检查工作台的刻度是否对准零位。

（3）按被测螺纹的旋向及螺旋升角 γ，旋转立柱倾斜手轮，使立柱向一侧倾斜角度 γ。

$$\tan \gamma = \frac{nP}{\pi d_2} \qquad (13\text{-}3)$$

式中：n——螺旋线数；

P——螺距；

d_2——螺纹中径。

（4）旋转升降手轮，调整焦距，使被测轮廓影像清晰。

（5）测量螺纹的主要参数。

①测量单一中径。转动纵向千分尺和横向千分尺，使米字线的交点对准牙侧中部附近的某一点，将米字线中相交 $60°$ 的两条斜线中的一条与牙型影像边缘相压，记下纵向千分尺的第一次读数。纵向移动工作台，使米字线的另一条斜线与螺纹牙型沟槽的另一侧相应点相压，记下纵向千分尺的第二次读数，看两次纵向读数之差是否为螺距的一半，否则，应对工作台做相应的调整。按上述过程重复进行，直到该牙型的沟槽宽度等于基本螺距的一半为止（此过程是找单一中径）。记下横向千分尺的第一次读数 X_1。用影像法测量螺纹中径如图 13-7 所示。

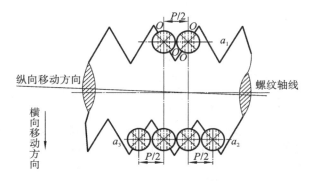

图 13-7　用影像法测量螺纹中径

旋转立柱倾斜手轮，使立柱反向倾斜 γ。横向移动千分尺（此时工作台不能有纵向移动），使米字线的交点对准另一边的牙侧，记下横向千分尺的第二次读数 X_2。

横向千分尺的两次读数之差为螺纹的单一中径，即

$$d_{2\mathrm{S}} = |X_2 - X_1| \qquad (13\text{-}4)$$

测量时，由于存在安装误差，螺纹轴线可能不垂直于横向移动方向。为了消除这一系统误差，必须测出 $d_{2\mathrm{S}左}$、$d_{2\mathrm{S}右}$，取两者的平均值为实际中径，即

$$d_{2\mathrm{S}} = \frac{d_{2\mathrm{S}左} + d_{2\mathrm{S}右}}{2} \qquad (13\text{-}5)$$

②测量螺距。转动纵向千分尺和横向千分尺，使目镜米字线中虚线 O—O 在中径上与牙左侧影像相压（一般应使虚线 O—O 宽度的一半在牙型轮廓影像外，一半在牙型轮廓影像内），记下纵向千分尺的第一次读数 b_1。用影像法测量螺距如图 13-8 所示。

转动纵向千分尺（横向不动），在旋合长度内使虚线 O—O 依次在相邻牙左侧相应点与牙侧影像相压。记下纵向千分尺各点读数 b_2，b_3，…，b_n。每两相邻读数值之差，即为被测螺纹的螺距 $P_{左i}$。

为了减小由安装误差而引起的系统误差，可从第 N 牙的牙型右侧进行回测，依次得出 $P_{右i}$，然后取各牙左右的平均值为单个螺距的实测值 P_i，为

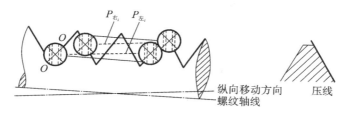

纵向移动方向
螺纹轴线
压线

图 13-8　用影像法测量螺距

$$P_i = \frac{P_{左i} + P_{右i}}{2} \tag{13-6}$$

单个螺距误差 ΔP_i 为

$$\Delta P_i = P_i - P \tag{13-7}$$

式中：P——螺距公称值。

　　取旋合长度内任意两螺距之间代数差的绝对值中最大的误差累积值作为螺距累积误差 ΔP_Σ。

　　③测量牙型半角。转动角度调节手轮，用对线方式使目镜米字线中虚线 O—O 与螺纹牙型的左侧影像保持一条均匀的狭窄光缝，将角度目镜中显示的读数作为 $\alpha_{左1}/2$。用影像法测量牙型半角如图 13-9 所示。

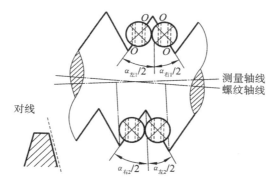

测量轴线
螺纹轴线

对线

图 13-9　用影像法测量牙型半角

　　转动角度调节手轮，使米字线中虚线 O—O 与螺纹牙型右侧影像对线，读出右边牙型半角 $\alpha_{右1}/2$。

　　为了减少安装误差的影响，在螺纹轴线的另一边重复上述测量，得 $\alpha_{左2}/2$ 和 $\alpha_{右2}/2$（测量前要先旋转立柱倾斜手轮，使立柱反向倾斜 γ）。

　　牙型半角误差为

$$\alpha_{右}/2 = \frac{\alpha_{右1}/2 + \alpha_{右2}/2}{2} \tag{13-8}$$

$$\alpha_{左}/2 = \frac{\alpha_{左1}/2 + \alpha_{左2}/2}{2} \tag{13-9}$$

$$\Delta\alpha_{右}/2 = \alpha_{右}/2 - \alpha/2 \tag{13-10}$$

$$\Delta\alpha_{左}/2 = \alpha_{左}/2 - \alpha/2 \tag{13-11}$$

　　(6) 根据螺纹互换性条件，判断被测工件的合格性。

　　(7) 填写测量报告(见表 13-3)。

表 13-3　用影像法测量螺纹中径、螺距和牙型半角报告

用影像法测量螺纹中径、螺距和牙型半角			
被测螺纹	螺纹标注	上极限中径	下极限中径
计量仪器	名称	长度分度值	角分度值

螺纹中径测量示意图

测量记录	左边螺纹中径	右边螺纹中径	平均值
第一次横向读数			
第二次横向读数			
螺纹中径实测值			

牙型半角测量示意图

测量记录	右侧牙型半角	左侧牙型半角
第一次读数		
第二次读数		
平均值		
牙型半角误差		
牙型半角误差的中径当量 $f_{a/2}$		
螺距测量示意图		

续表

用影像法测量螺纹中径、螺距和牙型半角

牙序	左		右		单个螺距	单个螺距误差	螺距累积误差/μm
1							
2							
3							
4							
5							
6							
7							
8							
9							
10							

测得最大螺距累计误差$\sum P_i =$ μm

螺距累计误差中的中径当量 $f_p =$ μm

作用中径 $d_{2S} =$

根据螺纹互换性条件判断零件的合格性

姓名	班级	学号	审核	成绩

复习与思考题

13-1　用螺纹千分尺测量螺纹中径时,影响测量精度的主要因素有哪些?

13-2　用螺纹千分尺测量螺纹中径时,如何选择测量头?

13-3　螺纹中径、螺纹单一中径和作用中径有何区别?

13-4　用三针法测量螺纹中径时,怎样确定量针最佳直径?

13-5　简述用三针法测量螺纹中径的步骤。

13-6　用影像法测量螺纹中径时,如何消除螺纹定位时被测工件轴线和横向导轨不垂直所产生的误差?

13-7　简述用影像法测量螺距的步骤和数据处理。

13-8　简述用影像法测量外螺纹牙型半角的步骤和数据处理。

13-9　为什么普通螺纹不单独规定螺距和牙型半角的公差?

项目 *14* 键与花键的测量

★ **项目内容**

· 键与花键的测量。

★ **学习目标**

· 掌握键与花键的测量。

★ **主要知识点**

· 键槽宽度和深度尺寸的测量。
· 键槽截面对称度误差和长度方向对称度误差的测量。
· 花键的检测。

14.1 单键连接中键槽的检测

14.1.1 键槽宽度和深度尺寸的测量

在单件小批生产中,键槽宽度和深度一般用游标卡尺、千分尺等通用工具来测量。在成批大量生产中,键槽宽度和深度可用量块或极限量规来测量。用于键槽尺寸测量的极限量规如图 14-1 所示。

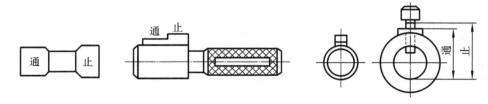

(a) 键槽宽极限尺寸量规   (b) 轮毂深极限尺寸量规   (c) 轴槽深极限尺寸量规

图 14-1　用于键槽尺寸测量的极限量规

14.1.2　键槽截面对称度误差 f_1 和长度方向对称度误差 f_2 的测量

键槽对称度误差可用图 14-2 所示方法进行测量。被测工件 1 的被测键槽中心平面和基准轴线用量块 2（或定位块）和 V 形架 3 模拟体现。

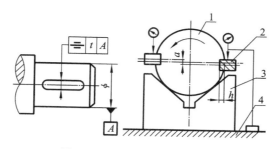

图 14-2　键槽对称度误差测量
1—被测工件；2—量块；3—V 形架；4—平板

测量键槽截面对称度误差 f_1 时，首先调整被测工件，使量块（或定位块）沿被测工件径向与测量基准（平板）平行，然后测量量块（或定位块）至测量基准的距离，再将被测工件旋转 180°后重复上述测量，得到该截面上、下两对应点的读数差 a，则该截面的对称度误差 f_1 可按下式计算：

$$f_1 = \frac{a\frac{t}{2}}{r - \frac{t}{2}} = \frac{at}{d-t} \tag{14-1}$$

式中：r——轴的半径；

$\quad\quad t$——键槽深度。

测量键槽长度方向对称度误差 f_2 时，首先沿轴槽长度方向进行测量，然后取长度方向两点的最大读数差，该最大读数差即为键槽长度方向对称度误差 f_2。

$$f_2 = a_{最大} - a_{最小} \tag{14-2}$$

当 f_1 和 f_2 的值被测量出来后，取 f_1 和 f_2 中的较大值作为该键槽的对称度误差。

14.2　花键的检测

矩形花键的检测包括尺寸检测和几何误差检测。单件小批量生产时，花键的尺寸和位置度误差使用千分尺、游标卡尺、指示表等通用测量工具分别检测。大批量生产时，用花键综合量规综合检验内、外花键的大径、小径、键宽的尺寸误差，以及大径的同轴度误差、小径的同轴度误差、各键（键槽）的位置度误差等项目，判断花键加工的合格性。

14.2.1　花键的单项检测和综合检测

花键的检测分为单项检测和综合检测两类。单项检测就是对花键的单项参数小径、大径、键宽（键槽宽）等尺寸和位置误差分别测量或检验。综合检测就是对花键的尺寸、几何误差按控制实效边界原则，用花键综合量规进行检验。

当花键小径定心表面采用包容原则,各键(键槽)的对称度公差及花键各部位均遵守独立原则时,一般采用单项检测。当花键小径定心表面采用包容原则,各键(键槽)的位置度公差与键宽(键槽宽)的尺寸公差关系采用最大实体原则,且该位置度公差与花键小径定心表面(基准)尺寸公差的关系也采用最大实体原则时,应采用综合检测。

采用单项检测时,花键小径定心表面应采用光滑极限量规检验。在单件小批生产时,大径、键宽的尺寸使用普通计量仪器测量。在成批大量的生产中,可用专用极限量规来检验花键的大径、小径和键宽(键槽宽)。检验花键各要素极限尺寸用的塞规和卡规如图 14-3 所示。花键的位置度误差很少进行单项检测,需分项检测位置度误差时,可使用光学分度头或万能工具显微镜。

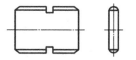

(a) 检验内花键小径用的光滑极限量规　(b) 检验内花键大径用的板式塞规　(c) 检验内花键槽宽用的塞规

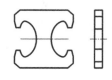
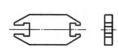

(d) 检验外花键大径用的卡规　　　(e) 检验外花键小径用的卡规　　　(f) 检验外花键槽宽用的卡规

图 14-3　检验花键各要素极限尺寸用的极限塞规和卡规

内花键用花键综合塞规,外花键用花键综合环规,对小径、大径、键与键槽宽、大径对小径的同轴度误差、键与槽的位置度误差(包括等分度误差、对称度误差)进行综合检验。花键综合量规如图 14-4 所示。花键综合量规只有通端,故还需用花键单项止端塞规或花键单项止端卡规分别检验大径、小径、键(键槽)宽等是否超过各自的最小实体尺寸。检测时,花键综合量规能通过,花键单项量规不能通过即表示花键合格。

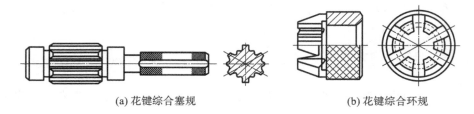

(a) 花键综合塞规　　　　　　　　　　(b) 花键综合环规

图 14-4　花键综合量规

14.2.2　用光学分度头检测矩形花键等分度

1. 光学分度头的外形结构、光学系统

FP130A 型影屏式光学分度头的外形结构如图 8-27 所示。光学分度头的光学系统如图 8-28 所示。

2. 测量步骤

(1) 校验光学分度头与尾架的中心线,使其对准。

(2) 将被测工件顶在光学分度头的两顶尖间,将指示表引向花键,并使表头与接近花键大径处的表面的某一位置相接触,如图 14-5 所示。

(3) 将分度头主轴上的外活动度盘转到零度,再将指示表调零。

(4) 根据花键分度角理论值 $\varphi=360°/n$,进行逐齿分度。在一周内,分度头每转过一个角度(或进行了一次分度),记录从指示表上读取的相应点的数值。

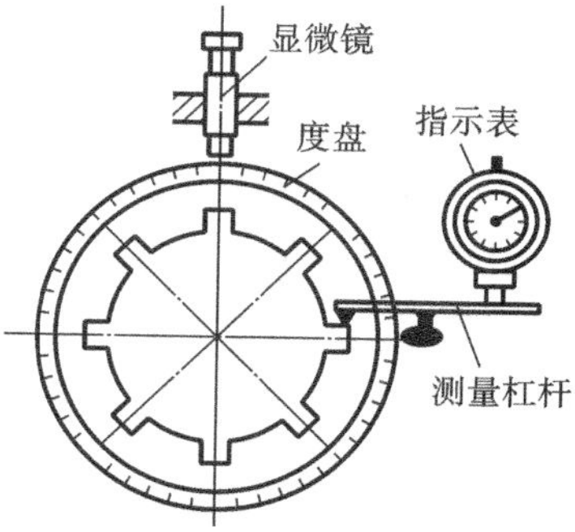

图 14-5　花键检测

(5) 进行数据处理并做出合格性判断(指示表在各齿上的读数最大值与最小值的代数差为分度误差,n 为键数)。

(6) 填写花键检测与误差分析报告(见表 14-1)。

表 14-1　花键检测与误差分析报告

检测项目:______________________________

检测零件简图:

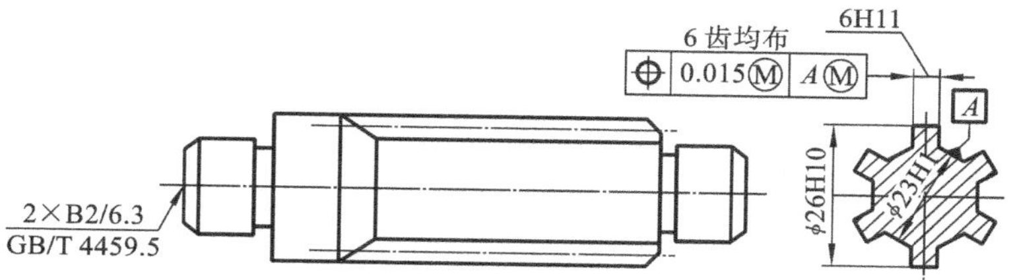

检测工具:______________________________

____

检测方法及要求:______________________________

____

检测结果:

检测位置 / 内容							
检测值(1)							
检测值(2)							
合格							
不合格							
加工后仍可用							

分析:______________________________

____

____

____

姓名__________

年　　月　　日

14.2.3 外花键对轴线对称度误差的测量

1. 外花键对轴线的对称度误差测量原理

外花键对轴线的对称度误差测量原理如图 14-6 所示。

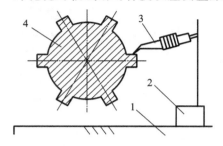

图 14-6 花键对轴线的对称度误差测量原理
1—平台；2—表座；3—杠杆千分表；4—外花键

2. 测量步骤

（1）将外花键安装于顶尖间或 V 形架上，并使被测面沿径向与平板平行。

（2）测量并记录指示表读数，不要转动外花键，将指示表移到另一侧面即图 14-6 所示的左侧的键侧面，记录第二次指示表读数。设两次读数差为 a，则外花键对轴线的对称度 F 为

$$F = a \times \frac{h}{d-h} \tag{14-3}$$

式中：a——读数差；

　　　d——大径；

　　　h——键齿工作面高度。

（3）填写花键检测与误差分析报告（见表 14-1）。

14.2.4 外花键大径、小径、键宽与侧面对轴线的平行度误差的测量

外花键大径、小径、键宽与侧面对轴线的平行度误差的测量方法如表 14-2 所示。

表 14-2 外花键大径、小径、键宽与侧面对轴线的平行度误差的测量方法

被检项目	计量仪器	说　　明
大径		用光滑极限量规（卡规）测量矩形外花键的大径
小径		用光滑极限量规（卡规）测量矩形外花键的小径
键宽		用卡规测量矩形外花键的键宽
侧面对轴线的平行度		将外花键安装在两顶尖间并防止其自由转动，指示表测量头接触键齿侧面，沿轴向相对移动，指示表的读数差即为侧面对轴线的平行度误差

注意，测量前被测工件应先去除毛刺。

复习与思考题

14-1　键槽的对称度误差包括哪两个部分？如何测量键槽的对称度误差？

14-2　花键的检测分为哪两种？各用于什么场合？

14-3　光学分度头能测量花键的哪些参数？

14-4　简述光学分度头的基本工作原理。

14-5　简述用光学分度头检测矩形花键等分度的步骤。

★ **项目内容**
· 光滑极限量规公差带的设计。

★ **学习目标**
· 掌握光滑极限量规公差带的设计。

★ **主要知识点**
· 光滑极限量规的作用与种类。
· 极限尺寸的判断原则。
· 光滑极限量规公差与量规公差带。
· 光滑极限量规的型式和尺寸。
· 光滑极限量规工作尺寸的计算。
· 光滑极限量规的其他技术要求。

15.1 光滑极限量规的作用与种类及极限尺寸的判断原则

光滑极限量规是指检验光滑孔或光滑轴所用的专用量具的总称,简称量规。量规结构简单、使用方便、省时可靠,并能保证互换性。因此,量规在机械制造的大批量生产中得到广泛应用。

15.1.1 量规的作用

量规是一种无刻度定值专用量具,用它来检验工件时,判断工件是否在允许的极限尺寸范围内,而不能测出工件的实际尺寸。检验孔用的量规称塞规,如图 15-1(a)所示;检验轴用的量规称卡规(或环规),如图 15-1(b)所示。

塞规和卡规均由通端量规(通规)和止端量规(止规)成对组成,以分别检验孔和轴的体外作用尺寸是否在极限尺寸的范围内。检验工件时,只要通规能通过且止规不能通过,即可

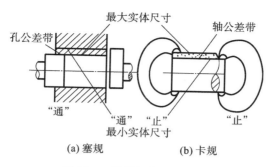

图 15-1　用量规检验孔和轴

判断工件合格,否则工件不合格。

15.1.2　量规的种类

量规按用途不同分为工作量规、验收量规和校对量规。

1. 工作量规

工作量规是在制造过程中操作者对工件进行检验时所用的量规。操作者使用的量规应是新的或磨损较少的量规。通规用"T"表示,止规用"Z"表示。

2. 验收量规

验收量规是检验部门或用户验收产品时所用的量规。验收量规无须另行设计和制造。当工作量规的通端磨损到接近磨损极限时,该通端转为验收量规的通端,工作量规的止端也就是验收量规的止端。这样,对于操作者自检合格的工件,验收人员验收时也一定合格。

当用量规检验工件判断有争议时,应使用下述尺寸的量规来仲裁。

(1) 通规等于或接近工件的最大实体尺寸。

(2) 止规等于或接近工件的最小实体尺寸。

3. 校对量规

校对量规是用以检验工作量规的量规。由于孔用工作量规便于用精密量仪测量,故国家标准未规定孔用校对量规,只对轴用工作量规定了校对量规。

轴用校对量规有以下三种。

(1) 校通-通量规(代号 TT)。校通-通量规是检验轴用工作量规通规的校对量规。检验时,校通-通量规通过轴用工作量规的通端,该通规合格。

(2) 校止-通量规(代号 ZT)。校止-通量规是检验轴用工作量规止规的校对量规。检验时,校止-通量规通过轴用工作量规的止端,该止规合格。

(3) 校通-损量规(代号 TS)。校通-损量规是检验轴用验收量规的通规磨损极限的校对量规。通规在使用过程中不应该被 TS 通过;如果被 TS 通过,则认为该通规已超过极限尺寸,应予报废,否则会影响产品质量。

15.1.3　极限尺寸的判断原则

由于工件存在着形状和尺寸误差,加工出来的孔或轴不可能是一个理想的圆柱体,仅控制实际尺寸在极限尺寸范围内,还是不能保证配合性质,因此几何公差国家标准从设计角度出发,提出包容原则。几何公差国家标准又从工件验收角度出发,对要求遵守包容原则的孔和轴提出了极限尺寸的判断原则(泰勒原则)。

极限尺寸的判断原则是:孔或轴的作用尺寸不允许超过最大实体尺寸,在任何位置上的实际尺寸不允许超过最小实体尺寸,如图 15-2 所示。

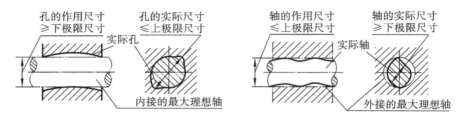

图 15-2　极限尺寸的判断原则

极限尺寸的判断原则也可以用以下公式表示。

对于孔:

$$D_{作用} \geqslant D_{\min}, \qquad D_{实际} \leqslant D_{\max} \tag{15-1}$$

对于轴:

$$d_{作用} \leqslant d_{\max}, \qquad d_{实际} \geqslant d_{\min} \tag{15-2}$$

当要求采用光滑极限量规检验遵守包容原则且为单一要素的孔或轴时,这时光滑极限量规应该符合泰勒原则。

对符合泰勒原则的量规的要求如下。

(1) 通规用来控制工件的作用尺寸,它的测量面应是孔和轴形状的完整表面(通常称通规为全形量规),尺寸等于工件的最大实体尺寸,且长度等于配合长度。实际上,通规就是最大实体边界。

(2) 止规用来控制工件的实际尺寸,它的测量面应是点状的,尺寸等于工件的最小实体尺寸。

15.2　工作量规的设计

15.2.1　量规公差与量规公差带

在制造量规的过程中,不可避免地会产生误差,因此对量规也必须规定制造公差。

由于通规在使用过程中经常通过被检验工件,它的工作表面不可避免地会发生磨损,为了保证通规具有一定的使用寿命,对通规的最小磨损量做出了规定。因此,通规公差由制造公差(T)和磨损公差两个部分组成。由于止规不经常通过工件,对止规只规定了制造公差。

1. 工作量规的公差带

工作量规的公差带相对于工件公差带的分布有两种方案,如图 15-3 所示。T_1 为保证公差,表示工件制造时允许的最大公差;T_2 为生产公差,是考虑到量规制造,工件可能的最小制造公差。

方案一中,量规公差带完全位于工件公差带之内,保证公差等于工件公差。采用这种方

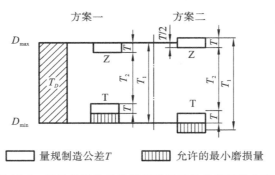

图 15-3　工作量规的公差带相对于工件公差带的分布

T_1——保证公差；T_2——生产公差

案，可保证配合性质，充分保证产品的质量，但也可能使有些合格品被误判为废品，并提高了加工要求。

　　方案二中，量规公差带和允许的最小磨损量部分超越工件公差带，保证公差大于工件公差。采用这种方案，就可能将已超越极限尺寸的工件误判为合格品，影响配合性质和产品质量，但生产公差较大，降低了对量规的加工要求。

　　国家标准《光滑极限量规　技术条件》（GB/T 1957—2006）规定的量规公差带，采用方案一的分布，如图 15-4 所示。

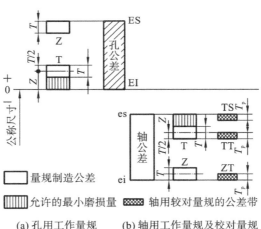

(a) 孔用工作量规　　(b) 轴用工作量规及校对量规

图 15-4　量规公差带

　　图 15-4 中 T 为量规制造公差，Z 为位置要素（通规尺寸公差带的中心到工件最大实体尺寸之间的距离）。当通规磨损到最大实体尺寸时，通规就不能再使用。这时的极限就称为通规的磨损极限，磨损极限尺寸也就等于工件的最大实体尺寸。止规不通过工件，所以国家标准只规定量规制造公差。国家标准 GB/T 1957—2006 对公称尺寸不大于 500 mm，公差等级为 IT6～IT11 的孔、轴工作量规的 T 值和 Z 值做出了规定，具体数值如表 15-1 所示。

表 15-1 公称尺寸不大于 500 mm,公差等级为 IT6～IT11 的孔、轴工作量规制造公差和位置要素值

（摘自 GB/T 1957—2006） 单位:μm

工件孔或轴的公称尺寸 D/mm		IT6			IT7			IT8			IT9			IT10			IT11		
		IT6	T	Z	IT7	T	Z	IT8	T	Z	IT9	T	Z	IT10	T	Z	IT11	T	Z
—	3	6	1.0	1.0	10	1.2	1.6	14	1.6	2.0	25	2.0	3	40	2.4	4	60	3	6
3	6	8	1.2	1.4	12	1.4	2.0	18	2.0	2.6	30	2.4	4	48	3.0	5	75	4	8
6	10	9	1.4	1.6	15	1.8	2.4	22	2.4	3.2	36	2.8	5	58	3.6	6	90	5	9
10	18	11	1.6	2.0	18	2.0	2.8	27	2.8	4.0	43	3.4	6	70	4.0	8	110	6	11
18	30	13	2.0	2.4	21	2.4	3.4	33	3.4	5.0	52	4.0	7	84	5.0	9	130	7	13
30	50	16	2.4	2.8	25	3.0	4.0	39	4.0	6.0	62	5.0	8	100	6.0	11	160	8	16
50	80	19	2.8	3.4	30	3.6	4.6	46	4.6	7.0	74	6.0	9	120	7.0	13	190	9	19
80	120	22	3.2	3.8	35	4.2	5.4	54	5.4	8.0	87	7.0	10	140	8.0	15	220	10	22
120	180	25	3.8	4.4	40	4.8	6.0	63	6.0	9.0	100	8.0	12	160	9.0	18	250	12	25
180	250	29	4.4	5.0	46	5.4	7.0	72	7.0	10.0	115	9.0	14	185	10.0	20	290	14	29
250	315	32	4.8	5.6	52	6.0	8.0	81	8.0	11.0	130	10.0	16	210	12.0	22	320	16	32
315	400	36	5.4	6.2	57	7.0	9.0	89	9.0	12.0	140	11.0	18	230	14.0	25	360	18	36
400	500	40	6.0	7.0	63	8.0	10.0	97	10.0	14.0	155	12.0	20	250	16.0	28	400	20	40

2. 校对量规的公差带

轴用工作量规的校对量规公差带如图 15-4(b) 所示。校对量规的尺寸公差 T_p 为被校对工作量规尺寸公差的 50%。由于校对量规精度高,制造困难,目前测量技术又有了提高,在生产中逐步用量块或其他计量仪器代替校对量规。

3. 量规的几何公差

国家标准规定,量规的几何误差应该在其尺寸公差带之内,几何公差为量规尺寸公差的 50%(圆度、圆柱度公差为尺寸公差的 25%)。但当量规尺寸公差不大于 0.002 mm 时,其几何公差均为 0.001 mm(圆度、圆柱度公差为 0.000 5 mm)。

15.2.2 量规的型式和尺寸

量规型式多样,应合理选择使用。量规的型式主要根据被测工件尺寸的大小、生产数量、结构特点和使用方法等因素决定。

国家标准《螺纹量规和光滑极限量规 型式与尺寸》(GB/T 10920—2008)中,对光滑极限量规型式和尺寸以及适用的公称尺寸范围做出了具体规定。以下是几种常用的量规型式。

1. 检验孔用量规

(1) 针式塞规。针式塞规如图 15-5 所示。它主要用于检验直径尺寸为 1～6 mm 的小孔。它的两个测量头可用粘接剂粘牢在手柄的两端,一个测量头作为通端,另一个测量头作为止端。针式塞规的尺寸可按表 15-2 选择。

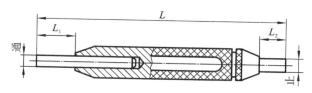

图 15-5　针式塞规

表 15-2　针式塞规的尺寸　　　　　　　　　　　　　　单位:mm

公称尺寸	L	L_1	L_2
>1～3	65	12	8
>3～6	80	15	10

（2）锥柄圆柱塞规。锥柄圆柱塞规如图 15-6 所示。它主要用于检验直径尺寸为 1～50 mm 的孔。它的两个测量头带有圆锥形的柄部（锥度 1∶50），把柄部压入手柄的锥孔中,依靠圆锥的自锁性,把测量头和手柄紧固连接在一起。由于通端测量头检验工件时要通过孔,易磨损,为了拆换方便,在手柄上加工有楔槽或楔孔,以便用工具将测量头拆下来。锥柄圆柱塞规的尺寸如表 15-3 所示。

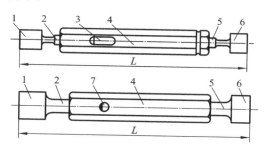

图 15-6　锥柄圆柱塞规
1—通端测量头;2,5—锥柄;3—楔槽;4—手柄;6—止端测量头;7—楔孔

表 15-3　锥柄圆柱塞规的尺寸　　　　　　　　　　　　单位:mm

公称尺寸 D	L	公称尺寸 D	L	公称尺寸 D	L
>1～3	62	>10～14	97	>24～30	136
>3～6	74	>14～18	110	>30～40	145
>6～10	87	>18～24	132	>40～50	171

（3）三牙锁紧式圆柱塞规。三牙锁紧式圆柱塞规如图 15-7 所示。它用于检验直径尺寸为 40～120 mm 的孔。测量头由于直径较大,可做成环形装在手柄端部,用螺钉固定在手柄上。为了防止测量头转动,在测量头上加工出等分的三个槽,在手柄上加工出等分的三个牙,装配时将牙与槽装在一起,再用螺钉固定,测量头就可牢固地固定在手柄上。通端测量头轴向尺寸较大,一般为 25～40 mm,所以测量头前端磨损后可以把它拆下,掉头后装在手柄上继续使用。当测量头直径较大时,为了便于测量,可把它做成单头的,即将通端测量头和止端测量头分别装在两个手柄上。三牙锁紧式圆柱塞规的尺寸如表 15-4 所示。

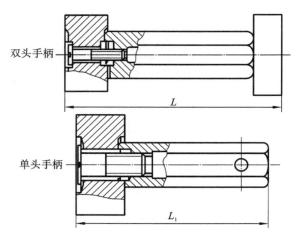

图 15-7　三牙锁紧式圆柱塞规

表 15-4　三牙锁紧式圆柱塞规的尺寸　　　　　　　　　单位：mm

公称尺寸 D	双头手柄	单头手柄	
		通端塞规	止端塞规
	L	L₁	
>40～50	164	148	141
>50～65	169	153	
>65～110	—	173	165
>110～120		178	

（4）三牙锁紧式非全形塞规。三牙锁紧式非全形塞规如图 15-8 所示。它用于检验直径尺寸为 80～180 mm 的孔。三牙锁紧式非全形塞规与三牙锁紧式圆柱塞规的主要区别是测量头形状不同，三牙锁紧式非全形塞规的测量头只取圆柱中间部分，这就减轻了塞规的质

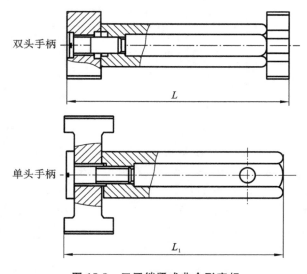

图 15-8　三牙锁紧式非全形塞规

量,便于使用。三牙锁紧式非全形塞规的尺寸如表 15-5 所示。

表 15-5　三牙锁紧式非全形塞规的尺寸　　　　　　　　　　　　　　单位:mm

公称尺寸 D	双 头 手 柄	单 头 手 柄	
		通 端 塞 规	止 端 塞 规
	L	L_1	
>80~100	181	158	148
>100~120	186	163	
>120~150	—	181	168
>150~180		183	

2. 轴用量规

（1）圆柱环规。圆柱环规如图 15-9 所示。它用于检验直径尺寸为 1~100 mm 的轴。圆柱环规的通端与止端是分开的,为了从外观上区分通端和止端,一般在止端外圆柱面上加工一尺寸为 b 的槽。圆柱环规的尺寸如表 15-6 所示。圆柱环规的测量面内圆柱面,为了防止使用变形,圆柱环规应有一定的厚度。

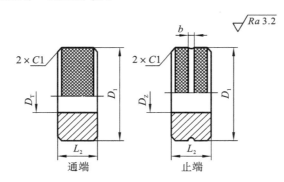

图 15-9　圆柱环规

表 15-6　圆柱环规的尺寸　　　　　　　　　　　　　　单位:mm

公称尺寸 D	D_1	L_1	L_2	b	公称尺寸 D	D_1	L_1	L_2	b
≥1~2.5	16	4	6	1	>32~40	71	18	24	2
>2.5~5	22	5	10	1	>40~50	85	20	32	3
>5~10	32	8	12	1	>50~60	100	20	32	3
>10~15	38	10	14	2	>60~70	112	24	32	3
>15~20	45	12	16	2	>70~80	125	24	32	3
>20~25	53	14	18	2	>80~90	140	24	32	3
>25~32	63	16	20	2	>90~100	160	24	32	3

（2）双头组合卡规。双头组合卡规如图 15-10 所示。它用于检验直径大于 1 mm 且不大于 3 mm 的小轴。双头组合卡规的通端和止端分布在两侧,上卡规体和下卡规体用螺钉

连接,并用圆柱销定位。

(3)单头双极限组合卡规。单头双极限组合卡规如图 15-11 所示。它用于检验直径大于 1 mm 且不大于 3 mm 的小轴。单头双极限组合卡规的通端和止端在同一侧,上卡规体和下卡规体用螺钉连接,并用圆柱销定位。

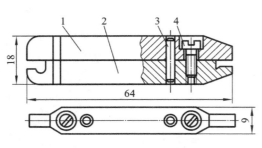

图 15-10 双头组合卡规

1—上卡规体;2—下卡规体;3—圆柱销;4—螺钉

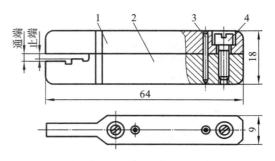

图 15-11 单头双极限组合卡规

1—上卡规体;2—下卡规体;3—圆柱销;4—螺钉

(4)双头卡规。双头卡规如图 15-12 所示。它用于检验直径尺寸为 3～10 mm 的轴。双头卡规用 3 mm 厚的钢板制成,具有两个平行的测量面,结构简单,一般工厂都能制造。双头卡规的通端和止端分别在两侧。可根据双头卡规上的文字识别其通端和止端。双头卡规的尺寸如表 15-7 所示。

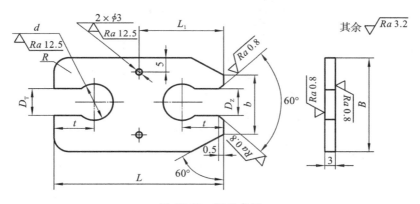

图 15-12 双头卡规

表 15-7 双头卡规的尺寸   单位:mm

公称尺寸 D	L	L_1	B	b	d	R	t
>3～6	45	22.5	26	14	10	8	10
>6～10	52	26	30	20	12	10	12

(5)单头双极限卡规。单头双极限卡规如图 15-13 所示。它用于检验直径尺寸为 1～80 mm 的轴。单头双极限卡规一般用 3～10 mm 厚的钢板制成,结构简单,通端和止端在同一侧,使用方便,应用比较广泛。单头双极限卡规的尺寸如表 15-8 所示。

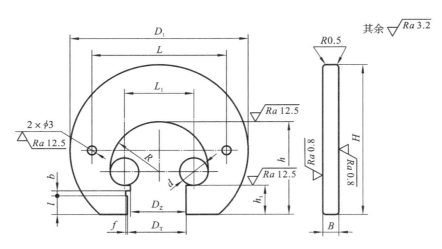

图 15-13　单头双极限卡规

表 15-8　单头双极限卡规的尺寸　　　　　　　　　　　　　　　单位:mm

公称尺寸 D	D_1	L	L_1	R	d	l	b	f	h	h_1	B	H
≥1~3	32	20	6	6	6	5	2	0.5	19	10	3	31
>3~6	32	20	6	6	6	5	2	0.5	19	10	4	31
>6~10	40	26	9	8.5	8	5	2	0.5	22.5	10	4	38
>10~18	50	36	16	12.5	8	5	2	0.5	29	15	5	46
>18~30	65	48	26	18	10	8	2	0.5	36	15	6	58
>30~40	82	62	35	24	10	11	3	0.5	45	20	8	72
>40~50	94	72	45	29	12	11	3	0.5	50	20	8	82
>50~65	116	92	60	38	14	14	4	1	62	24	10	100
>65~80	136	108	74	46	16	14	4	1	70	24	10	114

15.2.3　量规工作尺寸的计算

1. 量规工作尺寸的计算步骤

量规工作尺寸的计算步骤如下。

(1) 确定被检验工件的极限偏差。

(2) 确定工作量规的制造公差 T 及位置要素值 Z。

(3) 画出量规的公差带图。

(4) 计算出量规的工作尺寸。

2. 量规工作尺寸计算实例

【例 15-1】　计算 $\phi30H8/f7$ mm 孔用与轴用量规的工作尺寸。

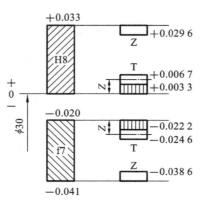

图 15-14　例 15-1 量规公差带图

【解】　①查表得孔与轴的上、下极限偏差如下。

孔：　ES＝＋0.033 mm，　EI＝0

轴：　es＝－0.020 mm，　ei＝－0.041 mm

②查表 15-1 得 T 值及 Z 值如下。

塞规：　$T=0.003\ 4$ mm，　$Z=0.005$ mm

卡规：　$T=0.002\ 4$ mm，　$Z=0.003\ 4$ mm

③画出量规公差带图，如图 15-14 所示。

④计算量规的极限偏差。

a. $\phi30$H8 孔用量规。

通规：　上极限偏差＝EI＋Z＋$T/2$＝0 mm＋0.005 mm＋0.001 7 mm

＝＋0.006 7 mm

下极限偏差＝EI＋Z－$T/2$＝0 mm＋0.005 mm－0.001 7 mm＝＋0.033 mm

磨损极限＝EI＝0 mm

止规：　　　　上极限偏差＝ES＝＋0.033 mm

下极限偏差＝ES－T＝0.033 mm－0.003 4 mm＝＋0.029 6 mm

b. $\phi30$f7 轴用量规。

通规：

上极限偏差＝es－Z＋$T/2$＝－0.020 mm－0.003 4 mm＋0.001 2 mm＝－0.022 2 mm

下极限偏差＝es－Z－$T/2$＝－0.020 mm－0.003 4 mm－0.001 2 mm＝－0.024 6 mm

磨损极限＝es＝－0.020 mm

止规：　上极限偏差＝ei＋T＝－0.041 mm＋0.002 4 mm＝－0.038 6 mm

下极限偏差＝ei＝－0.041 mm

⑤确定量规的工作尺寸，如表 15-9 所示。

表 15-9　例 15-1 量规的工作尺寸

被检验工件	量　规	量规极限尺寸/mm		量规尺寸标注/mm		量规磨损极限尺寸/mm
		上极限尺寸	下极限尺寸	方法（一）	方法（二）	
$\phi30$H8	通规	$\phi30.006\ 7$	$\phi30.003\ 3$	$\phi30^{+0.006\ 7}_{+0.003\ 3}$	$\phi30.006\ 7^{\ 0}_{-0.003\ 4}$	$\phi30$
	止规	$\phi30.033$	$\phi30.029\ 6$	$\phi30^{+0.033\ 0}_{+0.029\ 6}$	$\phi30.033^{\ 0}_{-0.003\ 4}$	—
$\phi30$f7	通规	$\phi29.977\ 8$	$\phi29.975\ 4$	$\phi30^{-0.022\ 2}_{-0.024\ 6}$	$\phi29.975\ 4^{+0.002\ 4}_{0}$	$\phi29.98$
	止规	$\phi29.961\ 4$	$\phi29.959$	$\phi30^{-0.038\ 6}_{-0.041\ 0}$	$\phi29.959\ 0^{+0.002\ 4}_{0}$	—

15.2.4　量规的其他技术要求

量规测量面一般采用碳素工具钢（T10A、T12A）、合金工具钢（CrWMn）等耐磨钢制材料制造，也可以在测量表面镀铬或者进行氮化处理。量规手柄可选用 Q235、硬木、铝及夹布胶木等。量规表面硬度为 HRC 58～65。为了消除量规材料中的内应力，提高量规的使用寿命，量规要经过稳定性处理。量规测量面的粗糙度可按表 15-10 选用。

表 15-10　量规测量面的粗糙度

工 作 量 规	工作量规公称尺寸/mm		
	≤120	>120～315	>315～500
	Ra/μm		
IT6 级孔用量规	≤0.04	≤0.08	≤0.16
IT6～IT9 级轴用量规	≤0.08	≤0.16	≤0.32
IT7～IT9 级孔用量规			
IT10～IT12 级孔、轴用量规	≤0.16	≤0.32	≤0.63
IT13～IT16 级孔、轴用量规	≤0.32	≤0.63	≤0.63

在塞规测量头端面、其他量规的非工作面或量规手柄上,应刻有被检验工件的公称尺寸和公差带代号以及通端、止端标记。

复习与思考题

15-1　光滑极限量规有何特点? 如何判断被检验工件是否合格?

15-2　光滑极限量规的作用和分类是什么?

15-3　量规的通规除规定制造公差外,为什么还要规定最小磨损量与磨损极限?

15-4　孔、轴用工作量规的公差带是如何分布的? 特点是什么?

15-5　设计和计算 $\phi35H7/f6$ 孔用和轴用工作量规,选择量规的型式,并画出量规公差带图。

项 目 *16* 渐开线直齿圆柱齿轮的
公差与检测

★ **项目内容**

· 渐开线直齿圆柱齿轮的公差与检测。

★ **学习目标**

· 掌握渐开线直齿圆柱齿轮的公差与检测。

★ **主要知识点**

· 齿轮传动的要求及公差。
· 齿轮的误差及其评定指标与检测。
· 齿轮副传动误差分析。
· 渐开线直齿圆柱齿轮的精度选用。

16.1 齿轮传动的要求及公差

齿轮传动是最常见的传动形式之一,广泛用于传递运动和动力。齿轮传动的质量将影响到机器或仪器的工作性能、承载能力、使用寿命和工作精度,为此要规定相应的公差,对齿轮的质量进行控制。

16.1.1 齿轮传动的要求

(1) 传动的准确性。齿轮在一转范围内,产生的最大转角误差要限制在一定的范围内。最大转角误差又称为长周期误差。

(2) 传动的平稳性。齿轮在任一瞬时传动比的变化不要过大,否则会引起冲击、噪声和振动,严重时会损坏齿轮。为此,齿轮一齿转角内的最大误差需要限制在一定的范围内,这种误差又称为短周期误差。

(3) 载荷分布的均匀性。齿面上的载荷分布不均匀,将会导致齿面接触不好而产生应力集中,引起磨损、点蚀或轮齿折断,严重影响齿轮的使用寿命。

（4）传动侧隙的合理性。在齿轮传动中，为了储存润滑油，补偿齿轮的受力变形、受热变形以及制造和安装的误差，对齿轮啮合的非工作面应留有一定侧隙，否则会出现卡死或烧伤现象；但侧隙又不能过大，若侧隙过大，经常正反转的齿轮会产生空程和引起换向冲击，侧隙必须合理确定。

16.1.2　不同工作情况下的齿轮对传动的要求

实际上，不同工作情况下的齿轮对以上四点使用要求并不都一样。根据齿轮传动的不同工作情况，齿轮对传动的要求是不同的。常见的不同要求的齿轮有以下四种。

（1）一般动力齿轮。如机床、减速器、汽车等中的齿轮，通常对传动的平稳性和载荷分布的均匀性有所要求。

（2）动力齿轮。这类齿轮的模数和齿宽大，能传递大的动力且转速较低，如矿山机械、轧钢机中的齿轮，主要对载荷分布的均匀性与传动侧隙有严格要求。

（3）高速齿轮。这类齿轮转速高，易发热，如汽轮机中的齿轮，为了减少噪声、振动、冲击和避免卡死，对传动的平稳性和传动侧隙有严格的要求。

（4）读数、分度齿轮。这类齿轮由于精度高、转速低，如百分表、千分表以及分度头中的齿轮，要求传动准确和传动侧隙保持为零。

由于齿轮传动装置由齿轮副、轴、轴承和机座等零件组成，因此影响齿轮传动质量的因素很多，但齿轮与齿轮副是其中主要的因素，本项目将重点介绍如何处理单个齿轮与齿轮副的质量问题。

16.1.3　控制齿轮各项误差的公差组

根据加工后齿轮各项误差对齿轮传动使用性能的主要影响，划分了三个公差组，分别控制了齿轮的各项加工误差。第 I 公差组为控制影响传动准确性的误差，第 II 公差组为控制影响传动平稳性的误差，第 III 公差组为控制影响载荷分布均匀性的误差，下节对这三公差组分别简述。

16.2　齿轮的误差及其评定指标与检测

16.2.1　影响齿轮传动准确性的主要误差及其评定、控制与检测

1. 齿圈径向跳动误差 ΔF_r（公差 F_r）

齿轮完工后，轮齿的实际分布圆周（或分度圆）与理想的分布圆周（或分度圆）的中心不重合，产生了径向偏移，从而引起了径向误差，如图 16-1 所示。齿轮的径向误差又导致了齿圈径向跳动的产生。齿圈径向跳动是指在齿轮一转范围内，测量头在齿槽内与齿高中部双面接触，测量头相对于齿轮轴线的最大变动量，如图 16-2 所示。

规定齿圈径向跳动公差 F_r，是对齿圈径向跳动误差 ΔF_r 进行限制。齿圈径向跳动误差 ΔF_r 的合格条件为：$\Delta F_r \leqslant F_r$。齿圈径向跳动误差 ΔF_r 可在齿圈径向跳动检查仪上测量，如图 16-3 所示。

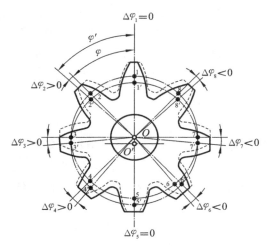

图 16-1　齿轮的径向误差

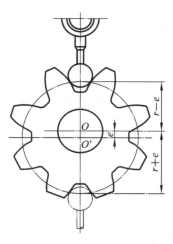

图 16-2　齿圈径向跳动

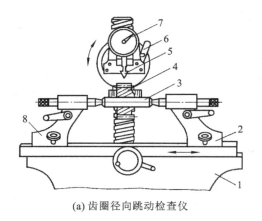

(a) 齿圈径向跳动检查仪　　　　　　　(b) 测量头形式

图 16-3　齿圈径向跳动误差的测量

1—底座;2,8—顶尖座;3—心轴;4—被测齿轮;5—测量头;6—指示表提升手柄;7—指示表

2. 径向综合误差 $\Delta F''_i$（公差 F''_i）

径向综合误差是指被测齿轮与理想、精确的测量齿轮双面啮合时,在被测齿轮一转内,双啮中心距的最大变动量。径向综合误差 $\Delta F''_i$ 采用齿轮双面啮合仪(双啮仪)测量。齿轮双面啮合仪的测量原理如图 16-4(a)所示。被测齿轮 5 安装在固定溜板 6 的心轴上,测量齿轮 3 安装在滑动溜板 4 的心轴上,借助弹簧 2 的作用使两齿轮作无侧隙双面啮合。在被测齿轮一转内,双啮中心距 a 连续变动使滑动溜板 4 发生位移,通过指示表 1 测出双啮中心距的最大变动量,即得径向综合误差 $\Delta F''_i$。图 16-4(b)所示为用自动记录装置记录的径向综合误差曲线,其最大幅值即为 $\Delta F''_i$。$\Delta F''_i$ 的合格条件为:$\Delta F''_i \leqslant F''_i$。

3. 公法线长度变动误差 ΔF_w（公差 F_w）

齿轮加工后,实际齿廓的位置不仅沿径向产生偏移,而且沿切向产生偏移,如图 16-5 所示,这就使齿轮在一周范围内各段的公法线长度产生了误差。所谓公法线长度变动误差,是指在齿轮一周范围内,实际公法线长度最大值与最小值(见图 16-5)之差,即 $\Delta F_w = W_{max} - W_{min}$。

规定公法线长度变动公差 F_w,是对公法线长度变动误差 ΔF_w 进行限制。公法线长度

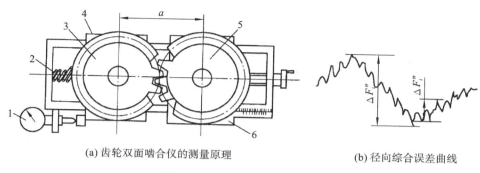

(a) 齿轮双面啮合仪的测量原理　　　　　(b) 径向综合误差曲线

图 16-4　径向综合误差的测量
1—指示表;2—弹簧;3—测量齿轮;4—滑动溜板;5—被测齿轮;6—固定溜板

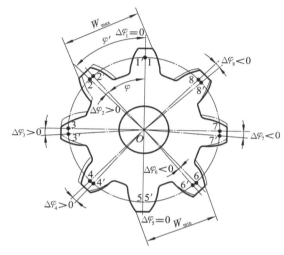

图 16-5　齿轮的径向误差及公法线长度变动误差

变动误差 ΔF_w 的合格条件为:$\Delta F_w \leqslant F_w$。测量公法线长度可用公法线千分尺(见图 16-6(a))或公法线指示卡规(见图 16-6(b))。其中,公法线千分尺的分度值为 0.01 mm,它用于一般精度齿轮的公法线长度测量。

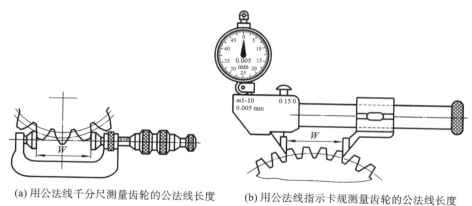

(a) 用公法线千分尺测量齿轮的公法线长度　　(b) 用公法线指示卡规测量齿轮的公法线长度

图 16-6　公法线长度的测量

4. 切向综合误差 $\Delta F'_i$（公差 F_i）

切向综合误差是指被测齿轮与理想、精确的测量齿轮（允许用齿条、蜗杆等测量元件代替）作单面啮合时，在被测齿轮一周内，实际转角与公称转角之差的总幅值，以分度圆弧长计值。若切向综合误差 $\Delta F'_i$ 不大于切向综合公差 F_i，即 $\Delta F'_i \leqslant F_i$，则齿轮传动的准确性满足要求。$\Delta F'_i$ 是用单面啮合综合检查仪（单啮仪）测量的。图 16-7(a) 所示是双圆盘摩擦式单啮仪测量原理示意图。被测齿轮 1 与作为测量基准的理想、精确测量齿轮 2 在公称中心距下形成单面啮合齿轮副。直径分别等于被测齿轮 1 和测量齿轮 2 分度圆直径的精密摩擦盘 3 和 4 作纯滚动形成标准传动。若被测齿轮 1 没有误差，则其转轴 5 与精密摩擦盘 4 同步回转，传感器 6 无信号输出。若被测齿轮 1 有误差，则转轴 5 与精密摩擦盘 4 不同步，二者产生的相对转角误差由传感器 6 经放大器传至记录仪，便可画出一条光滑的、连续的齿轮转角误差曲线（见图 16-7(b)）。该曲线称为切向综合误差曲线，$\Delta F'_i$ 是这条误差曲线的最大幅值。

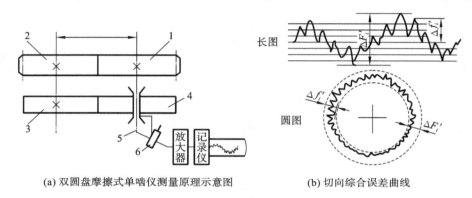

(a) 双圆盘摩擦式单啮仪测量原理示意图　　　(b) 切向综合误差曲线

图 16-7　切向综合误差的测量

1—被测齿轮；2—测量齿轮；3,4—精密摩擦盘；5—转轴；6—传感器

5. 齿距累积误差 ΔF_p（公差 F_p）、K 个齿距累积误差 ΔF_{pk}（公差 F_{pk}）

齿距累积误差是指在分度圆上（允许在齿高中部测量），任意两个同侧齿面的实际弧长与公称弧长之差的最大绝对值；K 个齿距累积误差是指在分度圆上，K 个齿距的实际弧长与公称弧长之差的最大绝对值，如图 16-8 所示。使用手持式齿距仪测量齿距累积误差如图 16-9 所示。

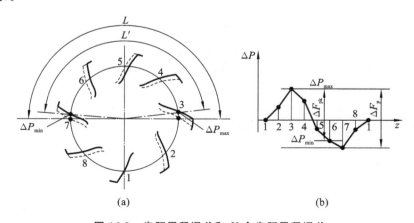

(a)　　　　　　　　　　　　(b)

图 16-8　齿距累积误差和 K 个齿距累积误差

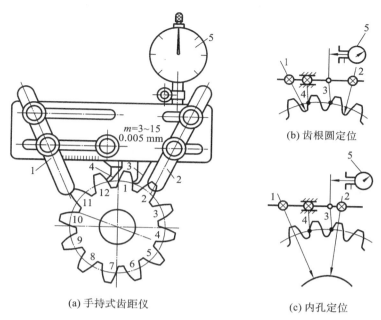

(a) 手持式齿距仪

(b) 齿根圆定位

(c) 内孔定位

图 16-9　使用手持式齿距仪测量齿距累积误差
1,2—定位支脚；3—活动量爪；4—固定量爪；5—指示表

齿距累积误差的合格条件为：$\Delta F_p \leqslant F_p$，这时齿轮传动的准确性满足要求。

为了控制影响齿轮传动准确性的各项误差，规定了第 I 公差组的检验组，如表 16-1 所示。

表 16-1　影响齿轮传动准确性的第 I 公差组的检验组

检　验　组	公差代号	检　验　内　容
1	F_i'	切向综合误差（为综合指标）
2	F_p 或 F_{pk}	齿距累积误差或 K 个齿距累积误差（ΔF_{pk} 仅在必要时检验）
3	F_i'' 和 F_w	径向综合误差和公法线长度变动误差
4	F_r 和 F_w	齿圈径向跳动误差和公法线长度变动误差
5	F_r	齿圈径向跳动误差

在上表中，由于公差 F_i' 和 F_p 能全面控制齿轮一转中的误差，所以这两项作为综合指标列入标准，可单独作为控制影响传动准确性的检验项目。考虑到 F_i'' 用于控制径向误差，F_w 用于控制切向误差，为了全面控制影响传动准确性的误差，故必须采用组合项目。当采用第 3 检验组或第 4 检验组项目，有一个项目检验不合格时，应测量 ΔF_p，若 ΔF_p 也不合格，方可判断传动准确性不满足要求。第 5 检验组项目 F_r 只用于控制 10 级精度以下的齿轮，此时不必再检验 ΔF_w。

16.2.2　影响齿轮传动平稳性的主要误差及其评定、控制与检测

齿轮传动的平稳性取决于任一瞬时传动比的变化，而影响瞬时传动比变化的误差主要是在齿轮一转中多次出现，以齿轮一个齿距角为周期的基节偏差和齿形误差。

1. 基节偏差 Δf_{pb}（极限偏差 $\pm f_{pb}$）

基节偏差 Δf_{pb} 指的是实际基节与公称基节之差，如图 16-10 所示。

Δf_{pb} 的合格条件为：$-f_{pb} \leqslant \Delta f_{pb} \leqslant +f_{pb}$。使用基节检查仪测量 Δf_{pb} 如图 16-11 所示。

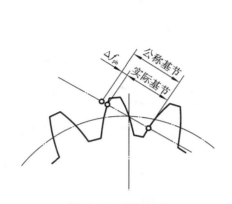

图 16-10　基节偏差

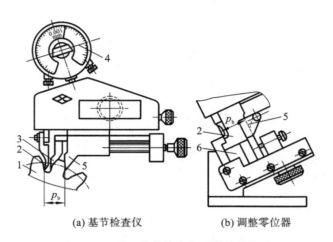

(a) 基节检查仪　　　　　　　(b) 调整零位器

图 16-11　使用基节检查仪测量基节偏差

1—被测齿轮；2—活动量爪；3—支脚；4—指示表；5—固定量爪；6—量块

2. 齿形误差 Δf_f（公差 f_f）

齿形误差是指在齿的端面上，在齿形工作部分（齿顶倒棱部分除外），包容实际齿形且距离为最小的两条设计齿形间的法向距离，如图 16-12 所示。Δf_f 的合格条件为：$\Delta f_f \leqslant f_f$。Δf_f 可用专用的渐开线检查仪或通用的万能工具显微镜测量。

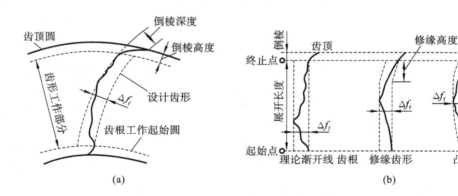

图 16-12　齿形误差

3. 齿距偏差 Δf_{pt}（极限偏差 $\pm f_{pt}$）

齿距偏差是指在分度圆上（允许在齿高中部测量），实际齿距与公称齿距之差，如图 16-13所示。

Δf_{pt} 的合格条件为：$-f_{pt} \leqslant \Delta f_{pt} \leqslant +f_{pt}$。齿距偏差的测量方法与齿距积累误差 ΔF_p 的测量方法相同。

4. 一齿切向综合误差 $\Delta f'_i$（公差 f'_i）

一齿切向综合误差是指被测齿轮与理想、精确的测量齿轮单面啮合时，在被测齿轮一个齿距角内,实际转角与公称转角之差的最大幅度值,以分度圆弧长计值。若 $\Delta f'_i \leqslant f'_i$,则齿轮传动的平稳性满足要求。

5. 一齿径向综合误差 $\Delta f''_i$(公差 f''_i)

一齿径向综合误差是指被测齿轮与理想、精确的测量齿轮双面啮合时,在被测齿轮一个齿距角内,双啮中心距的最大变动量。若 $\Delta f''_i \leqslant f''_i$,则齿轮传动的平稳性满足要求。

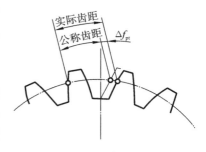

图 16-13　齿距偏差

为了控制影响传动平稳性的各项误差,规定了第 II 公差组的检验组,如表 16-2 所示。

表 16-2　影响齿轮传动平稳性的第 II 公差组的检验组

检 验 组	公 差 代 号	检 验 内 容
1	f'_i	一齿切向综合误差(为综合指标,有特殊需要时加检 Δf_{pb})
2	f''_i	一齿径向综合误差(为综合指标)
3	f_f 和 f_{pt}	齿形误差和齿距偏差
4	f_f 和 f_{pb}	齿形误差和基节偏差
5	f_{pt} 和 f_{pb}	齿距偏差和基节偏差

综上所述,影响齿轮传动平稳性的误差主要是在齿轮一转中多次出现,并以齿轮一个齿距角为周期的基节偏差和齿形误差。评定齿轮传动平稳性的指标有五项。为评定齿轮传动的平稳性,可采用一项综合指标或两项单项指标。选用单项指标组合时,原则上基节偏差和齿形误差应各占一项,如表 16-2 中的第 3 检验组和第 4 检验组。从控制的质量来看,第 3 检验组和第 4 检验组的指标等效。但由于对修缘齿轮不能测量 Δf_{pb},故应选用 Δf_{pt} 与 Δf_f。此外,考虑到 Δf_f 测量困难且成本高,故对 9 级精度以下的齿轮和尺寸较大的齿轮用 Δf_{pt} 代替 Δf_f,有时甚至可以只检查 Δf_{pt} 或 Δf_{pb}(10～12 级精度)。为此,直齿圆柱齿轮传动平稳性的评定指标增加到六组,即 Δf_{pb} 与 Δf_{pt} 既可用于 9～10 级精度的齿轮,又可用于 10～12 级精度的齿轮。具体应用时,可根据实际情况选用其中一组来评定齿轮传动的平稳性。

16. 2. 3　影响载荷分布均匀性的主要误差及其评定、控制与检测

载荷分布的均匀性主要取决于相啮合轮齿齿面接触的均匀性。齿面接触不均匀,载荷分布也就不均匀。齿向误差是指在分度圆柱面上,在齿宽有效部分范围内(端部倒角部分除外),包容实际齿线且距离为最小的两条设计齿线之间的端面距离,如图 16-14 所示。

齿向误差反映出齿轮沿齿长方向接触的均匀性,即反映出齿轮沿齿长方向载荷分布的均匀性。因此,它可以作为评定载荷分布均匀性的单项指标。规定齿向公差 F_β 就是对齿向误差 ΔF_β 进行限制。ΔF_β 的合格条件为:$\Delta F_\beta \leqslant F_\beta$。

齿向误差可在改制的偏摆检查仪上或在万能工具显微镜上进行测量。

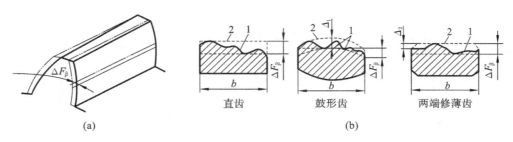

图 16-14　齿向误差

1—实际齿线；2—设计齿线；$\triangle_1$—鼓形量；$\triangle_2$—齿端修薄量；b—齿宽

16.2.4　传动侧隙合理性的评定、控制与检测

1. 齿厚偏差 $\triangle E_s$（极限偏差：上极限偏差 E_{ss}、下极限偏差 E_{si}）

齿厚偏差是指在分度圆柱面上，齿厚的实际值与公称值之差，如图 16-15 所示。

侧隙是齿轮装配后自然形成的，如图 16-16 所示。获得侧隙的方法有两种，一种是固定中心距的极限偏差，通过改变齿厚的极限偏差来获得不同的极限侧隙；另一种相反，固定齿厚的极限偏差，而在装配时通过调整中心距来获得所需的侧隙。考虑到加工和使用方便，一般多采用前一种方法。为此，要保证合理的侧隙，就要限制齿厚偏差。反过来说，通过控制齿厚偏差，就可得到合理的侧隙。齿厚极限偏差（E_{ss}、E_{si}）是对齿厚偏差 $\triangle E_s$ 的限制。$\triangle E_s$ 的合格条件为：$E_{si} \leqslant \triangle E_s \leqslant E_{ss}$。

测量齿厚常用的量具是齿厚游标卡尺。用齿厚游标卡尺测量齿厚示意图如图 16-17 所示。按定义，齿厚是分度圆弧齿厚，但为了方便，一般测量分度圆弦齿厚。测量时，以齿顶圆为基准，调整纵向游标尺来确定分度圆弦齿高的公称值，再用横向游标尺测出分度圆弦齿厚的实际值，用实际值减去公称值，即得分度圆齿厚偏差。在齿圈上每隔 90° 测量一个齿厚，取最大的齿厚偏差作为该齿轮的齿厚偏差 $\triangle E_s$。

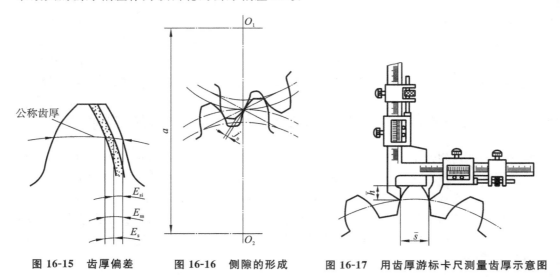

图 16-15　齿厚偏差　　　图 16-16　侧隙的形成　　　图 16-17　用齿厚游标卡尺测量齿厚示意图

对于直齿圆柱齿轮，分度圆公称弦齿高 $\overline{h}$ 和弦齿厚 $\overline{s}$ 分别为

$$\overline{h} = m\left[1 + \frac{z}{2}\left(1 - \cos\frac{90°}{z}\right)\right] \tag{16-1}$$

$$\overline{s} = mz\sin\frac{90°}{z} \tag{16-2}$$

式中：m——齿轮的模数；

　　　z——齿轮的齿数。

由于测量 ΔE_s 时以齿顶圆为基准，齿顶圆直径误差和径向圆跳动误差对测量结果有较大影响，而且齿厚游标卡尺的精度又不高，故齿厚游标卡尺仅适用于测量低精度或模数较大的齿轮。

2. 公法线平均长度偏差 ΔE_{wm}（极限偏差：上极限偏差 E_{wms}、下极限偏差 E_{wmi}）

公法线平均长度偏差是指在齿轮一周内，公法线平均长度与公称长度之差。

对于标准直齿圆柱齿轮，公法线长度的公称值 W 为

$$W = (k-1)p_b + s_b \tag{16-3(a)}$$

或者

$$W = m[1.476(2k-1) + 0.014z] \tag{16-3(b)}$$

式中：p_b——基节；

　　　s_b——齿厚；

　　　m——齿轮的模数；

　　　z——齿轮的齿数；

　　　k——跨齿数。

对于标准直齿圆柱齿轮，跨齿数 k 为

$$k = \frac{z\alpha}{180°} + 0.5 \tag{16-4}$$

由式(16-3)可见，齿轮齿厚减薄时，公法线长度相应减小，反之亦然。因此，可用测量公法线长度来代替测量齿厚，以评定传动侧隙的合理性。公法线平均长度的极限偏差 E_{wmi} 和 E_{wms} 是对公法线平均长度偏差 ΔE_{wm} 的限制。ΔE_{wm} 的合格条件为：$E_{wmi} \leqslant \Delta E_{wm} \leqslant E_{wms}$。

与 ΔF_w 一样，ΔE_{wm} 可用公法线千分尺、公法线指示卡规等测量。在测量 ΔF_w 的同时可测得 ΔE_{wm}。

由于测量公法线长度时并不以齿顶圆为基准，因此测量结果不受齿顶圆直径误差和径向跳动误差的影响，测量的精度高。但为了排除切向误差对齿轮公法线长度的影响，应在齿轮一周内至少测量均布的六段公法线长度，并取其平均值计算公法线平均长度偏差 ΔE_{wm}。

16.3　齿轮副传动误差分析

除了单个齿轮的加工误差影响齿轮传动的质量外，组成齿轮副的各支承构件的加工与安装质量也影响着齿轮的传动质量。

16.3.1　齿轮副的接触斑点

齿轮副的接触斑点是指安装好的齿轮副在轻微制动下运转后齿面上分布的接触痕迹，如图 16-18 所示。接触痕迹的大小在齿面展开图上用以下两种百分数计算。

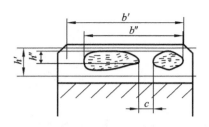

图 16-18 齿轮副的接触斑点

（1）沿齿长方向：接触痕迹的长度 b''（扣除超过模数值的断开部分）与工作长度 b' 之比的百分数，即 $[(b''-c)/b'] \times 100\%$。

（2）沿齿高方向：接触痕迹的平均高度 h'' 与工作高度 h' 之比的百分数，即 $h''/h' \times 100\%$。

齿轮副的接触斑点是评定齿轮副载荷分布均匀性的综合指标。齿轮副接触痕迹的大小是在齿轮副装配后的工作装置中测定的，也就是在综合反映齿轮加工误差和安装误差的条件下测定的。因此，所测得的接触痕迹最接近工作状态，较为真实。这项综合指标比检验单个齿轮载荷分布均匀性的指标更为理想，测量过程也较简单和方便。

齿轮副接触斑点的检验应在机器装配后或出厂前进行。所谓轻微制动，是指检验中所加的制动力矩应以既不使啮合的齿面脱离，又不使任何零件（包括被检齿轮）产生可以察觉到的弹性变形为限。

检验齿轮副的接触斑点时，不应采用涂料来反映齿轮副的接触斑点，必要时才允许使用规定的薄膜涂料来反映齿轮副的接触斑点。此外，必须对两个齿轮的所有齿面进行检查，并以齿轮副接触斑点百分数最小的那个齿作为齿轮副的检验结果。对齿轮副接触斑点的形状和位置有特殊要求时，应在图上标明，并按此进行检验。若齿轮副的接触斑点不小于规定的百分数，则齿轮的载荷分布均匀性满足要求。

16.3.2 齿轮副中心距偏差 Δf_a（极限偏差 $\pm f_a$）

齿轮副中心距偏差 Δf_a 是指在齿轮副的齿宽中间平面内，实际中心距与公称中心距之差，如图 16-19(a)所示。

齿轮副中心距偏差 Δf_a 的大小直接影响到装配后侧隙的大小，故对轴线不可调节的齿轮传动，必须对齿轮副中心距偏差加以控制。

齿轮副中心距极限偏差 $\pm f_a$ 是对齿轮副中心距偏差 Δf_a 的限制。Δf_a 的合格条件为：$-f_a \leqslant \Delta f_a \leqslant +f_a$。

16.3.3 齿轮副的轴线平行度误差 Δf_x、Δf_y（公差 f_x、f_y）

齿轮副 x 方向的轴线平行度误差 Δf_x 是指一对齿轮的轴线在其基准平面 H 上投影的平行度误差，如图 16-19(b)所示。

齿轮副 y 方向的轴线平行度误差 Δf_y 是指一对齿轮的轴线在垂直于基准平面 H，并且平行于基准轴线的平面 V 上投影的平行度误差，如图 16-19(c)所示。

基准轴线可以是齿轮两条轴线中的任一条；基准平面是指包含基准轴线，并通过由另一条轴线与齿宽中间平面相交的点（中点 M）所形成的平面 H。

齿轮副的轴线平行度误差 Δf_x、Δf_y 主要影响装配后齿轮副相啮合齿面接触的均匀性，即影响齿轮副载荷分布的均匀性，以及齿轮副间隙，故对于轴线不可调节的齿轮传动，必须控制其轴线的平行度误差，尤其是对 Δf_y 的控制应更严格。

齿轮副的轴线平行度公差 f_x 和 f_y 是对齿轮副轴线平行度误差 Δf_x 和 Δf_y 的限制。

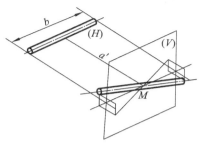
(a) 齿轮副中心距偏差

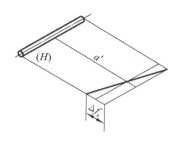
(b) 齿轮副x方向轴线平行度误差

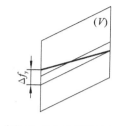
(c) 齿轮副y方向轴线平行度误差

图 16-19　齿轮副的安装误差

Δf_x 和 Δf_y 的合格条件为：$\Delta f_x \leqslant f_x$ 和 $\Delta f_y \leqslant f_y$。

16.3.4　齿轮副的侧隙及其评定

齿轮副的侧隙分为圆周侧隙和法向侧隙。

圆周侧隙 j_t（圆周上极限侧隙 j_{tmax}、圆周下极限侧隙 j_{tmin}）是指装配好后的齿轮副，当一个齿轮固定时另一个齿轮的圆周晃动量，如图 16-20(a) 所示。它以分度圆弧长计值。

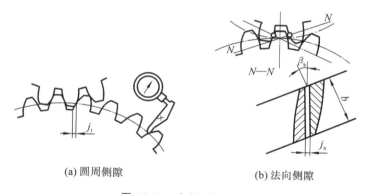

(a) 圆周侧隙　　　　　　　　　　(b) 法向侧隙

图 16-20　齿轮副的侧隙

法向侧隙 j_n（法向上极限侧隙 j_{nmax}、法向下极限侧隙 j_{nmin}）是指装配好后的齿轮副，当工作齿面接触时，非工作齿面间的最短距离，如图 16-20(b) 所示。

圆周侧隙 j_t 和法向侧隙 j_n 之间的关系为

$$j_n = j_t \cos\beta_b \cos\alpha_t \tag{16-5}$$

式中：β_b——基圆螺旋角；

α_t——端面齿形角。

侧隙的大小主要取决于齿轮副的安装中心距和单个齿轮影响到侧隙大小的加工误差，因此 j_n（或 j_t）是直接体现能否满足设计侧隙要求的综合指标。侧隙满足设计要求的条件为：$j_{nmin} \leqslant j_n \leqslant j_{nmax}$ 或 $j_{tmin} \leqslant j_t \leqslant j_{tmax}$。

j_n 可用塞尺测量，也可用压铅丝法测量。j_n 可用指示表测量。测量 j_n 和测量 j_t 是等效的。

16.4　渐开线直齿圆柱齿轮的精度选用

国家标准《圆柱齿轮　精度制　第 1 部分：轮齿同侧齿面偏差的定义和允许值》(GB/T 10095.1—2008)、《圆柱齿轮　精度制　第 2 部分：径向综合偏差与径向跳动的定义和允许值》(GB/T 10095.2—2008)规定了齿轮加工误差和齿轮副安装误差的各项检验指标及其公差值。标准适用于平行轴传动的、法向模数 m_n 为 1～40 mm、分度圆直径 d 小于或等于 400 mm 的渐开线圆柱齿轮及其齿轮副。基本齿廓按《通用机械和重型机械用圆柱齿轮　标准基本齿条齿廓》(GB/T 1356—2001)的规定。

16.4.1　精度等级及其选择

1. 精度等级

国家标准 GB/T 10095.1—2008、GB/T 10095.2—2008 对齿轮及其齿轮副规定了 12 个精度等级，由高到低依次为 1 级，2 级，…，12 级。齿轮副中的两个齿轮一般取相同等级，也允许取不同等级。在 12 个精度等级中，1 级、2 级是目前的加工方法和测量条件还难以达到的精度等级，所以目前还很少采用。3～12 级可粗略分为以下三个层次。

(1) 高精度等级：3 级、4 级、5 级。

(2) 中等精度等级：6 级、7 级、8 级。

(3) 低精度等级：9 级、10 级、11 级、12 级。

对于单个渐开线直齿圆柱齿轮，标准对每级精度按表 16-1 与表 16-2 中的评定指标规定了公差值或极限偏差值，详见表 16-3～表 16-6。

表 16-3　齿圈径向跳动公差 F_r、公法线长度变动公差 F_w、径向综合公差 F''_i、齿形公差 f_f、齿距极限偏差 f_{pt}、基节极限偏差 f_{pb}、一齿径向综合公差 f''_i

单位：μm

分度圆直径/mm	法向模数/mm	齿圈径向跳动公差 F_r					公法线长度变动公差 F_w					径向综合公差 F'''_i					齿形公差 f_f					齿距极限偏差 f_{pt}					基节极限偏差 f_{pb}					一齿径向综合公差 f''_i				
		5	6	7	8	9	5	6	7	8	9	5	6	7	8	9	5	6	7	8	9	5	6	7	8	9	5	6	7	8	9	5	6	7	8	9
～125	≥1～3.5	16	25	36	45	71						22	36	50	63	90	6	8	11	14	22	6	10	14	20	28	5	9	13	18	25	10	14	20	28	36
	>3.5～6.3	18	28	40	50	80	12	20	28	40	56	25	40	56	71	112	7	10	14	20	32	8	13	18	25	36	7	11	16	22	32	13	18	25	36	45
	>6.3～10	20	32	45	56	90						28	45	63	80	125	8	12	17	22	36	9	14	20	28	40	8	12	18	25	36	14	20	28	40	50
>125～400	≥1～3.5	22	36	50	63	80						32	50	71	90	112	7	9	13	18	28	7	11	16	22	32	6	10	14	20	30	11	16	22	32	40
	>3.5～6.3	25	40	56	71	100	16	25	36	50	71	36	56	80	100	140	8	11	16	22	36	8	13	18	25	36	7	11	16	22	32	14	20	28	40	50
	>6.3～10	28	45	63	86	112						40	63	90	112	160	9	13	19	28	45	10	16	22	32	45	9	14	20	30	40	16	22	32	45	56

续表

分度圆直径/mm	法向模数/mm	齿圈径向跳动公差 F_r					公法线长度变动公差 F_w					径向综合公差 F''_i					齿形公差 f_f					齿距极限偏差 f_{pt}					基节极限偏差 f_{pb}					一齿径向综合公差 f''_i				
		精度等级																																			
		5	6	7	8	9	5	6	7	8	9	5	6	7	8	9	5	6	7	8	9	5	6	7	8	9	5	6	7	8	9	5	6	7	8	9
>400~800	≥1~3.5	28	45	63	80	100						40	63	90	112	140	9	12	17	25	40	8	13	18	25	36	7	11	16	22	32	13	18	25	36	45
	≥3.5~6.3	32	50	71	90	112	20	32	45	63	90	45	71	100	125	160	10	14	20	28	45	9	14	20	28	40	8	13	18	25	36	14	20	28	40	50
	≥6.3~10	36	56	80	100	125						50	80	112	140	180	11	16	24	36	56	11	18	25	36	50	10	16	22	32	45	16	22	32	45	56

表 16-4　齿距累积公差 F_p 及 F_{pk}　　　　　单位：μm

L/mm 大于	L/mm 到	精度等级 5	6	7	8	9
20	32	12	20	28	40	56
32	50	14	22	32	45	63
50	80	16	25	36	50	71
80	160	20	32	45	63	90
160	315	28	45	63	90	125
315	630	40	63	90	125	180
630	1 000	50	80	112	160	224
1 000	1 600	63	100	140	200	280

注：①F_p 和 F_{pk} 按分度圆弧长查表。查 F_p 时，取 $L=\pi d/2$；查 F_{pk} 时，取 $L=K\pi m_n$（K 为 2 到小于 $z/2$ 的整数）。
　　②一般对于 F_{pk}，K 值规定取为小于 $z/6$（或 $z/8$）的最大整数。

表 16-5　齿向公差 F_β　　　　　单位：μm

齿轮宽度/mm 大于	齿轮宽度/mm 到	精度等级 5	6	7	8	9
—	40	7	9	11	18	28
40	100	10	12	16	25	40
100	160	12	16	20	32	50

表 16-6　齿轮副的接触斑点

齿轮副的接触斑点	精度等级 5	6	7	8	9
按高度不少于	55%	50%	45%	40%	30%
按长度不少于	80%	70%	60%	50%	40%

2. 精度等级的选择

选择齿轮精度等级的主要依据是齿轮传动的用途、使用条件及对它的技术要求，即要考虑传动的精度、齿轮的圆周速度、传递的功率、工作持续时间、振动与噪声、润滑条件、使用寿命及生产成本等的要求。

齿轮精度等级的选择方法有计算法和类比法。在实际工作中,常用的选择方法是类比法,即根据已有的经验、资料,在设计类似的齿轮传动时可以采用相近的精度等级。表 16-7 所示为各类机械中的齿轮传动常用的精度等级。表 16-8、表 16-9 对齿轮精度等级的应用做了推荐,供选用时参考。

表 16-7　各类机械中的齿轮传动常用的精度等级

应用范围	精度等级	应用范围	精度等级	应用范围	精度等级
测量齿轮	2～5	内燃或电气机车	5～8	起重机械	7～9
涡轮机	3～5	轻型汽车	5～8	轧钢机	5～10
精密切削机床	3～7	载重汽车	6～9	地质矿山绞车	7～10
航空发动机	4～7	一般减速器	6～8	农业机械	8～11
一般切削机床	5～8	拖拉机	6～10		

表 16-8　常用齿轮精度等级的适用范围

精度等级	工作条件与应用范围	圆周速度 /(m/s)	齿面的最终加工
5	用于高平稳且低噪声的高速传动的齿轮,精密机构中的齿轮,涡轮机齿轮,检验 8、9 级精度齿轮的齿轮,重要的航空、船用齿轮箱齿轮	＞20	精密磨齿;对于尺寸大的齿轮,精密滚齿后研齿或剃齿
6	用于高速下平稳工作且需要高效率及低噪声的齿轮,航空、汽车及机床中的重要齿轮,读数机构中的齿轮,分度机构中的齿轮	＜15	磨齿或精密剃齿
7	用于在高速和功率较小或大功率和速度不太高下工作的齿轮,普通机床中的进给齿轮和主传动链的变速齿轮,航空中的一般齿轮,速度较高的减速器齿轮,起重机中的齿轮,读数机构中的齿轮	＜10	对于不淬硬的齿轮,用精确的刀具滚齿、插齿、剃齿。对于淬硬的齿轮,磨齿、珩齿或研齿
8	一般机器中无特殊精度要求的齿轮,汽车、拖拉机中的一般齿轮,通用减速器的齿轮,航空、机床中的不重要齿轮,农业机械中的重要齿轮	＜6	滚齿、插齿,必要时剃齿、珩齿或研齿
9	无精度要求的较粗糙齿轮,农业机械中的一般齿轮	＜2	滚齿、插齿、铣齿

表 16-9　齿轮第Ⅱ公差组精度等级的推荐应用

机械设备	第Ⅱ公差组精度等级				
	5	6	7	8	9
	齿轮的圆周速度/(m/s)				
通用机械	＞15	≤15	≤10	≤6	≤2
冶金机械	—	10～15	6～10	2～6	0.5～2
地质勘探机械	—	—	6～10	2～6	0.5～2
煤炭采掘机械	—	—	6～10	2～6	＜2

续表

机 械 设 备		第Ⅱ公差组精度等级				
		5	6	7	8	9
		齿轮的圆周速度/(m/s)				
林业机械		—	<15	<10	<6	<2
拖拉机		—	未淬火		淬火	
发动机		>60 (<2 000)	>15~60 (<2 000)	≤15 (<2 000)		
		>40 (2 000~4 000)	≤40 (2 000~4 000)	(2 000~4 000)		
传送带 减速器	模数 ≤2.5	16~28	11~16	7~11	2~7	2
	6~10	13~18	9~13	4~9	<4	
船用减速器		—	—	<9~10	<5~6	<2.5~3
金属切削机床		>15	>3~15	≤3	—	—

注:括号中的数字是指单位长度的载荷(N/cm)。

16.4.2　公差组的检验组及其选择

齿轮公差组的检验组如表 16-1、表 16-2 所示。选择公差组的检验组时可参考表 16-10。

表 16-10　各公差组的检验组的组合及其适用范围

检验组	公差组 Ⅰ	Ⅱ	Ⅲ	适用等级	测 量 仪 器	适 用 范 围
1	F'_i	f'_i		3~8	单啮仪、齿向仪	反映转角误差真实,测量效率高,适用于成批生产的齿轮的验收
2	F_p	f_f 与 f_{pb} 或 f_f 与 f_{pt}		3~8	齿距仪、基节仪(万能测齿仪)、齿向仪、渐开线检查仪	准确度高,适用于中、高精度磨齿、滚齿、插齿、剃齿的齿轮验收检测或工艺分析与控制
3		f_{pb} f_{pt}		9~10	齿距仪、基节仪(万能测齿仪)、齿向仪	适用于精度不高的直齿轮及大尺寸齿轮、多齿数的滚切齿轮的检验
4	F''_i F_w	f''_i	F_β	6~9	双啮仪、公法线千分尺、齿向仪	接近加工状态,经济性好,适用于大量或成批生产的汽车、拖拉机齿轮的检验
5	F_r F_w	f_f 与 f_{pb} 或 f_f 与 f_{pt}		6~8	径向跳动仪、公法线千分尺、渐开线检查仪、基节仪、齿向仪	准确度高,有助于齿轮机床的调整,便于工艺分析,适用于中等精度的磨削齿轮和滚齿、插齿、剃齿的齿轮的检验
6		f_{pb} f_{pt}		9~10	径向跳动仪、公法线千分尺、渐开线检查仪、基节仪、齿向仪	便于工艺分析,适用于中、低精度的齿轮和多齿数滚齿的齿轮的检验
7	F_r	f_{pt}		10~12	径向跳动仪、齿距仪	—

注:第Ⅲ公差组中的 F_β 在不做齿轮副的接触斑点检验时才用。

16.4.3　齿轮副侧隙及齿厚极限偏差、公法线平均长度极限偏差的确定

齿轮副的合理侧隙要求与齿的精度等级基本无关,它应根据齿轮副的工作条件和侧隙的作用来确定。如前所述,合理侧隙要求是用下极限侧隙和上极限侧隙 j_{nmin} 和 j_{nmax}(或 j_{tmin} 和 j_{tmax})来规定的。

1. 下极限侧隙 j_{nmin}(或 j_{tmin})的确定

下极限侧隙根据齿轮传动时允许的工作温度、润滑方式和齿轮的圆周速度确定。设计中选定的下极限侧隙,应能补偿齿轮传动时因温升引起的齿轮和箱体的热变形及保证正常的润滑。

补偿热变形所需的法向侧隙 j_{n1} 按下式计算:

$$j_{n1} = a(\alpha_1 \Delta t_1 - \alpha_2 \Delta t_2)2\sin\alpha_n \qquad (16\text{-}6)$$

式中:a——传动的中心距;

α_1、α_2——齿轮、箱体的线胀系数;

Δt_1、Δt_2——齿轮、箱体对 20 ℃的偏差,即 $\Delta t_1 = t_1 - 20$ ℃,$\Delta t_2 = t_2 - 20$ ℃。

保证正常润滑条件所需的法向侧隙 j_{n2} 取决于润滑方式和齿轮的圆周速度,可参考表 16-11 选用。

表 16-11　j_{n2} 的推荐值

润滑方式	圆周速度 v/(m/s)			
	≤10	>10~25	>25~60	>60
喷油润滑	$0.01m_n$	$0.02m_n$	$0.03m_n$	$(0.03\sim0.05)m_n$
油池润滑	$(0.005\sim0.01)m_n$			

下极限侧隙应为 j_{n1} 与 j_{n2} 之和,即

$$j_{nmin} = j_{n1} + j_{n2} \qquad (16\text{-}7)$$

由于在实际工作中,常常不具备上述某一计算条件,因而不能确定 j_{nmin},现摘录机床行业所用的圆柱齿轮副侧隙有关资料(见表 16-12~表 16-14),供读者参考选用。

表 16-12　圆柱齿轮传动的侧隙规范

侧隙种类	代　号	应用范围
零保证侧隙	D	仪器中的读数齿轮
较小保证侧隙	D_b	经常正反转,但转速不高的齿轮
标准保证侧隙	D_c	一般传动齿轮
较大保证侧隙	D_e	高速高温传动齿轮

表 16-13 圆柱齿轮传动的保证侧隙 单位:mm

侧隙结合形式	代号及图形	中 心 距							
		<50	>50~80	>80~120	>120~200	>200~320	>320~500	>500~800	>800~1 250
D		0	0	0	0	0	0	0	0
D_b		42	52	65	85	105	130	170	210
D_c		85	105	130	170	210	260	340	420
D_e		170	210	260	340	420	530	670	850

表 16-14 圆柱齿轮的齿厚极限偏差(标准对照)

第Ⅱ公差组精度等级	侧隙结合形式	法向模数/mm	分度圆直径/mm							
			<50	>50~80	>80~120	>120~200	>200~320	>320~500	>500~800	>800~1 250
5	D_b	>1~2.5	HK	HK	JL	JL	KM	KL	MN	MN
		>2.5~6	GJ	GJ	HK	HK	JL	KL	LM	LM
		>6~10	—	GJ	GJ	HK	JL	JL	KL	LM
	D_c	>1~2.5	KM	LN	MN	MN	NP	NP	PR	PR
		>2.5~6	HK	JL	KL	LM	LM	MN	NP	PR
		>6~10	—	JL	KL	KL	LM	MN	MN	NP
6	D_b	>1~2.5	FH	GJ	GJ	HK	HK	JL	JL	KM
		>2.5~6	FG	FH	GJ	GJ	HK	HK	JL	JL
		>6~10	—	FH	FH	GJ	GJ	GJ	HK	HK
	D_c	>1~2.5	HK	JL	JL	KL	LM	LM	MN	MN
		>2.5~6	GJ	HK	HK	JL	KL	LM	LM	MN
		>6~10	—	GJ	HK	HK	JL	KL	LM	LM
7	D_b	>1~2.5	FH	FH	FH	GK	GK	GK	HK	HL
		>2.5~6	EG	FH	FH	FH	FH	GK	HK	HK
		>6~10	—	FH	FH	FH	FH	GJ	GK	HK
	D_c	>1~2.5	GJ	GK	HL	HL	JL	KM	LN	LN
		>2.5~6	FH	GJ	GJ	HK	HL	JL	KM	KM
		>6~10	—	GJ	GJ	GJ	HL	HK	JL	KM

续表

第Ⅱ公差组精度等级	侧隙结合形式	法向模数/mm	分度圆直径/mm							
			<50	>50~80	>80~120	>120~200	>200~320	>320~500	>500~800	>800~1 250
8	D_b	>1~2.5	EG	FJ	FJ	FJ	FJ	GK	GK	GK
		>2.5~6	EF	EG	EG	FH	FH	FH	GK	GK
		>6~10	—	EG	EG	EG	FH	FH	FJ	FJ
	D_c	>1~2.5	FH	GK	GK	GK	HL	HL	JM	JM
		>2.5~6	FH	FJ	FJ	GK	GK	HL	JM	JM
		>6~10	—	FH	FH	FH	GK	GK	HL	JM

2. 齿厚极限偏差及其代号

如前所述,由于采用了基中心距制,故齿轮的下极限侧隙是通过改变齿厚极限偏差获得的。标准已对齿厚极限偏差进行了标准化,规定了14种齿厚极限偏差,并用大写英文字母表示,如图16-21所示。齿厚极限偏差的数值以齿距极限偏差的倍数表示。齿厚的公差带用两个极限偏差的字母表示,前一个字母表示上极限偏差,后一个字母表示下极限偏差。14种齿厚极限偏差可以任意组合,以满足各种不同的需要。例如,在图16-21中,代号FL表示齿厚上极限偏差的代号为F,其数值为 $E_{ss}=-4f_{pt}$;齿厚下极限偏差的代号为L,其数值为 $E_{si}=-16f_{pt}$。

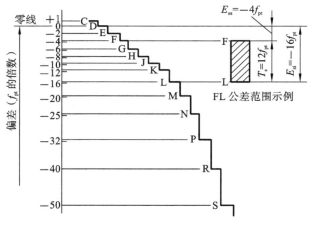

图 16-21　齿厚极限偏差

3. 齿厚上极限偏差 E_{ss} 的确定

齿厚上极限偏差不仅要保证齿轮副传动所需的下极限侧隙,还要补偿由制造和安装误差所引起的侧隙减小量。它的计算公式为

$$E_{ss}=-\left[f_a\tan\alpha+\frac{j_{nmin}+K}{2\cos\alpha}\right] \tag{16-8}$$

式中:f_a——齿轮副中心距极限偏差,可按齿轮第Ⅱ公差组精度等级由表16-9查得;

　　　K——齿轮副制造和安装误差所引起的侧隙减小量,它可按下式计算:

$$K = \sqrt{f_{pb1}^2 + f_{pb2}^2 + 2.104 F_\beta^2}$$

(16-9)

将计算得到的齿厚上极限偏差除以齿距极限偏差 f_{pt}，并圆整成整数，再按表 16-15 选取适当的齿厚上极限偏差代号。

表 16-15　圆柱齿轮的齿厚极限偏差（摘自 GB/T 10095.1—2008、GB/T 10095.2—2008）

代　号	数　值	代　号	数　值	代　号	数　值	代　号	数　值
G	$+1 f_{pt}$	G	$-6 f_{pt}$	L	$-16 f_{pt}$	R	$-40 f_{pt}$
D	0	H	$-8 f_{pt}$	M	$-20 f_{pt}$	S	$-50 f_{pt}$
E	$-2 f_{pt}$	J	$-10 f_{pt}$	N	$-25 f_{pt}$		
F	$-4 f_{pt}$	K	$-12 f_{pt}$	P	$-32 f_{pt}$		

齿厚上极限偏差 E_{ss} 可按第Ⅱ公差组精度等级查表获得，C 级齿厚的上极限偏差 E_{ss} 如表 16-16 所示。

表 16-16　C 级齿厚的上极限偏差 E_{ss}

第Ⅱ公差组精度等级	法向模数/mm	分度圆直径/mm				
		≤50	>50~80	>80~125	>125~180	>180~250
		C 级齿厚的上极限偏差 $E_{ss}/\mu m$				
6	≥1~10	−50	−56	−63	−71	−80
7	≥1~10	−56	−63	−71	−80	−90
8	≥1~10	−63	−71	−80	−90	−100
9	≥1~10	−80	−90	−100	−112	−125

4. 齿厚下极限偏差的确定

齿厚下极限偏差 E_{si} 由齿厚上极限偏差 E_{ss} 和齿厚公差 T_s 求得，计算公式为

$$E_{si} = E_{ss} - T_s$$

(16-10)

式中：T_s——齿厚公差。

齿厚公差与齿厚上极限偏差无关，它主要取决于切齿时进刀的调整误差和齿圈径向跳动误差，可按下式计算：

$$T_s = \sqrt{F_r^2 + b_r^2} \times 2\tan\alpha$$

(16-11)

式中：F_r——齿圈径向跳动公差；

b_r——切齿进刀公差，其值推荐按表 16-17 选用，表中的 IT 值按齿轮分度圆直径查《产品几何技术规范（GPS）　极限与配合　公差带和配合的选择》（GB/T 1801—2009）。

表 16-18 所示为 6~9 级共 4 个等级的齿厚公差。

表 16-17　切齿进刀公差

第Ⅱ公差组精度等级	5	6	7	8	9
b_r 值	IT8	1.26IT7	IT9	1.26IT9	IT10

表 16-18 6～9 级共 4 个等级的齿厚公差 T_s

齿厚公差等级	法向模数 /mm	分圆直径/mm				
		≤50	>50～80	>80～125	>125～180	>180～250
		齿厚公差 T_s/μm				
6	≥1～10	50	56	63	71	80
7	≥1～10	63	71	80	90	100
8	≥1～10	80	90	100	112	120
9	≥1～10	100	112	125	140	160

同样,将计算得到的齿厚下极限偏差除以齿距极限偏差 f_{pt},并圆整成整数,再按表 16-15 选取适当的下极限偏差代号。

当侧隙要求严格,而齿厚极限偏差又不能以标准规定的 14 个代号选取时,标准允许用数值直接表示齿厚极限偏差。

齿轮的精度等级和齿厚极限偏差确定后,齿轮副的最大侧隙就确定了。对于一般用途的齿轮副,不需要校验其最大侧隙 j'_{nmax} 是否小于上极限侧隙 j_{nmax}。当有需要时,可按下式校核最大侧隙:

$$j'_{nmax} = j_{nmin} + \sqrt{(T_{s1}^2 + T_{s2}^2)\cos^2\alpha + (4f_a\sin\alpha)^2} \leq j_{nmax} \tag{16-12}$$

式中:T_{s1}、T_{s2}——齿轮副两个齿轮的齿厚公差。

5. 公法线平均长度极限偏差的计算

测量公法线长度比测量齿厚方便、准确,而且能同时评定齿轮传动的准确性和侧隙。因此,在实际应用中,对于中等精度及其以上的齿轮,常常用公法线平均长度极限偏差的检测取代齿厚极限偏差的检测,但相关标准中没有直接给出公法线平均长度极限偏差的数值,只给出了它与齿厚极限偏差的换算公式。对于外齿轮,换算公式为

$$E_{wms} = E_{ss}\cos\alpha - 0.72F_r\sin\alpha \tag{16-13}$$

$$E_{wmi} = E_{si}\cos\alpha + 0.72F_r\sin\alpha \tag{16-14}$$

16.4.4 齿坯公差及齿轮主要表面的粗糙度

齿坯公差是指齿轮的设计基准面、工艺基准面和测量基准面的尺寸公差和几何公差。

带孔齿轮的基准面是齿轮安装在轴上的孔表面、切齿时的定位端面、齿顶圆柱面(当作测量基准或加工时作为找正基准面使用)。

轴齿轮的基准面是齿轮安装在支承的两个轴颈表面及其端面、齿顶圆柱面(当作测量基准或加工时作为找正基准面使用)。

齿坯的加工精度对齿轮的加工精度、测量准确度和安装精度影响很大。在一定条件下,通过控制齿坯精度来保证和提高齿轮的加工精度,是一项积极的技术措施。为此,标准规定了齿坯的公差。齿坯的公差项目及其标注如图 16-22 和图 16-23 所示,各项公差的数值按表 16-19 确定。

齿轮主要表面的粗糙度参数值推荐按表 16-20 确定。

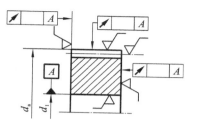

图 16-22　带孔齿轮齿坯公差

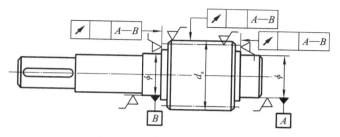

图 16-23　轴齿轮齿坯公差

表 16-19　齿坯公差

齿轮精度等级[1]		5	6	7	8	9	10
孔	尺寸公差 形状公差	IT5	IT6	IT7		IT8	
轴	尺寸公差 形状公差	IT5		IT6		IT7	
齿顶圆直径[2]		IT7		IT8		IT9	
分度圆直径/mm		基准面径向[3]和端面圆跳动/μm					
≤125		11		18		28	
>125~400		14		22		36	
>400~800		20		32		50	

注:①表示当三个公差组的精度等级不同时,按最高的精度等级确定公差值。
②表示当齿顶圆不作测量齿厚的基准时,尺寸公差按 IT11 给定,但不大于 $0.1m_n$。
③表示当以齿顶圆作基准时,基准面径向圆跳动就是指齿顶圆的径向跳动。

表 16-20　齿面及齿坯基准面的表面粗糙度　　　　　单位:μm

精度等级		5	6	7	8	9
孔	Ra	0.4~0.2	≤0.8	1.6~0.8	≤1.6	≤3.2
轴颈	Ra	≤0.2	≤0.4	≤0.8	≤1.6	
端面,齿顶圆	Ra	0.8~0.4		1.6~0.8	3.2~1.6	≤3.2
齿面	Ra	≤0.63		≤1.25	≤5	≤10
	Rz	—	—	—	≤20	≤40

16.4.5　箱体公差

箱体公差是指齿轮箱体支承孔轴线间的孔心距极限偏差 f'_a 及轴线平行度公差 f'_x 和 f'_y。在生产实际中,通常是以箱体支承孔的轴线代替齿轮副的轴线,通过测量箱体孔轴线的孔心距和平行度误差来评定齿轮副的安装精度。但由于影响到齿轮副中心距的大小和齿轮副轴线的平行度误差,除箱体外,还有其他零件,如轴承等,因此箱体孔心距的极限偏差 f'_a 及轴线平行度公差 f'_x 和 f'_y,应分别比齿轮副的中心距极限偏差 f_a 及轴线平行度公差

f_x 和 f_y 要小,通常前者可取后者的 80%。同时应注意,齿轮副的轴线平行度公差是指齿轮齿宽 b 上的,而箱体孔轴线的平行度公差是指箱体支承间距 L 上的,如图 16-24 所示。为此,f'_a、f'_x 和 f'_y 可按下式计算:

$$f'_a = 0.8f_a, \quad f'_x = 0.8f_x \frac{L}{b}, \quad f'_y = 0.8f_y \frac{L}{b} \quad\quad (16\text{-}15)$$

齿轮副的中心距极限偏差 f_a 按表 16-21 确定。

表 16-21　齿轮副的中心距极限偏差 f_a

第Ⅱ公差组精度等级	5,6	7,8	9,10
f_a	$\frac{1}{2}$IT7	$\frac{1}{2}$IT8	$\frac{1}{2}$IT9

16.4.6　齿轮精度的标注

GB/T 10095.1—2008、GB/T 10095.2—2008 规定,在齿轮工作图上,齿轮精度的标注分为精度等级、精度项目和国家标准号三个部分。

例如,径向综合偏差和一齿径向综合偏差均为 7 级,标注为:7(F''_i、f''_i)GB/T 10095.2。

齿廓总偏差和单个齿距偏差为 7 级、齿距累积总偏差和螺旋线总偏差为 8 级,标注为:7(F_α、f_{pt})、8(F_p、F_β)GB/T 10095.1。

齿轮轮齿同侧齿面各项目同为一级精度等级(如同为 7 级)时,可标注为:7GB/T 10095.1。

齿轮零件简图如图 16-25 所示。

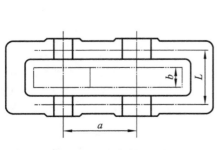

图 16-24　箱体支承间距

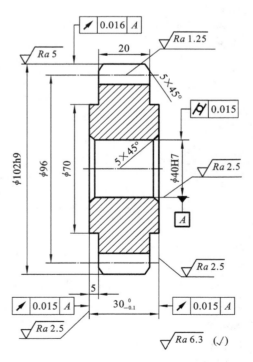

图 16-25　齿轮零件简图

复习与思考题

16-1　齿轮传动的使用要求有哪些？影响这些使用要求的主要误差有哪些？它们之间有何区别与联系？

16-2　齿圈径向跳动误差与径向综合误差有何异同？

16-3　齿轮的切向综合误差与径向综合误差同属综合误差，它们之间有何不同？

16-4　为什么单独检测齿圈径向跳动误差或公法线长度变动误差不能充分保证齿轮传动的准确性？

16-5　齿轮副的侧隙是如何形成的？影响齿轮副侧隙大小的因素有哪些？

16-6　公法线长度变动误差与公法线平均长度偏差有何区别？

16-7　选择齿轮精度等级时应考虑哪些因素？

16-8　在齿轮精度标准中，为什么规定检验组？合理地选择检验组应考虑哪些问题？

16-9　规定齿坯公差的目的是什么？齿坯公差主要有哪些项目？

附录

附录 A 测量常用术语

术　语	定　义	术　语	定　义
测量	把一个被测量值与单位量值进行比较的过程	示值范围	量具刻度尺上指示的最大范围
		测量范围	量具能测量的尺寸范围
量具	计量和检验用的器具,如尺子、天平、量规、卡钳等	读数精度	在量具上读数时所能达到的精确度
		示值误差	量具的示值与被测尺寸实际数值的差值
刻线间距	刻度尺上相邻两条刻线间的距离		
刻度值	刻度尺上每个刻度间距所代表的长度单位数值	测量力	量具的测量面与被测工件接触时所产生的力

附录 B 测量方法的分类

测量方法	意　义	测量方法	意　义
直接测量	被测量值直接由量仪指示数值获得	综合测量	将被测工件相关的各个参数合成一个综合参数来进行测量
间接测量	测出与被测尺寸有关的一些尺寸后,通过计算获得被测量值	单项测量	对被测工件各个参数分别测量
绝对测量	被测量值可直接从仪器刻度尺上读出	主动测量	在加工过程中进行测量,测量结果直接用来控制被测工件的加工精度
相对测量	由仪器读出的为被测量相对于标准量值的差值	被动测量	加工完毕后进行测量,以确定被测工件的有关参数值
接触测量	量具或量仪的测量头与被测表面直接接触	静态测量	测量时,被测工件静止不动
非接触测量	量具或量仪的测量头不与被测表面接触	动态测量	测量时,被测工件不停地运动,测量头与被测工件有相对运动

附录 C　测量误差的分类、产生原因及消除方法

分　类	说　明	消　除　方　法
系统误差	在相同条件下重复测量同一量值时,误差的大小和方向保持不变,或当条件改变时,误差按一定的规律变化。这种误差可在测量结果中修正或消除	①检查计量仪器刻度的准确度,并消除刻度误差; ②检查并校正计量仪器的工具误差; ③检查测量环境温度并加以调整
随机误差	在相同条件下重复测量同一量值时,误差的大小和方向都是变化的,而且没有确定的规律,因而这种误差无法从测量结果中消除或修正	①检查并消除计量仪器各部分的间隙及变形; ②测量时测量力要合理; ③读数要正确
粗大误差	是由于测量时的疏忽大意或环境条件的突变所造成的误差	①选择正确、合理的测量方法; ②检查计量仪器的内部结构及精度,消除其缺陷及误差; ③检查并消除读写错误

附录 D　常用几何图形计算公式

名称	图　形	计　算　公　式	名称	图　形	计　算　公　式
正方形		面积:$A = a^2$ $a = 0.707d$ $d = 1.414a$	等边三角形		面积:$A = \dfrac{ah}{2}$ $= 0.433a^2$　$a = 1.155h$ $= 0.577h^2$　$h = 0.867a$
长方形		面积:$A = ab$ $d = \sqrt{a^2 + b^2}$ $a = \sqrt{d^2 - b^2}$ $b = \sqrt{d^2 - a^2}$	直角三角形		面积:$A = \dfrac{ab}{2}$ $c = \sqrt{a^2 + b^2}$ $h = \dfrac{ab}{c}$
平行四边形		面积:$A = bh$ $h = \dfrac{A}{b}$ $b = \dfrac{A}{h}$	圆形		面积:$A = \dfrac{1}{4}\pi D^2$ $= 0.785D^2$ $= \pi R^2$ 周长:$c = \pi D$ $D = 0.318c$

名称	图　形	计　算　公　式	名称	图　形	计　算　公　式
菱形		面积: $A = \dfrac{dh}{2}$ $a = \dfrac{1}{2}\sqrt{d^2 + h^2}$ $h = \dfrac{2A}{d}$ $d = \dfrac{2A}{h}$	椭圆形		面积: $A = \pi ab$
梯形		面积: $A = \dfrac{a+b}{2}h$ $m = \dfrac{a+b}{2}$ $h = \dfrac{2A}{a+b}$ $a = \dfrac{2A}{h} - b$ $b = \dfrac{2A}{h} - a$	圆环形		面积: $A = \dfrac{\pi}{4}(D^2 - d^2)$ $\quad = 0.785(D^2 - d^2)$ $\quad = \pi(R^2 - r^2)$
斜梯形		面积: $A = \dfrac{(H+h)a + bh + cH}{2}$	扇形		面积: $A = \dfrac{\pi R^2 \alpha}{360°}$ $\quad = 0.008\,73\alpha R^2$ $\quad = \dfrac{Rl}{2}$ $\hat{l} = \dfrac{\pi R\alpha}{180°} = 0.017\,45 R\alpha$
弓形		面积: $A = \dfrac{\hat{l}R}{2} - \dfrac{L(R-h)}{2}$ $R = \dfrac{L^2 + 4h^2}{8h}$ $h = R - \dfrac{1}{2}\sqrt{4R^2 - L^2}$	圆锥体		体积: $V = \dfrac{1}{3}\pi HR^2$ 侧表面积: $A_0 = \pi Rl$ $\quad = \pi R\sqrt{R^2 + H^2}$ 母线: $l = \sqrt{R^2 + H^2}$
局部圆环形		面积: $A = \dfrac{\pi\alpha}{360°}(R^2 - r^2)$ $\quad = 0.008\,73\alpha(R^2 - r^2)$ $\quad = \dfrac{\pi\alpha}{4 \times 360°}(D^2 - d^2)$ $\quad = 0.002\,18\alpha(D^2 - d^2)$	截顶圆锥体		体积: $V = (R^2 + r^2 + Rr)\dfrac{\pi H}{3}$ 侧表面积: $A_0 = \pi l(R + r)$ 母线: $l = \sqrt{H^2 + (R-r)^2}$
			正方体		体积: $V = a^3$

续表

名称	图形	计算公式	名称	图形	计算公式
抛物线弓形		面积:$A = \dfrac{2}{3}bh$	长方体		体积:$V = abH$
角椽		面积:$A = r^2 - \dfrac{\pi r^2}{4}$ $= 0.215r^2$ $= 0.107\ 5c^2$	角锥体		体积:$V = \dfrac{1}{3}H \times$ 底面积 $= \dfrac{na^2 H}{12}\cot\dfrac{\alpha}{2}$ 式中:n—— 正多边形边数; α—— $\alpha = \dfrac{360°}{n}$
正多边形		面积:$A = \dfrac{SK}{2}n$ $= \dfrac{1}{2}nSR\cos\dfrac{\alpha}{2}$ 圆心角:$\alpha = \dfrac{360°}{n}$ 内角:$\gamma = 180° - \dfrac{360°}{n}$ 式中:S—— 正多边形边长; n—— 正多边形边数	截顶角锥体		体积: $V = \dfrac{1}{3}H(A_1 + A_2 + \sqrt{A_1 A_2})$ 式中:A_1—— 顶面积; A_2—— 底面积
圆柱体		体积:$V = \pi R^2 H$ $= \dfrac{1}{4}\pi D^2 H$ 侧表面积:$A_0 = 2\pi RH$	正方锥体		体积:$V = \dfrac{1}{3}H(a^2 + b^2 + ab)$
斜底圆柱体		体积:$V = \pi R^2 \dfrac{H+h}{2}$ 侧表面积:$A_0 = \pi R(H+h)$	正六角体		体积:$V = 2.598a^2 H$
空心圆柱体		体积:$V = \pi H(R^2 - r^2)$ $= \dfrac{1}{4}\pi H(D^2 - d^2)$ 侧表面积:$A_0 = 2\pi H(R+r)$	球体		体积:$V = \dfrac{4}{3}\pi R^3 = \dfrac{1}{6}\pi D^3$ 表面积:$A_n = 12.57R^2$ $= 3.142D^2$

续表

名称	图形	计算公式	名称	图形	计算公式
圆球环体		体积: $V = 2\pi^2 Rr^2$ $= 19.739Rr^2$ $= \frac{1}{4}\pi^2 Dd^2$ $= 2.4674Dd^2$ 表面积: $A_n = 4\pi^2 Rr$ $= 39.48Rr$	内接三角形		$D = 1.154S$ $S = 0.866D$
截球体		体积: $V = \frac{1}{6}\pi H(3r^2 + H^2)$ $= \pi H^2\left(R - \dfrac{H}{3}\right)$ 侧表面积: $A_0 = 2\pi RH$	内接四边形		$D = 1.414S$ $S = 0.707D$ $S_1 = 0.854D$ $a = 0.147D = \dfrac{D-S}{2}$
球台体		体积: $V = \frac{1}{6}\pi H[3(r_1^2 + r_2^2) + H^2]$ 侧表面积: $A_0 = 2\pi RH$	内接五边形		$D = 1.701S$ $S = 0.588D$ $H = 0.951D = 1.618S$
内接三角形		$D = 1.155(H + d)$ $H = \dfrac{D - 1.155d}{1.155}$	内接六边形		$D = 2S = 1.155S_1$ $S = \dfrac{1}{2}D$ $S_1 = 0.866D$ $S_2 = 0.933D$ $a = 0.067D = \dfrac{D-S_1}{2}$

附录 E   圆周等分系数表

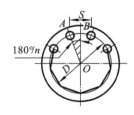

$$S = D\sin\frac{180°}{n} = DK$$

$$K = \sin\frac{180°}{n}$$

式中: n——等分数;

K——圆周等分系数(查表)。

n	K	n	K	n	K	n	K
3	0.866 03	15	0.207 91	27	0.116 09	39	0.080 467
4	0.707 11	16	0.195 09	28	0.111 96	40	0.078 460
5	0.587 79	17	0.183 75	29	0.108 12	41	0.076 549
6	0.500 00	18	0.173 65	30	0.104 53	42	0.074 730
7	0.433 88	19	0.164 59	31	0.101 17	43	0.072 995
8	0.382 68	20	0.156 43	32	0.098 017	44	0.071 339
9	0.342 02	21	0.149 04	33	0.095 056	45	0.069 757
10	0.309 02	22	0.142 31	34	0.092 268	46	0.068 242
11	0.281 73	23	0.136 17	35	0.089 640	47	0.066 793
12	0.258 82	24	0.130 53	36	0.087 156	48	0.065 403
13	0.239 32	25	0.125 33	37	0.084 806	49	0.064 070
14	0.222 52	26	0.120 54	38	0.082 579	50	0.062 791

附录 F　圆弧长度计算表

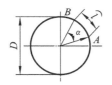

AB 弧长为

$$\overset{\frown}{l} = r \times 弧度数$$

或

$$\overset{\frown}{l} = 0.017\,453r\alpha$$
$$= 0.008\,727D\alpha$$

式中：α——圆心角（°）。

角度	弧　　度	角度	弧　　度	角度	弧　　度	角度	弧　　度	角度	弧　　度
$1''$	0.000 005	$40''$	0.000 194	$20'$	0.005 818	$9°$	0.157 080	$150°$	2.617 994
$2''$	0.000 010	$50''$	0.000 242	$30'$	0.008 727	$10°$	0.174 533	$180°$	3.141 593
$3''$	0.000 015	$1'$	0.000 291	$40'$	0.011 636	$20°$	0.349 066	$200°$	3.490 659
$4''$	0.000 019	$2'$	0.000 582	$50'$	0.014 544	$30°$	0.523 599	$250°$	4.363 323
$5''$	0.000 024	$3'$	0.000 873	$1°$	0.017 453	$40°$	0.698 132	$270°$	4.712 389
$6''$	0.000 029	$4'$	0.001 164	$2°$	0.034 907	$50°$	0.872 665	$300°$	5.235 988
$7''$	0.000 034	$5'$	0.001 454	$3°$	0.052 360	$60°$	1.047 198	$360°$	6.283 185
$8''$	0.000 039	$6'$	0.001 745	$4°$	0.069 813	$70°$	1.221 730		
$9''$	0.000 044	$7'$	0.002 036	$5°$	0.087 266	$80°$	1.396 263		

续表

角度	弧　　度	角度	弧　　度	角度	弧　　度	角度	弧　　度	角度	弧　　度
10″	0.000 048	8′	0.002 327	6°	0.104 720	90°	1.570 796	1 rad(弧度)= 57°17′44.8″	
20″	0.000 097	9′	0.002 618	7°	0.122 173	100°	1.745 329		
30″	0.000 145	10′	0.002 909	8°	0.139 626	120°	2.094 395		

■ 附录 G　内圆弧与外圆弧计算

名　称	图　形	计　算　公　式	应　用　举　例
内圆弧		$r = \dfrac{d(d+H)}{2H}$ $H = \dfrac{d^2}{2\left(r - \dfrac{d}{2}\right)}$	［例］　已知钢柱直径 $d=20$ mm，深度尺读数 $H=2.3$ mm，求圆弧工件的半径 r。 ［解］　$r=\dfrac{20(20+2.3)}{2\times2.3}$ mm$=96.96$ mm
外圆弧		$r = \dfrac{(L-d)^2}{8d}$	［例］　已知钢柱直径 $d=25.4$ mm，$L=158.699$ mm，求外圆弧半径 r。 ［解］　$r=(L-d)^2/(8d)$ 　　$=[(158.699-25.4)^2/(8\times25.4)]$ mm 　　$=87.444$ mm

■ 附录 H　V 形槽宽度、角度计算

名　称	图　形	计　算　公　式	应　用　举　例
V 形槽宽度		$B = 2\tan\alpha \times \left(\dfrac{R}{\sin\alpha} + R - h\right)$	［例］　已知钢柱半径 $R=12.5$ mm，$\alpha=30°$，量得 $H=9.52$ mm，求槽宽度。 ［解］　$B=2\tan30°\left(\dfrac{12.5}{\sin30°}+12.5\right.$ 　　$\left.-9.52\right)$ mm 　　≈32.309 mm
V 形槽角度		$\sin\alpha = \dfrac{R-r}{(H_2-R)-(H_1-r)}$	［例］　已知大钢柱半径 $R=15$ mm，小钢柱半径 $r=10$ mm，高度尺读数 $H_2=55.6$ mm，$H_1=43.53$ mm，求 V 形槽斜角 α。 ［解］　$\sin\alpha=\dfrac{15-10}{(55.6-15)-(43.53-10)}$ 　　$\approx0.707\,2$ 　　$\alpha=45°0′27″$

附录 I 燕尾与燕尾槽宽度计算

图　　形	计 算 公 式	应 用 举 例
	$l = b + d\left(1 + \cot\dfrac{\alpha}{2}\right)$ $b = l - d\left(1 + \cot\dfrac{\alpha}{2}\right)$	［例］　已知钢柱直径 $d = 10$ mm，$b = 60$ mm，$\alpha = 55°$，求 l 读数。 ［解］　$l = [60 + 10 \times (1 + 1.921\,0)]$ mm $= 89.21$ mm
	$l = b - d\left(1 + \cot\dfrac{\alpha}{2}\right)$ $b = l + d\left(1 + \cot\dfrac{\alpha}{2}\right)$	［例］　已知钢柱直径 $d = 10$ mm，$b = 72$ mm，$\alpha = 55°$，求 l 读数。 ［解］　$l = [72 - 10 \times (1 + 1.921\,0)]$ mm $= 42.79$ mm

附录 J 内圆锥与外圆锥计算

名　称	图　　形	计 算 公 式	应 用 举 例
外圆锥		$\tan\alpha = \dfrac{L - l}{2H}$	［例］　已知游标卡尺读数 $L = 32.7$ mm，$l = 28.5$ mm，$H = 15$ mm，求斜角 α。 ［解］　$\tan\alpha = \dfrac{32.7 - 28.5}{2 \times 15} = 0.1400$ $\alpha = 7°58'11''$

续表

名　称	图　形	计算公式	应用举例
内圆锥		$\sin\alpha = \dfrac{R-r}{L}$ $= \dfrac{R-r}{H+r-R-h}$	［例］ 已知大钢球半径 $R=10$ mm，小钢球半径 $r=6$ mm，深度游标卡尺读数 $H=24.5$ mm，$h=2.2$ mm，求斜角 α。 ［解］ $\sin\alpha = \dfrac{10-6}{24.5+6-10-2.2}$ $=0.218\ 6$ $\alpha=12°27''$
		$\sin\alpha = \dfrac{R-r}{L}$ $= \dfrac{R-r}{H+h-R+r}$	［例］ 已知大钢球半径 $R=10$ mm，小钢球半径 $r=6$ mm，深度游标卡尺读数 $H=18$ mm，$h=1.8$ mm，求斜角 α。 ［解］ $\sin\alpha = \dfrac{10-6}{18+1.8-10+6}$ $=0.253\ 2$ $\alpha=14°40''$

附录 K　几何公差的检测与验证（摘自 GB/T 1958—2017）

检测原则名称	说　明	示　例
与理想要素比较原则	理想要素用模拟方法获得，如用细直光束、刀口尺、平尺等模拟理想直线，用精密平板、光扫描平板模拟理想平面，用精密心轴、V形块等模拟理想轴线等。模拟理想要素的误差直接影响被测结果，故一定要保证模拟理想要素具有足够的精度。 此原则在生产中用得最多	

检测原则名称	说　　明	示　　例
测量坐标值原则	测量被测实际要素的坐标值(如直角坐标值、极坐标值、圆柱面坐标值),并经过数据处理获得几何误差值	测量直角坐标值
测量特征参数原则	测量被测实际要素上具有代表性的参数(即特征参数)来表示几何误差值,如用两点法、三点法来测量圆度误差。 应用这一原则获得的测量结果是近似的,特别要注意能否满足测量精度要求	两点法测量圆度特征参数
测量跳动原则	在被测实际要素绕基准轴线回转过程中,沿给定方向测量其对某参考点或线的变动量。 一般测量都是用各种指示表读数,变动量就是指指示表最大读数与最小读数之差。 这是根据跳动定义提出的一个检测原则,主要用于跳动的测量	测量径向圆跳动
控制实效边界原则	检测被测实际要素是否超过实效边界,以判断合格与否。 这个原则适用于采用了最大实体原则的情况。在实用中一般都是用量规综合检验。量规的尺寸公差(包括磨损公差)应比实测要素的相应尺寸公差高 2~4 个公差等级,几何公差按被测要素相应几何公差的 $\frac{1}{5}$ ~ $\frac{1}{10}$ 选取	用综合量规检验同轴度误差

附录 L　测量的常用计算方法

测量项目	简　图	计 算 公 式	备 注
直线度误差评定（两端点连线法）		首先求出各点到两端点连线的纵坐标距离 Δh_i，然后取其中最大正值 Δh_{max} 和最小负值 Δh_{min} 的绝对值之和作为直线度误差 f，即 $$f = |\Delta h_{max}| + |\Delta h_{min}|$$ Δh_i 的计算公式为 $$\Delta h_i = \sum_{l=1}^{i} a_i - \frac{i}{n}\sum_{l}^{n} a_i$$ 式中：a_i——第 i 个跨距（或第 i 个测量点）的仪器读数示值；n——跨距（或测量点）数目	—
简单几何尺寸的测量与计算		已知大孔直径为 ϕe mm，小孔直径为 ϕh mm，试求 θ 角的大小，见简图。①量出大孔的边与 A 边的距离 L_1，计算出 L_2 的值。②量出小孔的边与 A 边的距离 L_3，计算出 L_4 的值。③量出小孔边与大孔边的距离 L_5，计算出 L_6 的值。④求出 θ 角：$$\theta = \arccos\frac{L_4 - L_2}{L_6}$$	—
间接法测量		用钢球法测量锥孔锥角（见(a)图）：$$\sin\alpha = \frac{R-r}{H+h-R+r}$$ 用钢球法测量锥孔锥角（见(b)图）：$$\sin\alpha = \frac{R-r}{H+r-(R+h)}$$ 式中：R,r——大、小钢球半径；h,H——大、小钢球距孔边的距离	—

测量项目	简　图	计　算　公　式	备　注
燕尾槽测量		用圆柱及量块测量燕尾槽角度 α： $\alpha = \arctan\left(\dfrac{2L}{M_2 - M_1}\right)$	—
线与线交点尺寸的测量		① $L_1 = M - (r + a)$ 　　$= M - r - \cot\dfrac{\alpha}{2} \cdot r$ 　　$= M - r\left(1 + \cot\dfrac{\alpha}{2}\right)$ ② $L_2 = L_1 + H\cot\alpha$	已知 α, r, M, H，求 L_1、L_2
线与圆弧交点尺寸的测量		$L = AB + r + M$ $AB = AC - BC$ $AC = (R + r)\cos\theta$ $\sin\theta = \dfrac{r + a}{R + r}$ $BC = \sqrt{R^2 - a^2}$	已知 D, a, r, M，求 L
单角度斜孔坐标尺寸测量		$L_y = M_y - \dfrac{d}{2} - y$ 式中： $y = \dfrac{D + d}{2}\dfrac{1}{\cos\alpha} - \dfrac{d}{2}\tan\alpha$	已知 D, α, d, M_y，求 L_y

附录 M　最小条件评定法

测量项目		简　图	说　明	备　注
平面度误差最小条件	三角形准则		由2个平行平面包容被测面时，2个平行平面与被测面接触点分别为3个等值最高(低)点与1个最低(高)点，且最低(高)点的投影落在由3个等值最高(低)点所组成的三角形之内	□——最低点；○——最高点
	交叉准则		由2个平行平面包容被测面时，2个平行平面与被测面接触点分别为2个等值最高点与2个等值最低点，且最高点连线的投影与最低点连线相互交叉	□——最低点；○——最高点
判别准则	直线准则		由2个平行平面包容被测面时，2个平行平面与被测面接触点分别为2个等值最高(低)点与1个最低(高)点，且1个最低(高)点的投影位于两等值最高(低)点的连线上	□——最低点；○——最高点
旋转法		（简图：各测点坐标值表）	使被测表面各点的坐标值经旋转变换，直至其高极点和低极点的分布形式符合最小条件判别准则之一，求出平面度误差值。 步骤如下(见简图)： ①初步判断被测表面的类型，以便选择相应的最小区域判断准则； ②拟定最高点和最低点，选定旋转轴的位置； ③计算各点的旋转量 $Q=an$； ④进行旋转，即对各测点做坐标换算； ⑤检查旋转后各测点的新坐标是否符合最小区域判断准则。旋转，重复上述步骤。 如果不符合，则应作第二次旋转系数 a 的计算： $$a=\pm\frac{A-B}{n_A+n_B}$$ 式中：A,B——最高点和最低点的坐标值； n_A,n_B——坐标值为 A,B 的点到旋转轴的格数	旋转法的原理是，设一刚性平面绕任一旋转中心旋转某一角度，则刚性平面上的各点在空间移过的距离，与该点至旋转中心的距离有关，各点移动方向与旋转中心在刚性平面上的位置有关

附录 N　二维码链接汇总表

序号	二维码链接资料名称	链接的二维码	备　注
1	项目 2▲二维码链接 1▲《中华人民共和国标准化法》(2017 年 11 月 4 日修订)		第 7 页第一个二维码
2	项目 2▲二维码链接 2▲《机械制图　图样画法　视图》(GB/T 4458.1—2002)		第 7 页第二个二维码
3	项目 2▲二维码链接 3▲《机械制图　尺寸注法》(GB/T 4458.4—2003)		第 7 页第三个二维码
4	项目 2▲二维码链接 4▲《产品几何技术规范(GPS)　极限与配合　公差带和配合的选择》(GB/T 1801—2009)		第 7 页第四个二维码
5	项目 2▲二维码链接 5▲《强制性产品认证管理规定》(自 2009 年 9 月 1 日起施行)		第 7 页第五个二维码
6	项目 2▲二维码链接 6(表 2-1)▲《优先数和优先数系》(GB/T 321—2005)		第 8 页二维码
7	项目 2▲二维码链接 7▲《电阻器和电容器优先数系》(GB/T 2471—1995)		第 9 页左第一个二维码
8	项目 2▲二维码链接 8▲《优先数和优先数系的应用指南》(GB/T 19763—2005)		第 9 页左第二个二维码
9	项目 2▲二维码链接 9▲《优先数和优先数化整值系列的选用指南》(GB/T 19764—2005)		第 9 页左第三个二维码
10	项目 3▲二维码链接 1▲《产品几何技术规范(GPS)　极限与配合　第 1 部分:公差、偏差和配合的基础》(GB/T 1800.1—2009)		第 11 页左第一个二维码、第 25 页二维码

续表

序号	二维码链接资料名称	链接的二维码	备　注
11	项目 3▲二维码链接 2▲《产品几何技术规范(GPS)　极限与配合　第 2 部分:标准公差等级和孔、轴极限偏差表》(GB/T 1800.2—2009)		第 11 页左第二个二维码、第 34 页二维码、第 38 页二维码
12	项目 3▲二维码链接 3▲《产品几何技术规范(GPS)　极限与配合　公差带和配合的选择》(GB/T 1801—2009)		第 11 页左第三个二维码
13	项目 3▲二维码链接 4▲《一般公差　未注公差的线性和角度尺寸的公差》(GB/T 1804—2000)		第 49 页二维码
14	项目 4▲二维码链接 1▲《产品几何技术规范(GPS)　几何公差　形状、方向、位置和跳动公差标注》(GB/T 1182—2018)		第 60 页左第一个二维码
15	项目 4▲二维码链接 2▲《形状和位置公差　未注公差值》(GB/T 1184—1996)		第 60 页左第二个二维码、第 97 页二维码
16	项目 4▲二维码链接 3▲《产品几何技术规范(GPS)基础 概念、原则和规则》(GB/T 4249—2018)		第 60 页左第三个二维码
17	项目 4▲二维码链接 4▲《产品几何技术规范(GPS)　几何公差　最大实体要求(MMR)、最小实体要求(LMR)和可逆要求(RPR)》(GB/T 16671—2018)		第 60 页左第四个二维码
18	项目 4▲二维码链接 5(表 4-4)▲几何公差带定义、标注和解释(摘自 GB/T 1182—2018)		第 86 页二维码
19	项目 5▲二维码链接 1▲《机械制图　表面粗糙度符号、代号及其注法》(GB/T 131—1993,被 GB/T 131—2006 替代)		第 104 页左第一个二维码
20	项目 5▲二维码链接 2▲《表面粗糙度　参数及其数值》(GB/T 1031—1995,被 GB/T 131—2006 替代)		第 104 页左第二个二维码
21	项目 5▲二维码链接 3▲《产品几何技术规范　表面结构　轮廓法　表面结构的术语、定义及参数》(GB/T 3505—2000,被 GB/T 3505—2009 替代)		第 104 页左第三个二维码

续表

序号	二维码链接资料名称	链接的二维码	备 注
22	项目 5▲二维码链接 4▲《产品几何技术规范（GPS） 技术产品文件中表面结构的表示法》（GB/T 131—2006）		第 104 页左第四个二维码
23	项目 5▲二维码链接 5▲《产品几何技术规范（GPS） 表面结构 轮廓法 术语、定义及表面结构参数》（GB/T 3505—2009）		第 104 页左第五个二维码、第 111 页第一个二维码
24	项目 5▲二维码链接 6▲《产品几何技术规范（GPS） 表面结构 轮廓法 图形参数》（GB/T 18618—2009）		第 105 页左第一个二维码、第 111 页第二个二维码
25	项目 5▲二维码链接 7▲《产品几何量技术规范（GPS） 表面结构 轮廓法 具有复合加工特征的表面 第 2 部分：用线性化的支承率曲线表征高度特性》（GB/T 18778.2—2003）		第 105 页左第二个二维码、第 111 页第三个二维码
26	项目 5▲二维码链接 8▲《产品几何技术规范（GPS） 表面结构 轮廓法 具有复合加工特征的表面 第 3 部分：用概率支承率曲线表征高度特性》（GB/T 18778.3—2006）		第 105 页左第三个二维码、第 111 页第四个二维码
27	项目 5▲二维码链接 9▲《产品几何量技术规范（GPS） 表面缺陷 术语、定义及参数》（GB/T 15757—2002）		第 109 页二维码
28	项目 5▲二维码链接 10▲《产品几何技术规范（GPS） 表面结构 轮廓法 接触（触针）式仪器的标称特性》（GB/T 6062—2009）		第 112 页第一个二维码
29	项目 5▲二维码链接 11▲《产品几何技术规范（GPS） 表面结构 轮廓法 评定表面结构的规则和方法》（GB/T 10610—2009）		第 112 页第二个二维码
30	项目 5▲二维码链接 12▲《金属镀覆和化学处理标识方法》（GB/T 13911—2008）		第 113 页二维码
31	项目 5▲二维码链接 13▲《机械制图 尺寸注法》（GB/T 4458.4—2003）		第 117 页二维码

续表

序号	二维码链接资料名称	链接的二维码	备 注
32	项目5▲二维码链接14▲《技术制图 字体》(GB/T 14691—1993)		第121页二维码
33	项目6▲二维码链接1▲《金属直尺》(GB/T 9056—2004)		第132页二维码
34	项目6▲二维码链接2▲《塞尺》(GBT 22523—2008)		第136页二维码
35	项目6▲二维码链接3▲《几何量技术规范(GPS) 长度标准量块》(GB/T 6093—2001)		第138页二维码
36	项目9▲二维码链接1▲《表面粗糙度比较样块 铸造表面》(GB/T 6060.1—1997)		第212页左第一个二维码
37	项目9▲二维码链接2▲《表面粗糙度比较样块 磨、车、镗、铣、插及刨加工表面》(GB/T 6060.2—2006)		第212页第二个二维码
38	项目9▲二维码链接3▲《表面粗糙度比较样块 第3部分：电火花、抛(喷)丸、喷砂、研磨、锉、抛光加工表面》(GB/T 6060.3—2008)		第212页左第三个二维码
39	项目10▲二维码链接1▲《滚动轴承 分类》(GB/T 271—2017)		第226页第一个二维码
40	项目10▲二维码链接2▲《滚动轴承 代号方法》(GB/T 272—2017)		第226页第二个二维码
41	项目10▲二维码链接3▲《滚动轴承 向心轴承 产品几何技术规范(GPS)和公差值》(GB/T 307.1—2017)		第231页第一个二维码
42	项目10▲二维码链接4▲《滚动轴承 通用技术规则》(GBT 307.3—2017)		第231页第二个二维码

续表

序号	二维码链接资料名称	链接的二维码	备注
43	项目10▲二维码链接5▲《产品几何技术规范（GPS） 极限与配合 公差带和配合的选择》(GB/T 1801—2009)		第232页二维码
44	项目10▲二维码链接6▲《滚动轴承 配合》(GB/T 275—2015)		第233页二维码
45	项目11▲二维码链接1▲《普通螺纹 公差》(GB/T 197—2018)		第261页二维码
46	项目11▲二维码链接2▲《梯形螺纹 第1部分:牙型》(GB/T 5796.1—2005)		第267页二维码、第268页第二个二维码
47	项目11▲二维码链接3▲《机床梯形丝杠、螺母 技术条件》(JB/T 2886—2008)		第268页第一个二维码
48	项目11▲二维码链接4▲《梯形螺纹 第2部分:直径与螺距系列》(GB/T 5796.2—2005)		第268页第三个二维码
49	项目12▲二维码链接1▲《普通型 半圆键》(GB/T 1099.1—2003)		第273页第一个二维码
50	项目12▲二维码链接2▲《平键 键槽的剖面尺寸》(GB/T 1095—2003)		第273页第二个二维码
51	项目12▲二维码链接3▲《普通型 平键》(GB/T 1096—2003)		第273页第二个二维码
52	项目12▲二维码链接4▲《形状和位置公差 未注公差值》(GB/T 1184—1996)		第278页二维码
53	项目12▲二维码链接5▲《矩形花键尺寸、公差和检验》(GB/T 1144—2001)		第279页二维码

续表

序号	二维码链接资料名称	链接的二维码	备 注
54	项目15▲二维码链接1▲《光滑极限量规 技术条件》(GB/T 1957—2006)		第301页二维码
55	项目15▲二维码链接2▲《螺纹量规和光滑极限量规 型式与尺寸》(GB/T 10920—2008)		第302页二维码
56	项目16▲二维码链接1▲《圆柱齿轮 精度制 第1部分:轮齿同侧齿面偏差的定义和允许值》(GB/T 10095.1—2008)		第322页左第一个二维码
57	项目16▲二维码链接2▲《圆柱齿轮 精度制 第2部分:径向综合偏差与径向跳动的定义和允许值》(GB/T 10095.2—2008)		第322页左第二个二维码
58	项目16▲二维码链接3▲《通用机械和重型机械用圆柱齿轮标准基本齿条齿廓》(GB/T 1356—2001)		第322页左第三个二维码
59	附录▲二维码链接▲《产品几何技术规范(GPS) 几何公差检测与验证》(GB/T 1958—2017)		第343页二维码

参考文献

[1] 陈于萍,周兆元.互换性与测量技术基础[M].2 版.北京:机械工业出版社,2006.

[2] 王伯平.互换性与测量技术基础[M].3 版.北京:机械工业出版社,2008.

[3] 黄云清.公差配合与测量技术[M].2 版.北京:机械工业出版社,2012.

[4] 忻良昌.公差配合与测量技术[M].北京:机械工业出版社,2009.

[5] 劳动和社会保障部教材办公室.公差配合与技术测量基础[M].2 版.北京:中国劳动社会保障出版社,2000.

[6] 任晓莉,钟建华.公差配合与测量实训[M].北京:北京理工大学出版社,2007.

[7] 吕天玉.公差配合与测量技术[M].3 版.大连:大连理工大学出版社,2008.

[8] 吕永智.公差配合与技术测量[M].2 版.北京:机械工业出版社,2014.

[9] 付凤岚,胡业发,张新宝.公差与检测技术基础[M].北京:科学出版社,2006.

[10] 胡照海.公差配合与测量技术[M].北京:人民邮电出版社,2006.

[11] 廖念钊,古莹菴,莫雨松,李硕根,杨兴骏.互换性与技术测量[M].6 版.北京:中国计量出版社,2012.

[12] 徐茂功.公差配合与技术测量[M].4 版.北京:机械工业出版社,2015.

[13] 沈学勤,李世维.极限配合与技术测量(机械加工技术专业)[M].北京:高等教育出版社,2002.

[14] 张涛川,李大成.公差测量原理与检测实训[M].重庆:重庆大学出版社,2006.

[15] 刘品,刘丽华.互换性与测量技术基础(修订版)[M].哈尔滨:哈尔滨工业大学出版社,2001.

[16] 范真.几何量公差与检测学习指导[M].北京:化学工业出版社,2006.

[17] 张晓翠.模具制造工艺学[M].北京:科学出版社,2007.

[18] 吕保和,郑兴华,戴淑雯.模具识图[M].大连:大连理工大学出版社,2009.

[19] 陈宏钧.实用机械加工工艺手册[M].4 版.北京:机械工业出版社,2016.

[20] 李凯岭.机械加工工艺过程尺寸链[M].北京:国防工业出版,2008.

[21] 熊建武.模具零件的工艺设计与实施[M].北京:机械工业出版社,2009.

[22] 韩志宏.公差配合与测量[M].北京:电子工业出版社,2009.

[23] 全国技术产品文件标准化技术委员会,中国标准出版社第三编辑室.技术产品文件标准汇编 机械制图卷[M].2 版.北京:中国标准出版社,2009.

[24] 刘越.公差配合与技术测量[M].2 版.北京:化学工业出版社,2011.

［25］ 郭连湘.公差配合与技术测量实验指导书［M］.北京:化学工业出版社,2004.

［26］ 孙开元,冯晓梅.公差与配合速查手册［M］.北京:化学工业出版社,2009.

［27］ 徐秀娟.互换性与测量技术［M］.北京:北京理工大学出版社,2009.

［28］ 李学京.机械制图国家标准应用指南［M］.北京:中国标准出版社,2008.

［29］ 朱士忠.精密测量技术常识［M］.3 版.北京:电子工业出版社,2011.

［30］ 陈宏钧.实用机械加工工艺手册［M］.4 版.北京:机械工业出版社,2016.

［31］ 熊建武.模具零件的手工制作［M］.北京:机械工业出版社,2009.

［32］ 熊建武,熊昱洲.模具零件的手工制作与检测［M］.北京:北京理工大学出版社,2011.

［33］ 熊建武,宋炎荣.模具零件公差配合的选用［M］.北京:机械工业出版社,2012.

［34］ 熊建武,杨辉.互换性与测量技术［M］.南京:南京大学出版社,2011.

［35］ 熊建武,张华.机械零件的公差配合与测量［M］.大连:大连理工大学出版社,2010.

［36］ 熊建武,何冰强.塑料成型工艺与注射模具设计［M］.大连:大连理工大学出版社,2011.

［37］ 熊建武,高汉华.注射模具设计指导与资料汇编［M］.大连:大连理工大学出版社,2011.